国家卫生健康委员会"十四五"规划教材

全国高等学校**制药工程专业第二轮**规划教材

供制药工程专业用

药物合成反应 第**2**版

主 编 翟 鑫

副主编 李子成 李念光

编 委（按姓氏笔画排序）

李子成（四川大学化学工程学院）

李念光（南京中医药大学）

余宇燕（福建中医药大学）

张 翱（上海交通大学药学院）

陈世武（兰州大学药学院）

陈甫雪（北京理工大学）

周志旭（贵州大学药学院）

郝金恒（石药控股集团有限公司）

郭 春（沈阳药科大学）

翟 鑫（沈阳药科大学）

人民卫生出版社

·北京·

图书在版编目（CIP）数据

药物合成反应 / 翟鑫主编. —2 版. —北京：人
民卫生出版社，2023.10
ISBN 978-7-117-35475-2

Ⅰ. ①药… Ⅱ. ①翟… Ⅲ. ①药物化学－有机合成－
化学反应－高等学校－教材 Ⅳ. ①TQ460.31

中国国家版本馆 CIP 数据核字（2023）第 198935 号

人卫智网	www.ipmph.com	医学教育、学术、考试、健康， 购书智慧智能综合服务平台
人卫官网	www.pmph.com	人卫官方资讯发布平台

药物合成反应
Yaowu Hecheng Fanying
第 2 版

主　　编：翟　鑫
出版发行：人民卫生出版社（中继线 010-59780011）
地　　址：北京市朝阳区潘家园南里 19 号
邮　　编：100021
E - mail：pmph @ pmph.com
购书热线：010-59787592　010-59787584　010-65264830
印　　刷：北京顶佳世纪印刷有限公司
经　　销：新华书店
开　　本：850×1168　1/16　　印张：27　　插页：1
字　　数：639 千字
版　　次：2014 年 3 月第 1 版　　2023 年 10 月第 2 版
印　　次：2023 年 11 月第 1 次印刷
标准书号：ISBN 978-7-117-35475-2
定　　价：92.00 元
打击盗版举报电话：010-59787491　E-mail：WQ @ pmph.com
质量问题联系电话：010-59787234　E-mail：zhiliang @ pmph.com
数字融合服务电话：4001118166　E-mail：zengzhi @ pmph.com

出版说明

随着社会经济水平的增长和我国医药产业结构的升级,制药工程专业发展迅速,融合了生物、化学、医学等多学科的知识与技术,更呈现出了相互交叉、综合发展的趋势,这对新时期制药工程人才的知识结构、能力、素养方面提出了新的要求。党的二十大报告指出,要"加强基础学科、新兴学科、交叉学科建设,加快建设中国特色、世界一流的大学和优势学科。"教育部印发的《高等学校课程思政建设指导纲要》指出,"落实立德树人根本任务,必须将价值塑造、知识传授和能力培养三者融为一体、不可割裂。"通过课程思政实现"培养有灵魂的卓越工程师",引导学生坚定政治信仰,具有强烈的社会责任感与敬业精神,具备发现和分析问题的能力、技术创新和工程创造的能力、解决复杂工程问题的能力,最终使学生真正成长为有思想、有灵魂的卓越工程师。这同时对教材建设也提出了更高的要求。

全国高等学校制药工程专业规划教材首版于2014年,共计17种,涵盖了制药工程专业的基础课程和专业课程,特别是与药学专业教学要求差别较大的核心课程,为制药工程专业人才培养发挥了积极作用。为适应新形势下制药工程专业教育教学、学科建设和人才培养的需要,助力高等学校制药工程专业教育高质量发展,推动"新医科"和"新工科"深度融合,人民卫生出版社经广泛、深入的调研和论证,全面启动了全国高等学校制药工程专业第二轮规划教材的修订编写工作。

此次修订出版的全国高等学校制药工程专业第二轮规划教材共21种,在上一轮教材的基础上,充分征求院校意见,修订8种,更名1种,为方便教学将原《制药工艺学》拆分为《化学制药工艺学》《生物制药工艺学》《中药制药工艺学》,并新编教材9种,其中包含一本综合实训,更贴近制药工程专业的教学需求。全套教材均为国家卫生健康委员会"十四五"规划教材。

本轮教材具有如下特点:

1. 专业特色鲜明,教材体系合理 本套教材定位于普通高等学校制药工程专业教学使用,注重体现具有药物特色的工程技术性要求,秉承"精化基础理论、优化专业知识、强化实践能力、深化素质教育、突出专业特色"的原则来合理构建教材体系,具有鲜明的专业特色,以实现服务新工科建设,融合体现新医科的目标。

2. 立足培养目标,满足教学需求 本套教材编写紧紧围绕制药工程专业培养目标,内容构建既有别于药学和化工相关专业的教材,又充分考虑到社会对本专业人才知识、能力和素质的要求,确保学生掌握基本理论、基本知识和基本技能,能够满足本科教学的基本要求,进而培养出能适应规范化、规模化、现代化的制药工业所需的高级专业人才。

3．深化思政教育，坚定理想信念 以习近平新时代中国特色社会主义思想为指导，将"立德树人"放在突出地位，使教材体现的教育思想和理念、人才培养的目标和内容，服务于中国特色社会主义事业。各门教材根据自身特点，融入思想政治教育，激发学生的爱国主义情怀以及敢于创新、勇攀高峰的科学精神。

4．理论联系实际，注重理工结合 本套教材遵循"三基、五性、三特定"的教材建设总体要求，理论知识深入浅出，难度适宜，强调理论与实践的结合，使学生在获取知识的过程中能与未来的职业实践相结合。注重理工结合，引导学生的思维方式从以科学、严谨、抽象、演绎为主的"理"与以综合、归纳、合理简化为主的"工"结合，树立用理论指导工程技术的思维观念。

5．优化编写形式，强化案例引入 本套教材以"实用"作为编写教材的出发点和落脚点，强化"案例教学"的编写方式，将理论知识与岗位实践有机结合，帮助学生了解所学知识与行业、产业之间的关系，达到学以致用的目的。并多配图表，让知识更加形象直观，便于教师讲授与学生理解。

6．顺应"互联网＋教育"，推进纸数融合 在修订编写纸质教材内容的同时，同步建设以纸质教材内容为核心的多样化的数字化教学资源，通过在纸质教材中添加二维码的方式，"无缝隙"地链接视频、动画、图片、PPT、音频、文档等富媒体资源，将"线上""线下"教学有机融合，以满足学生个性化、自主性的学习要求。

本套教材在编写过程中，众多学术水平一流和教学经验丰富的专家教授以高度负责、严谨认真的态度为教材的编写付出了诸多心血，各参编院校对编写工作的顺利开展给予了大力支持，在此对相关单位和各位专家表示诚挚的感谢！教材出版后，各位教师、学生在使用过程中，如发现问题请反馈给我们（发消息给"人卫药学"公众号），以便及时更正和修订完善。

人民卫生出版社

2023 年 3 月

前 言

《药物合成反应》(第2版)是国家卫生健康委员会"十四五"规划教材和全国高等学校制药工程专业第二轮规划教材,可作为高等院校制药工程、药物化学、精细化工、有机合成、应用化学等专业的课程教学用书或教学参考用书。

"药物合成反应"作为制药工程、药学及相关专业的专业基础课,是衔接上游课程有机化学及下游课程药物化学、化学制药工艺学、天然药物化学等的重要"桥梁",其任务是研究化学药物合成中反应物内在结构因素与反应条件之间的辩证关系,探讨药物合成反应的一般规律和特殊性质,并用以指导化学药物及其中间体的化学合成。

2013年1月,人民卫生出版社组织编写并出版了第1版《药物合成反应》。随着时代与科学技术的快速发展,有机化学反应类型日益丰富,新的反应试剂与合成方法不断被发现,本教材亦须推陈出新,不断进行修订和完善。药物合成反应具有涵盖知识面宽、反应类型繁杂、各单元反应间缺乏逻辑性、极易混淆的特点,这导致该课程难学难记、不易掌握。结合上版教材的使用情况及在教学过程中的经验总结与学生反馈,参比国内公开出版的多版本《药物合成反应》,在博采众长的基础上,《药物合成反应》(第2版)以提升教材的实用性、新颖性与普适性为目标,针对性地对上版教材内容进行了增减和优化,突出案例教学的特点,适应通识教育的需求,力争做到"化繁为简、纲举目张、明白易晓、与时俱进",以尽量满足学生的不同学习要求。

《药物合成反应》(第2版)设计思路主要体现在以下5个方面。

1. 为提升教材逻辑性、实用性与创新性,将全书共分为九章,基于重要化学单元反应类型,前八章以官能团变化为纲,以反应试剂及机制为主线进行编写,系统介绍每类反应的基本理论、影响因素及应用,而第九章"现代药物合成技术"则着重介绍新型合成技术的定义、特点及其在药物合成领域的应用,拓展教材涵盖范围。

2. 为明确教学目标,本书删除"绪论"章,将"本章要点"移至每章开篇,且在每章增加"概述"一节,概括反应分类、机制及主要试剂,提纲挈领、层次清晰,对后续各节内容的学习起到启发与铺垫的作用。

3. 为体现化学合成技术领域的前沿进展,本书各章增加"单元反应新进展"一节,概述各类单元反应所涉及的新试剂、新技术、新方法或经典反应的新应用,力求做到与时俱进,提升教学内容的新颖性。

4. 为实现理论联系实际,凸显案例教学优势,动态更新教学内容,本书各章增加"药物合成实例分析"内容,通过引入药物生产实例,突出强调工艺优化、安全可控等理念,激发学生的学习兴趣。

5. 为适应多媒体融合教学,丰富以经典实验操作视频、课后习题、教学课件、前沿知识拓展为主要内容的多种数字资源融合内容,通过引入经典药物合成的规范实验操作视频,实现学生从课本中"走进来"与"走出去";数字资源以二维码的形式嵌入教材相应位置,实现教学资源的多样性、开放性和实时性,使单调的学习内容变得方便、高效,辅助提升学习效果。

本书由翟鑫担任主编,李子成、李念光担任副主编。教材内容编写及配套数字化资源的制作具体分工如下:陈世武负责编写卤化反应、陈甫雪负责编写硝化反应和重氮化反应、余宇燕负责编写烃化反应、郭春负责编写酰化反应、李念光负责编写缩合反应、周志旭负责编写氧化反应、翟鑫负责编写还原反应、李子成负责编写重排反应、张翱负责编写现代药物合成技术。郝金恒作为来自制药企业的专家对全书内容进行审核。

在此,衷心感谢为本书作出贡献的所有编委老师及其所在院校的大力支持,感谢各位老师不辞辛苦的付出,感谢人民卫生出版社在本书编写过程中的支持与帮助。同时,感谢第一版教材的各位编委老师,感谢他们为本书的升级优化所奠定的夯实基础。在本教材的编写过程中,很多编者的在读研究生参与了部分文献检索、资料整合、图表绘制及数字资源的制作工作,在此一并表示感谢。文中所列举的反应实例参考和引用了大量的科研成果和相关文献,由于篇幅关系没有在本书中一一列出,在此对文献作者深表歉意和诚挚感谢。各位编者在编写过程中付出了极大的努力,但因药物合成反应发展迅猛,知识更新较快,书中的不妥之处定然存在,恳请广大读者批评指正或提出宝贵意见。

编者

2023 年 3 月

目 录

第一章　卤化反应

【本章要点】

掌握　烯丙位和苄位氢、芳烃、羰基 α- 位氢的卤取代反应及应用；卤化氢、卤素、N- 卤代酰胺、次卤酸（酯）与烯烃的加成反应及应用；醇羟基、酚羟基、羧羟基及卤化物的卤置换反应及应用。

熟悉　卤化反应中亲电取代、亲核取代、亲电加成及自由基反应的机制；卤素、氢卤酸、次卤酸（酯）、卤代酰胺、磷卤化物及硫卤化物等卤化剂的性质。

了解　新型卤化反应、卤化剂及其发展趋势。

卤化反应（halogenation reaction）是指在有机分子中引入卤素原子（氟、氯、溴、碘）形成新的有机分子的反应。卤化反应在药物合成中的用途十分广泛，一是通过引入卤素原子提高反应的选择性；二是卤化物常常作为反应中间体；三是在有机分子中引入卤素原子提高化合物的药理活性或改善理化性质。很多药物分子中含有卤素原子，如抗炎镇痛药双氯芬酸（diclofenac）、抗菌药诺氟沙星（norfloxacin）以及非甾体抗炎药氟比洛芬（flurbiprofen）等。

双氯芬酸　　　　　　　　诺氟沙星　　　　　　　　氟比洛芬

第一节　概述

一、反应分类

卤化反应根据反应机制主要分为 3 种类型：卤素原子与有机物氢原子之间的取代反应、卤素原子与不饱和烃的加成反应以及卤素原子与氢以外的其他原子或基团的置换反应。根据引入卤素的不同，分为氟化、氯化、溴化和碘化反应；也可根据引入卤素原子数目的不同，分为一卤化、二卤化和多卤化反应等。在卤化反应中，氯化和溴化反应最常用。

二、反应机制

卤化反应的反应机制主要包括亲电加成(例如不饱和烃的卤加成反应)、亲电取代(例如芳烃和羰基 α- 位的卤取代反应)、亲核取代(例如醇羟基、羧羟基的卤置换反应)以及自由基反应(例如饱和烃、苄位和烯丙位的卤取代反应)。

(一)亲电加成

大多数不饱和烃的卤加成反应属于亲电加成机制,如卤素、卤化氢、次卤酸、次卤酸酯和 N- 卤代酰胺对烯烃等不饱和烃的加成。

卤化剂对烯烃等不饱和烃的亲电加成中,烯烃双键的 π 电子首先进攻卤素等卤化剂生成卤鎓正离子过渡态,接着 $Q^{\ominus}$(卤负离子等)从背面进攻卤鎓离子中相对缺电子(或位阻较小)的碳原子,得到反式加成产物。

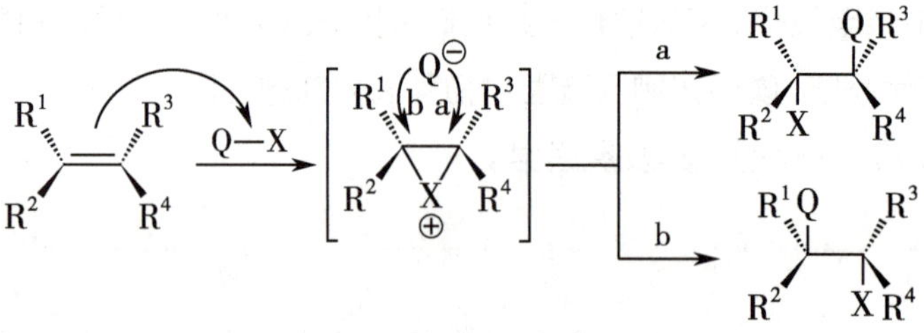

(Q=X, OH, RO, H, RCONH等)

上图中,Q 为卤素(X)时,反应为卤素对烯烃的加成;Q 为氢(H)时,反应为卤化氢与烯烃的反应;Q 为羟基(OH)或烷氧基(RO)时,反应为次卤酸或次卤酸酯对烯烃的加成;Q 为酰胺基(RCONH)时,反应为 N- 卤代酰胺对烯烃的加成。

(二)亲电取代

1. 芳烃的卤取代反应 芳烃首先进攻 Lewis 酸催化剂极化的卤素分子或卤素正离子等亲电试剂,形成 σ- 络合物中间体,然后很快脱去一个质子,得到卤代芳烃。

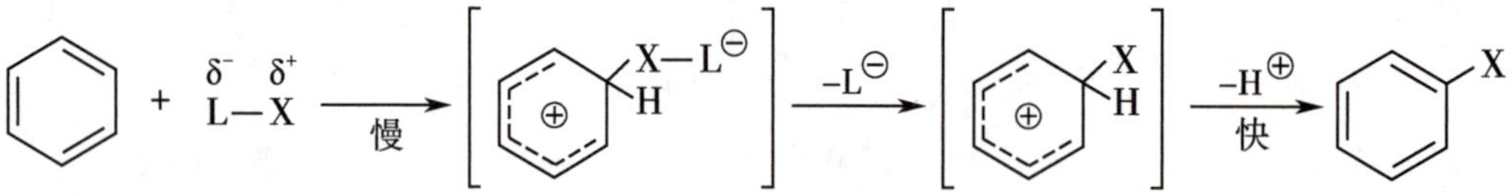

(L=X, OH, RO, H, RCONH等)

2. 羰基 α- 位的卤取代反应 由于酮羰基的诱导效应,其 α- 位氢具有一定的酸性,可用卤素、N- 卤代酰胺、次卤酸酯、硫酰卤化物等作为卤化剂,发生 α- 卤取代反应,生成相应的 α- 卤代酮。具体为羰基化合物在酸(包括 Lewis 酸)或碱(无机或有机碱)的催化下,转化为烯醇或其氧负离子形式,再和亲电的卤化剂进行反应。

(1)酸催化机制:

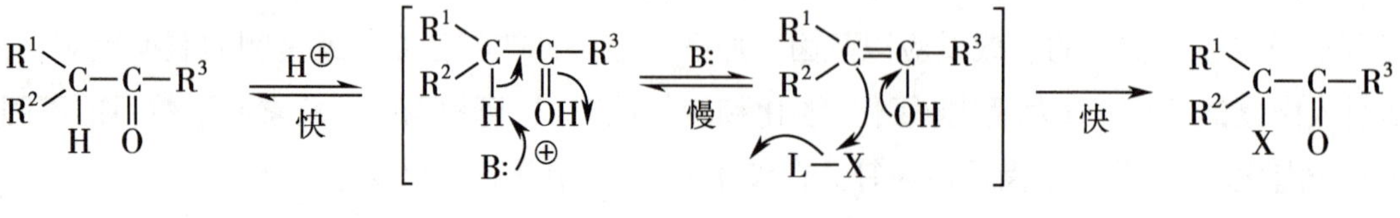

（2）碱催化机制：

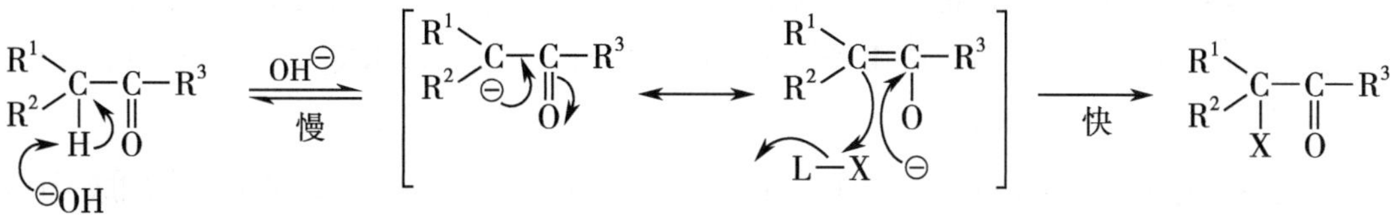

3. 炔烃的卤取代反应 末端炔键氢原子在强碱性条件下 C—H 键较易解离形成炔末端碳负离子，然后和卤素发生反应，得到卤代炔烃。

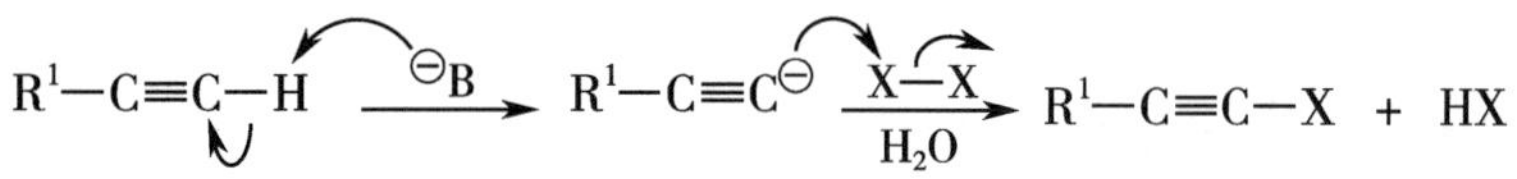

4. 羧酸的卤取代反应 以氯化亚砜作为卤化剂，其反应历程为：羧基氧原子进攻氯化亚砜的硫原子生成一个混合酸酐，脱去的氯离子进攻羰基碳原子，形成一个四面体的中间体；在氧原子的孤对电子推动下，脱去一分子的二氧化硫和一分子的氯化氢，从而得到酰氯。

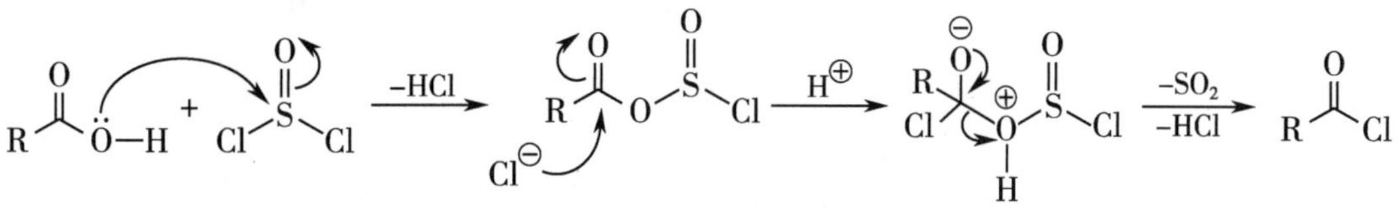

（三）亲核取代

醇羟基的卤置换反应、羧羟基的卤置换反应、卤化物的卤素交换反应和磺酸酯的卤置换反应等都属于亲核取代反应机制。其反应历程主要有单分子亲核取代反应（S_N1）和双分子亲核取代反应（S_N2）。

单分子亲核取代反应（S_N1）：醇等反应底物首先在一定条件下异裂为离子，碳正离子与卤负离子迅速反应生成卤化产物。其中，第一步稳定碳正离子的形成是限速步骤，形成的碳正离子越稳定，反应越容易进行。叔醇、烯丙醇和苄醇主要按 S_N1 反应机制。

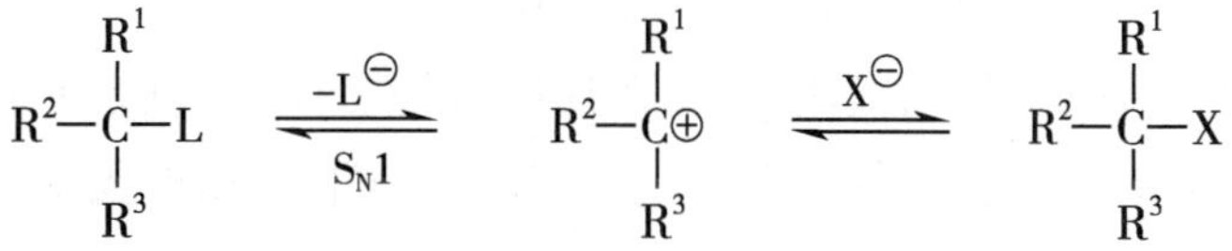

（L=OH, OSO$_2$R, Cl, Br, 等）

双分子亲核取代反应（S_N2）：即反应时旧键的断裂与新键的形成同时发生。通常取代基（卤素基团）从离去基的反面进攻形成 δ 络合物，然后离去基带着一对电子离去，生成构型反转的卤代产物。伯醇主要按 S_N2 反应机制，仲醇则介于 S_N1 与 S_N2 之间。

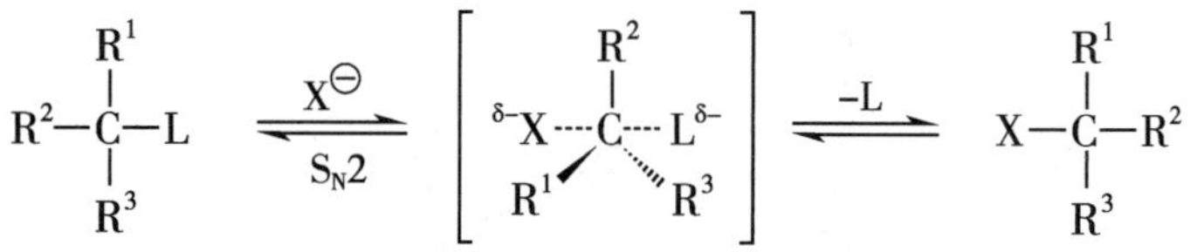

（L=OH, OSO$_2$R, Cl, Br, 等）

（四）自由基反应

自由基反应通常是指在加热、光照或自由基引发剂的条件下，首先生成自由基，再与底物反应，其反应历程包括链引发、链增长、链终止 3 个阶段。根据具体反应的不同，可分为自由基加成反应和自由基取代反应。

1. 自由基加成　卤化氢（QX 中 Q＝H）或卤素（QX 中 Q＝X）对不饱和烃的加成反应属于自由基加成机制，即引发剂在光照或加热等条件下，首先生成卤素自由基，并进攻不饱和链的一个碳原子，生成 C—X 键和碳自由基，接着碳自由基和卤化剂 Q—X 反应，最终生成卤加成产物。具体如下：

链引发　　$Q—X \xrightarrow{\text{光照}} Q\cdot + X\cdot$

　　　　或　$ROOR \xrightarrow{\text{加热}} RO\cdot$　　$RO\cdot + Q—X \longrightarrow R—O—X + Q\cdot$

链增长

链终止

$$Q\cdot + X\cdot \longrightarrow Q—X$$

(Q＝H, X; X＝Br, Cl)

反应的引发剂主要有过氧化二苯甲酰（BPO）、偶氮二异丁腈（AIBN）等。常用的溶剂是四氯化碳等惰性溶剂，若反应物为液体，也可不使用其他溶剂。

2. 自由基取代　脂肪烃的卤取代反应，尤其是烯丙位和苄位碳原子上的卤取代反应、羧酸的脱羧卤置换反应和芳香重氮盐的卤置换反应等均属于自由基取代反应机制，也分为链引发、链增长和链终止 3 个阶段。

卤素或卤代丁二酰亚胺如 N- 氯代丁二酰亚胺（NCS）、N- 溴代丁二酰亚胺（NBS）或 N- 碘代丁二酰亚胺（NIS）首先在自由基引发条件下均裂成卤素自由基或琥珀酰亚胺自由基，该自由基夺取烯丙位或苄位上的氢原子，生成相应的碳自由基，该自由基与卤素或卤代丁二酰亚胺反应得到 α- 卤代烯烃或 α- 卤代芳烃。

$X_2 \xrightarrow{\text{光照}} 2X\cdot$　　或

（主产物）

（副产物）

三、卤化剂的种类

卤化剂的种类很多，常用的有卤素单质（氯、溴、碘）、氢卤酸、次卤酸盐、金属和非金属卤化物、硫酰氯、亚硫酰氯、N- 卤代亚酰胺等，其中可提供卤素负离子的卤化剂有卤素单质、氢卤酸、含磷卤化剂、硫酰氯和亚硫酰氯等，可提供卤素正离子的卤化剂有卤素单质、N- 卤代酰胺、次卤酸等，可提供自由基的卤化剂有卤素单质和次卤酸等。

（一）卤素单质

卤素单质中由于氟气（F_2）的活性太过强烈，反应产物复杂，应用较少，而碘单质（I_2）活性较差，所以主要用氯气（Cl_2）和溴素（液溴，Br_2）。

氟气直接作为氟化试剂，一般通过 $CH_3Cl/CHCl_3$ 溶剂将底物稀释，降低反应温度以及用 N_2、He 等惰性气体将 F_2 稀释实现直接的选择性氟化。

氯气和液溴是较好的卤化剂，能与脂肪烃、芳烃及含 α- 位活泼氢的羰基化合物进行取代反应，与不饱和烃发生加成反应，与醇类和羧酸类进行置换反应。需要注意的是，氯气含 5% 以上的氢气时遇强光可能会发生爆炸，液溴对皮肤、黏膜有强烈刺激作用和腐蚀作用。

（二）氢卤酸、次卤酸和次卤酸盐（酯）

次卤酸和次卤酸盐（酯）既是氧化剂又是卤化剂，做卤化剂时与烯烃发生亲电加成生成 β- 卤代醇。但是次卤酸与烯烃的反应不是氢质子进攻 π- 键，而是由于氧较大的电负性使次卤酸分子极化成 $HO^{\delta-}—X^{\delta+}$，由 $X^{\delta+}$ 进攻 π- 键。

最常用的是次氯酸及其盐（酯），次卤酸本身不稳定，易分解，仅存在于溶液中；但它的盐较稳定，通常制成次卤酸盐保存。反应中，加入一定量的卤酸盐和酸性物质，生成的次卤酸再与烯烃反应。

（三）N- 卤代酰胺

N- 卤代酰胺主要有 NBS、NCS、N- 溴代乙酰胺（NBA）和 N- 溴邻苯二甲酰亚胺（NBP）。NBS、NCS 特别适用于烯丙位和苄位氢的卤化，具有选择性高、副反应少等特点。

NBS 是溴代反应最常用的试剂，由丁二酰亚胺溴化而得，被广泛应用于自由基取代反应和亲电加成反应中。一般认为,NBS在反应中只是连续稳定地提供低浓度的分子溴,并不直接提供溴自由基。NBS作溴化剂具有高选择性,反应时只进攻与双键、三键或苯环等相连接的α-氢原子,因此NBS是烯丙基位或苄基位引入溴原子的首选溴化试剂。

NCS是一种重要的氯化剂,能与醇发生取代反应。NCS也是一种杀菌剂,易于纯化且稳定。

(四)含磷卤化剂

含磷卤化剂主要指三氯化磷、三溴化磷、三碘化磷、五氯化磷、三氯氧磷等试剂,它们都是常用的卤化剂。

三氯化磷可将醇等转化为氯代物,其与过量的氯进一步反应可得到氯化能力更强的五氯化磷。

三溴化磷除能将醇转化为溴代烃外,也可与羧酸反应生成酰溴,还可用作羧酸α-氢溴化反应中的催化剂。三溴化磷可以用赤磷和液溴制备,通常用溴素在红磷催化下直接反应。

五氯化磷活性很高,一般用于活性较低的酚羟基的卤化,也可将脂肪酸或芳香酸转化成酰氯,反应后生成的$POCl_3$可借助分馏法除去。

三氯氧磷是很强的氯化剂,可作为酚羟基、羧酸盐及磺酸盐的氯代试剂。

Rydan类试剂为新型的有机磷卤化剂,主要包括苯膦卤化物和亚磷酸三苯酯卤化物两类,如Ph_3PX_2、$Ph_3P^{\oplus}CX_3X^{\ominus}$、$(PhO)_3PX_2$和$(PhO)_3P^{\oplus}RX^{\ominus}$等。它们均具有活性大、反应条件温和等特点。由于反应中不产生HX,故没有相应的副反应。对于难以置换的羟基,可用这些沸点高的试剂在加压下进行卤化。

(五)含硫卤化剂

常见的含硫类卤化剂有亚硫酰氯和硫酰氯。

亚硫酰氯($SOCl_2$)即氯化亚砜,是一种常用的卤化剂,主要用于羟基的氯取代。硫酰氯(SO_2Cl_2)主要用于芳香族化合物的氯化、羧酸的氯化等。

(六)其他卤化剂

草酰氯[$(COCl)_2$]由乙二酸与五氯化磷反应制备为主,能用于制备碳酰氯及参与分子内Fridel-Crafts酰基化反应等。

三甲基氯硅烷(TMSCl)除用来保护有机化合物中的活泼氢原子外,也可与伯醇、烯丙醇、叔醇等迅速发生醇羟基的取代反应。

第二节 卤取代反应

一、烃类化合物的卤取代反应

(一)饱和烃的卤取代反应

饱和烷烃性质比较稳定,一般情况下不发生卤取代反应。但在光照、加热(250~400℃)或自由基诱发剂存在时会发生自由基卤取代反应,由于产物较杂、收率较低,应用有限。

1. 反应通式及机制

$$RCH_3 + Cl_2 \xrightarrow[\text{或加热}]{\text{光照}} RCH_2Cl + HCl$$

饱和烃卤化是典型的自由基反应机制。

2. 反应影响因素及应用实例　升高温度有利于自由基产生及反应的进行,但光解法产生的自由基与温度无关;温度高同样有利于副反应的进行,且导致氯气浓度在体系中减少,对反应不利;溶剂对反应影响较大,能与自由基发生溶剂化的溶剂会降低自由基的活性,故一般用非极性的惰性溶剂。

氯的活性大于溴,但氯的选择性不如溴。卤化时,就烷烃的氢原子而言,其活性次序是叔氢>仲氢>伯氢;卤素的活性次序是F>Cl>Br>I。例如金刚烷在光照下的溴代反应主要发生在桥头碳原子上。

卤素的活性较好,但反应的选择性较差。碘进行取代反应生成的碘化氢可将碘化烃还原,收率较低,应用较少。烷烃的卤取代反应中溴化反应应用最多。

(二)不饱和烃的卤取代反应

烯烃键上氢原子的活性较低,直接进行卤取代反应较少。一些共轭多烯和有些杂环中的有些双键碳上的氢可以用 NCS 或 NBS 等卤化剂卤取代。如小分子免疫调节剂咪喹莫特(imiquimod)中间体在二氯甲烷(DCM)中 NBS 作用下实现烯烃键上氢的溴取代,但收率较低。

炔烃末端碳上氢原子具有一定的酸性,反应活性较高。在碱性条件下和卤素可直接反应,生成卤代炔烃。例如,4-叔丁基苯乙炔在碱性条件下与溴反应得其溴代产物。

(三)烯丙位和苄位的卤取代反应

1. 反应通式及机制

烯丙位和苄基氢原子上的卤取代反应属于自由基反应机制。常用的卤化剂有卤素和 N-卤代酰胺等。

2. 反应影响因素及应用实例 升高温度有利于卤化剂均裂产生自由基,同时也会增强自由基的活性,烯丙位的卤代一般在高温下进行,低温容易发生苯环上的取代和烯键加成反应。控制反应物浓度和光强度可以调节自由基产生的速率,便于控制反应进程。

反应溶剂对自由基卤代反应有明显的影响,自由基型卤化反应常用非极性的惰性溶剂。一般用四氯化碳(CCl_4),有时也用苯、石油醚,这是因为 NBS 溶于四氯化碳,而生成的丁二酰亚胺不溶于四氯化碳,很容易回收。

苄基氢取代的难易与芳环上取代基的性质有关,有吸电子基者较难,有给电子基者则较易,芳杂环化合物的侧链也可以发生与苄位类似的卤代反应。例如,组蛋白脱乙酰酶抑制剂帕比司他(panobinostat)中间体的合成过程中,在过氧苯甲酰(BPO)的作用下和 NBS 反应,得到相应的苄位溴代产物。

当烯丙位和苄位氢活性较低时,可通过提高卤素浓度和反应温度促进反应,或选用活性更高的卤化剂直接反应,如一氧化二氯(Cl_2O)、1,3- 二氯 -5,5- 二甲基 -2,4- 咪唑啉二酮(DCDMH,又称二氯海因)、1,3- 二溴 -5,5- 二甲基 -2,4- 咪唑啉二酮(DBDMH,又称二溴海因)和 N- 氟苯磺酰亚胺(NFSI)等。

DCDMH   DBDMH   NFSI

Cl_2O 是一种高效的选择性氯化试剂,可用于活性较低的芳香族化合物侧链及芳香环的氯化,反应条件温和,收率很高。例如,Cl_2O 在 CCl_4 溶液中几乎定量地将对硝基甲苯进行苯甲基的全氯化。

烯丙基或苄基底物在自由基引发条件下用 NBS 处理得到烯丙基或苄基溴化物的反应称为 Wohl-Ziegler 烯丙基溴化反应。在偶氮过氧化物引发剂 AIBN 存在下,用 DBDMH 作为溴化剂发生 Wohl-Ziegler 烯丙基溴化反应,生成 α- 碳上的氢被溴取代产物。例如,抗糖尿病药物曲格列汀（trelagliptin）中间体的合成。

NFSI 可对富电子芳香化合物进行有效的氟化反应。例如，在丙型肝炎病毒 NS5A 抑制剂雷迪帕韦（ledipasvir）合成过程中，在六甲基二硅基胺钾（KHMDS）和 N- 氟苯磺酰亚胺（NFSI）作用下得到其苄位二氟取代产物。

当烯烃键有两个 α- 位氢时，烯键 α- 位亚甲基一般比 α- 位甲基更易反应，且有时双键会发生移位或重排。

$$Ph_3CCH_2CH=CH_2 \xrightarrow[\substack{光照/加热, 4h \\ (94\%)}]{NBS/CCl_4} Ph_3CCH=CHCH_2Br$$

（四）芳烃的卤取代反应

1. 反应通式及机制

（L=X, OH, RO, H, RCONH等; X=Cl, Br）

芳环的卤取代反应一般属于芳环的亲电取代反应。一般在 Lewis 酸的催化下进行氯代反应和溴代反应。反应通常在稀乙酸、稀盐酸、三氯甲烷或其他卤代烷烃等极性溶剂中进行。

2. 反应影响因素及应用实例 芳环的卤代反应常加入 Lewis 酸作催化剂，如 $AlCl_3$、$FeCl_3$、$FeBr_3$、$SnCl_4$、$TiCl_4$、$ZnCl_2$ 等。芳环上有强给电子基团（如—OH、—NH_2 等）或使用较强的卤化剂时，不用催化剂反应也能顺利进行。

芳环上有给电子基团时，使芳环活化，卤代反应容易进行，甚至发生多卤化反应，产物以邻位、对位为主；芳环上有吸电子基团时，使芳环钝化，以间位产物为主。例如，在喹诺酮类抗菌药非那沙星（finafloxacin）中间体的合成过程中，3,5- 二甲基氟苯用氯气作为卤化剂，在 $FeCl_3$ 催化下制备其二氯代物。

富电子的吡咯、噻吩、呋喃等芳杂环的卤化非常容易，但不同的五元杂环化合物卤代时异构体的比例差别很大，其反应活性为吡咯>呋喃>噻吩>苯，且 2- 位比 3- 位更容易发生卤取代反应。例如，在抗肿瘤药芦卡帕尼（rucaparib）中间体的合成中，用溴（三溴化吡啶）进行吡咯环的亲电取代实现吲哚环 2 位的溴化。

对于缺 π 电子的芳杂环来说，其卤取代反应较困难。吡啶卤代时，由于生成的卤化氢以及加入的催化剂均能与吡啶环上的氮原子成盐，进一步降低了环上的电子云密度，反应更难进行。但选择适当的反应条件，仍能获得较好的效果。例如，在抗癫痫药吡仑帕奈（perampanel）中间体的合成过程中，2-甲氧基吡啶在乙酸乙酯中用溴素实现吡啶环 5-位氢的溴取代。

温度对反应有一定影响，其可以影响卤原子的引入位置和引入卤原子的数目。例如，萘与溴反应，低温时主要生成 1-溴萘，高温时主要生成 2-溴萘。

卤素的活性次序是 F>Cl>Br>I，氟代反应难以控制，缺少实用价值，但对某些芳杂环仍可进行。例如，用氮气将氟稀释后直接与尿嘧啶发生氟化生成抗肿瘤药 5-氟尿嘧啶（5-fluorouracil，5-FU）。另外，选用 XeF_2、XeF_4 或酰基次氟酸酐（AcOF）等氟化剂直接反应也可达到满意效果。

氯气廉价易得，而且具有较高的反应活性，故氯化反应应用广泛。例如，水杨酸的氯化可制备驱虫药氯硝柳胺（niclosamide）的中间体 5-氯水杨酸。

溴分子对芳烃的取代反应中常需另一分子的溴素来极化溴分子或加入少量的碘来促进溴的极化,或用电解法以加速反应的进行。溴代反应可用来制备药物中间体或含溴药物,例如,镇痛药对溴乙酰苯胺(bromoacetanilide)的制备。

碘的活性低,且苯环上的碘代是可逆的,生成的碘化氢对有机碘化物有脱碘作用,故只有不断除去碘化氢才能使反应顺利进行。除去碘化氢最常用的方法是加入氧化剂或碱性物质中和。例如,在甲状腺素(thyroxine)的合成过程中应用了碘代反应。

此外,氯化碘、溴化碘也可作为亲电试剂,来提高反应中碘正离子的浓度。例如,在治疗偏头痛药物利扎曲坦(rizatriptan)的合成过程中,用 ICl 和碳酸钙在甲醇 - 水溶液中实现碘取代反应。

卤化反应常用的溶剂有二硫化碳、稀乙酸、稀盐酸、三氯甲烷或其他卤代烃,芳烃自身为液体时也可兼作溶剂。例如,邻甲苯胺在三氯甲烷中用溴单质取代后可以制得祛痰药溴己新(bromhexine)的中间体 2,4- 二溴 -6- 甲基苯胺。

二、羰基 α- 位的卤取代反应

(一)醛、酮 α- 位的卤取代反应

1. 反应通式及机制

(L=X, OH, RO, H, RCONH等)

由于酮羰基的诱导效应,其 α- 位氢具有一定的酸性,用卤素、N- 卤代酰胺、次卤酸酯、硫酰卤化物等卤化剂在四氯化碳、三氯甲烷、乙醚和乙酸等溶剂中发生 α- 卤取代反应,生成相应的 α- 卤代酮。反应机制为亲电取代反应,具体为羰基化合物在酸(包括 Lewis 酸)或碱(无机或有机碱)的催化下转化为烯醇形式,再与亲电卤化剂进行亲电取代反应。

2. 反应影响因素及应用实例 酸催化剂可以是质子酸,也可以是 Lewis 酸。反应开始时烯醇化速率较慢,随着反应的进行,卤化氢浓度增大,烯醇化速率加快,反应也相应加快。反应初期可加入少量氢卤酸以缩短诱导期,光照也常常起到明显的催化效果。例如,抗病毒药阿舒瑞韦(asunaprevir)中间体的合成。

碱性催化剂与酸催化不同,酮的 α- 碳上有给电子基团时,可降低 α- 氢原子的酸性,不利于碱性条件下失去质子;相反,吸电子基团有利于增加 α- 位氢原子的活性,从而促进 α- 卤代反应。所以,在碱性条件下,同一碳上容易发生多元卤取代反应,如卤仿反应。例如,二肽基肽酶Ⅳ抑制剂 DBPR108 中间体的合成就是在碱性条件下先与溴素发生 α- 卤代反应,进而酸水解得到。

不对称酮中,羰基的 α- 位有给电子基团有利于酸催化烯醇化,可提高烯醇的稳定性,促进羰基 α- 氢卤取代。例如,免疫抑制剂特立氟胺(teriflunomide)中间体的合成就是在 KBr/H$_2$O$_2$ 体系中生成的溴素与原料反应得到的亚甲基溴代产物。

若羰基 α- 位上具有卤素等吸电子基,在酸催化下的卤代反应则受到阻滞,故在同一碳原子上欲引入第二个卤原子相对比较困难。如果在羰基的另一个 α- 位上具有活性氢,则第二个卤素原子优先取代另一侧的 α- 位氢原子。例如,抗病毒药达拉他韦(daclatasvir)中间体的合成。

由于溴化氢对 α- 位溴代反应的可逆性,可使某些脂肪酮溴化产物中的溴原子构型转化或发生位置异构,而得到比较稳定的异构体。异构化作用与溶剂的极性有关,例如,1,1- 二苯基丙酮在非极性溶剂(如四氯化碳)中溴化,因生成的溴化氢在该溶剂中溶解度较小,易从反应液中除去,异构化倾向小,而得到 1- 溴 -1,1- 二苯基丙酮。相反,若在极性溶剂(乙酸)中溴化，由于溴化氢的溶解度大，异构化能力强，生成的 1- 溴 -1,1- 二苯基丙酮经异构而得较稳定的 3- 溴 -1,1- 二苯基丙酮 -2。

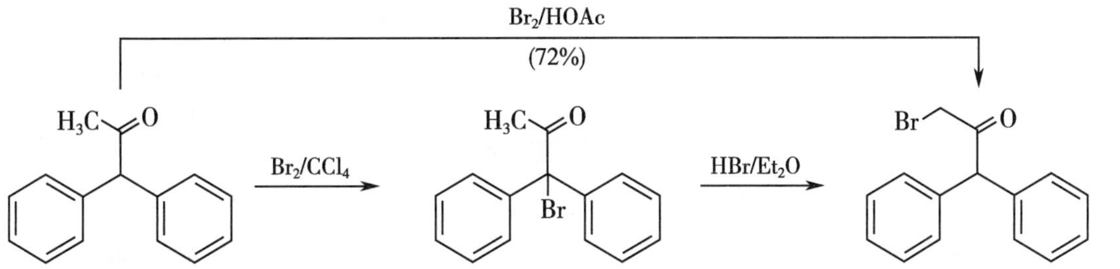

$$\text{Br}_2/\text{HOAc}$$
$$(72\%)$$

1,1-二苯基丙酮 $\xrightarrow{\text{Br}_2/\text{CCl}_4}$ 1-溴-1,1-二苯基丙酮 $\xrightarrow{\text{HBr}/\text{Et}_2\text{O}}$ 3-溴-1,1-二苯基丙酮-2

在酸或碱催化下，脂肪醛的 α- 位氢和醛基氢都可被卤素原子取代，生成 α- 卤代醛和酰卤。例如，在用于治疗恶性胸膜间皮瘤培美曲塞（pemetrexed）的合成过程中，用溴取代醛 α- 位的氢，产物不经纯化可直接用于下一步反应。

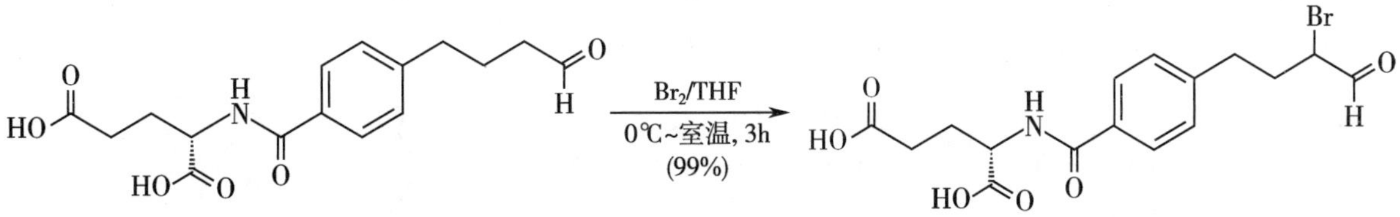

$$\xrightarrow[\substack{0℃\sim室温,\ 3h \\ (99\%)}]{\text{Br}_2/\text{THF}}$$

要得到预期的 α- 卤代醛，最常用的方法是在碱性条件下将醛转化成烯醇乙酸酯，或与三甲基氯硅烷形成三甲基硅醚，或与 N- 甲酰吡咯烷盐酸盐形成亚胺，然后再进行卤代反应，可高收率地生成 α- 卤代醛。

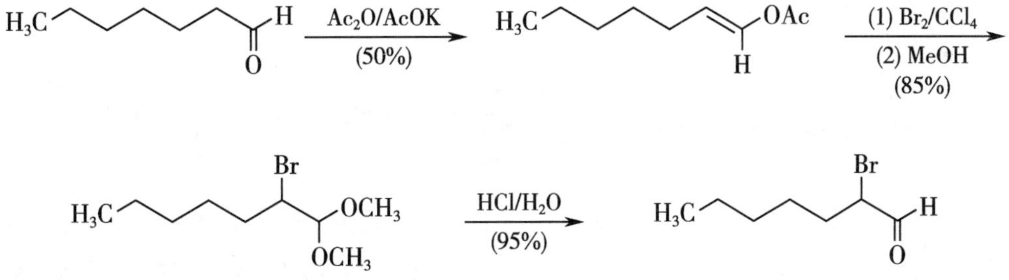

$$\xrightarrow[(50\%)]{\text{Ac}_2\text{O}/\text{AcOK}}$$

$$\xrightarrow[\substack{(2)\ \text{MeOH} \\ (85\%)}]{(1)\ \text{Br}_2/\text{CCl}_4}$$

$$\xrightarrow[(95\%)]{\text{HCl}/\text{H}_2\text{O}}$$

具体反应机制如下：

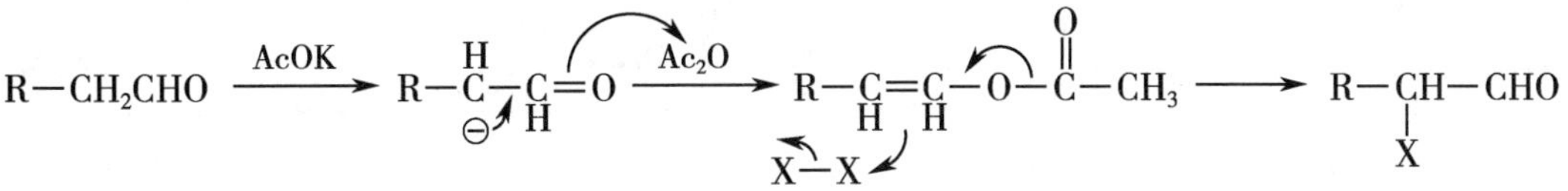

氯化铜或溴化酮在各种溶剂中也可用来制备 α- 卤代酮和 α- 卤代醛。该反应包括铜 - 卤化物催化的烯醇化，然后由铜盐（Ⅱ）转移一个卤原子到烯醇盐上。例如，萘普生（naproxen）中间体 1-（6- 甲氧基 -2- 萘基）-2- 溴代丙酮的合成。

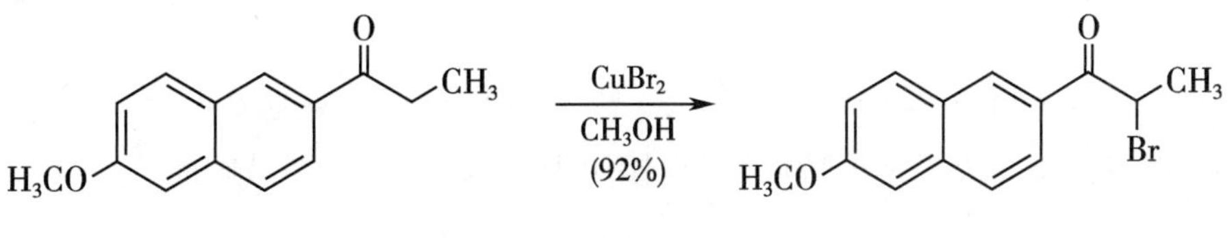

$$\xrightarrow[\substack{\text{CH}_3\text{OH} \\ (92\%)}]{\text{CuBr}_2}$$

（二）羧酸衍生物羰基 α- 位的卤取代反应

1. 反应通式及机制

$$R\text{—}CH_2\text{—}C(=O)\text{—}Y \xrightarrow{\text{卤化剂}} R\text{—}CHX\text{—}C(=O)\text{—}Y$$

（Y=OH, OR′, OCOR′, X, CN等）

羧酸及其衍生物（羧酸酯、酰卤、酸酐、腈等）羰基 α- 位上的氢原子受羰基吸电子作用的影响，具有一定的活性，可与卤素发生 α- 位氢的卤代反应。反应机制与醛酮的 α- 卤取代反应机制相似，属于亲电取代机制。

2. 反应影响因素及应用实例

羧酸及其酯的 α- 氢原子活性较差，α- 卤代反应较为困难，而酰卤、酸酐和腈等的 α- 位卤代则较容易。因此，如欲制得 α- 卤代羧酸，可将酸先转化成其酰卤或酸酐，再进行 α- 卤代反应。在实际操作中，制备酰卤和卤代两步反应通常同时进行，即在反应中加入催化量的三卤化磷或磷，反应结束后经水解或醇解而制得相应的卤代羧酸或卤代羧酸酯，此反应称为 Hell-Volhard-Zelinsky 反应。

$$RH_2C\text{—}C(=O)\text{—}OH \xrightarrow{PX_3} RH_2C\text{—}C(=O)\text{—}X \rightleftharpoons RHC=C(OH)(X) \xrightarrow[-HX]{X-X}$$

$$RHC=C(=O)(X) \xrightarrow{RCH_2COOH} RCHXCOOH + RCH_2COX$$

红磷之所以起催化作用，是由于其与卤素作用生成了三卤化磷。此外，三氯氧磷、五氯化磷、氯化亚砜等也能作催化剂。

$$H_3C\text{—}CH_2CH_2CH_2\text{—}C(=O)\text{—}OH \xrightarrow[65\sim70℃\ (83\%\sim89\%)]{Br_2/PBr_3} H_3C\text{—}CH_2CH_2CH_2\text{—}CHBr\text{—}C(=O)\text{—}OH$$

酰氯、酸酐、腈、丙二酸及其衍生物的 α- 氢活泼，可直接用卤素等各种卤化剂进行 α- 卤代反应。例如，2- 异丙基丙二酸与溴反应制备 2- 溴 -2- 异丙基取代的丙二酸卤素取代后，其进一步经加热脱羧，可得 2- 溴 -3- 甲基丁酸 α- 卤代羧酸。

$$\xrightarrow[\text{回流}]{Br_2/(CH_3CH_2)_2O} \quad \xrightarrow[(55\%\sim66\%)]{120\sim130℃}$$

饱和脂肪酸酯在强碱作用下与卤素反应，可生成 α- 卤代酸酯。

三、药物合成实例分析

碘普罗胺（iopromide）是 1985 年首次在德国上市的非离子型造影剂，具有低渗性、水溶性及非离子化等特点，可直接用于血管造影、数字减影血管

ER1-2 二氯烟
酰氯的制备
（视频）

造影、计算机层摄影，以及尿路、关节腔及输卵管造影。碘普罗胺的合成中涉及芳烃的碘代反应。

1. 反应式

2. 反应操作
在溶有 5- 氨基间苯二甲酸单 -(2,3- 二羟基丙基)甲酰胺（**A**，1mol）的水溶液中，加入 150ml 浓盐酸酸化，加热至 80℃，再在 1 小时内加入 1L 4mol/L 二氯碘化钠（NaICl$_2$）溶液。加毕，在同温度下继续搅拌 3 小时以上，停止加热，继续搅拌反应 10 小时。有产物结晶析出，抽滤，滤饼悬浮于 1L 水中加入 NaS$_2$O$_3$ 搅拌混合。直到溶液对 KI/ 淀粉试纸呈阴性反应，抽滤，滤饼悬浮于 2L 水中，加入 32% NaOH 溶液溶清，加入 60g 活性炭于 50～60℃脱色搅拌 1 小时。过滤，滤液用浓盐酸酸化后析晶，10 小时后将结晶抽滤，滤饼于 50℃下真空干燥得到产物 **B** 486.6g(0.77mol)，收率为 77%。

3. 反应影响因素
5- 氨基间苯二甲酸单 -(2,3- 二羟基丙基)甲酰胺结构中有多个活性基团，包括羟基、氨基及羧基，要选择性地在苯环上引入碘原子，必须选用合适的碘化试剂。考虑到氨基在酸性条件下形成盐，羟基和羧基的卤化是置换反应，而苯环上氢是取代反应，所以应选择亲电性碘化试剂。但一般的碘化试剂活性不够，应选用活性较高的正离子碘化试剂，如 ICl、NaICl$_2$ 等。考虑到 NaICl$_2$ 比 ICl 更稳定，选用 NaICl$_2$ 以一次性引入三个碘原子。该反应温度温和，避免了深热深冷的工艺。

第三节　卤加成反应

一、卤化氢与不饱和烃的加成反应

（一）卤化氢与烯烃的加成反应
1. 反应通式及机制

卤化氢与烯烃的加成反应可得到卤取代的饱和烃。卤化剂常采用卤化氢气体、饱和的卤化氢有机溶剂溶液、浓的卤化氢水溶液等。反应机制目前有两种，分别是通过碳正离子过渡态的亲电加成反应机制和自由基加成机制。

2. 反应影响因素及应用实例
烯烃双键的碳原子上连有烷基等给电子基团时容易发生亲电加成，加成产物遵守马尔科夫尼科夫规则（Markovnikov rule，简称马氏规则），即卤素连接在取代基较多的碳原子上。烯烃双键的碳原子上连有强吸电子基团（如—COOH、—CN、—CF$_3$等）时，与卤化氢的加成方向与马氏规则相反。例如，抗高血压药卡托普利（captopril）中间体 3- 氯 -2- 甲基丙酸的合成。

$$H_2C \diagdown \begin{matrix} CH_3 \\ COOH \end{matrix} \xrightarrow[\substack{室温，3d \\ (93\%)}]{HCl/Et_2O} ClH_2C \diagdown \begin{matrix} CH_3 \\ COOH \end{matrix}$$

使用卤化氢气体为卤化剂时，可将气体直接通入不饱和烃中，或在中等极性溶剂（如乙酸或醚）中进行反应。卤化氢的活性顺序为 HI>HBr>HCl，使用氯化氢时常加入三氯化铝、氯化锌、三氯化铁等 Lewis 酸作催化剂。在反应中为了防止水与烯烃的加成反应，通常加入含卤负离子的试剂以提高卤代烃的收率。

碘化氢与烯烃反应时，若碘化氢过量，由于其具有还原性将会还原碘代烃成烷烃。若用碘化钾和 95% 的磷酸与烯烃回流，可顺利地实现碘化氢的加成。例如，抗帕金森病药苯海索（benzhexol）中间体碘代环己烷的合成。

$$\xrightarrow[\substack{回流 \\ (90\%)}]{KI/H_3PO_4}$$

氟化氢与双键的加成宜采用铜或镀镍的压力容器，使烯烃与无水氟化氢在低温下反应，温度高时易生成多聚物。若用氟化氢与吡啶的络合物作氟化剂，可提高氟化效果。但加入 NBS，而后还原除溴，反应要温和得多。

$$\xrightarrow[\substack{0℃，1h \\ (90\%)}]{HF/NBS/C_5H_5N/THF} \xrightarrow[\substack{50℃，1h \\ (73\%)}]{BuSnH_3}$$

对于溴化氢参与的自由基反应，溴自由基首先进攻取代基较少的碳，得反马氏规则的产物。例如，在降血脂药吉非贝齐（gemfibrozil）制备过程中，3- 氯 -1- 丙烯在自由基诱导剂的存在下，与溴化氢反应生成 1- 氯 -3- 溴丙烷。

$$H_2C \diagup \diagdown Cl \xrightarrow[\substack{20\sim100℃，6h \\ (92\%)}]{HBr/(PhCO_2)_2/PhH} Br \diagdown \diagup Cl$$

（二）卤化氢与炔烃的加成反应

炔烃也能与卤化氢进行加成反应，但反应活性比烯烃低，加成方向符合马氏规则。

$$R^1-C{\equiv}C-R^2 + HX \longrightarrow \begin{matrix} R^1 \\ X \end{matrix} C{=}C \begin{matrix} H \\ R^2 \end{matrix}$$

三键上连有吸电子基团的炔类化合物在乙酸中与金属卤化物反应，可以生成顺式加成产物，特别适用于 3- 卤代丙烯酸（酯）等的制备。

$$HC{\equiv}C-CO_2CH_2CH_3 \xrightarrow[\substack{70℃，12h \\ (88\%)}]{NaI/HOAc} \begin{matrix} H \\ I \end{matrix} C{=}C \begin{matrix} H \\ CO_2CH_2CH_3 \end{matrix}$$

二、卤素与不饱和烃的加成反应

（一）卤素与烯烃的加成反应

1. 反应通式及机制

烯烃与卤素在四氯化碳或三氯甲烷等溶剂中进行反应，生成邻二卤代烷烃。卤素与烯烃的反应有两种机制，一种是亲电加成机制，即卤素作为亲电试剂对烯烃双键的加成，首先形成卤离子过渡态，然后体系中的负离子（卤负离子或其他阴离子）对过渡态进行反向加成，形成反式构象的二卤代烷烃；另一种是自由基加成机制，即在自由基引发剂的存在下，不饱和碳-碳键可以与卤素进行自由基加成。

2. 反应影响因素及应用实例

烯烃的反应能力与中间体碳正离子的稳定性有关，其活性次序为 $RCH=CH_2 > CH_2=CH_2 > CH_2=CHX$。卤负离子的进攻位置取决于该碳原子上取代基的性质，卤素负离子一般向能够形成较稳定的碳正离子的碳原子进行亲核加成，形成 1,2-二卤化物。例如，在选择性 D_1 受体激动剂非诺多泮（fenoldopam）的合成过程中，对甲氧基苯乙烯与溴反应得加成产物 1-（1,2-二溴乙基）-4-甲氧基苯。

由于脂环烯具有刚性，不能自由扭转，卤素对脂环烯的加成产物中的邻二卤原子处于反式直立键；如果两个直立键卤素原子有 1,3-位位阻，常可转化成稳定的反式双平伏键产物。例如，脱氢表雄酮（dehydroepiandrosterone）的溴化。

卤素的反应活性次序为 $F_2 > Cl_2 > Br_2 > I_2$。氟太活泼，在卤加成时易发生取代、聚合等副反应，难以得到单纯加成产物，因此在药物合成中应用较少。而碘单质对烯烃的加成产物不稳定，容易发生消除反应，为可逆反应；且加成得到的二碘化物对光极为敏感，易在室温下发生消除反应。因此，烯烃的卤加成反应主要是指氯或溴对烯烃的加成反应，氟化物和碘化物则更多的是通过卤置换反应来制备（具体见本章第四节）。

烯烃的溴加成反应在药物合成中有比较广泛的应用，例如特效神经阻滞剂樟磺咪芬（trimetaphan camsilate）中间体的合成。

$$\underset{\text{HOOC}}{\overset{\text{H}}{}}\text{C=C}\underset{\text{H}}{\overset{\text{COOH}}{}} \xrightarrow[\substack{60\text{℃, 2h} \\ (73\%)}]{Br_2/H_2O} \underset{\text{HOOC}}{\overset{\text{Br}}{}}\text{H-C-C-H}\underset{\text{Br}}{\overset{\text{COOH}}{}}$$

卤素不仅影响反应的难易程度,而且还影响产物的构型。极化能力较强的溴,容易与双键生成溴鎓离子,溴负离子从鎓离子的背面进攻,生成反式加成产物。与之相比,氯不容易形成氯鎓离子,新生成的氯负离子来不及完全离去及参与反应,有利于生成顺式产物。例如,苊烯用溴和氯反应时,分别得到其反式加成的二溴化物和顺式加成的二氯产物为主的产物。

$$\xleftarrow[\substack{(31\%)}]{Cl_2/HOAc} \qquad\qquad \xrightarrow[\substack{(36\%)}]{Br_2/CCl_4}$$

在上述反应中,用吡啶氢溴酸盐(PyHBr$_3$)稳定单质溴,或用亚硝酸原位氧化氢溴酸生成溴的方法,可将反式二溴化物的收率分别提高至93%和96%。此类溴化剂还有四丁基铵过溴化物(TBABr$_3$)、苄基三甲基铵过溴化物(BTMABr$_3$)等,它们均可与烯烃在温和的条件下反应生成二溴代物。

卤素对烯烃的加成反应一般在四氯化碳、三氯甲烷、二硫化碳、二氯甲烷等非质子性溶剂中进行。若以醇、水或乙酸作反应溶剂,其离解产生的亲核性基团也可以进攻 π- 络合物过渡态。因此,反应得到1,2- 二卤化物的同时,还会有亲核基团(—OR、—OH、—OOR)参与反应的 α- 溴醇或相应醚等副产物。

根据这种性质,将烯烃和溴(或碘)加在惰性溶剂中,并加入有机酸盐一起进行回流,即可制得相应的 α- 溴醇或 α- 碘醇的羧酸酯。例如,等摩尔的环己烯、乙酸银和碘在乙醚中回流,可得到89%的 α- 碘代环己醇乙酸酯。

$$\xrightarrow[\substack{(89\%)}]{I_2/AcOAg/(CH_3CH_2)_2O}$$

实际反应中可根据需要,通过调控反应的条件来提高需要产物的比例。一般通过加入无机卤化物来提高卤负离子浓度,从而提高1,2- 二卤化物的收率。

温度对烯烃卤化反应的反应机制和反应方向都有影响。在低温时通常是亲电加成反应,而在高温无催化剂存在时,则为自由基加成反应或自由基取代反应。在低温时,卤素对共轭双烯的加成主要是动力学控制的1,2- 加成产物;温度较高时,1,2- 加成产物长时间放置,则生成热力学控制的1,4- 加成产物。

卤素与烯烃发生加成反应的温度不宜过高,否则生成的邻二卤代物有脱去卤化氢的可能,并可能发生取代反应。双键上有叔碳取代的烯烃与卤素反应时,除了生成反式加成产物外,还可发生重排和消除反应。

在 NaHCO₃ 等碱性条件下, 卤素(如溴或碘)对不饱和羧酸进行加成, 生成五元环或六元环卤代内酯的反应, 称为不饱和羧酸的卤内酯化反应(halolactonization)。

反应过程可理解为卤素与双键形成的卤鎓离子受到亲核性的羧酸负离子的进攻, 进而生成稳定的卤代五元环内酯。

例如, 在具有抗肿瘤活性的天然分子(+)-pancratistatin 的合成过程中, 中间体在弱碱性条件下发生不饱和羧酸的卤内酯化反应。

（二）卤素与炔烃的加成反应

1. 反应通式及机制

卤素对炔烃的加成反应主要生成反式二卤代烯烃。其中，炔烃的溴加成反应一般为亲电加成机制，而炔烃的碘或氯加成反应多为光催化的自由基加成机制。

2. 反应影响因素及应用实例　对于双键邻位具有吸电子基的炔烃，由于双键的电子云密度降低，卤素加成的活性下降，可加入少量 Lewis 酸或叔胺等进行催化，促使反应顺利进行。

$$CH_3C\equiv CCOOH \xrightarrow[\substack{-10\sim-5℃ \\ (76\%)}]{Br_2/CH_3OH} \underset{H}{\overset{Br}{}}C=C\underset{Br}{\overset{COOH}{}}$$

双键和三键非共轭的烯炔与等物质的量卤素（氯或溴）反应时，反应优先发生在双键上。

$$HC\equiv C-CH_2-CH=CH_2 \xrightarrow[(90\%)]{Br_2} CH\equiv C-CH_2-CHBrCH_2Br$$

炔烃的亲电加成不如烯烃活泼，其原因与它们的结构差别有关。①三键的键长（120pm）比双键（134pm）短，炔烃的 π 键更牢固，不易断裂；② sp 杂化的三键碳原子比 sp^2 杂化的双键碳原子电负性大，前者对 π 电子的束缚能力大，相应的键不易极化和断裂；③三键不易生成卤离子，生成的碳正离子稳定性也较差。

三、其他卤化剂与不饱和烃的加成反应

（一）N- 卤代酰胺与不饱和烃的加成反应

1. 反应通式及机制

$$\underset{R^2}{\overset{R^1}{}}C=C\underset{R^4}{\overset{R^3}{}} + R-\overset{O}{\overset{\|}{C}}-\overset{H}{\underset{}{N}}-X \xrightarrow{Nu^\ominus} \underset{R^2}{\overset{R^1}{}}\overset{X}{\underset{}{C}}-\overset{R^3}{\underset{Nu}{C}}R^4$$

（NuH=H_2O, ROH, DMF, DMSO）

N- 卤代酰胺对烯烃的加成反应是指在质子酸（乙酸、高氯酸、溴氢酸）催化下，在不同亲核性溶剂中反应，生成 β- 卤醇或 β- 卤醇衍生物。N- 卤代酰胺对烯烃的加成反应类似于烯烃的卤加成反应，属于亲电加成反应。

2. 反应影响因素及应用实例　常用的 N- 卤代酰胺类卤化剂有 N- 溴（氯）代丁二酰亚胺（NBS，NCS）和 N- 溴（氯）代乙酰胺（NBA，NCA）等，其中 NCS 活性较弱，但是在 $NaHCO_3$ 存在时，可由 NCS 和 NaI 原位生成活性较高的 NIS 进行反应。例如，在抗病毒药茚地那韦（indinavir）中间体的合成过程中，在乙酸异丙酯（IPAC）和水中，用 $NCS/NaI/NaHCO_3$ 可高收率得邻羟基碘化物。

NBA 或 NBS 在含水二甲基亚砜中与烯烃反应,生成高收率、高选择性的反式加成产物,此反应称为 Dalton 反应。若在干燥的二甲基亚砜中反应,则发生 β- 消除,生成 α- 溴代酮,这是由烯烃制备 α- 溴代酮的简便方法,其可能的反应机制如下:

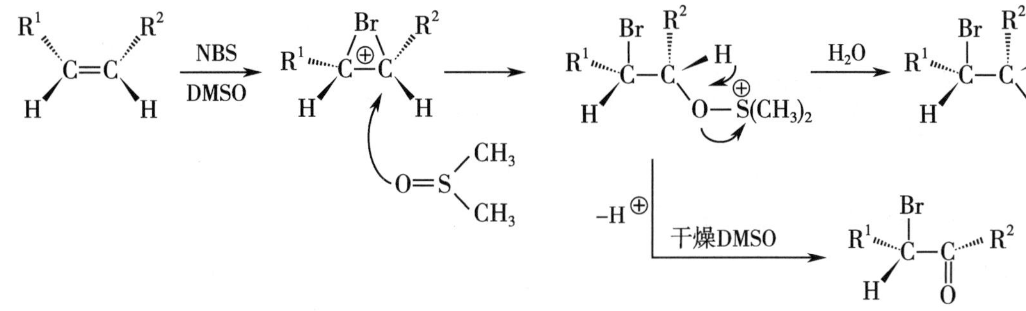

(二)次卤酸、次卤酸盐(酯)与不饱和烃的加成反应

1. 反应通式及机制 次卤酸(HOX)对烯烃的加成反应生成 β- 卤醇。

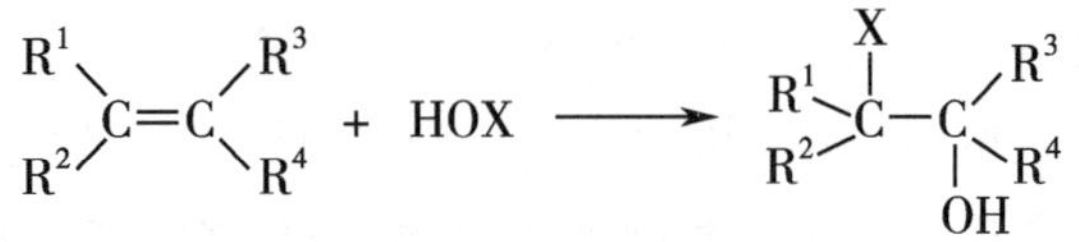

次卤酸酯(ROX)对烯烃加成在亲核性溶剂 NuH(H_2O、ROH、DMF、DMSO 等)中发生时,$Nu^{\ominus}$ 参与反应而生成 β- 卤醇或 β- 卤醇衍生物。

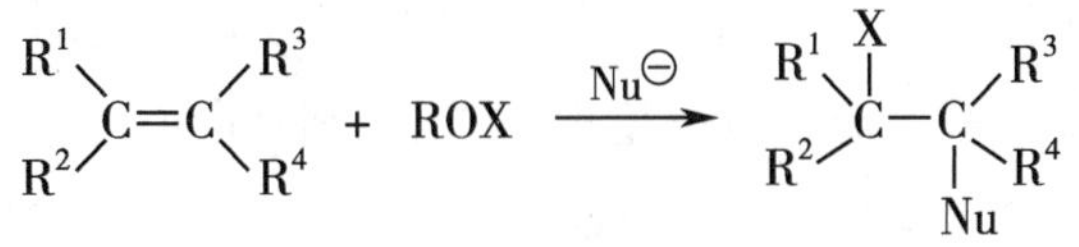

次卤酸或次卤酸酯对烯烃的加成反应机制与烯烃的卤加成反应类似,属于亲电加成机制,遵循马氏规则,即卤素加成在双键取代基较少的碳上。

2. 反应影响因素及应用实例 次卤酸本身为氧化剂,且很不稳定,所以次氯酸和次溴酸常用氯气或溴和中性或含汞盐的碱性水溶液反应新鲜制备。而用此法制备次碘酸时,则必须添加碘酸(盐)、氧化汞等氧化剂,以除去还原性较强的碘负离子。例如,在抗孕激素米非司酮(mifepristone)的合成过程中,3β- 乙酰基脱氢表雄酮在次氯酸钙的乙酸体系中生成其次氯酸加成产物。

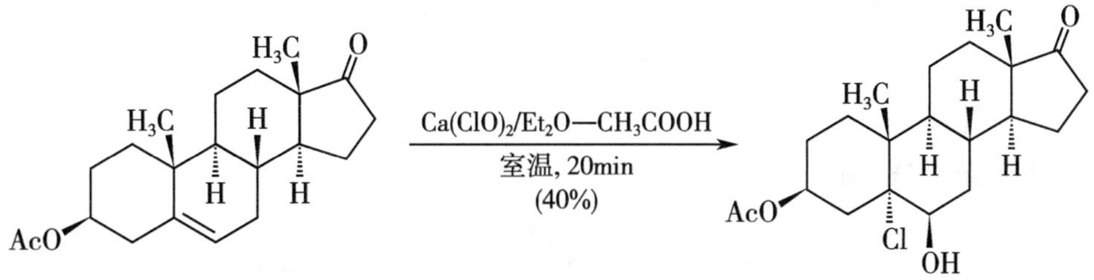

次卤酸酯比次卤酸稳定性高,最常用的是次卤酸叔丁酯。通常由叔丁醇和次氯酸钠和乙酸反应制成,或在叔丁醇的碱性溶液中通入氯气制备。在非水溶液中反应时,根据亲核性溶剂的不同,生成相应的 β- 卤醇衍生物。

$$\text{HC=CH}_2 \text{(on benzene ring)} \xrightarrow[\substack{<25℃,\ 15min \\ (92\%)}]{t\text{-BuOCl/HOAc/H}_2\text{O}} \text{HOHC—CH}_2\text{Cl (on benzene ring)}$$

四、药物合成实例分析

卡托普利（captopril）是第一个口服有效的血管紧张素转化酶抑制类高血压药物。卡托普利的合成过程中涉及烯烃的卤加成反应。

1. 反应式

$$\underset{\substack{\text{H}_3\text{C} \\ \text{CH}_2}}{\text{（甲基丙烯酸）}} \xrightarrow[0℃,12h]{\text{HBr/CH}_3\text{Cl}} \underset{\text{CH}_3}{\text{Br—CH}_2\text{—CH—COOH}}$$

2. 反应操作

将甲基丙烯酸 800ml（9.93mol）、三氯甲烷 700ml 和少量阻聚剂对苯二酚加入 3L 的四口烧瓶中，在机械搅拌下混合均匀，将反应体系温度降至 –5℃，开始通入理论量的溴化氢气体。反应过程中，反应液逐渐变为淡黄色，气体通完后，0℃静置 12 小时。减压蒸馏除去溶剂得 3- 溴 -2- 甲基丙酸（1.57kg），产率 95%。

3. 反应影响因素

此反应可选择氯化氢或溴化氢作为卤化剂。当选择氯化氢为卤化剂、三氯甲烷为溶剂时，反应在 0℃和 40℃均未发生；当用乙酸为溶剂、反应体系温度为 105℃时，反应也未发生。若继续升高温度进行反应，常用溶剂沸点无法达到要求，而且对工业化生产的设备要求高，因此最终选择溴化氢为卤化剂。其次，在通入溴化氢气体时，可根据反应液颜色来判断通入气体的速度，当速度太快时反应液颜色会变为橙红色，此时应适当降低通气的速度。该反应除了需要严格选择卤化剂和溶剂，对反应体系的温度也应该严格把控。一定要将温度保持在 –5℃附近，否则易引起甲基丙烯酸部分聚合，影响产率。

第四节　卤置换反应

一、醇羟基的卤置换反应

（一）卤化氢与醇的反应

1. 反应通式及机制

$$\text{R—OH} + \text{HX} \xrightarrow{\text{H}^{\oplus}} \text{R—X} + \text{H}_2\text{O}$$

卤化氢与醇的反应属于酸催化下的亲核取代反应，醇羟基被卤原子取代生成卤代烃。反应可按 S_N1 或 S_N2 反应机制进行，具体见本章第一节。

2. 反应影响因素及应用实例

反应的难易程度取决于醇和氢卤酸的活性，醇羟基的活性顺序为叔(苄基、烯丙基)醇>仲醇>伯醇,氢卤酸的活性顺序为 HI>HBr>HCl。由于反应属于平衡反应,增加醇和卤化氢的浓度以及不断移去产物和生成的水均有利于加速反应和提高收率。

醇与氢氟酸的置换反应中,一般在氢氟酸中加入吡啶可得到满意的反应效果。醇与氯化氢的置换反应中,叔醇和苄醇等反应活性较高的醇,一般使用浓盐酸或氯化氢气体进行反应。对于伯醇等反应活性较弱的醇,用浓盐酸并加入氯化锌作催化剂,即 Lucas 试剂(由 2.25mol 无水氯化锌在 0～5℃溶于 2.52mol 冷的浓盐酸而制得混合物)。例如,薄荷醇用该溶液在室温下能快速反应得到高收率薄荷氯,且能保持手性。

锌原子与醇羟基形成配位键,使醇中的 C—O 键变弱,羟基容易被取代。

有时也可以用无水氯化钙代替无水氯化锌。例如,苯海索(benzhexol)等药物中间体氯代环己烷的合成。

醇与氢溴酸反应,可以直接用 HBr 的乙酸溶液进行溴置换反应。例如,抗凝剂利伐沙班(rivaroxaban)中间体的合成。

为了提高氢溴酸浓度,可除去反应中生成的水,也可加入浓硫酸,或者直接用溴化钠/硫酸或溴化铵/硫酸。例如,在止痛药阿尔维林(alverine)的合成过程中,其中间体 γ- 溴代苯就是将 3- 苯基丙醇用氢溴酸溴置换制备的。

在碘置换反应中,常将碘代烷蒸馏移出反应系统,以避免还原成烷烃。常用的碘化剂有碘化钾和 95% 磷酸[或多聚磷酸(PPA)]、碘和红磷等。不过醇的碘置换更多的情况是先将醇转化为氯化物、溴化物或磺酸酯,再用碘化钠进行置换。

用氢卤酸作为卤化剂对于某些仲、叔醇和 β- 碳原子为叔碳的伯醇进行取代反应，反应温度较高时，可产生重排、异构和脱卤等副反应。例如，2- 戊醇在氢溴酸中与硫酸共热，除得到 2- 溴戊烷外，还能得到 28% 收率的 3- 溴戊烷。若在 –10℃ 左右时通入溴化氢气体，则仅可得到 2- 溴戊烷。

若烯丙醇的 α- 位上有苯基、苯乙烯基、乙烯基等基团时，由于这些基团能与烯丙基形成共轭体系，几乎完全生成重排产物。

（二）亚硫酰氯与醇的反应

1. 反应通式及机制

$$ROH + SOCl_2 \rightleftharpoons RCl + HCl + SO_2$$

氯化亚砜与醇反应生成相应的氯化烃。过程为：氯化亚砜首先与醇形成氯化亚硫酸酯，然后氯化亚硫酸酯分解释放出二氧化硫。氯化亚硫酸酯的分解方式与溶剂极性有关，如在乙醚或二氧六环等醚类溶剂中反应，则发生分子内亲核取代（S_Ni），所得产物保留醇的原有构型。如在吡啶中反应，则属于 S_N2 反应机制，可发生瓦尔登（Walden）反转，所得产物的构型与醇相反。如无溶剂时，一般按 S_N1 反应机制反应而得外消旋产物。

2. 反应影响因素及应用实例 在反应体系中加入有机碱，或醇分子内存在氨基等碱性基团时，有利于提高氯代反应的速率。该法也适用于一些对酸敏感的醇的氯置换反应。例如，抗胃溃疡药奥美拉唑（omeprazole）中间体 2- 氯甲基 -3,5- 二甲基 -4- 甲氧基吡啶的合成。

制备某些易于消除的氯化物时,若采用吡啶为催化剂,往往引起消除副反应,但加入 *N,N*- 二甲基甲酰胺(DMF)、六甲基磷酰三胺(HMPT)作催化剂一般可得到较好效果,这是因为形成了新的活性中间体,他们反应活性高、速度快、选择性好。

$$Me_2N-CHO \xrightarrow{SOCl_2} \left[Me_2\overset{\oplus}{N}=CHCl \right] Cl^{\ominus} \qquad (Me_2N)_3PO \xrightarrow{SOCl_2} [(Me_2N)_2PCl=\overset{\oplus}{N}Me_2]Cl^{\ominus}$$

$$\xrightarrow[\substack{室温,15h \\ (80\%)}]{SOCl_2/HMPT}$$

应用溴化亚砜可进行醇的溴置换反应。溴化亚砜的制备是在 0℃ 的氯化亚砜中通入溴化氢气体,然后分馏得到。

$$H_3C\diagdown O\diagdown OH \xrightarrow[\substack{100℃,2h \\ (70\%)}]{SOBr_2/Py} H_3C\diagdown O\diagdown Br$$

(三)含磷卤化剂与醇的反应

含磷卤化剂主要有五氯化磷、三氯化磷、三溴化磷、三碘化磷、三氯氧磷及 Rydan 试剂等苯膦卤化物等。由于红磷和溴或碘能迅速反应生成三溴化磷或三碘化磷,所以通常用红磷和溴或碘代替三溴化磷或三碘化磷。

1. 反应通式及机制

$$R-OH \xrightarrow{PX_3/PX_5} R-X$$

醇与卤化磷反应生成卤代烃和磷酸(酯)。

三卤化磷和五卤化磷是活性较大的卤化剂,它在和羟基反应的过程中,醇与三卤化磷首先生成二卤代亚磷酸酯和卤化氢,前者立即被质子化,卤负离子按两种途径取代亚磷酰氧基生成卤代烃。叔醇一般按 S_N1 反应机制反应,伯醇和仲醇一般按 S_N2 反应机制进行反应。

2. 反应影响因素及应用实例

三氯化磷与伯醇反应产率较低,而采用三溴化磷时效果较理想。例如,巴比妥类药物美索比妥(methohexital)中间体的合成。

$$C_2H_5-C\equiv C-\underset{\underset{OH}{|}}{C}HCH_3 \xrightarrow{PBr_3} C_2H_5-C\equiv C-\underset{\underset{Br}{|}}{C}HCH_3$$

光学活性醇与三卤化磷反应得到构型翻转的卤化物。例如,治疗阿尔茨海默病药物卡巴拉汀(rivastigmine)中间体的合成。

$$\xrightarrow[\substack{2h,室温 \\ (90\%)}]{PBr_3/Na_2CO_3/DCM}$$

PCl₅ 受热易分解为 PCl₃ 和氯,氯可发生取代或不饱和键的加成等副反应,所以使用 PCl_5 时温度不宜太高。

$POCl_3$ 的氯取代能力比 PCl_3 和 PCl_5 弱,且分子中的三个氯原子只有第一个氯原子的置换能力强。因此,反应时需要加入过量的 $POCl_3$,同时需要加入催化剂吡啶、DMF、*N,N*- 二甲苯胺等。其中,$POCl_3$ 与 DMF 反应形成的氯代亚胺盐(Vilsmeier-Haack 试剂)在氯置换反应中具有重要用途。例如,抗高血压药阿利吉仑(aliskiren)中间体的合成。

$$POCl_3 + HCONMe_2 \xrightarrow{0℃, 10min} \left[Me_2\overset{\oplus}{N}=CHCl\right]\overset{\ominus}{OPHOCl_2}$$

在将醇转化为相应卤化物的卤化剂中,有一些新型的有机磷卤化物试剂(Rydan 试剂)反应条件温和、选择性良好,如 Ph_3PX_2、$Ph_3\overset{\oplus}{P}CX_3X^{\ominus}$、$(PhO)_3PX_2$ 和 $(PhO)_3\overset{\oplus}{P}RX^{\ominus}$ 等苯膦卤化物和亚磷酸三苯酯卤化物等。这些三苯膦二卤化物和三苯膦的四卤化碳复合物可由三苯膦和卤素或四卤化碳新鲜制备;亚磷酸三苯酯卤代烷及其二卤化物均可由亚磷酸三苯酯与卤代烷或卤素直接制得,不须分离随即加入待反应的醇进行置换。

$$R-OH + Ph_3PX_2 \longrightarrow RX + Ph_3PO + HX$$

$$R-OH + Ph_3\overset{\oplus}{P}CX_3\overset{\ominus}{X} \xrightarrow{-CHX_3} Ph_3\overset{\oplus}{P}OR \xrightarrow{\overset{\ominus}{X}} RX + Ph_3PO$$

Rydan 试剂常用 DMF、六甲基磷酰胺作溶剂,可选择性地置换伯羟基成溴化物。

另外,可以选择碘和三苯基膦作为碘化剂。例如,抗病毒药物来迪派韦(ledipasvir)中间体的合成。

(四)醇的间接卤化

对于反应活性弱的醇,若无合适的卤化剂直接卤化,可将醇羟基先用磺酰氯(TsCl 或 MsCl)制备成磺酸酯,再与碱金属的卤化物作为卤化剂置换得到卤代烃。这主要利用卤负离子是亲核试剂,而磺酸基是很好的离去基团。

$$R-OH \xrightarrow{R'SO_2Cl} R-O-\overset{\overset{\displaystyle O}{\|}}{\underset{\underset{\displaystyle O}{\|}}{S}}-R' \xrightarrow{X^{\ominus}} R-X + R'SO_3^{\ominus}$$

磺酸酯与亲核性卤化剂反应,通常在丙酮、醇、DMF 等溶剂中用钠盐、钾盐或锂盐等卤化剂反应。例如,在抗丙型肝炎病毒药物索磷布韦(sofosbuvir)中间体的合成过程中,先在三乙胺(TEA)作用下磺酰化,再用溴化锂取代得到其溴化物。

二、酚羟基的卤置换反应

(一)反应通式与机制

$$Ar-OH \xrightarrow{PX_5/POX_3} Ar-X$$

酚羟基活性较小,一般须采用活性更高的五卤化磷,或与氧卤化磷合用才能反应。酚与卤化磷的反应机制与醇羟基的卤置换机制相似,首先含磷卤化剂和酚形成亚磷酸酯,以削弱酚的 C—O 键,然后卤素负离子对酚碳原子进行亲核进攻而得到卤置换产物。

(二)反应影响因素及应用实例

五卤化磷受热易解离成三卤化磷和卤素,反应温度越高,解离度越大,置换能力亦随之降低。例如,抗血栓药双嘧达莫(dipyridamole)中间体的合成。

三氯氧磷的氧化能力相对较弱,可直接用于芳环上羟基的氯代。杂芳香环上的羟基相对比较容易被置换,反应时常加入吡啶、DMF、*N*,*N*- 二甲基苯胺等作催化剂。例如,抗肿瘤药凡德他尼(vandetanib)中间体的合成。

芳环上有强吸电子基团时,酚羟基容易被取代。

三、羧酸羟基的卤置换反应

（一）氯化亚砜与羧羟基的卤置换反应

1. 反应通式及机制

$$R\text{—COOH} + SOCl_2 \longrightarrow R\text{—COCl} + SO_2 + HCl$$

氯化亚砜本身的氯化活性并不大，但若加入少量催化剂（如吡啶、DMF、Lewis 酸）则活性增大，DMF 参与反应的反应机制如下：

$$\xrightarrow{-SO_2, -HCl}$$

2. 反应影响因素及应用实例

羧酸的反应活性顺序为脂肪酸 > 带有给电子取代基的芳香羧酸 > 无取代基的芳香羧酸 > 带有吸电子取代基的芳香羧酸。加入少量的 DMF 作催化剂可加快反应的进行，反应结束后蒸除多余的氯化亚砜，可得到纯度较高的酰氯。若生成的酰氯与氯化亚砜沸点相近，可加入适量的无水甲酸，使氯化亚砜分解即可。例如，氯胺酮（ketamine）和氯苯达诺（chlophedianol）等药物的中间体邻氯苯甲酰氯的合成。

$$\xrightarrow[\substack{回流, 16h \\ (100\%)}]{SOCl_2/PhMe}$$

氯化亚砜更多情况下用于制备脂肪族及环烷酸酰氯。例如，抗抑郁药反苯环丙胺（tranylcypromine）中间体的合成。

$$\xrightarrow[\substack{35℃, 3h \\ (95\%)}]{SOCl_2}$$

除了 DMF，也可用 *N,N*-二乙基乙酰胺、己内酰胺等作催化剂。如化合物本身含有叔氮原子则可以不外加催化剂，例如，苯唑西林钠（oxacillin sodium）的中间体甲异噁唑酰氯的合成，仅用氯化亚砜就可以得到较为满意的结果。

$$\xrightarrow[\substack{回流, 3h \\ (93\%)}]{SOCl_2}$$

（二）卤化磷与羧羟基的卤置换反应

1. 反应通式及机制

$$RCOOH \xrightarrow{PX_3/PX_5/POX_3} RCOX$$

三氯化磷、三溴化磷、三碘化磷、五氯化磷及三氯氧磷等卤化磷均可与羧酸反应生成酰卤。反应机制与氯化亚砜类似,属于亲电取代反应。

2. 反应影响因素及应用实例 酰卤化反应中,羧酸的活性顺序为脂肪酸>芳香酸,供电子基取代的芳酸>未取代的芳酸>吸电子基取代的芳酸。

不同磷卤化剂对羧酸置换反应的活性顺序为 PCl_5>PBr_3(PCl_3)>POX_3。PCl_5 活性最高,生成的产品质量及外观较好,但反应中容易生成焦磷酸,使分离变得困难。PCl_5 适用于具有吸电子取代基的芳香羧酸或芳香多元羧酸的卤置换反应,反应后生成的 $POCl_3$ 可借助分馏法除去。例如,抗生素苯唑西林(oxacillin)中间体的合成。

PCl_3 和 PBr_3 适用于脂肪羧酸的卤置换反应;活性最弱的 POX_3 适用于羧酸盐的卤置换反应。例如,止咳药卡拉美芬(caramiphen)中间体的制备。

三氯氧磷与羧酸作用较弱,但容易与羧酸盐反应而得相应的酰氯。由于反应中不生成氯化氢,尤其适宜于制备不饱和酸的酰氯衍生物。

$$CH_3CH=CHCOOK \xrightarrow[\text{(93%)}]{POCl_3/CCl_4} CH_3CH=CHCOCl$$

三氯氧磷也可将磺酸或磺酸盐转化为磺酰氯。

(三)其他卤化剂与羧羟基的卤置换反应

1. 草酰氯 草酰氯是一种温和的羧羟基氯化试剂,须加入少量的 DMF 作催化剂。对分子中具有对酸敏感的官能团或在酸性条件下易发生构型转化的羧酸而言,草酰氯可有效将其转化为相应的酰氯,而分子中其他基团、不饱和键和高张力的桥环等不受影响。例如,在广谱抗真菌药艾沙康唑(isavuconazonium)的合成过程中,2-氯烟酸在 DMF 催化量下用草酰氯制备其酰氯。

2. 光气 光气($COCl_2$)是一种很高效的酰化试剂,但毒性较大。实验室通常用三光气

$[CO(OCCl_3)_2]$ 固体来代替。例如，抗菌药哌拉西林（piperacillin）中间体的合成。

三光气/Et₃N/DCM
−5~5℃, 2.5h
(97%)

四、其他类型的卤置换反应

（一）羧酸盐的脱羧置换反应

1. 反应通式及机制 羧酸银与溴素或碘单质反应脱去二氧化碳，生成比原反应物少一个碳原子的卤代烃，即 Hunsdiecker 反应。

$$RCOOAg + X_2 \longrightarrow RX + CO_2 + AgX$$

该反应机制属于自由基反应，包括中间体酰基次卤酸发生 X—O 键均裂生成酰氧自由基，然后脱羧成烷基自由基，再和卤素自由基结合成卤化物。

2. 反应影响因素及应用实例 Hunsdiecker 反应过程中要严格无水，否则收率很低，甚至得不到产物，这是由于银盐很不稳定，用氧化汞代替银盐可解决此问题，一般是由羧酸、过量氧化汞和卤素直接反应。例如，喹诺酮类药物环丙沙星（ciprofloxacin）中间体溴代环丙烷的合成。

$Br_2/HgO/CCl_4$
(46%)

在 DMF-AcOH 中加入 NCS 和四乙酸铅（LTA）反应，可由羧酸衍生物顺利地脱羧而得相应的氯化物，此法称为 Kochi 改良方法。这种方法没有重排等副反应，收率高，条件温和，适用于由羧酸制备仲、叔氯化物。

$$RCOOH + Pb(OAc)_4 \xrightarrow{-HOAc} RCOOPb(OAc)_3 \xrightarrow{LiCl} RCl + LiPb(OAc)_3 + CO_2$$

$NCS/Pb(OAc)_4/DMF\text{-}HOAc$
40~55℃, 15min

羧酸在光照条件下用碘、四乙酸铅在四氯化碳中反应，也可进行脱羧，生成卤置换碘代烃，称为 Barton 改良方法，此法适用于在惰性溶剂中由羧酸制备伯或仲碘化物。

$Ph(OAc)_4/I_2/CCl_4$
光照, 1.5h
(80%)

（二）卤化物的卤置换反应

1. 反应通式及机制

$$RX \ + \ X'^{\ominus} \longrightarrow RX' \ + \ X^{\ominus} \quad (X=Cl, Br; X'=I, F)$$

有机卤化物与无机卤化物之间进行卤原子交换又称 Finkelstein 反应（卤素交换反应），利用本反应常将氯（溴）化烃转化成相应的碘化烃或氟化烃。卤素交换反应系属于 S_N2 反应机制。

2. 反应影响因素及应用实例

卤化物的卤置换反应难易程度取决于被交换卤素原子的活性。通常选用的无机卤化物具有较大的溶解度，而生成的无机卤化物溶解度甚小或几乎不溶解。常用的溶剂有 DMF、丙酮、CCl_4 或 2- 丁酮等非质子极性溶剂。碘化钠在丙酮中的溶解度较大（25℃时 39.9g/100ml），而生成的氯化钠溶解度很小。例如，免疫调节剂雷西莫特（resiquimod）中间体 1H- 咪唑并 [4,5-c] 喹啉的合成。

Lewis 酸可增强卤代烷的亲电活性，加入 Lewis 酸有利于卤素交换反应。

关于氟原子的交换，采用的氟化试剂有氟化钾、氟化银、氟化锑（SbF_3 或 SbF_5）、氟化氢等。氟化锑能选择性地取代同一碳原子上的多个卤原子，常用于三氟甲基化合物的制备，在药物合成中应用较多。

氟罗沙星（fleroxacin）中间体 1- 溴 -2- 氟乙烷的合成可以通过 1,2- 二溴乙烷在乙腈中用 KF 进行卤素交换氟化得到。

芳香重氮盐化合物也可与提供卤素负离子的卤化剂反应生成相应的卤代芳烃，将卤素原子引入到难以引入的芳烃位置上，此法是制备卤代芳烃方法的重要补充形式。

用氯化亚铜或溴化亚铜在相应的氢卤酸存在下，将芳香重氮盐转化为卤代芳烃的反应，称为 Sandmeyer 反应。利用该反应可高效的制备氯代芳烃和溴代芳烃，例如喹诺酮类抗菌药环丙沙星（ciprofloxacin）中间体的合成。

五、药物合成实例分析

凡德他尼（vandetanib）是一种多靶点酪氨酸激酶抑制剂，于 2011 年上市，用于治疗不可切除、局部晚期或转移的有症状或进展髓样甲状腺癌。凡德他尼合成过程中涉及酚羟基的氯代反应。

1. 反应式

A   **B**

2. 反应操作

在反应瓶中加入原料 **A** 2.8g（9.24mmol）、氯化亚砜 28ml（含 DMF 280μl），将混合物搅拌溶解，并加热回流 1 小时。冷却后，蒸除易挥发成分，剩余物用乙醚研磨，过滤，用乙醚洗涤，在真空下干燥，所得固体用 CH_2Cl_2 溶解，加入饱和 $NaHCO_3$ 溶液，充分搅拌后静置分层，有机层分别用水、饱和食盐水洗涤，无水 $MgSO_4$ 干燥，过滤，滤液蒸除溶剂，得到产物 **B** 2.9g，收率 98%。

3. 反应影响因素

该反应为典型酚羟基的氯置换反应，常见的氯化剂如氯化亚砜、三氯化磷、五氯化磷及三氯氧磷都可以进行反应。考虑到氯化亚砜反应产物副产物易除去，产物纯度高且价格较低，所以通常选择氯化亚砜。

第五节 卤化反应新进展

尽管传统的卤化反应在药物合成中已经得到广泛的应用，但这些卤化方法也存在着一定的局限性，如反应条件苛刻、缺乏区域选择性等。因此，发展新的卤化方法和新的卤化剂具有重要的意义和价值。近年来，过渡金属催化的碳 - 氢键卤化反应已成为传统卤化反应的有效补充，其中钯催化的惰性碳 - 氢键卤化反应较为成熟。新的卤化剂主要集中在有效的新型氟化试剂。

一、过渡金属催化的碳 - 氢键卤化反应

1970 年，Fahey 小组报道了钯催化偶氮苯与氯气的卤化反应，该反应可得到邻位单氯代

的产物,同时也可得到一系列双氯代、三氯代和四氯代等的混合物。表明氯气可以作为氧化剂和卤素的来源,用于过渡金属催化的惰性碳-氢键的卤化,但是苛刻的反应条件和较差的产物选择性限制了其在药物合成中的应用。

直到 21 世纪初,以 $I_2/PhI(OAc)_2$ 和 NXS 为氧化剂和卤化剂,实现了 Pd(Ⅱ)催化的导向邻位碳-氢键的卤化反应。其反应机制是通过导向基团与二价钯催化剂配位,从而导向活化邻位碳-氢键,形成环靶中间体Ⅰ,然后在氧化剂的作用下,氧化 Pd(Ⅱ)为 Pd(Ⅳ),得到中间体Ⅱ。最后,分子内直接还原消除或者是外源的 X⁻ 离子进行 S_N2 类型的亲核进攻得到卤代产物。

（DG：导向基）

2004 年,Sanford 小组首先报道了以 NCS 或 NBS 为卤源,7,8- 苯并喹啉的氯代或者溴代反应,此反应无须严格无水无氧条件且可以达到较高的产率。相比较于氯气作为氯源的钯金属催化反应,N- 卤代丁二酰亚胺参与的钯催化卤化反应条件更加温和,且选择性更高。但该反应需要导向基,如吡啶、肟醚、异喹啉、异噁唑啉、甲基四氮唑、吡唑、二亚胺、酰胺等都被证实可以与钯金属发生螯合,从而导向芳香环邻位的 C—H 键卤化反应。对甲苯磺酸（PTSA）、三氟甲磺酸、三氟乙酸、乙酸等添加剂均可使反应在温和的条件下进行。例如,天然化合物 paucifloral F 和 iso-paucifloral F 前体的合成就可采用此法。

在钯催化的卤代反应中,也发现了一些碘单质、乙酸碘（碘与乙酸碘苯在反应中原位生成）为碘源的碘代反应。这些芳基碳-氢键的碘代反应需要以噁唑啉羧基、三氟甲磺酰胺（NHTf）、单齿配位酰胺等为导向基团。

除了钯催化的卤化反应外,近年来还发展了铜、铑和钌等过渡金属催化的卤化反应。

二、新型氟化试剂

在有机药物分子中引入氟原子,可调节药物的亲脂性、增加药物代谢稳定性等,但是常规的卤化剂中,有效的氟试剂较少,因此发现高效的新型氟化试剂在药物合成中具有重要的意义。有效地将醇类化合物转化为相应氟化物是合成氟化物的重要途径之一,为此开发了一些脱氧氟化剂。

DAST   PhenoFluor   PyFluor

SF_4 是第一个脱氧氟化试剂,能将羰基和羟基选择性地氟化,但遇水反应剧烈,吸入有极高毒性。二乙胺基三氟化硫(DAST)是 SF_4 的替代氟化剂,性质较稳定,常温下是液体,干燥情况下室温或冰箱能长期保存。DAST 与醇反应得到相应的氟代烷,与酰氯作用得到相应的酰氟,与醛或酮作用得到偕二氟化合物。但同样遇水会分解,通常在无水无氧条件下使用非质子或非极性溶液作为溶剂进行反应。例如,吉西他滨(gemcitabine)的中间体 2,2-二氟丙酸乙酯的合成。

PhenoFluor[1,3-bis(2,6-diisopropylphenyl)-2,2-difluoro-2,3-dihydro-1H-imidazole]是另一种有效的脱氧氟化试剂,能选择性地将各种含羟基化合物转化为相应的氟化物,同时反应中多种芳基取代基,包括醛、酮、酯、苯胺和腈类都不会参与反应。特别的是,PhenoFluor 可直接用于药物合成后期的脱氧氟化反应,例如,表雄酮(epiandrosterone)可以高收率转化为 3-氟代雄酮。

为了克服 PhenoFluor 类氟化试剂对水敏感的缺陷,发现芳基磺酰氟化物 PyFluor(benzenesulfonyl fluoride)能够高效地将各种烷基醇转化为烷基氟化物,且不需要特别的预防措施来排除空气或水分。可与 PyFluor 反应的烷基醇类化合物包括碳水化合物、氨基酸和类固醇,碱性官能团如胺和邻苯二甲酰亚胺的耐受性较好,反应中需要加入布朗斯特碱,如 1,8-二氮杂双环[5.4.0]十一碳-7-烯(DBU)或 7-甲基-1,5,7-三氮杂二环[4.4.0]癸-5-烯(MTBD)。PyFluor 参与的氟化反应具有较好的转化率、选择性以及经济性,但反应时间一般都较长,且会使含有酯基的分子发生严重的消除副反应。

一、简答题

1. 简述 *N*- 卤代酰胺与烯烃的亲电加成反应机制。

2. 试比较酸催化和碱催化羰基 α- 位卤取代反应的区别。

3. 简述脂肪醇和羧酸常见的氯置换试剂。

二、完成下列合成反应或补充反应条件

1.

$$\xrightarrow[\text{H}_2\text{O}]{\text{NIS}}\quad [\qquad\qquad]$$

2.

$$\xrightarrow{\text{I}_2/\text{KI}/\text{NaHCO}_3}\quad [\qquad\qquad]$$

3.

$$\xrightarrow{\text{HOCl}/\text{CH}_2\text{Cl}_2/\text{H}_2\text{O}}\quad [\qquad\qquad]$$

4.

$$\xrightarrow{\text{NaBrO}_3/\text{NaHSO}_3}\quad [\qquad\qquad]$$

5.

$$\xrightarrow{\text{NBS}/\text{CHCl}_3/\text{光照}}\quad [\qquad\qquad]$$

6.

$$\xrightarrow{\text{POCl}_3}\quad [\qquad\qquad]$$

7.

$\xrightarrow[\text{室温}]{\text{NaNO}_2/\text{HF–Py}}$

8.

$\xrightarrow{\text{Cl}_2/\text{FeCl}_3}$

9.

$\xrightarrow{\text{PBr}_3/\text{CCl}_4}$

10.

$\xrightarrow[\text{室温}]{\text{干燥HBr/Et}_2\text{O}}$

11.

NC $\diagdown$ S $\diagdown$ OH

$\xrightarrow{\text{PCl}_5}$

12.

H_3CS ... OH $+$ POCl$_3$ $+$ PCl$_3$ $\longrightarrow$ [   ] $\xrightarrow{\text{KF}}$ [   ]

13.

$\xrightarrow[48\%\text{HBr, CH}_3\text{OH}]{\text{Br}_2}$

14.

$\xrightarrow[\text{加热}]{\text{P/Br}_2}$

15.

$\xrightarrow[\text{BPO, CCl}_4]{\text{NBS}}$

16.

$$HC\equiv C-COOCH_2CH_3 \quad \xrightarrow{[\quad]} \quad \underset{H}{\overset{Br}{\underset{}{}}}C=\underset{COOCH_2CH_3}{\overset{Br}{\underset{}{}}}$$

17.

18.

19.

20.

三、药物合成路线设计

1. 以 2,4-二氯-5-甲基苯胺为原料, 合成环丙沙星中间体。

2. 以氯代扁桃酸及 4,5,6,7-四氢噻吩并 [3,2-c] 吡啶为主要原料合成抗血栓药物氯吡格雷（clopidogrel）。

氯吡格雷

3. 以对甲苯甲酸、二异丙基胺及甲基肼为主要原料合成抗肿瘤药丙卡巴肼（procarbazine）。

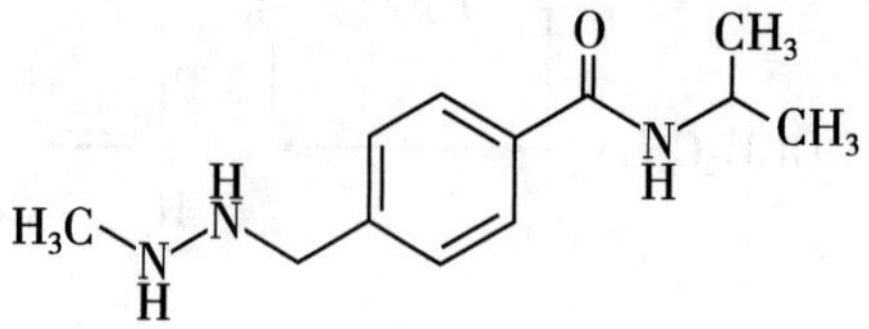

丙卡巴肼

（陈世武）

ER2-1 第二章
硝化反应和重氮化
反应(课件)

第二章　硝化反应和重氮化反应

【本章要点】

掌握　硝化反应分类,硝酸、硝硫混酸、硝酸/乙酸酐等硝化剂的特性与适用范围;芳香族化合物硝化反应的影响因素、区域选择性及应用;重氮盐及其 Sandmeyer 反应、Schiemann 反应等;叠氮化钠的取代反应。

熟悉　芳烃亲电硝化反应的机制及影响因素。

了解　区域选择性硝化、绿色硝化;硝化反应中的过程强化;硝化产物的爆炸性,重氮盐的偶合反应及其他叠氮化反应。

硝基、亚硝基、重氮以及叠氮基等官能团,因其具有较高的电荷密度或广泛的化学转化,常见于原料药、药物中间体分子结构中。本章讨论引入该类含氮官能团的一些反应,包括硝化反应、亚硝化反应、重氮化反应、重氮盐的主要衍生化反应、叠氮化反应等。

第一节　概述

硝化反应是较早发现的重要有机反应之一,1834 年人们就能利用苯的硝化反应制备硝基苯。硝化反应在医药、农药、染料、炸药等领域具有广泛应用。

一、反应分类

硝化反应(nitration reaction)是指在硝化剂的作用下向有机物分子中引入硝基($-NO_2$)的反应过程。根据硝化反应过程中新生成共价键的不同,硝化反应可以分为 C- 硝化、N- 硝化和 O- 硝化等反应类型,对应产物分别为硝基化合物、硝胺和硝酸酯,见表 2-1。在药物合成过程中,应用较多的是芳烃的硝化反应。

表 2-1　硝化反应的类型

反应类型	反应物	新生成化学键	产物类型
C- 硝化反应	芳烃、卤代烃等	$C-NO_2$	硝基化合物
N- 硝化反应	胺	$N-NO_2$	硝胺
O- 硝化反应	醇、卤代烃等	$O-NO_2$	硝酸酯

有机分子中引入硝基的主要目的：①硝基化合物作为重要的中间体，可以转化为胺、肼、羟胺、偶氮类化合物等，其中硝基化合物还原成胺尤为重要；②硝基的强吸电子作用使芳环上的其他取代基活化，易发生 S_NAr 亲核取代反应；③硝基是强极性发色基团，可加深染料的颜色；④硝基是某些药物活性的必需基团，如抗寄生虫药氯硝柳胺（niclosamide）、抗心绞痛药硝苯地平（nifedipine）和血管扩张剂硝酸异山梨酯（isosorbide dinitrate）。

氯硝柳胺　　　　　　　　硝苯地平　　　　　　　　硝酸异山梨酯

二、反应机制

在反应动力学研究、稳定中间体分离等基础上，芳烃的 C—H 键在硝化剂的作用下断裂并生成 C—NO$_2$ 键的反应机制已形成共识。硝化剂中的活性物种是硝基正离子 $NO_2^{\oplus}$（nitronium ion，亦称硝鎓阳离子或硝酰阳离子）。芳烃的硝化反应属于亲电取代反应，以苯硝化生成硝基苯的反应为例，首先缺电子的硝基正离子与富电子芳环形成 π- 络合物，然后硝基正离子与电子密度较高的芳环碳原子加成形成 C—N 键，即 σ- 络合物，其碳原子成键轨道杂化方式由 sp^2 变为 sp^3，随后经过脱质子芳构化，生成产物硝基苯。

π-络合物　　　　σ-络合物　　　π′-络合物
　　　　　　　Wheland中间体

σ-络合物共振体

一般情况下，硝化反应速率取决于形成 σ- 络合物的速率，脱质子芳构化过程是快反应（即无动力学同位素效应。但若存在空间阻碍等因素使 σ- 络合物脱质子芳构化变慢，则表现动力学同位素效应）。在适当低温下或特殊结构中，可以分离稳定的 σ- 络合物中间体，如间三氟甲基硝基苯正离子（低于 –50℃稳定）、六甲基硝基苯正离子等。

同样，O- 硝化反应、N- 硝化反应也属于亲电取代反应。在硝胺类炸药的合成反应中，经由底物分子中 N—C 键断裂的硝解反应也很常用。在亚硝酸体系中，则形成活性的亚硝基正离子 $NO^{\oplus}$，芳烃发生亚硝化反应，生成亚硝基产物。

三、硝化剂的种类

硝化反应中提供硝基的试剂被称作硝化剂。硝化剂种类很多，亲核型硝化剂较少，如 $NaNO_2$、$AgNO_2$、$AgNO_3$。常用的亲电型硝化剂包括各种浓度的硝酸、硝酸/硫酸混合酸（即硝硫混酸或混酸）、硝酸/乙酸酐以及氮氧化物（N_2O_5、N_2O_4）等。硝化剂的硝化能力强弱与其在亲电硝化反应条件下生成硝基正离子 $NO_2^{\oplus}$ 的难易程度有关。用通式 $X—NO_2$ 表示硝化剂，其解离的过程如下：

$$X—NO_2 \rightleftharpoons X^{\ominus} + NO_2^{\oplus}$$

其中，$X^{\ominus}$ 的吸电子能力越强，则形成 $NO_2^{\oplus}$ 的倾向越大，硝化能力也就越强。表 2-2 列出了一些常见硝化剂的性质。不同的被硝化底物往往需要采用不同的硝化剂；相同的被硝化底物，使用不同的硝化剂，也常常会得到不同的产物或产物组成。因此，有必要了解主要硝化剂的性质与应用范围。

表 2-2 常用硝化剂

名称	活性硝化剂的存在形式	$X^{\ominus}$	产物结构
硝酸乙酯	$C_2H_5O—NO_2$	$C_2H_5O^{\ominus}$	C- 硝基
HNO_3	$HO—NO_2$	$HO^{\ominus}$	C- 硝基、N- 硝基、O- 硝基
硝酸/乙酸酐	$CH_3COO—NO_2$	$CH_3COO^{\ominus}$	N- 硝基、C- 硝基
N_2O_5	$NO_2—NO_3$	$NO_3^{\ominus}$	C- 硝基、N- 硝基
氯化硝酰	$Cl—NO_2$	$Cl^{\ominus}$	C- 硝基、N- 硝基
硝硫混酸	$H_2O—NO_2^{\oplus}$	H_2O	C- 硝基、O- 硝基
六氟磷酸硝酰	$[NO_2]^{\oplus}[PF_6]^{\ominus}$	$PF_6^{\ominus}$	C- 硝基
四氟硼酸硝酰	$[NO_2]^{\oplus}[BF_4]^{\ominus}$	$BF_4^{\ominus}$	C- 硝基、N- 硝基
三氟甲磺酸硝酰	$[NO_2]^{\oplus}[OSO_2CF_3]^{\ominus}$	$CF_3SO_2O^{\ominus}$	C- 硝基

（一）硝酸

硝酸具有酸性、强氧化性，属于平面型分子结构。其中氮原子以 sp^2 杂化轨道与氧原子形成 3 个 σ 键，其 p 轨道的孤对电子与两个氧原子的单电子形成一个"三中心四电子"的离域大 π 键（Π_3^4）。

$$HO—\ddot{N} \begin{array}{c} O \\ \\ O \end{array} \quad sp^2, \pi_3^4$$

$$2HNO_3 \rightleftharpoons H_2NO_3^{\oplus} + NO_3^{\ominus}$$

$$H_2NO_3^{\oplus} \rightleftharpoons NO_2^{\oplus} + H_2O$$

硝酸作为硝化剂，主要用于 C- 硝化和 O- 硝化反应，制备芳香硝基化合物和硝酸酯类化合物，也用于硝解反应制备硝胺类炸药。

硝酸的使用形式有稀硝酸（35%～45%）、浓硝酸（65%）、发烟硝酸（98%，红硝酸）、纯硝酸（100%，白硝酸）等。纯硝酸很少离解，主要以分子状态存在，仅有少部分硝酸经分子间质子转移并离解成 $NO_2^{\oplus}$，约占 1.24%。

活泼底物与稀硝酸的硝化反应有可能是经过亚硝化反应生成亚硝基中间体,再被硝酸氧化为硝基化合物。

(二)硝酸/硫酸混合酸

在硝酸中加入强质子酸可大大提高其生成 $NO_2^{\oplus}$ 的浓度,增强硝化能力。浓硫酸和硝酸的混合酸称为硝硫混酸或混酸,其解离反应如下。

$$HNO_3 + H_2SO_4 \rightleftharpoons H_2ONO_2^{\oplus} + HSO_4^{\ominus}$$

$$H_2ONO_2^{\oplus} \rightleftharpoons H_2O + NO_2^{\oplus}$$

$$H_2O + H_2SO_4 \rightleftharpoons H_3O^{\oplus} + HSO_4^{\ominus}$$

总反应　　$$HNO_3 + 2H_2SO_4 \rightleftharpoons NO_2^{\oplus} + H_3O^{\oplus} + 2HSO_4^{\ominus}$$

混酸中的硝酸几乎全部解离,所产生的 $NO_2^{\oplus}$ 是硝化反应的活性物种。硝酸/硫酸混合酸主要用于芳烃、烷烃或卤代烃的 C- 硝化反应,从而制备相应硝基化合物。混酸的优点如下:①混酸作为强硝化剂,其中浓硫酸具有较大的有机物溶解度,有利于硝化反应的进行;②比热大有利于控制硝化反应的温度,避免"飞温"现象;③具有不腐蚀铁质、设备成本低等优点;④硝酸用量少,接近理论用量。

混酸的硝化能力,可以用硫酸脱水值(dehydration value of sulfuric acid, DVS,简称脱水值)来计算、评估。脱水值是指混酸硝化终了时废酸中硫酸和水的质量比。脱水值越大,混酸的硝化能力越强,适用于难硝化的底物。

除硫酸外,其他强酸性无机酸(如高氯酸、硒酸、氟磺酸)或酸酐(如 P_2O_5)与硝酸的混合物也能有效生成硝基正离子 $NO_2^{\oplus}$。

(三)硝酸/乙酸酐

硝酸与乙酸酐的混合物也是一种常用的硝化剂,经质子化的硝酸乙酸混酐解离生成硝基正离子 $NO_2^{\oplus}$。硝酸/乙酸酐混合物可以原位生成 N_2O_5。

$$2HNO_3 \rightleftharpoons H_2ONO_2^{\oplus} + NO_3^{\ominus}$$

$$(CH_3CO)_2O + HNO_3 \rightleftharpoons CH_3COONO_2 + CH_3COOH$$

$$H_2ONO_2^{\oplus} + CH_3COONO_2 \rightleftharpoons CH_3COONO_2^{\oplus}H + HNO_3$$

$$CH_3COONO_2^{\oplus}H \rightleftharpoons CH_3COOH + NO_2^{\oplus}$$

$$(或 CH_3COONO_2^{\oplus}H + NO_3^{\ominus} \rightleftharpoons CH_3COOH + N_2O_5)$$

硝酸/乙酸酐适用于芳香族化合物的 C- 硝化反应以及胺类化合物的 N- 硝化反应,用于制备芳香硝基化合物和硝胺。与混酸比,硝酸/乙酸酐的硝化能力弱,具有多数有机物易溶于乙酸酐、反应混合物接近中性、不易发生氧化副反应等特点。

但硝酸/乙酸酐不能存放,必须使用前临时制备。常用的硝酸/乙酸酐混合硝化剂中硝酸的含量为 10%~30%,久置容易生成具有爆炸性的四硝基甲烷。

从以上几种常用硝化剂的解离机制可以看出,硝化剂在本质上就是硝酸脱水生成 $NO_2^{\oplus}$,因此,有利于提高硝酸浓度或减少水含量的体系均可能成为合理的硝化剂,如 $NaNO_3/H_2SO_4$、

KNO$_3$/H$_2$SO$_4$、HNO$_3$/P$_2$O$_5$等。

（四）硝化方法

考虑底物活性、硝化剂硝化能力等因素，简单介绍几种硝化方法。

1. 低浓度硝酸硝化法　浓度低于70%的硝酸硝化能力较弱，仅适合于反应活性高的底物，如含有第一类定位基的芳香族化合物，硝酸过量10%～65%。酰化芳胺、酚、二元酚等可以用此方法硝化，其反应温度宜控制在室温或更低温度。硝化反应器及相关设备应选用不锈钢或搪玻璃材质。

2. 高浓度硝酸硝化法　硝化试剂包括红硝酸（98%）和白硝酸（100%），主要用于芳烃类底物的硝化。随着硝化反应的进行，反应中生成的水会降低硝酸的浓度，因此需要使用大大过量的硝酸，其反应动力学通常表现为被硝化物浓度的一级反应。若反应在有机溶剂中进行，活泼芳烃底物被大大过量的硝酸硝化，其反应动力学表现为零级反应。反应结束应回收过量的硝酸。

3. 混酸硝化法　这是实验室制备和工业生产中最常用的硝化方法，可以通过调节混酸组成、优化硝化反应条件等，适应较广泛的被硝化底物结构。

混酸的硝化反应可以在均相或非均相条件下进行。当被硝化底物和硝化产物在反应温度下为固体时，可将其溶于硫酸中，再用混酸进行均相硝化。当被硝化底物和硝化产物在反应温度下为液体时，常采用非均相硝化法，强烈搅拌促使有机物传质进入酸相后发生硝化反应。通过加入NaNO$_3$、KNO$_3$等固体进一步提高硝化反应效率，可实现含有吸电子基团的难硝化芳烃的硝化。非均相硝化反应的动力学较复杂。

第二节　硝化反应与亚硝化反应

一、C-硝化反应

（一）脂肪烃的 *C*-硝化反应

工业上采用硝酸与烷烃的气相硝化工艺生产硝基甲烷、硝基乙烷、1,2-二硝基丙烷和2-硝基丙烷等硝基烷烃。

$$4CH_3CH_2CH_3 + 4HNO_3 \xrightarrow[425℃]{-4H_2O} \underset{\underset{NO_2}{|}}{CH_3CHCH_2NO_2} + \underset{\underset{NO_2}{|}}{CH_3CHCH_3} + CH_3CH_2NO_2 + CH_3NO_2$$

烷烃气相硝化法容易引起C—C键断键、氧化等副反应，硝化产物复杂。在药物合成中脂肪族硝基化合物一般采用间接法引入硝基，即利用分子结构中的原子或基团（如—Cl、—SO$_3$H、—COOH、—NH$_2$、—N＝N—等）与硝基发生置换反应或衍生反应等。常见的方法包括卤素置换法和氧化法。

1. 卤素置换法（Victor-Meyer 反应）　卤代烃与AgNO$_2$发生亲核取代反应，主要用于制备伯硝基化合物。因亚硝酸根阴离子NO$_2^{\ominus}$具有O和N两个亲核反应中心，产物由不同比例的硝基化合物与亚硝酸酯的混合物组成。其反应机制可能是 S_N1 机制、S_N2 机制或混合机制，亚硝酸酯主要经由 S_N1 历程，而硝基化合物主要经由 S_N2 历程，手性卤代烃可因此发生不同程度的消旋化。

$$2RX + 2AgNO_2 \longrightarrow RNO_2 + RONO + 2AgX$$

卤代烃与亚硝酸盐（如 $NaNO_2$、$AgNO_2$）反应，按 I>Br>Cl>F 的顺序卤素被取代的反应速率逐渐降低，碘代烃的反应活性最高。产物中硝基化合物和亚硝酸酯的比例与卤代烃的结构有关，硝基化合物的比例按伯卤代烃>仲卤代烃>叔卤代烃的顺序逐渐降低，但反应速率依次增大。

$$CH_3(CH_2)_5\underset{I}{\overset{|}{C}}HCH_3 \xrightarrow[0℃]{AgNO_2/Et_2O} CH_3(CH_2)_5\underset{NO_2}{\overset{|}{C}}HCH_3 \underset{(58\%)}{} + CH_3(CH_2)_5\underset{ONO}{\overset{|}{C}}HCH_3 \underset{(30\%)}{}$$

$$CH_3(CH_2)_7I \xrightarrow[0℃]{AgNO_2/Et_2O} CH_3(CH_2)_7NO_2 \underset{(75\%\sim80\%)}{} + CH_3(CH_2)_7ONO \underset{(14\%)}{}$$

苄基卤代烃的反应速率取决于芳环上取代基的电子特性，第一类定位基有利于反应进行，但不利于提高硝基化合物的比例。

$$p\text{-}O_2N\text{-}PhCH_2Br \xrightarrow[0℃]{AgNO_2/(C_2H_5)_2O} p\text{-}O_2N\text{-}PhCH_2NO_2 + p\text{-}O_2N\text{-}PhCH_2ONO \quad 相对速率$$
$$\underset{(75\%)}{} \qquad \underset{(5\%)}{} \qquad 0.006\,25$$

$$p\text{-}CH_3PhCH_2Br \xrightarrow[0℃]{AgNO_2/(C_2H_5)_2O} p\text{-}CH_3PhCH_2NO_2 + p\text{-}CH_3PhCH_2ONO$$
$$\underset{(45\%)}{} \qquad \underset{(37\%)}{} \qquad\qquad 1$$

卤代烃与 $AgNO_2$ 的取代反应，通常在 0～25℃进行，乙醚、石油醚、芳烃、正己烷为常用溶剂。改进的卤代烃与 $NaNO_2$ 反应，在极性非质子溶剂（DMF、DMSO）中或在相转移催化剂条件下，以较高产率制备硝基化合物。

$$n\text{-}C_8H_{17}Br + NaNO_2 \xrightarrow[25\sim40℃]{18\text{-冠-}6/CH_3CN} n\text{-}C_8H_{17}NO_2 + NaBr$$
$$\underset{(70\%)}{}$$

2. 氧化法　采用适当氧化剂，氨基、羟胺、肟、亚硝基可被氧化为相应的硝基化合物。

$$R-\overset{-3}{N}H_2 \xrightarrow{[O]} R-\overset{-1}{N}HOH, R-\underset{H}{\overset{|}{C}}=\overset{-1}{N}-OH \xrightarrow{[O]} R-\overset{+1}{N}=O \xrightarrow{[O]} R-\overset{+3}{N}O_2$$

氧化法制备硝基化合物，氧化剂的氧化能力是关键因素，氧化能力不强的氧化剂有可能将胺氧化到氮的中间氧化态。针对碱性较弱的芳胺，用氧化能力较强的过氧酸（如 CF_3CO_3H）以及不同浓度的 H_2O_2/H_2SO_4，可直接将其氧化成硝基化合物。

$$RNH_2 \xrightarrow{H_2O_2/H_2SO_4} RNO_2$$

$$HOCH_2\underset{NO}{\overset{|}{C}}(NO_2)CH_2OH \xrightarrow{Ag_2O} HOCH_2C(NO_2)_2CH_2OH + 2Ag$$

$$Ph-CH=N-OH \xrightarrow{F_3CCO_3H} Ph-CH_2NO_2$$

3. 活泼氢的硝化反应　在碱性条件下，羰基、硝基、氰基等吸电子基团的活泼 α-H 可与硝酸酯发生亲电取代反应，生成相应的 α-硝基产物。

$$PhCH_2CO_2C_2H_5 + C_2H_5ONO_2 \xrightarrow[C_2H_5OH]{C_2H_5OK} \left[\begin{array}{c} PhCHCO_2C_2H_5 \\ | \\ NO_2 \end{array}\right] \longrightarrow PhCH_2NO_2 + CO(OC_2H_5)_2$$

（二）芳烃的 C-硝化反应

1. 反应通式与机制

芳烃的 C—H 键直接被硝化剂硝化的反应，属于亲电取代反应。

2. 影响因素及应用实例　在芳香化合物硝化反应中，硝化剂的性质、硝化底物的分子结构以及反应条件等因素，会影响硝化反应的效率、区域选择性，可能发生多硝化、氧化等副反应。

硝化剂的硝化能力是硝化反应的关键因素。芳烃硝化反应属于亲电取代反应，其硝化反应的难易程度取决于芳环上取代基的性质。取代基（第一类定位基）给电子能力越强，硝化速率越快，产物以邻、对位为主。例如，抗高血压药布那唑嗪（bunazosin）及平喘药卡布特罗（carbuterol）中间体的合成。

相反，取代基（第二类定位基）吸电子能力越强，硝化速率越低，产物以间位为主（单卤素取代除外），同时需要较强的硝化剂和反应条件。例如，硝苯地平（nifedipine）中间体间硝基苯甲醛，以及造影剂碘海醇（iohexol）中间体 5-硝基苯-1,3-二羧酸的合成。

常见的取代苯衍生物在混酸中硝化的相对速率见表 2-3。

表 2-3　苯的取代基衍生物在混酸中硝化的相对速率

取代基	相对速率	取代基	相对速率
—N(CH$_3$)$_2$	2×10^{11}	—I	0.18
—OCH$_3$	2×10^{5}	—F	0.15
—CH$_3$	24.5	—Cl	0.033
—CH(CH$_3$)$_2$	15.5	—Br	0.030
—CH$_2$COOC$_2$H$_5$	3.8	—NO$_2$	6×10^{-8}
—H	1.0	—N(CH$_3$)$_3^{\oplus}$	1.2×10^{-8}

芳香醚、芳香胺、酰基芳胺等用硝酸/乙酸酐硝化时，质子化乙酰硝酸酯或硝基正离子 $NO_2^{\oplus}$ 首先与具有孤对电子的氧结合生成较稳定的中间体，容易发生邻位取代，以邻位硝基产物为主，这种现象称为邻基参与效应。

该类底物如果用硝酸/乙酸硝化，不存在邻基参与效应。

(44%)　　(54%)　　(2%)

具有较大体积的邻/对位定位取代基的芳环，其硝化反应主要发生在对位。例如，甲苯硝化时邻位、对位产物的比例是57∶40；而叔丁基苯硝化时，邻位、对位产物的比例是12∶79；以及抗肿瘤药沙可来新(sarcolysin)中间体的合成。

含有第一类定位基的萘的单硝化反应发生在取代基的同一苯环的 α- 位。增强硝化反应条件，可以制备1,8-二硝基萘和1,5-二硝基萘。

吡咯、呋喃、噻吩等五元芳香杂环化合物在硝硫混酸中非常容易发生分解等副反应。吡咯、吲哚可以在碱性条件下用硝酸酯进行硝化反应。

呋喃可采用硝酸/乙酸酐硝化，硝基进入电子密度较高的 α- 位。含两个杂原子的五元芳香杂环化合物如咪唑、噻唑等，用硝硫混酸硝化时，硝基进入4-位或5-位；若该位置已有取代基，则不发生反应。例如，抗菌药硝呋肼(nifurzide)中间体的合成。

吡啶环由于氮原子的吸电子效应,难以硝化,升高反应温度,硝化反应发生在 β- 位。但吡啶的 N- 氧化物硝化时,硝基取代 γ- 位氢原子。例如,止痛药氟吡汀(flupirtine)中间体的合成。

喹啉用硝酸在较高温度下硝化时,喹啉的吡啶环会被硝酸氧化生成 N- 氧化物;用硝硫混酸硝化时,硝基取代萘环 5- 位或 8- 位的氢原子。

(三)伯胺氧化为硝基

1. 反应通式与机制 芳香胺在氧化剂作用下,直接转化为硝基化合物。

2. 影响因素及应用实例 可采用过氧酸氧化,例如,2,6- 二氯硝基苯可以通过三氟过氧乙酸氧化相应的胺来制备。

还可采用二甲氧基二氧杂环丙烷(DMDO,亦称过氧丙酮)或氟氧酸氧化。例如,DMDO 氧化对 - 氨基苯甲酸可以制备盐酸普鲁卡因(procaine hydrochloride)、叶酸(folic acid)等药物的共同中间体对硝基苯甲酸。

将氟气通入乙腈水溶液中,可以生成氧化能力超强的氟氧酸。氟氧酸具有强腐蚀性,实验人员应配备防护用具,实验在通风良好的通风橱中进行,尾气和废水均应经 NaOH 水溶液无害化处理。

二、O-硝化反应

在有机化合物的氧原子上引入硝基的反应称为 O-硝化反应,得到硝基与氧相连的化合物,即硝酸酯。

(一)醇的硝化

1. 反应通式与机制　硝酸参与的 O-硝化反应实质上是酯化反应,反应中脱除一分子水。

$$R-OH + HNO_3 \longrightarrow R-O-NO_2 + H_2O$$

2. 影响因素及应用实例　醇与硝酸或硝硫混酸发生 O-硝化反应,是制备硝酸酯的常用方法。硝酸/乙酸酐、硝酸/乙酸酐/乙酸也是可以选用的硝化剂,多元醇的多元硝酸酯也可用这种方法来制备。例如,硝酸甘油(nitroglycerin)、硝酸异山梨酯(isosorbide dinitrate)的合成。

(二)卤代烃的取代反应

1. 反应通式与机制　卤代烃与硝酸阴离子发生亲核取代反应,制备硝酸酯。

$$nR-X + M(ONO_2)_n \longrightarrow nR-ONO_2 + MX_n$$

$$X = Cl, Br, I$$

$$M = H, Ag, Hg$$

$$n = 1,2$$

2. 影响因素及应用实例　在乙腈溶液中,硝酸银与卤代烃的亲核取代反应可用来制备相应的硝酸酯,与生成硝基化合物的反应存在竞争。反应活性较高的碘化物、溴化物常用于合成一级或二级硝酸酯。例如,抗炎药萘普西诺(naproxcinod)的合成。

卤代烃与 $Hg(NO_3)_2$ 在二噁烷水溶液中反应的主要产物为醇与硝酸酯。经改进,溴代烷与 $HgNO_3$ 在乙二醇二甲醚中反应,生成醇的反应被遏制,硝酸酯产率一般在 90% 以上。α-溴代酮与 α-溴代羧酸酯也可平稳地进行类似的反应,高产率制备相应的硝酸酯。

$$nRBr + Hg(NO_3)_n \longrightarrow nRONO_2 + HgBr_n \quad n = 1,2$$

在吡啶中,氯代甲酸酯与硝酸银的中间产物硝酸烷氧基甲酸酐在室温下分解,生成硝酸酯。

$$ROCOCl + AgNO_3 \longrightarrow [ROCOONO_2] \longrightarrow RONO_2 + CO_2$$

卤代烃如 C_2H_5I、C_2H_5Br、$(CH_3)_2CHI$ 等与硝酸或硝酸/乙酸酐发生取代反应,生成硝酸酯。

$$C_2H_5X \xrightarrow[\substack{X=Br,\ I}]{\substack{HNO_3 \\ \text{或}HNO_3/(CH_3CO)_2O}} C_2H_5ONO_2$$

$$\underset{CH_3}{\overset{CH_3}{\underset{|}{\overset{|}{CHI}}}} \xrightarrow[\text{或 }HNO_3/(CH_3CO)_2O]{HNO_3} \underset{CH_3}{\overset{CH_3}{\underset{|}{\overset{|}{CHONO_2}}}}$$

三、N- 硝化反应

在有机化合物的氮原子上引入硝基的反应,称为 N- 硝化反应。生成的 N- 硝基化合物称为硝胺,硝胺类化合物稳定性较差,常用于高能材料。

(一)直接硝化法

1. 脂肪(脂环)族伯胺 伯胺容易与强酸性硝化剂成盐而被钝化,一般用酰基等对其进行保护,再经硝化反应、水解脱除酰基,制备硝胺。

$$R-NH_2 \xrightarrow[\text{或}(R'CO)_2O]{R'COCl} R-\overset{H}{\underset{|}{N}}-\overset{O}{\overset{||}{C}}-R' \xrightarrow[H_2SO_4]{HNO_3} R-NH-NO_2 + R'CO_2H$$

2. 仲胺的硝化 在盐酸或氯化物存在下,可以被硝酸、硝酸/乙酸酐等硝化。

$$HN\overset{\frown}{\underset{\smile}{}}NH \xrightarrow{HCl} HCl\cdot HN\overset{\frown}{\underset{\smile}{}}NH\cdot HCl \xrightarrow[H_2SO_4]{NaNO_3} O_2N-N\overset{\frown}{\underset{\smile}{}}N-NO_2$$

(二)间接硝化法

脂环族叔胺的硝解反应,常用于制备硝胺类含能化合物。氮原子上带有甲酰基、乙酰基、叔丁基、苄基、亚硝基等均能发生硝解反应,生成硝胺。如用 HNO_3/SO_3 制备猛炸药奥克托今(octogen,HMX)。

$$\xrightarrow[(68\%)]{HNO_3/SO_3} \text{(HMX)} + 4CH_3CO_2H$$

第三节 亚硝化反应

有机分子结构中引入亚硝基(—NO)的反应,称为亚硝化反应(nitrosation reaction),可以制备亚硝基化合物、亚硝胺、亚硝酸酯。

一、C- 亚硝化反应

1. 反应通式与机制 芳香环上的氢原子被亚硝基(—NO)取代的反应,称为芳环的亚硝化反应。亚硝化剂有亚硝酸(亚硝酸盐与酸反应)和亚硝酸酯。

$$ArH + NaNO_2 + HCl \longrightarrow ArNO + NaCl + H_2O$$

2. 影响因素及应用实例 亚硝化反应通常在0℃左右的亚硝酸盐的酸性水溶液中进行。$NO^{\oplus}$的亲电能力不如$NO_2^{\oplus}$,它只能与含有第一类定位基的芳环或其他电子密度大的碳原子发生反应,即主要与酚类、芳香叔胺、富电子杂环以及具有活泼氢的脂肪族化合物发生反应,生成相应的亚硝基化合物,见表2-4。

表2-4 某些化合物的亚硝化反应

底物	产物	亚硝化剂	反应温度 /℃
		$NaNO_2/H_2SO_4$	<2
		$NaNO_2/H_2SO_4$	40~50
		$NaNO_2/HCl$	30
		$NaNO_2/HCl$	<10
		$C_2H_5ONO/NaOH$	−2~15
		$NaNO_2/CH_3CO_2H$	15~20

表2-4中,被亚硝化底物均为电子密度大的碳原子或负离子,如其中的两个化合物可离解成下式的碳负离子。

亚硝化操作与重氮化类似，用亚硝酸钠在不同酸中反应。向酚类环上碳原子引入亚硝基，主要得到对位取代产物；若对位已有取代基时，也可在邻位取代。对 - 亚硝基苯酚是制备橡胶硫化物、药物和硫化蓝染料的重要中间体，可以以亚硝基或醌肟的形式参加反应。

2- 萘酚的亚硝化反应发生在电子密度较高的 α- 位。

某些对位有取代基的酚亚硝化时，加入 2 价重金属盐，使其形成邻亚硝基酚的配合物，可选择性地进行邻位亚硝化。

对位无取代基的酚，还可以采用羟胺 / 过氧化氢进行亚硝化，加入铜盐，可高收率制备邻亚硝基酚。

亚硝酸与仲芳胺反应时，生成 N- 亚硝基衍生物比生成 C- 亚硝基衍生物更容易。N- 亚硝基衍生物在酸性介质中发生分子内 Fischer-Hepp 重排反应，最终生成 C- 亚硝基化合物。

向叔芳胺的环上引入亚硝基时，主要得到相应的对位取代产物。

二、N-亚硝化反应

胺与亚硝化剂发生亲电取代生成 N-亚硝基化合物的反应,称为 N-亚硝化反应,其产物亚硝胺,在药物合成反应中较为常见。伯胺容易发生 N-亚硝化,但通常会进一步反应得到重氮盐,重氮化反应将在下一节介绍。本节介绍仲胺的 N-亚硝化反应。

1. 反应通式与机制

$$R_2NH \ + \ NO^{\oplus} \ \rightleftharpoons \ R_2\overset{H}{\underset{\oplus}{N}}-NO \ \longrightarrow \ R_2N-NO \ + \ H^{\oplus}$$

常用的 N-亚硝化剂有亚硝酸(亚硝酸盐 + 酸)、亚硝酸酯、亚硝鎓盐等。在反应条件下,亚硝化剂生成活性亚硝化物种,即亚硝基正离子 $NO^{\oplus}$,其优先与电子密度较高的氮原子发生亲电反应生成 N—NO 键,脱质子得到亚硝胺。

2. 影响因素及应用实例

N-亚硝化反应通常在较低的反应温度下进行,可用于制备 N-亚硝基取代脲类药物,例如抗肿瘤药盐酸尼莫司汀(nimustine hydrochloride)的 N-亚硝基关键中间体,在低于10℃的水溶液中用亚硝酸可顺利进行亚硝化。

抗肿瘤药链脲霉素(streptozocin)的中间体 N-亚硝基氨基甲酸酯的制备。

又如,麻醉剂马来酸咪达唑仑(midazolam maleate)重要中间体的合成。

三、药物合成实例分析

苯噁洛芬(benoxaprofen),即苯噁布洛芬,作为消炎镇痛药用于治疗风湿性关节炎、类风湿关节炎及其他炎性疾病,于1980年上市。

1. 反应式

2. 反应操作

以与硝化反应、重氮化反应有关的中间体 **2-1**、**2-2**、**2-3** 为例说明。

(1)化合物 **2-1**:在干燥反应瓶中,加入浓硝酸 275ml、浓硫酸 275ml,搅拌,冷却至 0~5℃,慢慢滴加 α-甲基苯乙腈 111.4g(0.85mol),控制滴加速度使反应温度不超过 20℃,继续搅拌 1.5 小时,反应结束后,倒入碎冰 1.2kg 中,搅拌,析出固体,过滤除去油状物,粗品用乙醇/水重结晶,得化合物 **2-1** 共 68.8g,收率 46%。

(2)化合物 **2-2**:在反应瓶中,依次加入 2-(4-氨基苯基)丙腈 73.0g(0.5mol),浓盐酸 125ml,搅拌并冷却至 0~5℃,在 1~2 小时内滴加亚硝酸钠 36.2g(0.525mol)和水 60ml 的溶液,滴毕,继续保持温度搅拌 20 分钟后,将反应液倒入浓硫酸 250ml 和水 2.5L 的溶液中,加热回流 6 分钟,反应结束,冰浴冷却,用乙醚萃取,有机层用 2mol/L NaOH 溶液反萃取,合并水层,冰浴冷却,浓盐酸调至 pH 2~3,乙醚萃取,有机相合并,饱和 NaHCO₃ 溶液洗涤,无水 Na₂SO₄ 干燥,减压蒸馏,收集 118~122℃/16.7Pa 馏分,得化合物 **2-2** 共 59.6g,收率 81%,熔点 42~46℃。

(3)化合物 **2-3**:在干燥反应瓶中,加入 HNO₃(12.0mol/L,8.0ml)搅拌,于 7~11℃在 45 分钟内滴加 7.79g 化合物 **2-2**(0.053mol)和冰醋酸 10ml 的溶液,滴毕,继续保持温度搅拌 0.5 小时,再于 -5~-10℃搅拌 0.5 小时,反应结束,加水 90ml,析出黄色固体,过滤,干燥,得化合物 **2-3** 共 8.43g,收率 82%,熔点 78~81℃。

3. 反应影响因素

(1)硝基化合物 **2-1**:经由亲电硝化反应制备。硝化试剂混酸现场配制,将浓硫酸加至浓硝酸之中(勿反加),混合会放热,以冰浴控制混酸温度不超过 5℃。然后,滴加 2-甲基苯乙腈,硝化反应放热,须控制滴加速度,使反应物温度不超过 20℃。反应结束,将反应物倒入碎冰中,混酸被稀释,反应终止,同时硝化产物不溶于水析出固体,方便与反应物分离。

(2)酚类化合物 **2-2**:经由正重氮化法及重氮盐的水解反应制备,须控制反应温度和亚硝酸用量。反应物芳胺碱性较强,以盐酸盐形式溶于浓盐酸中,降温至不高于 5℃。搅拌下加入稍过量的固体亚硝酸钠,原位生成的亚硝酸与芳胺生成重氮盐。随后,将其倒入稀硫酸中,加热回流,有利于重氮盐的分解以及水的亲核取代反应。其中,反应在稀硫酸中进行,有利于抑制反应混合物中氯负离子对重氮盐的竞争性亲核取代反应,提高反应收率。

（3）硝基酚 **2-3**:经硝化反应制备。相较于 **2-1** 的硝化反应,酚 **2-2** 的硝化反应活性较高,仅需要硝化能力较弱的浓硝酸/冰醋酸即可。反应结束,利用邻硝基酚的分子内氢键作用使其溶解度降低,降低温度即可析出目标产物。

（4）硝化反应条件对比:制备化合物 **2-1** 的硝化剂为混酸,而活泼的酚类底物 **2-2** 的硝化反应是在用冰醋酸稀释的浓硝酸中进行的,温度也须控制得更低,对位有取代基,产物为邻位硝化。

第四节　重氮化及叠氮化反应

重氮化反应(diazotization reaction)是指伯胺与亚硝酸在低温下作用生成重氮盐的反应。重氮化合物在 1859 年被发现,脂肪族重氮盐较不稳定,能迅速自发分解,而芳香族重氮盐较稳定,具有重要的合成应用。

一、重氮盐的制备和性质

芳环上取代基不同,所生成的芳胺重氮盐性质也不同,其重氮盐的制备方法也有所区别,制备后应保持在低温的水溶液中,并尽快使用。

1. 反应通式与机制　脂肪族、芳香族和杂环的伯胺都可进行重氮化反应。重氮化试剂一般情况下是由亚硝酸钠与盐酸作用产生的亚硝酸,除盐酸外,也可使用硫酸、高氯酸和氟硼酸、六氟磷酸等。绝大多数的重氮盐易溶于水,不溶于有机溶剂,其水溶液能导电,但氟硼酸盐以及含有 1 个磺酸基的重氮化合物因生成内盐,在水中溶解度很低。

$$R-NH_2 + NaNO_2 + 2HCl \longrightarrow R-\overset{\oplus}{N_2}\overset{\ominus}{Cl} + NaCl + 2H_2O$$

质子化的亚硝酸解离生成的亚硝基正离子是重氮化反应的活性物种,重氮盐通过共振体稳定,其反应机制如下:

$$H\ddot{O}-N=O \underset{\longleftarrow}{\overset{H^{\oplus}}{\rightleftharpoons}} H_2\overset{\oplus}{O}-N=O \underset{\longleftarrow}{\overset{-H_2O}{\rightleftharpoons}} \left[\overset{\oplus}{N}=\ddot{O} \longleftrightarrow N\equiv\overset{\oplus}{O} \right]$$

$$Ar-\ddot{N}H_2 + \overset{\oplus}{N}=O \longrightarrow Ar-\underset{\oplus}{\overset{H_2}{N}}-N=O \overset{-H^{\oplus}}{\longrightarrow} Ar-\overset{H}{N}-N=O$$

$$Ar-N=N-\ddot{O}H \underset{\longleftarrow}{\overset{H^{\oplus}}{\rightleftharpoons}} Ar-N=N-\overset{\oplus}{O}H_2 \overset{-H_2O}{\longrightarrow} \left[Ar-\overset{\curvearrowleft}{\ddot{N}}=\overset{\oplus}{N}: \longleftrightarrow Ar-\overset{\oplus}{N}\equiv N: \right]$$

2. 影响因素及应用实例　碱性较强的芳伯胺,包括芳环上含有甲基、甲氧基等供电子基团的芳伯胺、单卤素取代的芳伯胺以及 2- 氨基噻唑、2- 氨基吡啶 -3- 甲酸等芳杂环伯胺。其重氮化方法,通常是先在室温将芳伯胺溶解于稍过量的稀盐酸或稀硫酸中,加冰冷却至一定温度,然后先快后慢地加入亚硝酸钠水溶液,直到亚硝酸钠微过量为止,此法通常称作正重氮化法。

碱性较弱的芳伯胺,包括芳环上连有 1 个强吸电子基团(如硝基、氰基等)的芳伯胺以及芳环上含有两个以上卤素原子的芳伯胺等。其重氮化方法,通常是先将这类芳伯胺溶解于过量、浓度较高的热盐酸中,然后加冰稀释并降温至一定温度,使大部分铵盐以很细的沉淀析出,然后迅速加入稍过量的亚硝酸钠水溶液,以避免生成重氮氨基化合物。

碱性很弱的芳伯胺,包括芳环上连有两个或两以上的强吸电子基团的芳胺,如 2,4- 二硝基苯胺、2- 氰基 -4- 硝基苯胺、1- 氨基蒽醌、2- 氨基苯并噻唑等。其重氮化方法,通常将芳伯胺先溶于 4~5 倍质量的浓硫酸中,然后在一定温度下加入微过量的亚硝酰硫酸溶液。

芳环上连有羧基的芳胺,包括苯系和萘系的单氨基单磺酸、联苯胺 -2,2′- 二磺酸、4,4′- 二氨基二苯乙烯 -2,2′- 二磺酸和 1- 氨基萘 -8- 甲酸等。其重氮化方法,可先将氨基芳磺酸的钠盐在弱碱性条件下与微过量的亚硝酸钠配成混合水溶液,然后将其加至冷的稀无机酸中,这种重氮化方法称作反重氮化法。

苯系 / 萘系的邻位或对位氨基酚,在中性到弱酸性介质中进行。例如,1- 氨基 -2- 羟基萘 -4- 磺酸的重氮化时(中性介质),还要加入少量硫酸铜。

苯二胺类化合物在重氮化反应条件下,邻苯二胺容易生成苯并三唑化合物。而在乙酸中,邻苯二胺与亚硝酰硫酸反应发生双重氮化反应。间苯二胺在一般重氮化反应条件下容易发生分子间偶合反应,反重氮化法可以大大降低偶合副反应的发生,实现间苯二胺的双重氮化反应。对苯二胺在磷酸和硫酸混合物中,用亚硝酰硫酸处理可生成双重氮化产物。

二、重氮盐的应用

重氮盐不稳定,具有很高的反应活性,可发生取代、还原、偶联、水解等反应。其中重要的反应有两类：一类是重氮基被其他官能团置换，同时放出氮气；另一类是经偶合、还原反应，重氮盐转化为偶氮化物或肼。

（一）重氮盐的置换反应

1. Sandmeyer 反应 在 CuCl 或 CuBr 促进下，重氮基被氯或溴置换生成氯代芳烃或溴代芳烃的反应，被称作 Sandmeyer 反应。以 Cu 粉替换卤化亚铜，也可以获得类似的结果，该过程被称为 Gattermann 反应，此反应要求芳伯胺重氮化时所用的氢卤酸和卤化亚铜中的卤原子都与所引入芳环上的卤原子相同。

（1）反应通式与机制：Sandmeyer 反应机制比较复杂，一般认为反应经历自由基历程。首先，重氮盐正离子与化学计量的亚铜盐负离子生成配合物；该配合物经电子转移、释放氮气生成芳基自由基 $Ar\cdot$；最后，该芳基自由基与 $CuCl_2$ 发生电子转移生成氯代芳烃并再生 CuCl。

$$ArN_2Cl \xrightarrow{\text{CuCl}} ArCl + N_2\uparrow$$

自由基历程

$$CuCl + Cl^{\ominus} \xrightarrow{\text{快}} [CuCl_2]^{\ominus}$$

$$Ar\overset{\oplus}{-N\equiv N} + [CuCl_2]^{\ominus} \underset{\text{慢}}{\overset{\text{慢}}{\rightleftharpoons}} Ar\overset{\oplus}{-N\equiv N}\ CuCl_2^{\ominus}$$

$$Ar\overset{\oplus}{-N\equiv N}\ CuCl_2^{\ominus} \underset{}{\overset{\text{慢}}{\rightleftharpoons}} Ar-N=N\cdot + CuCl_2$$

$$Ar-N=N\cdot \longrightarrow Ar\cdot + N_2$$

$$Ar\cdot + CuCl_2 \longrightarrow Ar-Cl + CuCl$$

（2）影响因素及应用实例：生成铜配合物的反应速率与重氮盐的结构有关。芳环上的吸电子取代基有利于芳基重氮盐正离子与 $[CuCl_2]^{\ominus}$ 络合，加快反应速率。芳基重氮盐发生 Sandmeyer 反应生成氯代芳烃、溴代芳烃的反应速率随取代基由快到慢的顺序如下：$-O_2N > -Cl > -H > -CH_3 > -CH_3O$。

无促进剂的情况下，重氮基被碘置换可以制备碘代芳烃，其反应历程可能兼有离子型和自由基型的亲核置换反应过程。

四氟硼酸重氮盐加热，其重氮基被氟置换的反应，称为希曼反应（Schiemann 反应）。

重氮盐与亲核性较强的 $NaNO_2$ 发生置换反应，可生成硝基化合物。

将重氮盐与氰化亚铜配合物在水中反应,可制备芳甲腈类化合物。

$$Ar\overset{\oplus}{-}\overset{\ominus}{N_2} Cl + NaCN \xrightarrow{CuCN} Ar-CN + NaCl + N_2\uparrow$$

2. 氢置换反应　重氮盐与适当的还原剂反应,可将重氮基置换为氢并释放出氮气,常用的氢源包括乙醇、丙醇、次磷酸。该反应也被称为脱氨基反应。

该反应属于自由基反应,Cu^{2+} 和 Cu^+ 对脱氨基反应有促进作用。在加热条件下,重氮盐分解释放氮气和芳基自由基,然后被醇或次磷酸还原。

$$Ar\overset{\oplus}{-}\overset{\ominus}{N_2}X + CH_3CH_3OH \longrightarrow ArH + CH_3CHO + HX + N_2\uparrow$$

$$Ar\overset{\oplus}{-}\overset{\ominus}{N_2}X + H_3PO_2 + H_2O \longrightarrow ArH + H_3PO_3 + HX + N_2\uparrow$$

3. 羟基置换反应　当将重氮盐在酸性水溶液中加热时,重氮基被羟基置换生成酚,该反应也被称为重氮盐的水解反应。

(1)反应通式与机制:首先,重氮盐分解为芳基正离子,然后与 H_2O 发生亲核取代反应,快速生成质子化酚,最后脱质子完成反应。

$$Ar-N_2^{\oplus}X^{\ominus} \xrightarrow{慢} Ar^{\oplus} + X^{\ominus} + N_2\uparrow$$

$$Ar^{\oplus} + \overset{H}{\underset{H}{O}}H \xrightarrow{快} \left[Ar\overset{\oplus}{-}\overset{H}{\underset{H}{O}}H \right] \longrightarrow ArOH + H^{\oplus}$$

(2)影响因素及应用实例:为避免芳基正离子与氯负离子相反应生成氯化副产物,芳伯胺的重氮化要在稀硫酸介质中进行。

4. 其他置换反应

(1)制备含硫化合物:重氮盐与一些低价含硫化合物反应,重氮基被置换生成相应的硫酚、硫醚、磺酰类化合物。

将冷的重氮盐酸盐水溶液倒入冷的 $Na_2S_2/NaOH$ 水溶液中,然后将生成的二硫化物还原,可制得相应的硫酚。

将苯胺重氮盐水溶液慢慢倒入30℃以下的甲硫醇钠水溶液中,即得到苯基甲硫醚。

(2)脱氮-偶联反应:重氮盐在弱碱性溶液中用 Cu 或 Cu^+ 还原时,会发生脱氮-偶联反应,生成对称的联芳基化合物。

2 [结构式] + 2Cu(NH₃)₄Cl $\xrightarrow[\text{pH 7.5~8.5}]{17~20℃}$ [结构式]

当存在其他富电子芳烃时,也可以制备不对称联芳基化合物,属于重氮盐的偶联反应。

[结构式] $\xrightarrow[5℃]{NaNO_2}$ [结构式] $\xrightarrow[\text{pH≈7, 室温}]{PhH}$ [结构式]

(R=CH₃, Br等)

(R=CH₃, Br等)

(二)重氮盐的还原反应

1. 反应通式与机制 重氮盐在盐酸介质中与强还原剂(氯化亚锡或锌粉)反应,可以合成芳肼。

$$Ar-\overset{\oplus}{N}\equiv N\overset{\ominus}{Cl} \xrightarrow[\text{或Zn}]{SnCl_2} Ar-\overset{H}{N}-NH_2·HCl$$

工业上常用的还原剂是 Na₂SO₃ 和 NaHSO₃。其反应历程是先发生 *N*- 加成磺化反应,再发生水解反应脱磺酸而得到芳肼盐酸盐。

$$Ar-\overset{\oplus}{N}=N\overset{\ominus}{Cl} \xrightarrow[-NaCl]{Na_2SO_3} Ar-N=N-SO_3Na \xrightarrow{NaHSO_3} Ar-\overset{H}{N}-\overset{H}{N}-SO_3Na$$

$$\xrightarrow{H_2O} Ar-\overset{H}{N}-\overset{H}{N}-SO_3Na \xrightarrow[HCl]{H_2O} Ar-NHNH_2·HCl$$

2. 影响因素及应用实例 一般情况下,使用 Na₂SO₃ 和 NaHSO₃(1:1)混合物,重氮盐可以顺利还原,如芳环上有磺酸基,则生成芳肼磺酸内盐。

[结构式] $\xrightarrow[\text{0~5℃}]{\substack{NaNO_2 \\ H_2SO_4}}$ [结构式] $\xrightarrow[\text{(1:1)}]{\substack{Na_2SO_3/ \\ NaHSO_3}}$ [结构式]

(三)重氮盐的偶合反应

重氮盐与富电子芳环、杂环或具有活泼亚甲基芳环生成偶氮化合物的反应,称为重氮盐的偶合反应。参与偶合反应的重氮盐称为重氮组分,与重氮盐发生反应的酚类、胺类、活泼亚甲基化合物称为偶合组分。

1. 反应通式及机制 在进行偶合反应时,重氮盐以亲电试剂的形式对酚类或芳胺类芳环上的氢进行亲电取代,生成相应的偶氮化合物。

$$Ar-N_2^{\oplus}X^{\ominus} + Ar'-OH \longrightarrow Ar-N=N-Ar'-OH + HX$$

$$Ar-N_2^{\oplus}X^{\ominus} + Ar'-NH_2 \longrightarrow Ar-N=N-Ar'-NH_2 + HX$$

2. 影响因素及应用实例　重氮盐的芳环上有吸电取代基时,能使重氮基上的正电性增加,偶合能力增强;反之,芳环上的给电子取代基使重氮盐的偶合能力减弱。一般而言,重氮盐的亲电能力较弱,所以重氮盐只与酚、酚醚、芳胺类组分发生偶合反应。偶合时偶氮基一般进入偶合组分中—OH、—NH$_2$、—NHR、—NR$_2$ 等基团的对位;当对位被占时,可进入邻位。

偶合组分与重氮盐发生反应的活性,按顺序逐渐降低,即 ArO$^{\ominus}$>ArNR$_2$>ArNHR>ArNH$_2$>ArOR>ArNH$_3^{\oplus}$。

胺类偶合组分一般在 pH 4～7 的弱酸性介质中进行;酚类偶合组分一般在 pH 7～10 的弱碱性介质中进行。

三、叠氮化反应

含叠氮基的药物分子不多,如治疗艾滋病的胸苷类抗病毒药物齐多夫定(zidovudine)以及抗菌药阿度西林(azidocillin)。叠氮化合物主要用于合成胺类及含氮杂环化合物,叠氮化试剂主要有叠氮化钠(NaN$_3$)、叠氮三甲基硅烷[(CH$_3$)$_3$SiN$_3$]、二苯基膦酰基叠氮[Ph$_2$P(O)N$_3$]等。

叠氮化合物的稳定性普遍较差,具有较高的机械感度,在受热或撞击情况下容易发生爆炸分解。叠氮基越多越不稳定。

(一)反应通式及机制

阴离子性叠氮基试剂与卤代烷烃、卤代芳烃、醇及其活性酯、羧酸及其衍生物等发生 S$_N$1、S$_N$2、S$_N$Ar 取代反应或偶联反应,制备相应叠氮化合物。

$$R-X + YN_3 \longrightarrow R-N_3$$

R = 烷基、芳基、羧基

X = Cl, Br, I, OH, OSO$_2$CF$_3$, OR 等

Y = Na, (CH$_3$)$_3$Si, R'SO$_2$, (C$_2$H$_5$)$_2$Al 等

（二）影响因素及应用实例

卤代烃、醇的活化酯与 NaN_3 发生亲核取代反应，可以制备脂肪族叠氮化合物，反应按 S_N1 或 S_N2 历程进行，可在水溶液或与水基混合溶剂中进行，季铵盐或 PEG 400 等有利于反应进行。

醇、伯胺不能直接叠氮化，需要辅助试剂活化。

在 $CuSO_4$ 催化作用下，苯并三唑 -1- 磺酰基叠氮或全氟丁磺酰基叠氮试剂将伯胺直接转化为叠氮化合物。

卤代芳烃与 NaN_3 发生 S_NAr 反应，生成相应的芳基叠氮化合物，产物极敏感、易爆炸。芳环上有吸电子取代基时，有利于反应进行。

不活泼的卤代芳烃需要在亚铜络合物催化作用下才能与 NaN_3 发生偶联反应，制备相应芳基叠氮化合物。

$$ArX + NaN_3 \xrightarrow[\substack{X=I, DMSO, 60℃ \\ X=Br, C_2H_5OH/H_2O, 95℃}]{\substack{CuI (5\sim10mol\%), \\ L-脯氨酸 (10\sim30mol\%) \\ NaOH (10\sim30mol\%)}} ArN_3$$

重氮盐脱氮气分解后与 NaN_3 发生 S_N1Ar 反应，生成芳基叠氮。

$$ArNH_2 \xrightarrow[0\sim5℃]{NaNO_2/HCl} ArN_2Cl \xrightarrow{NaN_3} ArN_3$$

活性较高的酰氯、酸酐可以直接与 NaN_3 发生亲核取代反应，制备酰基叠氮化合物。羧酸须经苯并三唑、三聚氯氰等活化，才能与 NaN_3 发生反应；羧酸酯则需要以 $(C_2H_5)_2AlN_3$ 作为亲核试剂。酰基叠氮不稳定，受热或酸性条件下分解释放氮气并经 Curtius 重排生成活泼的异氰酸酯。

酰肼与亚硝酸发生 N- 亚硝化脱水反应，生成酰基叠氮。

另外，醛的叠氮化、叠氮醇的氧化以及叠氮试剂与缺电子烯烃如 α,β- 不饱和体系发生 Michael 加成也可以制备相应的叠氮基化合物。例如，硝乙烯类化合物在氢化奎尼丁 -2,5- 二苯基 -4,6- 嘧啶基二醚 [（DHQD）2PYR] 的催化作用下，可与叠氮基三甲基硅烷反应制备叠氮基化合物。

四、药物合成实例分析

奥沙拉嗪（olsalazine, **2-5**）作为一种抗菌药物，主要用于急慢性溃疡性结肠炎、克罗恩病（亦称节段性回肠炎）及其缓解期的长期治疗药物，于 1989 年上市，其关键中间体 2- 羟基 -5- 硝基苯甲酸甲酯（**2-4**）由水杨酸甲酯的硝化反应制备。

1. 反应式

(64%)

2. 反应操作

（1）化合物 **2-4**：在干燥反应瓶中，加入 20.0g 水杨酸甲酯（0.13mol）、冰醋酸 152ml，搅拌，缓慢加入发烟硝酸 6.7ml，于 20℃继续搅拌 1 小时，反应结束向反应瓶中加冰 200g，析出黄色油状物，加入适量乙醇，析出黄色针状晶体，过滤，干燥，粗品用乙醇重结晶，得淡黄色针状晶体共 13.1g，收率 50%。

（2）化合物 **2-5**：在反应瓶中，加入 3- 氨基 -5- 甲烷磺酰氧基苯甲酸甲酯 5.1g（0.02mol）、6% 盐酸 38ml、冰 100g，搅拌，于 0℃缓慢滴加亚硝酸钠 1.8g（0.03mol）和水 11ml 的溶液，保持温度继续搅拌 0.5 小时，得到重氮盐溶液备用。

在另一反应瓶中，加入水杨酸甲酯 7.7g（0.05mol）、6.1g KOH（0.11mol）、冰水 50.8ml，搅拌，于 0℃快速加入上述重氮液，加毕，剧烈搅拌 0.5 小时，反应结束，用浓盐酸调至酸性，用三氯甲烷萃取，有机相合并，水洗，无水 Na₂SO₄ 干燥，旋蒸除溶剂，固体用 2- 丁酮重结晶，得化合物 **2-5** 共 5.4g，收率 64%，熔点 121～123℃。

3. 影响因素

（1）水杨酸甲酯是活性较高的硝化反应底物，反应在冰醋酸稀释的稀硝酸溶液中进行。反应结束后，将反应混合物倒入碎冰中淬灭反应，降低温度有利于产物的析出。

（2）化合物 **2-5** 的制备包括正重氮化反应和偶合反应两步。其中，重氮化反应需要控制反应在较低温度下进行，以提高重氮盐的得率。第二步重氮盐的偶合反应，须预先制备水杨酸甲酯的碱性水溶液，以增加其亲核活性。反应结束后，调节反应液 pH 至酸性，再进行分离纯化。

（3）出于安全考虑，重氮盐溶液最好现制现用，低温备用。

第五节　硝化反应新进展

由于传统硝化反应会产生大量废酸、废液，造成环境污染，同时硝化反应为强放热反应，容易发生安全事故，以及 EHS（environment，health，safety）管理体系的要求，促进了硝化反应的理论研究和工程应用。本节从新原理、新方法、新技术在硝化反应中发展与应用的角度，简单介绍硝化反应的新进展。

一、绿色硝化

（一）绿色硝化剂

为减少硝酸及其混合酸在硝化反应过程中不可避免产生的废酸等引起的 EHS 风险，N_2O_4 被认为是一种易于工业化生产和应用的绿色硝化剂，可发生硝化反应、亚硝化反应、氧化反应。

室温下，纯 N_2O_4 是无色液体，但由于其与 NO_2 存在可逆平衡，N_2O_4 成品通常是黄褐色的高密度液体混合物，性质稳定，可以长时间储存。其分子量为 92.011，熔点为 –11.23℃，沸点 21.5℃，蒸气压 96kPa（20℃），密度为 1.443g/cm³。

N_2O_4 可以解离为硝基正离子和亚硝酸根阴离子（其氮和氧都是亲核反应位点），与烯烃、炔烃可发生亲电加成反应，生成 1,2- 二硝基烃类化合物，与炔烃的加成反应还存在硝基 - 硝酸酯类产物。与芳烃发生亲电硝化反应；在氧气或催化剂存在下，非活泼芳烃也可以被 N_2O_4 直接硝化。但 N_2O_4 的硝化能力低于混酸，而且液态温度区域较窄。为增强 N_2O_4 的硝化能力，京都大学的铃木仁美等发现，臭氧作为 N_2O_4 的载体可以大大提高其对芳环的硝化能力，使用 O_3/N_2O_4 配合物硝化剂的硝化方法被称为 Kyodai 硝化法。

Kyodai 硝化法的优点：①反应在无水条件下进行，可减少废酸、废水排放，降低对设备的腐蚀；②区域选择性较好，具有邻位选择性，调节温度和溶剂等又可以获得不同比例的邻对位产物；③适用于醚类、缩酮等酸性敏感底物的硝化反应；④原材料和工艺成本较低。

对 Kyodai 硝化法的深入研究发现，低价态氮氧化物 NO、N_2O_3、N_2O_4 能被氧化为 NO_3，其与 NO_2 结合生成活性硝化剂 N_2O_5，这也促进了 N_2O_5 作为绿色硝化剂的研究与发展。通过拉曼光谱（无 $1\ 400cm^{-1}$ 吸收峰）的研究证明，N_2O_5 在有机溶剂如 CH_2Cl_2 中的硝化反应经过了以电子转移络合物为中间体的自由基历程。

π-络合物　　　　　　电子转移络合物　　　　　σ-络合物

（二）绿色硝化反应介质

1. 离子液体　离子液体是由体积较大的有机阳离子和较小的无机阴离子通过离子键结合的中性分子，在室温下为液体。其高极性、低蒸气压、较大的溶解度、较宽的液体温度范围，使离子液体成为可重复使用的绿色反应介质。其中，酸性离子液体不仅作为反应介质，也可以通过硝化剂的质子化而促进硝基正离子 $NO_2^{\oplus}$ 的生成，有利于硝化反应。

2. 氟两相体系　氢原子完全被氟取代的烷烃、醚类、胺类有机溶剂，称为全氟溶剂，或氟溶剂、全氟碳。由于氟原子的强电负性，使得氟溶剂具有低折射率、低表面张力、低介电常数和高度热稳定性。在常温下,氟溶剂与大多数有机溶剂几乎不互溶,随着温度提高互溶度增大,直至均相。反应结束后,降温可实现反应混合物与氟溶剂的自动分离,即氟两相体系。以全氟化烷基侧链修饰的催化剂易溶于全氟溶剂,还可实现催化剂在氟溶剂相的自动回收和重复使用。

(三)固体酸催化硝化

固体酸是具有给出质子或接受电子对能力的固体。包括布朗斯特酸(Brönsted acid)、Lewis 固体酸和混合型固体酸等类型。固体超强酸的表观酸度可以超过 100% 硫酸。使用固体酸催化或促进的硝化反应,降低了液体酸的腐蚀性和废水排放,简化了产物分离过程,还可能实现选择性硝化反应。

二、选择性硝化

前文内容中提到,在离子液体、固体酸、氟两相催化剂等条件下,以及催化的 N_2O_4、N_2O_5 等硝化剂参与的硝化反应中,对催化剂的性质、溶剂、温度等因素的调控,可以在芳烃的硝化反应中获得一定程度的区域选择性结果。例如,氯苯在沸石作为固体酸催化剂时用 N_2O_4 作为硝化剂,可以获得占绝对优势的对位产物,邻/对硝基氯苯的比例可达 1:12。

此外,采用分子印迹技术可实现芳烃的区域选择性硝化反应。采用连续流反应装置,有利于强化反应传质,降低在线物料量,提高硝化反应过程的安全性、环保效益与生产效率。

练习题

一、简答题

1. 向有机化合物中引入硝基的目的是什么? 举例说明硝化剂的种类及反应特点。

2. 苯胺在混酸中发生单硝化反应的活性不如 N-乙酰苯胺,且得到间位为主的产物,为什么?

3. 常用亚硝酸钠和盐酸与芳胺反应生成重氮盐,其反应历程是什么? 以重氮盐为中间体的衍生化反应有哪些?

二、完成下列合成反应

1.

2.

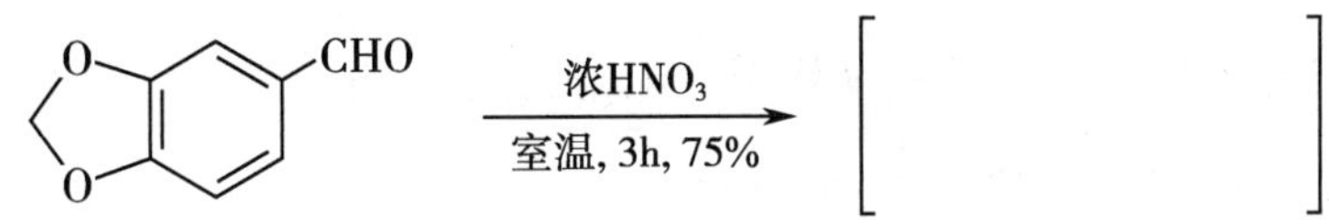

CHO
O
O
浓HNO3
室温, 3h, 75%

3.

NH2 · HCl
N2Cl
HBF4
加热

4.

N(CH3)2
HNO2

5.

Cl
Cl
Cl
浓HNO3/浓H2SO4
40℃

6.

CO2H
F
F
F
F
发烟HNO3/发烟H2SO4
60℃

7.

O
NH
O
HNO3/H2SO4

8.

CN
O
发烟HNO3/(CH3CO)2O

9.

H2N
S
CH3
CH3
N
O
CO2H
1) NaNO2/H2SO4
2) KBr, 10℃, 3.5h

6–APA

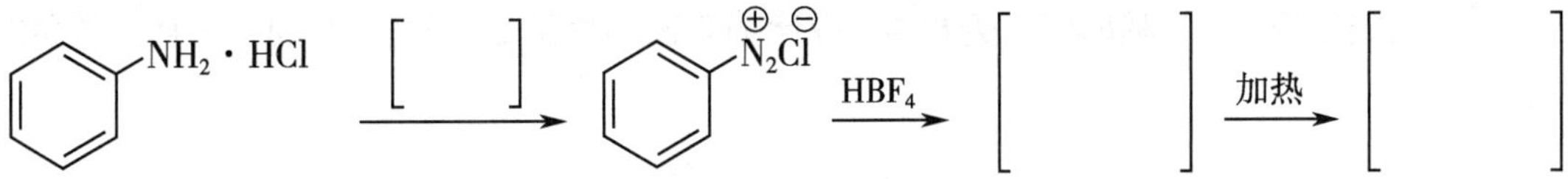

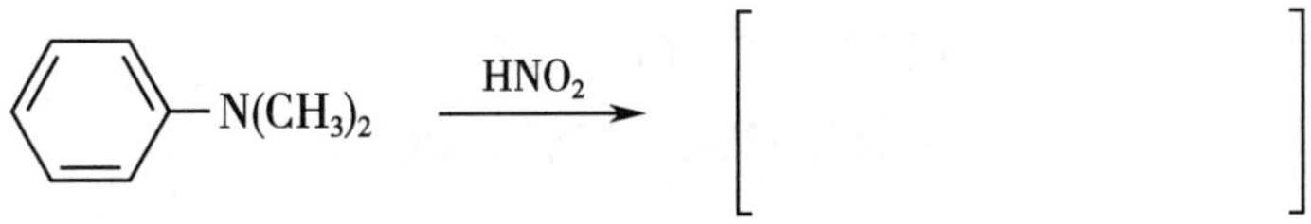

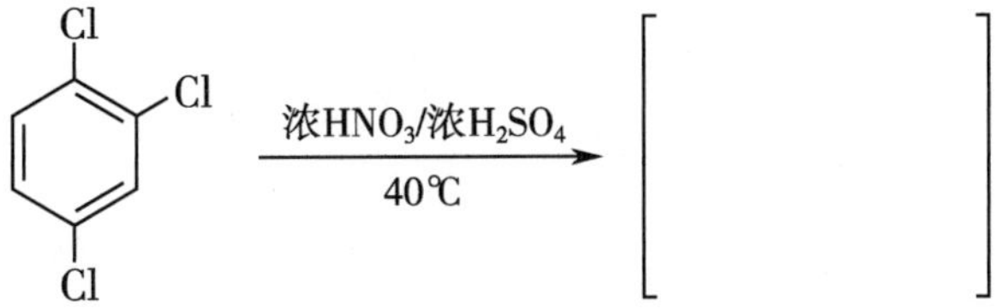

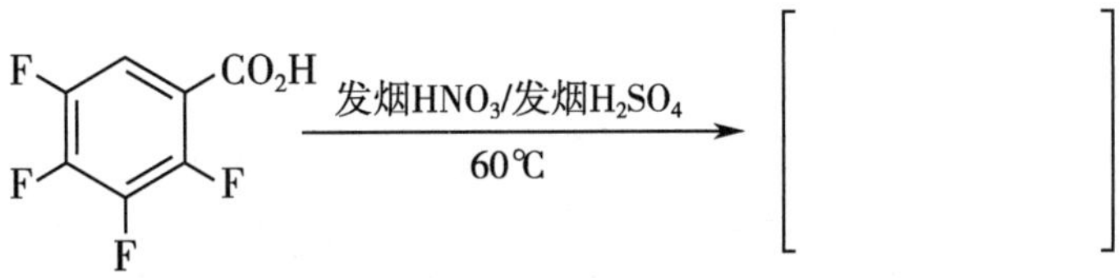

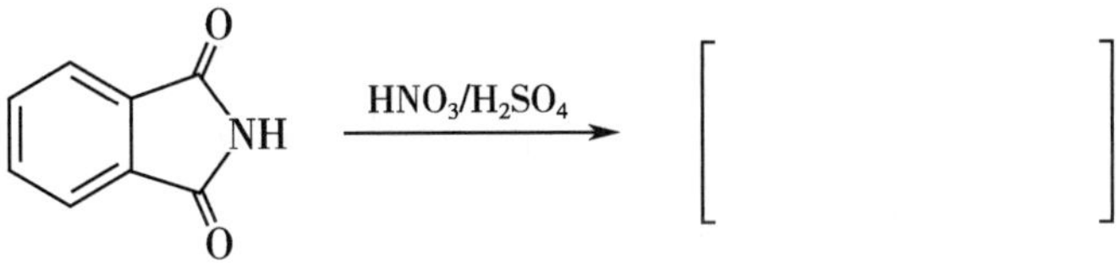

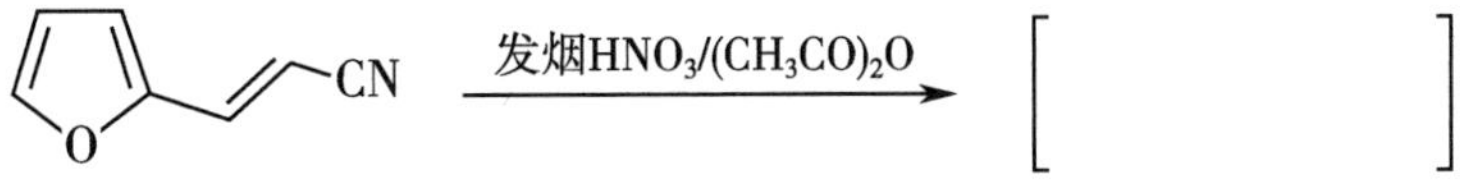

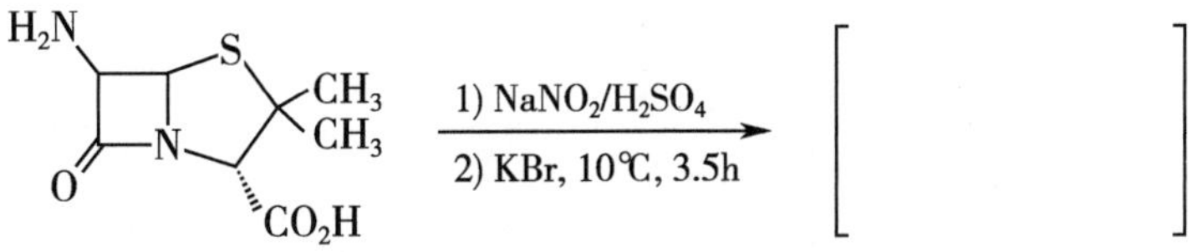

10.

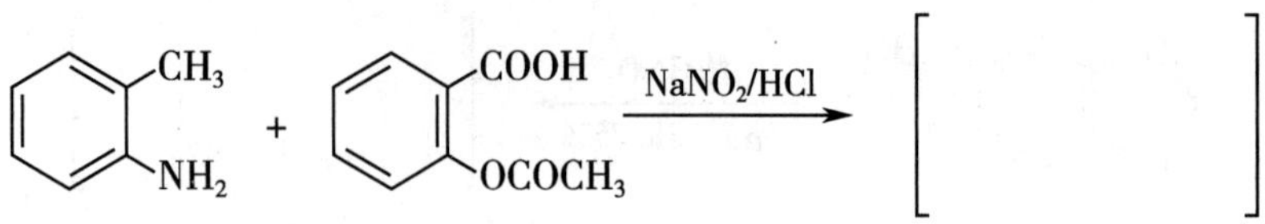

三、药物合成路线设计

以苯为主要原料, 可利用任意无机物, 设计强杀菌活性的 2- 羟基 -2′,4,4′- 三氯二苯醚的合成路线。

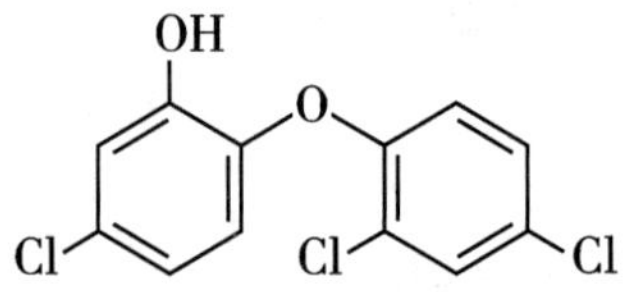

2-羟基-2′,4,4′-三氯二苯醚

（陈甫雪）

第三章　烃化反应

【本章要点】

掌握　醇和酚的 O- 烃化，脂肪胺、芳胺和杂环胺的 N- 烃化以及芳烃、烯烃和羰基 α- 位的 C- 烃化反应特点、影响因素及其应用；Friedel-Crafts 烃化反应、Williamson 醚合成反应、Gabriel 反应、Delépine 反应、Leuckart-Wallach 反应、Eschweiler-Clarke 反应、Heck 反应等经典人名反应及其应用。

熟悉　各类烃化反应的反应机制；硫酸酯和磺酸酯类烃化剂在烃化反应中的应用；选择性烃化方法。

了解　烃化反应的分类；烃化剂的种类和特点；Mitsunobu 反应、Suzuki 反应、Negishi 反应、Sonogashira 反应的特点及其应用。

烃化反应（alkylation）是指用烃基取代有机分子中的某些官能团（如—OH、—NH$_2$ 等）或是碳上的氢原子得到烃化物的反应。此外，有机金属化合物的金属部分被烃基取代的反应，亦属于烃化范畴。发生烃化反应的化合物称为被烃化物，常见的被烃化物包括醇、酚、胺类、不饱和烃、芳烃等，可引入的烃基有饱和烃基、不饱和烃基以及芳烃基等。通过烃化反应可以制备种类繁多的药物中间体或药物。

第一节　概述

一、反应分类

按烃化反应中烃基引入被烃化物的部位不同，可将烃化反应分为氧原子上的烃化反应、氮原子上的烃化反应和碳原子上的烃化反应。

1. **氧原子上的烃化反应**　可分为醇的 O- 烃化和酚的 O- 烃化。醇的 O- 烃化反应指醇羟基中的氢原子被烃基取代生成醚的反应。一般情况下，酚羟基比醇羟基更容易发生 O- 烃化反应，这是因为酚羟基的氧原子与苯环共轭，使得酚羟基的电子云密度减小，对氢的束缚能力减弱，羟基上氢的活性增强。

2. **氮原子上的烃化反应**　是指氨、脂肪胺及芳香胺类结构的氮原子上引入烃基的反应。由于氮原子一般具有碱性，亲核能力较强，所以 N- 烃化比 O- 烃化反应更容易进行。

3. 碳原子上的烃化反应　主要对芳环、烯烃及羰基化合物 α-位碳原子的烃化等。例如，在芳烃上直接引入烃基的 Friedel-Crafts 反应，烯烃碳上引入芳烃、烯基或烷基的 Heck 反应、Stille 反应等。此外，羰基化合物 α-位上的氢具有酸性，与卤代烃反应可引入烃基，与格氏试剂等金属有机化合物也可发生 C-烃化反应。

二、烃化剂的种类

烃化反应都是通过烃化剂来实现的，烃化剂是一类化学性质很活泼的化合物。常用的烃化剂有卤代烃、硫酸酯和磺酸酯，此外，还包括重氮甲烷、醇类、醚类、烯烃和炔烃、羰基化合物和环氧化合物等。由于烃化剂的种类繁多、作用特点各异，往往一种烃化剂可以对几种不同的基团发生烃化反应；反之，一种基团也可被数种烃化剂烃化。

（一）卤代烃类烃化剂

卤代烃作为烃化剂，其结构对烃化反应的活性有较大的影响。当卤代烃中的烃基相同时，不同卤素会影响 C—X 键之间的极化度，一般卤原子的半径越大，所成键的极化度也越大，不同卤素的卤代烃活性次序为 RI>RBr>RCl>>RF。

氯苄和溴苄的活性较大，易于进行烃化反应；而氯苯和溴苯由于 p-π 共轭，活性很差，烃化反应较难进行，一般要在强烈的反应条件下或芳环上有其他活化基团（强吸电基）存在时，才能顺利进行反应。

（二）酯类烃化剂

酯类烃化剂主要有硫酸酯和磺酸酯类，对羟基、氨基、活泼亚甲基和巯基的烃化反应机制与卤代烃相同，由于硫酸根或磺酸根的离去能力比卤原子强，所以酯类烃化剂活性较高，反应条件较卤代烃温和，烃化活性次序为 $ROSO_2OR>ArSO_2OR>RX$。

常用的硫酸酯类烃化剂有硫酸二甲酯和硫酸二乙酯。

$$H_3C-O-\overset{\displaystyle O}{\underset{\displaystyle O}{\overset{\|}{\underset{\|}{S}}}}-O-CH_3 \qquad\qquad C_2H_5-O-\overset{\displaystyle O}{\underset{\displaystyle O}{\overset{\|}{\underset{\|}{S}}}}-O-C_2H_5$$

硫酸二甲酯　　　　　　　　　　　硫酸二乙酯

它们常用于羟基、氨基的甲基化或乙基化反应，硫酸二酯虽有两个烃基，但一般只有一个烃基参加反应。硫酸酯类对活性较大的醇羟基（如苄醇、烯丙醇和 α-氰基醇等）易发生烃化反应；而活性小的醇羟基如甲醇、乙醇等则不发生烃化反应，只能作为反应溶剂。硫酸二甲酯毒性极大，能通过呼吸道及接触皮肤使人体中毒，操作时应注意安全。

常用的磺酸酯类烃化剂包括芳基磺酸酯、甲磺酸酯、三氟甲磺酸酯等。

$$H_3C-\!\!\left\langle\bigcirc\right\rangle\!\!-\overset{\displaystyle O}{\underset{\displaystyle O}{\overset{\|}{\underset{\|}{S}}}}-O-R \qquad H_3C-\overset{\displaystyle O}{\underset{\displaystyle O}{\overset{\|}{\underset{\|}{S}}}}-O-R \qquad F-\overset{\displaystyle F}{\underset{\displaystyle F}{\overset{|}{\underset{|}{C}}}}-\overset{\displaystyle O}{\underset{\displaystyle O}{\overset{\|}{\underset{\|}{S}}}}-O-R$$

对甲基苯磺酸酯　　　　　　甲磺酸酯　　　　　　三氟甲磺酸酯

对甲苯磺酰氧基（—OTs）是很好的离去基团，因此活性较强，应用范围比硫酸酯烃化剂广泛,常用于引入分子量较大的烃基。除磺酸酯外,原甲酸酯、氯甲酸酯、多聚磷酸酯和烷基乙酸酯等均可作烃化剂。

(三)烯烃和炔烃类烃化剂

不饱和烃类烃化剂包括乙烯、丙烯、长链 α- 烯烃、丙烯腈、丙烯酸甲酯和乙炔等。

烯烃类烃化剂能与羟基、氨基和活泼亚甲基进行烃化反应,主要用于醚类、胺类等衍生物的合成。烯烃的 α- 位如有羰基、氰基、羧基和酯基等吸电基,则烯键的活性增大,容易与具有活泼氢的化合物进行加成得到相应的烃化产物;否则,烃化反应较难进行,需要使用酸或碱作催化剂,并且要在较高的温度下才能进行反应。

炔类烃化剂利用炔钠 C—Na 键中碳的负电性,可作为亲核基团完成反应。

(四)环氧乙烷类烃化剂

环氧乙烷属于活性较大的环烃醚,为三元环,分子有较大的环张力,易发生开环反应,可在 O、N、C、S 等原子上引入羟乙基,因此环氧乙烷又称为羟乙基化试剂。由于环氧乙烷类烃化剂活性强且易于制备,与含活泼氢的化合物加成即可得羟烷基化产物,因此广泛用于氧、氮和碳原子的羟烃化。常用的有环氧乙烷和环氧丙烷。

$$H_2C—CH_2 \qquad H_2C—\overset{\overset{\displaystyle H}{|}}{C}—CH_3$$
$$\underset{O}{\diagdown} \qquad \underset{O}{\diagdown}$$

环氧乙烷 　　　　环氧丙烷

(五)有机金属烃化剂

有机金属化合物($R^{\delta\ominus}—M^{\delta\oplus}$)包括钠、镁、铝、铜、硅和硼等,该类化合物具有强亲核性和碱性。其中以有机镁试剂和有机锂试剂作为烃化剂应用最多,常用于 C- 烃化反应。

1. 有机镁试剂 　有机卤素化合物(卤代烷、活泼卤代芳烃)与金属镁在无水乙醚或四氢呋喃(THF)中于隔绝空气条件下反应能生成有机镁化合物(RMgX),即格氏试剂(Grignard reagent)。

格氏试剂属于共价化合物,是一种性质活泼的有机合成试剂,是极强的 Lewis 碱,能发生偶联、加成、取代等多种反应。

$$R—X + Mg \xrightarrow{\text{THF或无水}(C_2H_5)_2O} R^{\ominus}—\overset{\oplus}{Mg}—X^{\ominus}$$

上式中,R 为烃基,包括脂肪烃基和芳烃基;X 为卤素。当 R 为芳烃基时,X 一般为碘或溴。若用活性较小的卤乙烯或卤苯等制备格氏试剂时,则须用四氢呋喃或其他醚作为溶剂。

2. 有机锂试剂 　制备和性质与有机镁类似,有机锂参加反应受空间位阻影响较小,比有机镁试剂更活泼,所以用锂试剂进行的反应要在高纯氮或氩气中低温下进行,制备后应立即使用。制备方法主要有卤代烃与金属锂反应、锂氢交换反应、锂卤交换反应等。

(六)重氮甲烷

重氮甲烷(diazomethane)是最简单的重氮化合物,化学式为 CH_2N_2,是一个线形分子,有多个共振式,中间的氮原子带有部分正电荷,两端的碳和氮原子带有部分负电荷,是一种重要的甲基化试剂。

$$\begin{array}{cc} \overset{H}{\underset{H}{C}} = \overset{\oplus}{N} = \overset{\ominus}{N} & \longleftrightarrow & \overset{H}{\underset{H}{C}} - \overset{\oplus}{N} \equiv N \end{array}$$

重氮甲烷特别适用于 O- 烃化反应,可在分子中引入甲基,其甲基化反应速度较慢,反应中除放出氮气外无其他副产物,后处理简单,产品纯度好,收率高。反应一般用三氟化硼或氟硼酸催化,甲醇、乙醚、三氯甲烷等作为溶剂。缺点是重氮甲烷有毒,不稳定且有爆炸性,不适宜大量制备。

(七)其他烃化剂

1. 醇类烃化剂 以醇类为烃化剂可制备醚,常用甲醇、乙醇、正丁醇、十二碳醇等。活性较高的醇,如苄醇、烯丙醇、α- 羟基酮等,在非常温和的条件下使用少量催化剂即可进行烃化反应。

2. 羰基化合物 羰基化合物可作为烃化剂是因为其 α- 位上可引入烃基,但羰基的反应能力较弱,只适用于活泼芳香族衍生物的烷基化反应,可用于合成二芳基或三芳基甲烷衍生物。常用甲醛、乙醛、丁醛、苯甲醛、丙酮和环己酮等。

3. 氟硼酸三烷基锌盐($R_3O^{\oplus}BF_4^{\ominus}$) 此类烃化剂具有较高活性,可用于有位阻的醇的成醚反应。

烃化反应的难易不但取决于被烃化物的亲核性,同时也取决于烃化剂中离去基团的性质。因此,药物合成中选用烃化剂绝不能把各个反应条件孤立起来,应根据反应难易、操作繁简、成本高低、毒性大小以及副反应、安全性等多种因素综合考虑,选择适当的烃化剂。

三、反应机制

烃化反应的机制基本上都属于单分子亲核取代反应(S_N1)或双分子亲核取代反应(S_N2),即具有负电荷的或未共用电子对的被烃化物向带(部分)正电荷的烃化剂的 α- 碳原子做亲核进攻。此外,其机制也涉及催化剂存在下,芳环上引入烃基的亲电性取代反应机制。

(一)亲核取代反应机制

1. 双分子亲核取代反应

(1)醇(酚)的 O- 烃化反应:在碱性条件下,醇或酚与伯烷基烃化剂发生烃化反应,一般按 S_N2 反应进行。

$$\underset{(Ar)}{R-OH} + B^{\ominus} \longrightarrow \underset{(Ar)}{RO^{\ominus}} + HB$$

$$\underset{(Ar)}{RO^{\ominus}} + \underset{H}{\overset{H}{R'-C}}{\overset{\delta+}{-}}L^{\delta-} \longrightarrow \left[\underset{(Ar)}{RO} \cdots \overset{R'}{\underset{H}{C}} \cdots L \right] \longrightarrow \underset{(Ar)}{ROCH_2R'} + L^{\ominus}$$

在此反应中,反应速率与反应物的摩尔浓度乘积成正比。

$$v = k[RO^{\ominus}][R'CH_2L] \qquad\qquad 式(3\text{-}1)$$

式中，k 为反应速率常数，R' 表示卤代烃中的烷基，L 可以是卤素（Cl、Br、I），也可是芳基磺酰氧基或三氟甲磺酰氧基等。

（2）胺的 N- 烃化反应：氨、脂肪胺、芳胺及含氮杂环等含氮化合物的反应机制是氮原子向带正电性的 R 基团进行 S_N2 亲核进攻，得到更高一级的胺盐及季铵盐。

$$\ddot{N}H_3 + R\text{—}X \longrightarrow RNH_3^{\oplus}X^{\ominus}$$

$$R\ddot{N}H_2 + R\text{—}X \longrightarrow R_2NH_2^{\oplus}X^{\ominus}$$

$$R_2\ddot{N}H + R\text{—}X \longrightarrow R_3NH^{\oplus}X^{\ominus}$$

$$R_3\ddot{N} + R\text{—}X \longrightarrow R_4N^{\oplus}X^{\ominus}$$

芳胺或杂环胺上氮原子的碱性比脂肪胺弱，发生 N- 烃化反应的条件要更高。芳胺氮上孤对电子的存在，使其具有亲核能力，可对 R—L 亲核进攻。

$$Ar\ddot{N}H_2 + R\text{—}L \longrightarrow ArNHR + R\text{—}L \longrightarrow ArNR_2$$

（3）活泼亚基碳原子的烃化反应：在碱催化下，活泼亚甲基首先形成碳负离子，并与邻位的吸电子基发生共轭效应，负电荷离域分散到其他部位，从而增加碳负离子的稳定性，属于 S_N2 亲核取代反应机制。例如，乙酰乙酸乙酯与卤代烷的反应机制如下。

在形成碳负离子的过程中，存在着与溶剂（如醇类、氨等）、碱和亚甲基碳负离子之间的竞争性平衡。为使亚甲基碳负离子有足够的浓度，使用的溶剂（如醇类）和碱的共轭酸（BH）的酸性必须比含有活泼亚甲基化合物的酸性弱才能利于进行烃化反应。

2. 单分子亲核取代反应在中性或弱碱性条件下，当烃化剂的烷基为叔烷基时，一般按 S_N1 反应机制进行。

$$R\text{—}L \xrightarrow{\text{慢}} R^{\oplus} + L^{\ominus}$$

$$R^{\oplus} + R'OH \xrightarrow{\text{快}} \left[R\text{—}\overset{\oplus}{\underset{H}{O}}\text{—}R' \right] \xrightarrow{\text{快}} R\text{—}O\text{—}R' + H^{\oplus}$$

该反应分两步进行，反应速率仅与 R—L 的摩尔浓度有关：$v=k(R\text{—}L)$。第一步，R—L 离解为烷基阳离子和阴离子,该步反应较慢,决定整个反应速率;第二步,生成的烷基阳离子与亲核试剂 R'OH 反应形成产物,该步反应速率较快。

(二)亲电取代反应机制

在 Lewis 酸催化下,卤代烃与芳香族化合物在芳环上进行 C- 烃化亲电取代反应,即 Friedel-Crafts 烃化反应(简称 F-C 反应),其反应机制是碳正离子对芳环的亲电取代反应。

$$R-\overset{\overset{R^1}{|}}{\underset{\underset{R^2}{|}}{C}}-X + AlCl_3 \longrightarrow R-\overset{\overset{R^1}{|}}{\underset{\underset{R^2}{|}}{\overset{\oplus}{C}}}AlCl_3X^{\ominus}$$

$$\bigcirc + R-\overset{\overset{R^1}{|}}{\underset{\underset{R^2}{|}}{\overset{\oplus}{C}}}AlCl_3X^{\ominus} \longrightarrow \left[\bigcirc\right] \longrightarrow \bigcirc R-\overset{\overset{R^1}{|}}{\underset{\underset{R^2}{|}}{C}}-R^2 + AlCl_3 + HX$$

首先是卤代烃(或质子化的醇、烯烃)与 Lewis 酸催化剂(如三氯化铝)作用形成碳正离子,然后碳正离子作为亲电试剂进攻芳环形成 σ- 络合物中间体,最后失去一个质子得到亲电取代产物。所形成的碳正离子可发生重排,得到更稳定的碳正离子。

$$CH_3-\overset{\overset{H}{|}}{CH}-\overset{\oplus}{CH_2} \xrightarrow{\text{重排}} CH_3-\overset{\oplus}{CH}-CH_3$$

第二节 氧原子上的烃化反应

一、醇的 O- 烃化反应

醇的氧原子上进行烃化反应可得到醚,简单醚的制备可采用醇在酸性条件下脱水而得,混合醚可由醇与各种烃化剂制备。O- 烃化反应的烃化剂主要有卤代烃、磺酸酯、环氧乙烷和烯烃等。

(一)卤代烃为烃化剂

在碱性(Na、NaH、NaOH 或 KOH 等)条件下,卤代烃与醇羟基进行烃化反应生成醚,这一反应称为 Williamson 醚合成法,可用于制备混合醚。

1. 反应通式及机制

$$ROH + R'X \xrightarrow{\text{碱}} R'OR + HX$$

该反应机制属于亲核取代反应,通常伯卤代烃按 S_N2 反应机制进行,随着烷基与卤素相连的碳原子上取代基数目增加,反应按 S_N1 机制进行的趋势增加。

2. 反应影响因素及应用实例 不同的卤素对 C—X 键之间的极化度有影响,极化度越大,反应速率越快。由于芳卤烃上的卤原子与芳环产生共轭效应,其活性较卤烷烃小。若芳环上的邻位或对位有强的吸电子基存在时,则可增强卤原子的活性,并能与醇羟基顺利地进行亲核取代反应得到烃化产物。

对被烃化物醇类来说,若 R'OH 的活性较弱,则在反应中加入强碱,如金属 Na、NaH、NaOH、NaOC$_2$H$_5$ 等,以形成亲核性的 R'O$^{\ominus}$ 离子。例如,抗真菌药物硝酸芬替康唑(fenticonazole nitrate)的制备中以 NaH 作为强碱。

(fenticonazole nitrate)

吡啶、嘧啶、哒嗪和喹啉等含氮杂环化合物,若卤原子位于氮原子的邻位或对位,其活性增大,可与醇类进行烃化反应而得相应到的烷氧基产物。例如,长效磺胺药磺胺甲氧嗪(sulfamethoxypyridazine)是由 3- 磺胺 -6- 氯哒嗪在 NaOH 的存在下与甲醇反应,再经酸化制得的。

(sulfamethoxypyridazine)

质子溶剂有利于 R—CH$_2$—X 解离,但能与 R'O$^{\ominus}$ 发生溶剂化作用,使 R'O$^{\ominus}$ 的亲核活性降低。而非质子极性溶剂能增强 R'O$^{\ominus}$ 亲核活性,对反应有利。反应中常用 DMSO、DMF、六甲基磷酰胺(HMPTA)等非质子性溶剂,可将醇直接溶于或将醇盐悬浮于醚类溶剂,如乙醚、四氢呋喃或二甲醚等。

抗组胺药苯海拉明(diphenhydramine)可以采用两种合成方法:①以二苯溴甲烷为原料,二甲苯(xylene)作溶剂下,与 β- 二甲氨基乙醇反应得到;②以二苯甲醇为原料,与 β- 二甲氨基氯乙烷反应制得。前者由于 β- 二甲氨基乙醇中羟基的活性低,要先将其以强碱处理,使之转化成烷氧基负离子(RO$^{\ominus}$)形式进行烃化反应。由于二苯甲醇两个苯基的吸电子效应,使羟基的氢原子活性增大。在反应中加入 NaOH 等作为缚酸剂即可进行烃化反应。因此,后一种制备方式更优。

$$\underset{\substack{Ph \\ Ph}}{\overset{Ph}{\underset{H}{C}}}\!\!-Br + NaOCH_2CH_2N(CH_3)_2 \xrightarrow[\text{加热}]{\text{二甲苯}}$$

$$\underset{\substack{Ph \\ Ph}}{\overset{Ph}{\underset{H}{C}}}\!\!-OH + ClCH_2CH_2N(CH_3)_2 \cdot HCl \xrightarrow[\text{二甲苯}]{NaOH} \underset{Ph}{\overset{Ph\quad H}{C}}\!\!-OCH_2CH_2N(CH_3)_2$$

（二）磺酸酯为烃化剂

常用的磺酸酯类烃化剂有硫酸二乙酯及芳磺酸酯等。甲磺酸酯和对甲苯磺酸酯性质相似，是很好的离去基团，可用于引入分子量较大的烃基。

1. 反应通式及机制

$$R'OH + ROSO_2R \longrightarrow R'-OR + ROSO_2H$$

$$R'OH + TsOR \longrightarrow R'-OR + TsOH$$

磺酸酯类烃化剂与醇成醚反应的机制与卤代烃相似。在强碱条件下按 S_N2 反应机制进行，烷氧负离子向显正电性的烷基亲核进攻，$RSO_4^{\ominus}$ 作为负离子离去，烷氧负离子与烷基正离子形成醚。

$$R'O^{\ominus} + \underset{R-O}{\overset{\overset{\delta^+\ \delta^-}{R-O}}{\diagdown}}SO_2 \longrightarrow R'OR + RSO_4^{\ominus}$$

在中性或弱碱性条件下，反应则按 S_N1 反应机制进行。

2. 反应影响因素及应用实例
若醇羟基邻位上连接有吸电子基团，则有利于反应的进行。例如，吸入麻醉剂异氟烷（isoflurane）中间体 1,1,1- 三氟 -2- 甲氧基乙烷的合成，以三氟乙醇为原料，硫酸二甲酯为甲基化试剂，可获得较高收率的产物。

$$CF_3CH_2OH \xrightarrow[\substack{KOH,\ CH_3OH \\ (98\%)}]{(CH_3)_2SO_4} CF_3CH_2OCH_3$$

对于某些难于烃化的羟基，用芳磺酸酯类烃化剂在剧烈条件下可顺利地进行反应，得到高收率的烃化产物。例如，防治白细胞减少药物鲨肝醇（batilol）的合成以甘油为原料，异亚丙基保护其中两个羟基，加对甲苯磺酸十八烷酯（$C_{18}H_{37}OTs$）对未被保护的伯醇羟基进行 O- 烃化反应，再进行脱保护即可得到产物。

$$\underset{\substack{| \\ HC-OH \\ | \\ H_2C-OH}}{H_2C-OH} \xrightarrow[HCl]{(CH_3)_2CO} \underset{\substack{| \\ HC-O \\ | \\ H_2C-O}}{H_2C-OH}\!\!\overset{CH_3}{\underset{CH_3}{C}} \xrightarrow[KOH,\ 甲苯]{C_{18}H_{37}OTs} \underset{\substack{| \\ HC-O \\ | \\ H_2C-O}}{H_2C-OC_{18}H_{37}}\!\!\overset{CH_3}{\underset{CH_3}{C}} \xrightarrow[\substack{2h \\ (92\%)}]{C_2H_5OH/HCl} \underset{\substack{| \\ HC-OH \\ | \\ H_2C-OH \\ \text{(batilol)}}}{H_2C-OC_{18}H_{37}}$$

（三）环氧乙烷为烃化剂

环氧乙烷对氧原子的羟乙基化反应是制备醚类的方法之一。用酸或碱催化，反应条件温和，反应速率快。

1. 反应通式及机制

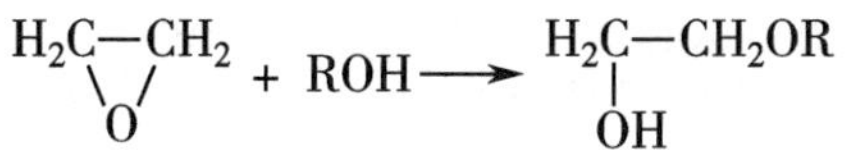

$$\underset{\underset{O}{\diagdown\diagup}}{H_2C-CH_2} + ROH \longrightarrow \underset{\underset{OH}{|}}{H_2C-CH_2OR}$$

环氧乙烷在碱催化下进行 S_N2 亲核取代反应,基于空间位阻影响,$R'O^{\ominus}$ 一般进攻环氧环中取代较少的碳原子,发生开环,反应机制如下:

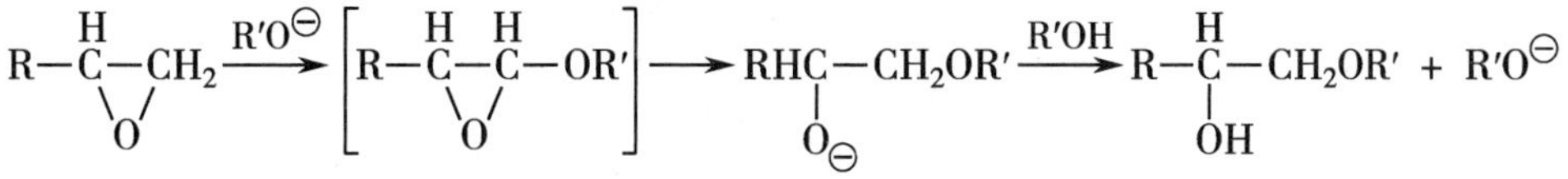

$$\underset{\underset{O}{\diagdown\diagup}}{R-\underset{|}{\overset{H}{C}}-CH_2} \xrightarrow{R'O^{\ominus}} \left[R-\underset{\underset{O}{\diagdown\diagup}}{\overset{H}{\underset{|}{C}}-\overset{H}{\underset{|}{C}}-OR'} \right] \longrightarrow \underset{\underset{O^{\ominus}}{|}}{RHC-CH_2OR'} \xrightarrow{R'OH} R-\underset{|}{\overset{H}{\underset{OH}{C}}}-CH_2OR' + R'O^{\ominus}$$

在酸催化下,若用取代的环氧乙烷与羟基氧原子进行羟乙基化反应,根据氧环(键)的断裂方式不同,可分为两种情况:

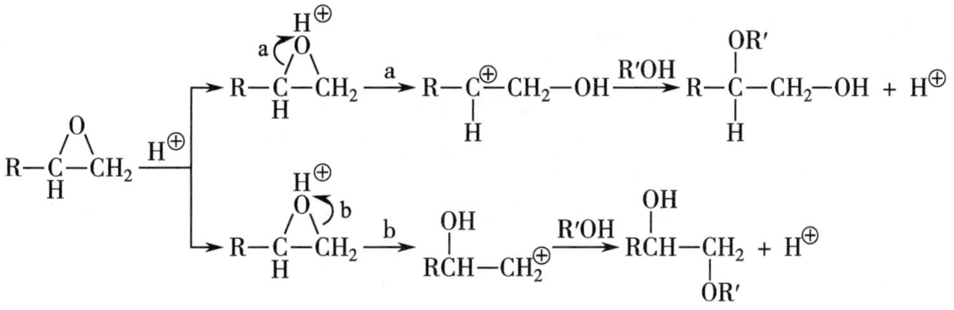

所生成的中间体锌盐的 C—O 键是按 a 键还是按 b 键断裂,与取代基 R 的性质有关。若 R 为供电子基,有利于形成稳定的仲碳正离子,以 a 键断裂为主,反应按 a 方向进行,生成以伯醇为主的产物;若 R 为吸电子基,有利于形成稳定的伯碳正离子,以 b 键断裂为主,反应按 b 方向进行,与醇类作用则生成以仲醇为主的产物。

2. 反应影响因素及应用实例

在酸催化条件下,环氧乙烷为烃化剂的反应带有一定程度 S_N1 性质,开环方向主要取决于电性因素,与立体因素关系不大,产物以伯醇为主。若以碱为催化剂,属于 S_N2 反应,开环方向单一,主要与立体因素相关,一般羟乙基化反应发生在取代较少的碳原子上,生成以仲醇为主的产物。例如,苯基环氧乙烷在酸的催化下与甲醇反应主要得到伯醇,以醇钠催化主要得到仲醇。

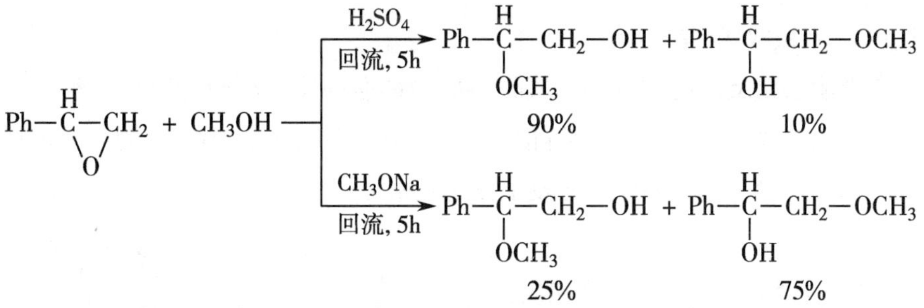

(四)烯烃及其他烃化剂

1. 烯烃类

烯烃对醇的 *O*-烃化可生成醚,是通过双键的加成反应来实现的。当烯烃双键的 α 位有氰基、羰基、羧基、酯基等吸电基时,易发生 *O*-烃化反应。

丙烯腈的烯键活性很高,加成后在分子结构中引进氰乙基,又称氰乙基化反应。此类反应可以看作是 Michael 加成反应的一种特殊形式。

$$ROH \xrightarrow{OH^\ominus} RO^\ominus \underset{}{\overset{H_2C=CHCN}{\rightleftharpoons}} ROCH_2\overset{\ominus}{C}HCN \underset{}{\overset{HOH}{\rightleftharpoons}} ROCH_2CH_2CN + RO^\ominus$$

2. 重氮甲烷　醇在一般条件下不易提供质子,因而不能被重氮甲烷甲基化,但在三氟化硼、氟硼酸或烷氧基铝的存在下仍可被甲基化成醚。

3. 氟硼酸三烷基盐（$R_3O^\oplus BF_4^\ominus$）　是高活性的烃化剂,但性质不稳定,可用于有位阻的醇的成醚反应。例如,对于具有旋光性的醇,若用 Williamson 醚合成法易发生消旋化,而用 $R_3O^\oplus BF_4^\ominus$ 进行烃化则可避免消旋化。

二、酚的 *O*- 烃化反应

酚的酸性比醇强,因此酚比醇更易进行 *O*- 烃化反应。酚的 *O*- 烃化可选用卤代烃、硫酸酯、重氮甲烷和醇等烃化剂进行反应。

（一）卤代烃为烃化剂
卤代烃与酚羟基之间进行烃化反应可得到酚醚。

1. 反应通式及机制

反应按 S_N2 亲核取代机制进行。

2. 反应影响因素及应用实例　一般先将酚与缚酸剂反应形成芳氧负离子,常用的碱有 NaOH、Na_2CO_3 等。例如,在抗帕金森病药沙芬酰胺(safinamide)中间体的合成过程中,反应物同时存在酚羟基和醇羟基,醚化优先发生在酚羟基上。

反应可在质子溶剂或非质子溶剂中进行,如用水、醇、丙酮、苯、DMF、DMSO 等为溶剂。例如,降血脂药吉非罗齐(gemfibrozil)是以甲苯($C_6H_5CH_3$)为溶剂,碘化钾为催化剂,由 2,5-

二甲基苯酚与 5- 氯 -2,2- 二甲基戊酸 -2- 甲基丙基酯发生 O- 烃化反应，再经酯水解反应制得。

（二）硫酸酯为烃化剂

常用的硫酸酯类烃化剂有硫酸二甲酯、硫酸二乙酯等，最常用的是硫酸二甲酯。

1. 反应通式及机制

该反应通过 S_N2 亲核取代反应机制进行。

2. 反应影响因素及应用实例

硫酸二甲酯与酚可在无水或碱性条件下直接加热反应。例如，抗高血压药甲基多巴（methyldopa）中间体 3,4- 二甲氧基苯甲醛是由硫酸二甲酯与香兰素反应制得。

酚羟基可与邻位羰基形成氢键，不易被卤代烃烃化，可改用活性大的硫酸二甲酯进行 O- 烃化。例如，抗肿瘤药阿克罗宁（acronycine）的制备。

（三）重氮甲烷为烃化剂

重氮甲烷是很活泼的甲基化试剂，特别适用于酚羟基或羧酸氧原子上的烃化。

1. 反应通式及机制

反应机制可能是羟基解离出质子，转移到活泼亚甲基上形成重氮盐，经分解放出氮气形成甲醚或甲酯。

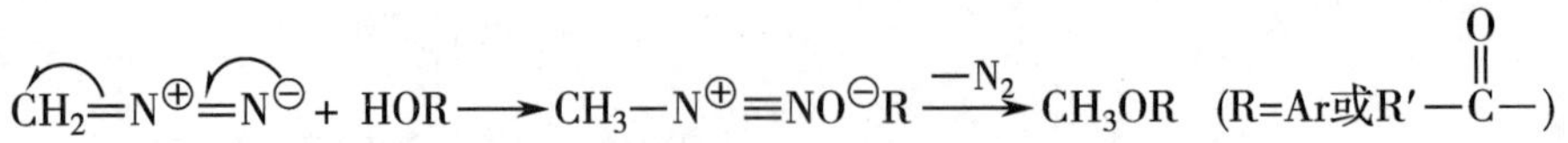

$$\overset{\frown}{CH_2}=\overset{\oplus}{N}=\overset{\frown}{\overset{\ominus}{N}} + HOR \longrightarrow CH_3-\overset{\oplus}{N}\equiv NO^{\ominus}R \xrightarrow{-N_2} CH_3OR \quad (R=Ar或R'-\overset{\overset{O}{\parallel}}{C}-)$$

2. 反应影响因素及应用实例　一般使用乙醚、甲醇和三氯甲烷等作溶剂,在室温或室温以下进行反应。反应由质子转移开始,羟基的酸性越大则质子越容易转移,反应也容易进行,酚羟基酸性的差异也会影响反应的进行。例如,过量的重氮甲烷与原儿茶酚作用生成三甲基衍生物,如果控制重氮甲烷用量,可选择性地使酸性较大的对位羟基甲基化得到单醚。

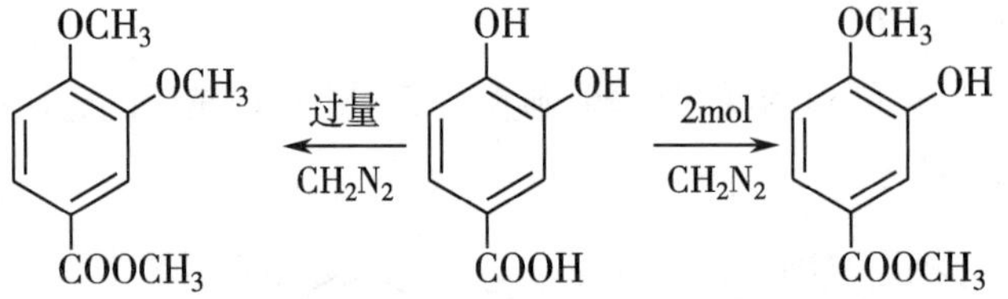

能与羰基形成分子内氢键的酚羟基一般不能用重氮甲烷进行烷基化。例如,用重氮甲烷进行选择性甲基化反应制备免疫抑制剂霉酚酸(mycophenolic acid)时,羰基邻位的羟基不发生甲基化。

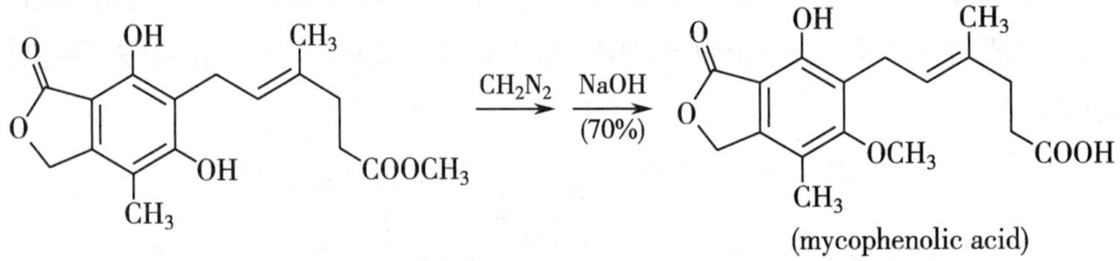

(mycophenolic acid)

(四)醇为烃化剂

1. 二环己基碳二亚胺(DCC)缩合法　缩合试剂 DCC 可催化酚和醇发生烃化反应生成醚。一般伯醇收率较好,仲醇和叔醇收率偏低。

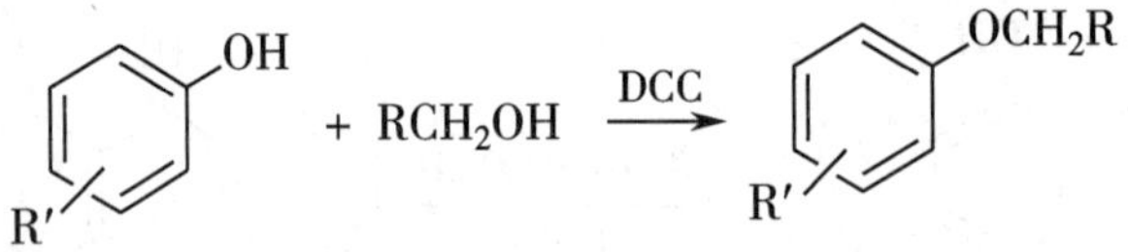

该反应机制是醇首先与 DCC 生成活泼中间体 *O*-烷基异脲中间体,随后酚羟基进攻中间体的烷基部分 R,生成酚醚和二环己基脲。

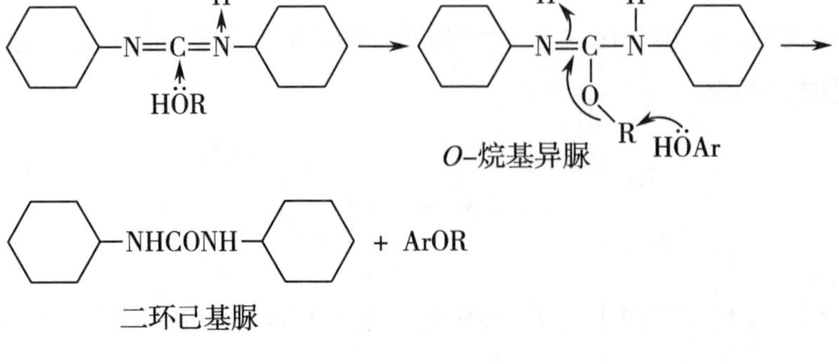

O-烷基异脲

二环己基脲

例如,苯酚和苯甲醇在 DCC 催化条件下制备苄基苯基醚。

EtCOOCN=NCOOEt （DCC, 100℃, 96%）

2. 烷氧膦盐催化的反应 醇羟基在三苯基膦(Ph_3P)和偶氮二羧酸酯类化合物的作用下可被亲核试剂取代,此反应也称 Mitsunobu 反应或光延反应。酚和羧酸等酸性化合物都可作为反应底物,苯酚和醇之间的 Mitsunobu 反应可看作是醇对酚的 *O-* 烃化反应。

（1）反应通式及机制

(Ph₃P/EtOOCN=NCOOEt, 0~25℃, 2h → OR)

苯酚的 Mitsunobu 反应是按 S_N2 反应机制:Ph_3P 进攻偶氮二甲酸二乙酯(diethyl azodiformate, DEAD)形成甜菜碱式中间体(**1**);**1** 夺取 H-Nu 中的质子形成季膦盐(**2**),醇中带负电的亲核基团 $RO^{\ominus}$ 进攻 **2** 中膦正电部分,形成烷氧膦盐(**3**),酚对 **3** 进行亲核进攻后,烷氧键断裂,完成醇对酚的 *O-* 烃化反应。

$$EtCOOCN=NCOOEt \xrightarrow{Ph_3P} Ph_3\overset{\oplus}{P}-N-\overset{\ominus}{N}COOEt \xrightarrow{H-Nu} \left[Ph_3\overset{\oplus}{P}-\underset{COOEt}{N}-\overset{H}{N}-COOEt \right] Nu^{\ominus} \xrightarrow{R\ddot{O}H} Ph_3\overset{\oplus}{P}ORNu^{\ominus}$$

1   **2**   **3**

$$Ph_3\overset{\oplus}{P}O\text{-}\text{-}RNu^{\ominus} + ArOH \longrightarrow ArOR + Ph_3PO + H-Nu$$

（2）反应影响因素和应用实例:非极性溶剂有利于反应,常用 THF、Et_2O、CH_2Cl_2 和甲苯作为溶剂。除 Ph_3P 外,三正丁基膦、三甲基膦也有使用。常用偶氮物有 DEAD、偶氮二甲酸二异丙酯(DIAD)和偶氮二甲酸二叔丁酯(DBAD)等。反应温度通常在 0~25℃,若底物的位阻较大,反应温度要相应提高。例如,对羟基苯甲醛和苯甲醇通过 Mitsunobu 反应成醚可获得较高收率。

（ + HO-〈〉-CHO, Ph₃P/DIAD, THF, 0~25℃, 76% → O-〈〉-CHO ）

三、药物合成实例分析

盐酸氟西汀(fluoxetine hydrochloride)是抗抑郁药,于 1988 年在美国上市,可抑制中枢神经对 5- 羟色胺的再吸收,用于治疗抑郁症及其伴随的焦虑症,还可治疗强迫症及暴食症。其合成以芳香卤化物为烃化剂,涉及对醇羟基的 *O-* 烃化反应。

ER3-2 苯氧乙酸的制备(视频)

1. 反应式

(fluoxetine hydrochloride)

2. 反应过程　室温下,将原料 *N*- 甲基 -3- 苯基 -3- 羟基丙胺 1.65g(0.01mol)溶于 10ml DMF 中,然后加 NaH 0.29g(0.012mol),搅拌 20 分钟,慢慢回热至 70℃,保温 1 小时。再加碘化钾 0.05g、对氯三氟甲苯 2.7g(0.015mol),升温至 90℃,继续反应 3 小时。加水 10ml 稀释,乙醚(10ml×4)萃取,合并有机相,盐水洗至 pH 为 8.0,无水硫酸镁干燥,过滤,通氯化氢气体至 pH 1.0,析晶,过滤,烘干得粗品 3.0g。乙酸乙酯重结晶,得盐酸氟西汀晶体 2.77g,收率 80%。

3. 影响因素　因 *N*- 甲基 -3- 苯基 -3- 羟基丙胺存在分子内氢键,氮原子的电子云密度降低,氧的电子云密度增加,烃化反应发生在氧原子上。对氯三氟甲苯中,Cl 因 CF$_3$ 的吸电子作用而易于离去,使反应进行完全。

第三节　氮原子上的烃化反应

一、脂肪胺的 *N*- 烃化反应

卤代烃与氨的烃化反应又称氨基化反应。由于氨的 3 个氢原子都可以被烃基取代,所以反应产物多为伯胺、仲胺、叔胺和季铵盐的混合物。

1. 反应通式及机制

$$RX + NH_3 \longrightarrow RNH_3^{\oplus}X^{\ominus} \xrightarrow{OH^{\ominus}} RNH_2$$

$$RNH_3^{\oplus}X^{\ominus} + NH_3 \Longleftrightarrow RNH_2 + NH_4^{\oplus}X^{\ominus}$$

$$RX + RNH_2 \longrightarrow R_2NH_2^{\oplus}X^{\ominus}$$

$$R_2NH_2^{\oplus}X^{\ominus} + NH_3 \Longleftrightarrow R_2NH + NH_4^{\oplus}X^{\ominus}$$

$$RX + R_2NH_2 \longrightarrow R_3NH^{\oplus}X^{\ominus}$$

$$R_3NH^{\oplus}X^{\ominus} + NH_3 \Longleftrightarrow R_3N + NH_4^{\oplus}X^{\ominus}$$

$$RX + R_3N \longrightarrow R_4N^{\oplus}X^{\ominus}$$

反应机制属于 S$_N$2 亲核取代反应。

2. 反应影响因素及应用实例　在氨的烃化反应中,原料配比、卤代烃的结构、反应溶剂及添加的盐类都可以影响反应速率或产物生成。氨过量，烃化产物中伯胺的比例大；氨不足，仲胺和叔胺的比例较大，通过原料比的调节，卤代烃与氨的反应可停留在仲胺或叔胺阶段。当卤代烃活性大，伯胺碱性强，无空间位阻影响时，容易得到伯仲叔胺混合物；当存在空间位阻时，或伯胺碱性弱时，易得到单一的烃化产物。此外，在反应体系中加入铵盐可增加体系铵离子的浓度，有利于反应进行。

（1）Gabriel 反应：由于羰基的吸电子效应，邻苯二甲酰亚胺 N 原子上连接的氢有较强的酸性，能与 KOH 的醇溶液作用生成邻苯二甲酰亚胺盐，该盐与卤代烃进行反应生成 N- 烃基邻苯二甲酰亚胺，经肼水解或酸水解可得到高纯度的伯胺。

该反应迅速，不须加压，操作方便，收率也较高。除活性较差的芳卤烃外，所有带有各种取代基的卤代烃均可以应用 Gabriel 法合成。例如，抗高血压药胍那决尔（guanadrel）中间体的制备。

Gabriel 反应的另一特点就是利用 N- 烷基邻苯二甲酰亚胺的烷基上带有—X、—OH 以及—CN 等活性官能团，这些基团可进一步与其他试剂进行反应导入所需基团，再经水解，可以制得结构较为复杂的伯胺衍生物。例如，抗疟药伯氨喹（primaquine）的制备。

（2）Delépine 反应：活性卤代烃与六亚甲基四胺（又称乌洛托品）反应生成六亚甲基四胺复盐，然后在乙醇中用盐酸水解得到伯胺盐酸盐，该反应称为 Delépine 合成法。

Delépine 反应应用范围不如 Gabriel 反应广泛，反应要求使用的卤代烃要有较高的活性，R 一般为 $-CH_2Ar$、$-CH_2CH=CH_2$、$-CH_2C\equiv CR$、$-CH_2COR$ 等基团。例如，氯霉素（chloramphenicol）中间体的合成可采用 Delépine 合成法。

（3）仲胺的制备：氨或伯胺与卤代烃反应，当卤代烃的活性较大时，若伯胺的碱性较强，两者之一具有空间位阻，或是伯胺的碱性较弱，二者均无空间位阻时，主要得仲胺。

例如，调血脂药物阿伐他汀（atorvastatin）中间体以 3- 氨基丙醛缩乙二醇与 2- 溴 -2-（4- 氟苯基）乙酸乙酯的 N- 烃化反应制备。

杂环卤代烃与胺发生烃化反应，受环空间位阻的影响，一般以生成仲胺为主，难以进一步反应生成叔胺。

（4）叔胺的制备：仲胺的氮原子上只有一个氢，所以叔胺制备较伯胺、仲胺简单，产物也较单一，常用方法是卤代烃与仲胺反应，若底物之一具有高活性，可直接得到叔胺。例如，抗高血压药帕吉林（pargyline）中间体的合成。

钙通道阻滞剂氟桂利嗪（flunarizine）可由 1- 苯 -3- 氯丙烯与哌嗪发生 N- 烃化反应，然后再与二苯基氯甲烷发生 N- 烃化反应得到。

(flunarizine hydrochloride)

以甲醛为烃化剂，采用还原甲基化可制备叔胺，或是在过量甲酸下，甲醛与伯或仲胺反应，也可得到叔胺。

二、芳胺的 N- 烃化反应

由于受芳胺氨基上的孤对电子与苯环共轭的影响，芳胺的亲核能力弱，其 N- 烃化反应一般需要较强的反应条件。

1. 反应通式及机制

反应按 S_N2 亲核取代机制进行。

芳胺与卤代芳烃在铜或铜盐催化下加热至 100℃以上，得二芳胺的反应称为 Ullmann 反应。

2. 反应影响因素及应用实例

芳胺 N- 烃化反应的烃化剂可以是卤代烃、硫酸二酯类、芳磺酸酯类等，在酸催化条件下，原甲酸酯、脂肪伯醇也可与芳胺进行烃化反应。

芳仲胺的制备可利用苯胺与脂肪伯醇的 N- 烃化。例如，苯胺及其盐与醇反应，在酸、Raney-Ni、铜粉或氯化钙作催化剂条件下，制备得芳仲胺。

芳仲胺也可用类似脂肪仲胺的方式制备。将芳香伯胺先进行乙酰化或苯磺酰化，再转成钠盐，N- 烃化反应后水解制得。

伯胺与羰基化合物缩合生成 Schiff 碱，再用 Raney-Ni 或铂催化氢化，得到仲胺的收率一般较好。

若烃化剂是卤代芳烃，由于其活性较弱，同时又存在立体位阻，一般要加入铜或铜盐作为催化剂，通过 Ullmann 反应制备。例如，镇痛药氯芬那酸（flufenamic acid）的制备。

三、杂环胺的 *N*- 烃化反应

杂环胺上的氮原子由于孤对电子的存在，具有亲核能力，可以与卤代烃等烃化剂发生烷基化反应。通常杂环胺氮原子碱性较弱，因此需要较强的 *N*- 烃化反应条件。

1. 反应通式及机制

杂环胺的 *N*- 烃化反应主要机制是 S_N2 亲核取代反应。

2. 反应影响因素及应用实例　杂环胺的氮原子具有吸电子作用，当其邻位或对位连有氮原子时，碱性较弱，可制成盐再进行 *N*- 烃化反应。

抗感染药甲硝唑（metronidazole）以环氧乙烷为烃化剂，利用氮原子上的羟乙基化制得。

若杂环胺的环上有多个氮原子，*N*- 烃化反应时可能会面临烃化选择性反应，可根据氮原子的碱性不同，控制反应液的 pH 进行选择性烃化反应。例如，黄嘌呤分子中有三个氮原子可被烃化，在不同碱性条件下进行 *N*- 烃化反应，分别得到可可碱（theobromine）或咖啡因（caffeine）。

四、还原胺化反应

醛和酮在还原剂的作用下，能够与氨、伯胺、仲胺反应，在氮原子上引入烃基的反应称为还原胺化反应(reductive amination),也称为还原烃化反应或 Borch 还原胺化反应。通过还原胺化反应可制备伯胺、仲胺、叔胺。

1. 反应通式及机制

$$R-NH_2 + R'-\underset{\underset{R''}{\overset{\overset{O}{\|}}{C}}}{} \xrightarrow{[H]} R'-\underset{\overset{NHR}{|}}{\underset{\overset{|}{H}}{C}}-R''$$

其反应机制是氨或胺对醛酮的羰基进行亲核进攻,然后脱水生成亚胺,亚胺经还原后生成相应的烃化物。

$$R-NH_2 + R'-\underset{R''}{\overset{\overset{O}{\|}}{C}} \rightleftharpoons R'-\underset{\underset{R''}{}}{\overset{\overset{OH}{|}}{C}}NHR \xrightarrow{-H_2O} R'-\underset{R''}{\overset{NR}{\diagup}}C \xrightarrow{[H]} R'-HC\underset{R''}{\overset{NHR}{\diagdown}}$$

2. 反应影响因素及应用实例

还原胺化反应可使用的还原方法有催化氢化还原法、锌粉还原法、金属钠/乙醇还原法、钠汞齐和乙醇还原法、甲酸及衍生物还原法等,其中以催化氢化和甲酸还原法最为常用。一般含 4 个碳及以下的脂肪醛与氨的还原烃化反应,其产物多为混合物。若用含 5 个以上碳的脂肪醛与过量氨在雷尼镍(Raney-Ni)的催化下进行还原烃化反应主要得伯胺。

原料的空间位阻对反应的难易有很大影响,醛比酮的位阻小,所以醛与胺的还原烃化反应比较容易。例如,使用 Raney-Ni 作催化剂,2- 氧代 -2- 苯乙醛对胺进行还原烃化,产物为 β- 氨基酮,反应中酮羰基不能被还原胺化。

苯-C(=O)-CHO + RNH_2 $\xrightarrow[\text{Raney-Ni}]{H_2}$ 苯-C(=O)-CH_2NHR

同一个分子中,存在两个碱性不同的氨基时,通常碱性强的氨基容易和羰基进行反应,除非位阻的影响能抵消这种作用。例如,2,3- 二氢 -1H- 吡咯并[3,4-c]吡啶和甲醛或环己酮进行还原烷基化,碱性较大的仲胺优先反应,生成相应的烷基化产物。

可通过控制氨与羰基化合物的物料配比,获得不同的产物。当苯甲醛与氨等摩尔量进行烃化反应时,主产物为苄胺;若苯甲醛与氨摩尔比为 2:1 时,则烃化产物以仲胺为主。

NH_3 + 苯-CHO $\xrightarrow[\text{Raney-Ni}]{H_2}$ 苯-CH_2NH_2
(90%)

NH_3 + 2 苯-CHO $\xrightarrow[\text{Raney-Ni}]{H_2}$ 苯-CH_2-NH-CH_2-苯
(81%)

在过量甲酸及其衍生物存在下,氨(胺)与醛(酮)的还原胺化反应称为 Leuckart-Wallach

反应；在过量甲酸存在下，甲醛与伯胺或仲胺反应，生成还原胺，此反应称为 Eschweiler-Clarke 反应。

甲酸及衍生物还原法操作简便，产物纯度高，常用的还原剂除甲酸外，还有甲酸铵或甲酰胺等。例如，平喘药福莫特罗（formoterol）中间体以甲酸为还原剂即可合成得到。

由于反应一般在较高温度下进行，利用氨（甲酸铵）进行还原胺化时，经典的还原胺化条件很难控制在生成伯胺一步，而利用过渡金属有机催化剂（如［RhCp·Cl$_2$］$_2$）催化的 Leuckart-Wallach 反应可以得到较高收率的伯胺。

Eschweiler-Clarke 反应通常用于合成 *N,N*- 二甲基烷基胺。

五、药物合成实例分析

奥扎格雷钠（ozagrel sodium）为抗凝血药，1987 年在日本上市，主要用于急性血栓性脑梗死和脑梗死所伴随的运动障碍，蛛网膜下腔出血术后脑血管痉挛、脑缺血等症状。在奥扎格雷钠合成中涉及 *N*- 烃化反应。

1. 反应式

A　　　　　　　　　　　　　　　　　　　　**B**

2. 反应操作

在干燥反应瓶中，加入 NaH 4.6g（0.19mol）和无水 DMF 400ml，搅拌溶解后，于室温缓慢加入咪唑 13g（0.19mol），90℃搅拌 1 小时后，再缓慢加入原料 **A** 45.9g（0.18mol）和无水 DMF 50ml，90℃继续搅拌 1 小时。反应完毕，减压回收溶剂，将油状剩余物溶于乙醚 500ml 中，水洗，无水 MgSO$_4$ 干燥。过滤后回收溶剂，得中间体 **B**，即（ *E* ）-3-[4-(1*H*- 咪唑甲基)苯基]-2- 丙烯酸甲酯 34.5g，收率 79%。

3. 影响因素

该反应在强碱条件下进行，以取代苄溴为 *N*- 烃化剂，可选择的溶剂为 DMF，也可选择 THF 或 DMSO 为溶剂，反应切记要在无水环境下进行，否则 NaH 遇水反应生成 NaOH，使碱性减弱。DMF 需要经无水处理，可以蒸馏后用氢化钙干燥再使用。

第四节　碳原子上的烃化反应

一、芳烃的 C- 烃化反应

Friedel-Crafts 反应（简称 F-C 反应）包括烷基化反应和酰基化反应，本部分内容只讨论芳烃的 C- 烃化反应。在酸催化下，卤代烃与芳烃反应，可在芳环上引入烃基。

1. 反应通式及机制

F-C 反应过程是碳正离子对芳环的亲电进攻，属于亲电取代反应机制。

2. 反应影响因素及应用实例

F-C 反应常用的烃化剂为卤代烃、醇、环氧化物及烯烃。RX 中，R 为活性较大的叔烃基或苄基时反应最容易；R 为仲烃基时次之；伯烃基反应最慢，需要强催化剂才能进行烃化反应；卤代苯因活性太小，不能进行 F-C 烷基化反应。用 $AlCl_3$ 催化卤代正丁烷或叔丁烷与苯反应时，当 R 相同，卤原子不同时，活性顺序为 F>Cl>Br>I。例如，冠状动脉扩张药哌克昔林（perhexiline）中间体二苯酮的制备，$AlCl_3$ 催化下，两个苯环上的氢原子可分别被 CCl_4 中的两个氯原子取代，进一步水解得到二苯酮。

该反应为亲电取代反应，芳环上的取代基对 C- 烃化反应影响较大，当环上有烷基等给电子基团时，F-C 反应容易进行。若给电子基团是—NH_2、—OR 和—OH 等时，因它们可以与催化剂络合，降低芳环上的电子云密度，不利于烷基化进行。当芳环上有卤原子、羰基、羧基等吸电子基时，也不容易进行 F-C 反应，此时，必须选用强催化剂并提高反应温度才能进行 F-C 反应；当芳环上有—NO_2 时，F-C 反应一般不能进行；当芳环上同时含有给电子基团和吸电子基团时，F-C 反应可以发生。

芳香族化合物中的杂环与稠环体系，如萘、蒽和芘等更容易进行烃化反应。例如，镇咳药地步酸钠（dibumate sodium）中间体的合成。

反应催化剂主要是 Lewis 酸（ $AlCl_3$ 、 $FeCl_3$ 、 $SbCl_5$ 、 $ZnCl_2$ 、 $TiCl_4$ 等）和质子酸（ HF、 H_2SO_4 、 P_2O_5 等）。Lewis 酸催化剂的活性顺序是：

$$AlBr_3 > AlCl_3 > SbCl_5 > FeCl_3 > TeCl_2 > SnCl_4 > TiCl_4 > TeCl_4 > BiCl_3 > ZnCl_2$$

质子酸的催化活性顺序是：

$$HF > H_2SO_4 > P_2O_5 > H_3PO_4$$

镇痛药四氢帕马丁（tetrahydropalmatine）中间体 3,4- 二甲基苯丙腈，即以邻二甲苯和丙烯腈在 $AlCl_3$ 催化条件下发生 F-C 反应制得。

F-C 反应中加入溶剂的主要目的是改善反应混合物的流动性以利于传热和传质，当芳烃本身为液体时，可用过量的芳烃既作反应物又作溶剂；当芳烃为固体时，加入的惰性溶剂有 CS_2 、 CCl_4 、 $C_2H_4Cl_2$ 、 $C_6H_5NO_2$ 等。可根据反应选择适宜沸点的溶剂，使反应温度略低于或等于溶剂的沸点，这样可通过溶剂蒸发和回流带出部分反应热，达到易于控制反应温度的目的。

例如，阿司咪唑（astemizole）中间体 N-（4- 氟苯甲基）邻苯二甲酰亚胺，以无水 $AlCl_3$ 为催化剂， CS_2 为溶剂，经 F-C 反应制备。

芳环烃化反应一般要求反应温度控制在一个适宜范围内，否则容易产生副反应。当温度过高时，还会生成结构不明的焦油状物和树脂状物，使收率和质量明显下降。如在叔丁基苯合成中如果升高温度，甲苯和乙苯等副产物将增多。

二、烯烃的 C- 烃化反应

通过 Heck 反应、Stille 反应等可以将烯基、芳基和烷基导入到烯烃的碳上。

（一）Heck 反应

1. 反应通式及机制 不饱和卤代烃（芳烃或卤代烯烃）与烯烃在强碱和钯催化下生成取代烯烃的 C- 烃化反应，称为 Heck 反应。

$$H_2C{=}\!\!-\!\!R' \;+\; R{-}X \xrightarrow[\text{碱}]{Pd(0)} \overset{R}{\diagup}\!\!=\!\!\diagdown_{R'}$$

Heck 反应机制是围绕催化 Pd 中心而展开的循环过程:首先是含 Pd(0)化合物与 RX 氧化加成,Pd 插入 C—X 键中。然后,Pd 与烯烃作用,烯烃顺式插入到 Pd—C 键中。经旋转异构化为扭张力较小的反式异构体后,发生 β-H 消除,得反应产物烯烃,同时产生的 Pd(Ⅱ)在碱作用下发生还原消除,又转化为 Pd(0)。

2. 反应影响因素及应用实例 Heck 反应的催化剂有钯盐(氯化钯、乙酸钯、三苯基膦钯等)以及非钯催化剂(Cu、Fe、Ni 等),所用的碱主要有 $N(C_2H_5)_3$、K_2CO_3、CH_3COONa 等。常以碘代物和溴代物为底物,碘代物活性更高,氯代物几乎不反应或收率很低。

例如,在抗肿瘤药 (S)- 喜树碱(camptothecin)的合成过程中,中间体在 $Pd(OAc)_2$ 及相转移试剂 $Bu_4N^+Br^-$ 存在下发生 Heck 反应,得到光学纯度较高的 (S)- 喜树碱。

(S–camptothecin)

(二)Stille 反应

Stille 反应是有机锡化合物和不含 β- 氢的卤代烃(或三氟甲磺酸酯)在钯催化下发生的交叉偶联反应。

1. 反应通式及机制

$$R{-}Sn(alkyl)_3 \;+\; R'{-}X \xrightarrow{Pd(0)} R{-}R' \;+\; X{-}Sn(alkyl)_3$$

(R, R'=烯丙基, 芳基, 烯基; alkyl=烷基; X=Cl, Br, I, OTf, OTs等)

Stille 反应机制与 Heck 反应类似。

2. 反应影响因素及应用实例 反应一般在无水无氧的惰性环境中进行,反应条件较温和,等计量的 Cu(Ⅰ)或 Mn(Ⅱ)盐可以提高反应的专一性及反应速率。常用的钯催化剂有 Pd[P(C_6H_5)_3]_4、Pd_2(dba)_3 和 PdCl_2(PPh_3)_2 等。使用的烃化剂一般为芳基三氟甲磺酸酯或卤代烃;烃基三丁基锡是最常用的有机锡原料,强极性溶剂(如六甲基磷酰胺、二甲基甲酰胺或二噁烷)可以提高有机锡原料的活性。

三、羰基 α- 位的 C- 烃化反应

(一)活泼亚甲基化合物 α- 位的 C- 烃化

活泼亚甲基化合物的亚甲基上连有一个或两个吸电基,因此亚甲基的氢具有一定的酸性,在碱性条件下可被烃基化。常见的活泼亚甲基化合物有乙酰乙酸乙酯、丙二酸酯、氰乙酸酯、丙二腈、单腈、苄腈、β- 二酮、β- 羰基酸酯和脂肪硝基衍生物等。

1. 反应通式及机制

$$R-CH_2-R' + R''-X \xrightarrow{EtONa} R-\overset{\overset{\displaystyle R''}{|}}{CH}-R' \qquad \begin{aligned}&R, R'=吸电子基团\\&R''=烷基\end{aligned}$$

活泼亚甲基碳原子的烃化反应属于 S_N2 反应机制。

2. 反应影响因素及应用实例 该反应多在强碱性条件下进行,伯卤代烃和卤甲烷是较好的烃化剂;仲卤代烃则是消除反应和烃化反应相互竞争,烃化收率很低;叔卤代烃在这种条件下通常发生消除反应。

活泼亚甲基碳原子烃化活性受催化剂碱性的影响,根据活泼亚甲基化合物上氢原子的活性不同,选用的碱也不同。一般常用的是醇类和碱金属所成的盐类,其中醇钠最常用。它们的碱性强弱次序为:$t\text{-}BuOK>i\text{-}PrONa>C_2H_5ONa>CH_3ONa$。

反应中溶剂会影响碱性的强弱。通常用醇类作溶剂,对于一些在醇中难以烃化的活泼亚甲基化合物可用甲苯、二甲苯、苯或煤油作为溶剂。选用溶剂时不仅要考虑其对反应速率的影响,还要考虑副反应的发生。如极性非质子溶剂 DMF 或 DMSO 可明显增加烃化反应的速度,但也会增加副反应氧烃化程度。

活泼亚甲基上有两个活泼氢原子,与卤代烃进行烃化反应时发生单烃化反应还是双烃化反应,取决于活泼亚甲基化合物与卤代烃的活性大小和反应条件。亚甲基上连有吸电基使氢原子的活性增高,吸电基对亚甲基活性的影响为 $-NO_2>-COR>-SO_3R>-C\equiv N>-COOR>-OSR>-Ph$。

丙二酸二乙酯和溴乙烷在乙醇钠的乙醇液中进行乙基化反应,主要得到单乙基化产物,双乙基化产物较少。

双烃基取代的丙二酸二乙酯是合成巴比妥类催眠药的重要中间体，可由丙二酸二乙酯或氰乙酸乙酯与不同的卤代烃进行烃化反应制得，但两个烷基引入的次序直接影响产品的纯度和收率。若引入两个相同而体积较小的烷基，可先用等摩尔的碱和卤代烃与等摩尔的丙二酸二乙酯反应，待反应液近于中性，即表示第一步烃化反应结束，蒸出生成的醇，然后再加入等摩尔的碱和卤代烃进行第二次烃化反应。

若引入的两个不同的烷基都是伯烷基，应先引入体积较大的伯烷基，后引入体积较小的伯烷基。例如，异戊巴比妥（amobarbital）的合成采用丙二酸二乙酯合成法，在乙醇钠的催化作用下，在丙二酸二乙酯的 α- 位碳原子上先导入异戊基，再导入体积较小的乙基，最后再与脲缩合环合。

而合成苯巴比妥（phenobarbital）的中间体 2- 乙基 -2- 苯基丙二酸二乙酯时，因为卤苯的活性极低，不能采用常规的丙二酸二乙酯为原料进行乙基化和苯基化。因此，以苯乙酸乙酯为起始原料进行合成。

除了 β-二酮类化合物,苯腈也容易发生 C-烃化反应,因为苯环及氰基增强了 C—H 键的酸性,使碳负离子稳定性增强。例如,抗惊厥药格鲁米特(glutethimide)的中间体用苯乙腈为原料,在碱性催化剂 KF/Al_2O_3 的作用下与溴乙烷发生亲核取代反应,生成 α-乙基苯乙腈。

当活性亚甲基酸性很大时,可进行双烃化反应。用二卤化物作烃化剂可得环状化合物。例如,喷托维林(pentoxyverine)的中间体是由苯乙腈与二溴丁烷在 NaOH 的催化作用下反应得到的环状化合物。

某些仲卤烃或叔卤烃进行烃化反应时,容易发生脱卤化氢的副反应并伴有烯烃生成。

当丙二酸酯或氰乙酸酯的烃化产物在乙醇钠的乙醇溶液中长时间加热时,可产生脱烷氧羰基的副反应。

(二)醛、酮、酯 α-位的 C-烃化

如果亚甲基上只连有一个吸电子基团,如醛、酮、酯等,其 C-烃化反应较复杂,必须仔细控制反应条件,才能获取高收率的产物。

醛在碱催化下发生 α-位的 C-烃化较少,更容易发生碱催化的羟醛缩合反应。采用烯胺烃基化法可以间接在醛的 α-位烃化。

酮由于有两个亚甲基,在碱性条件下可生成烯醇混合物(a 和 b),其组成比例由动力学因素或热力学因素决定。若产物组成取决于 2 个以上竞争性夺取氢反应的相对速率,为动力学控制反应;若烯醇互相迅速转变,产物组成取决于烯醇的相对动力学稳定性,为热力学控制反应。

若选用非质子溶剂且酮不过量时,若用强碱三苯甲基锂处理酮生成烯醇后,互相转化速度变慢,体积小的锂离子与烯醇离子的氧结合紧密,从而降低质子转移反应的速率,为动力学控制。若选用质子溶剂且酮过量时,通过生成的烯醇间质子转移达到平衡,不利于动力学控制,为热力学控制。

酯的 α- 位烃化不常见，需要较强的碱催化，采用醇钠等较弱碱性催化剂发生的是酯缩合反应。若用高度立体阻碍的强碱，如二异丙基氨基锂（ i-Pr$_2$NLi，LDA），在低温下夺取酯的 α-H，可成功制备酯烯醇，再与卤代烃发生 α- 位 C- 烃化。例如，己酸乙酯经 LDA 得到酯烯醇，然后与碘甲烷反应生成 α- 位 C- 烃化产物。

$$CH_3(CH_2)_4COOEt \xrightarrow{i-Pr_2NLi} CH_3(CH_2)_3CH=C \begin{smallmatrix} O^\ominus Li^\oplus \\ OEt \end{smallmatrix} \xrightarrow[\text{(83%)}]{CH_3I} CH_3(CH_2)_3\underset{\underset{CH_3}{|}}{CH}COOEt$$

四、有机金属化合物作用下的 C- 烃化反应

有机金属化合物具有烃化剂一样的作用，用于制备烃类、醇类、酸类及其他有机金属化合物，特别是在 C- 烃化反应中占有重要地位。

（一）有机镁化合物

格氏试剂具有很强的碱性和亲核能力，它与甲醛、高级脂肪醛、酮和酯加成后再水解可以得到伯醇、仲醇和叔醇，这是药物合成中制备醇类的重要方法。例如，抗抑郁症药多塞平（doxepin）中间体的合成。

（二）有机锂化合物

有机锂化合物的活性比相应的格氏试剂更强，能与格氏试剂反应的底物均可与有机锂试剂反应。

例如，在抗肿瘤药达沙替尼（dasatinib）中间体的制备过程中，以 THF 为溶剂，2- 氯噻唑与 2- 氯 -6- 甲基苯基异氰酸酯在正丁基锂的存在下缩合得到酰胺中间体。

（三）有机铜化合物

铜的卤化物与有机锂试剂反应形成有机铜化合物。有机铜包括烃基铜和二烃基铜锂。卤化亚铜与烃基锂在乙醚或四氢呋喃溶液中，低温、氮气或氩气保护下反应生成二烃基铜锂。二烃基铜锂中的烃基可以是甲基、伯烷基、仲烷基、烯丙基、苄基、乙烯基、芳基等，二烃基铜

锂与卤代烃发生偶联反应得到烃。

$$2RLi + CuX \xrightarrow{Et_2O} R_2CuLi + LiX$$

$$R_2CuLi + R'X \xrightarrow{Et_2O} R—R' + RCu + LiX$$

二烃基铜锂只适合与卤代烃偶联及与 α,β- 不饱和酮发生 1,4- 加成,与羰基、羧基、酯基化合物不发生反应。例如,α- 卤代酮与二烃基铜锂反应只在 α- 位发生偶联烃化而酮基不受影响。

五、药物合成实例分析

阿莫罗芬(amorolfine)为外用吗啉类抗真菌药,对白念珠菌病、甲真菌病(甲癣)及各种皮肤真菌病都显示出很高活性,1991 年上市。在阿莫罗芬的合成中涉及 *C*- 烃化反应。

1. 反应式

2. 反应过程

在反应瓶中加入无水乙醇 150ml,搅拌下分批加入金属钠 4.6g(0.2mol),待钠全部反应完成后,滴加甲基丙二酸二乙酯 30g(0.17mol),室温搅拌 1 小时,然后滴加原料 **A** 35.5g(0.15mol),约 2 小时加完。减压蒸出乙醇,加入氢氧化钠 16g(0.4mol)和水 100ml,加热回流搅拌 4 小时,冷却,加入乙酸乙酯 50ml 和水 50ml,分出水层,有机层用水提取(30ml×2),合并水层,用浓盐酸调 pH 至 2,乙酸乙酯提取(80ml×3),无水硫酸钠干燥,过滤,回收溶剂,用苯 - 石油醚重结晶得白色固体产物 **B** 18.8g,收率 71%。

3. 影响因素

催化剂常用醇与碱金属成的盐,最常用为醇钠,也可用叔丁醇钾,注意需要在无水条件下,否则钠与水会发生剧烈反应生成氢氧化钠。用醇钠作为催化剂时通常选用醇类作溶剂。

第五节　选择性烃化与基团保护

一、选择性烃化反应

在复杂合成反应中,有时可能存在反应活性相近的多个官能团或反应部位,要选择性地在某一官能团或部位发生反应,而其他官能团不受影响,最好方法是采用高选择性的有机反应试剂或反应条件。如多酚羟基化合物容易发生多烃化反应,可通过考虑羟基在结构中所处的位置、芳环上其他取代基对羟基的影响(包括电子效应和立体效应)等多种影响因素,采用不同的反应条件进行选择性烃化。

例如,间苯二酚在过量碱溶液中发生烃化,得到双烃化产物,若是加入硝基苯,pH 8～9时,由于单烃化产物生成后即溶于硝基苯中,避免其继续烃化,使得主产物为单烃化物。

没食子酸甲酯含有 3 个羟基,用不同的反应条件烃化可得到不同的产物。由于酯基的吸电子效应,使对位羟基的酸性较强、活性较大。因此,在较温和的反应条件下,如以苄基氯或碘甲烷为烃化剂,对位羟基可被选择性烃化。

如果需要使其中的两个或者一个间位羟基烃化而对位羟基不参与反应,则须先用卤苄或者二苯基氯甲烷保护对位羟基,然后再进行甲基化,最后经催化氢解或水解消除保护基得到所需产物。

用二苯酮也可保护邻二羟基,反应后用乙酸脱保护。

有些多羟基化合物中具有间苯酚的结构,存在着酮式-烯醇式互变异构体,使两个羰基之间碳原子上的氢原子非常活泼。例如,间苯三酚等多酚羟基化合物在碱性条件下使用碘甲烷等进行甲基化反应时,得到碳原子上甲基化为主的产物。

如果将间苯三酚与碘甲烷预先溶于甲醇中,在加热下滴加计算量的甲醇钠甲醇溶液,得到的是以氧原子甲基化为主的产物。

当酚羟基的邻位有羰基存在时,羰基和羟基之间容易形成分子内氢键使该酚羟基钝化,而使其他位次的羟基更易发生烃化反应。如 2,4- 二羟基苯乙酮以碘甲烷进行甲基化反应时,得到的是对位甲氧基化产物丹皮酚(paeonol),而不是邻甲氧基产物。

二、羟基保护

醇羟基、酚羟基能与烃化剂以及其他的亲电试剂反应,如伯醇和仲醇可以被氧化、叔醇对酸催化脱水敏感等。因此,要使分子的其他位置单独发生化学反应,而不影响结构中的羟基,就常遇到醇羟基、酚羟基的保护问题。最常用的羟基保护基有醚类、缩醛(酮)类和酯类等,某些情况下为了满足需要还专门设计一些基团。以下介绍几种与烃化反应有关的羟基保护基。

1. 甲醚类保护基 羟基甲基化是羟基保护的常用方法,一般采用硫酸二甲酯 /NaOH 水溶液,或者是用碘甲烷 / 氧化银。酚甲醚的水解条件很温和,容易制备,对一般试剂的稳定性高。因此,甲基醚常用来保护酚羟基,常用质子酸和 Lewis 酸水解酚甲醚脱保护,如 48% HBr 和氢碘酸。例如镇痛药依他佐辛(eptazocine)的合成过程中用到该类保护基。

三溴化硼的脱甲基作用较强,且反应较温和,可以在室温下进行反应,副产物较少,实验室应用较多。例如,白藜芦醇(resveratrol)的制备过程中使用三溴化硼脱保护。

2. 叔丁醚类保护基 叔丁醚类保护基多应用于多肽,主要用来保护羟基 -L- 氨基酸的醇羟基。制备叔丁基醚可以将相应醇的二氯甲烷溶液或悬浮液在酸催化条件下,于室温用过量的异丁烯处理,收率较高。

$$\text{ROH} + (CH_3)_2C=CH_2 \underset{}{\overset{H^{\oplus}}{\rightleftharpoons}} \text{ROC}(CH_3)_3$$

叔丁醚对碱和催化氢解很稳定,遇酸则裂解,脱保护试剂一般选用无水三氟乙酸(1~16小时,0~20℃)以及 HBr/AcOH。由于除去保护基所用的酸性条件比较激烈,分子中其他的功能基在此条件下是否稳定限制了叔丁基醚保护基的适用范围。

3. 苄醚类保护基 苄醚类的稳定性与甲基醚相似,对于多数酸和碱都非常稳定。一般醇羟基用苄醚保护时需要用强碱,但酚羟基的苄醚保护一般只要用碳酸钾在乙腈或丙酮中回流即可,也可用 DMF 作溶剂,提高反应温度或加 NaI/KI 催化反应。常用氢解的方法脱去苄基,10% 的 Pd-C、Raney-Ni 和 Rh-Al$_2$O$_3$ 是最常用的催化剂。氢源除了氢气外,还有甲酸、甲酸铵等。

例如,β$_2$ 受体激动剂班布特罗(bambuterol)中间体的制备过程中应用了该法保护羟基。

4. 三苯甲基醚类保护基 三苯甲基醚常用来保护伯醇,尤其对于多羟基化合物。三苯甲醚容易形成结晶,能溶于许多非烃基的有机溶剂中。三苯甲醚对碱稳定,但在酸性介质中不稳定。常用 80% 乙酸、HCl/CHCl$_3$ 或 HBr/ArOH 来除去三苯甲基保护基。

例如,在阿糖胞苷(cytarabine)中间体的制备过程中,先将尿苷的 5′- 位羟基进行三苯甲基化,然后对 2- 位进行对甲苯磺酸化。

三、氨基保护

氨基上孤对电子具有较强的亲核性,易进攻卤代烃、羰基化合物或羧酸衍生物等带部分正电荷的碳。为了在分子其他部位反应时,防止氨基反应,通常需要用易于脱去的基团对氨基进行保护。以下介绍几种与烃化反应有关的氨基保护基。

1. 苄基保护基 单、双苄基衍生物通常由胺和氯苄在碱的存在下进行制备,用选择性催化氢解法可以方便地将双苄基衍生物变成单苄基衍生物。一级胺的苄叉衍生物进行部分氢化反应是制备烷基苄胺和芳基苄胺的常用方法,苄胺衍生物对其他还原剂稳定,这是与苄醇不同之处。苄芳胺和三级苄胺大多数能催化加氢,或用金属钠与液氨法可以成功除去苄基。用苄胺进行亲核取代反应,可以引入 1 个氨基,然后在反应后期脱去苄基。例如,苄甲胺与 5- 溴尿嘧啶迅速反应得到三级胺,然后脱去苄基可以得到定量收率的 5- 甲基氨基尿嘧啶。

2. 二苯亚甲基保护基 醛(酮)与伯胺反应可生成亚胺(Schiff 碱)。脂肪醛与胺形成亚胺因发生羟醛缩合不适合作为保护基,脂肪酮和芳香醛(酮)形成的亚胺是稳定的。胺与二苯基氯甲烷可在较温和条件下反应,生成 N- 二苯基亚甲基胺,80% 乙酸可将保护基轻松脱除。

3. 三苯甲基保护基 三苯甲基具有较大的空间位阻,对氨基可以起到很好的保护作用,而且很容易除去。生成的氨基衍生物对酸敏感,但对碱稳定。引入三苯甲基的方法一般是在碱性下,以三苯基氯甲烷为烃化剂。

三苯甲基可以用催化加氢还原脱掉,也可以在温和的酸性条件下,例如用乙酸水溶液在 30℃或者用三氟乙酸在 –5℃脱去。在肽的合成和青霉素的合成中用三苯甲基保护 α- 氨基酸是很有价值的,由于它的体积大,不仅保护了氨基,还对氨基的 α- 位基团有一定的保护作用。例如,第三代头孢菌素头孢噻肟钠(cefotaxime sodium)的制备过程中就应用了此法保护氨基。

(cefotaxime sodium)

第六节　烃化反应新进展

一、相转移催化烃化反应

相转移催化(phase transfer catalysis, PTC)是指一种催化剂能加速或使分别处于互不相溶的两种溶剂(液-液两相体系或固-液两相体系)中的物质发生反应。反应时,催化剂把一种实际参加反应的实体从一相转移到另一相中,以便使它与底物相遇而发生反应,从而提高反应效率,增加反应收率(图3-1)。催化机制符合萃取机制。

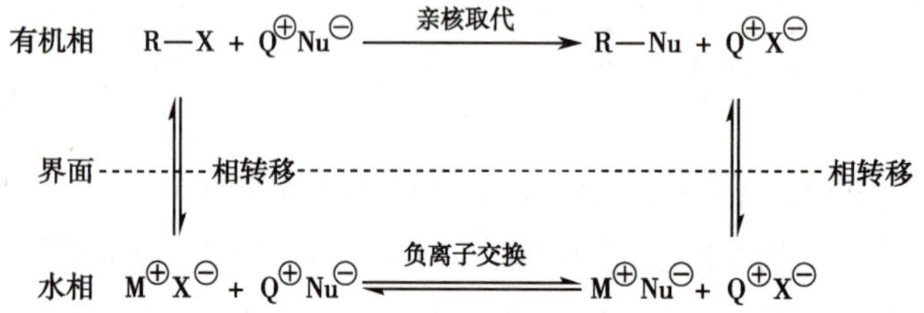

有机相　　$R—X + Q^{\oplus}Nu^{\ominus} \xrightarrow{\text{亲核取代}} R—Nu + Q^{\oplus}X^{\ominus}$

界面 ---- ‖ ----相转移---相转移---- ‖ ----

水相　　$M^{\oplus}X^{\ominus} + Q^{\oplus}Nu^{\ominus} \underset{\text{负离子交换}}{\rightleftharpoons} M^{\oplus}Nu^{\ominus} + Q^{\oplus}X^{\ominus}$

图 3-1　相转移催化反应过程

1. 相转移催化烃化反应的特点　节约溶剂;反应快速且条件温和,后处理较易;可用碱金属氢氧化物替代醇盐、$NaNH_2$、NaH 及金属 Na;提高反应选择性,抑制副反应,提高收率等。

2. 常用的相转移催化剂

(1)锑盐类:由中心原子、中心原子上的取代基和负离子三部分组成,如季铵盐($R_4N^{\oplus}X^{\ominus}$)和季磷盐($R_4P^{\oplus}X^{\ominus}$),价廉、毒性小,应用广泛,其中季铵盐应用最广(表3-1)。

表 3-1　常见锑盐类相转移催化剂

催化剂	英文缩写	催化剂	英文缩写
$(CH_3)_4N^{\oplus}\cdot Br^{\ominus}$	TMAB	$(C_8H_{17})_3NCH_3^{\oplus}\cdot Cl^{\ominus}$	TOMAC
$(C_3H_7)_4N^{\oplus}\cdot Br^{\ominus}$	TPAB	$(C_6H_{13})_3N(C_2H_5)_3^{\oplus}\cdot Br^{\ominus}$	HTEAB
$(C_4H_9)_4N^{\oplus}\cdot Br^{\ominus}$	TBAB	$(C_8H_{17})_3N(C_2H_5)_3^{\oplus}\cdot Br^{\ominus}$	OTEAB
$(C_3H_7)_4N^{\oplus}\cdot I^{\ominus}$	TBAI	$(C_{10}H_{21})_3N(C_2H_5)_3^{\oplus}\cdot Br^{\ominus}$	DTEAB
$(C_4H_9)_4N^{\oplus}\cdot Cl^{\ominus}$	TBAC	$(C_{12}H_{25})_3N(C_2H_5)_3^{\oplus}\cdot Br^{\ominus}$	LTEAB
$(C_2H_5)_3C_6H_5N^{\oplus}\cdot Br^{\ominus}$	TEBAC	$(C_{16}H_{33})_3N(C_2H_5)_3^{\oplus}\cdot Br^{\ominus}$	CTEAB
$(C_2H_5)_3C_6H_5N^{\oplus}\cdot Br^{\ominus}$	TEBAB	$(C_8H_{17})_3N(CH_3)_3^{\oplus}\cdot Br^{\ominus}$	CTMAB
$(C_4H_9)_4N^{\oplus}\cdot HSO_4^{\ominus}$	TBAHS		

降血脂药吉非罗齐(gemfibrozil)中间体可由 2,5-二甲基苯酚与 1,3-溴氯丙烷在 NaH 或 NaOH 存在下缩合而得,但此合成条件苛刻,反应收率仅 49%。若采用相转移催化法,可使收率提高到 85%。

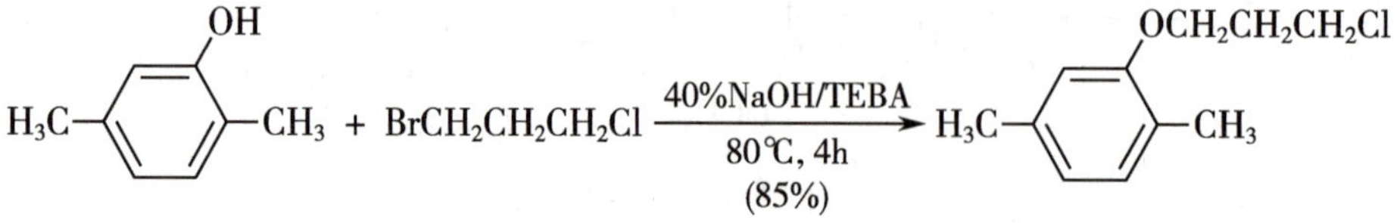

$$H_3C\text{—}C_6H_3(\text{OH})\text{—}CH_3 + BrCH_2CH_2CH_2Cl \xrightarrow[80℃, 4h]{40\%NaOH/TEBA} H_3C\text{—}C_6H_3(\text{OCH}_2CH_2CH_2Cl)\text{—}CH_3$$

(85%)

局部抗真菌药硝酸芬替康唑(fenticonazole nitrate)合成时以二甲基亚砜为溶剂,在无水无氧条件下,以 NaH 为催化剂,所得产物利用硅胶柱分离,最终收率不超过 60%。若利用四丁基氯化铵(TBAC)作相转移催化剂,利用甲苯和水作溶剂,在 NaOH 存在下反应收率可达到 86%。

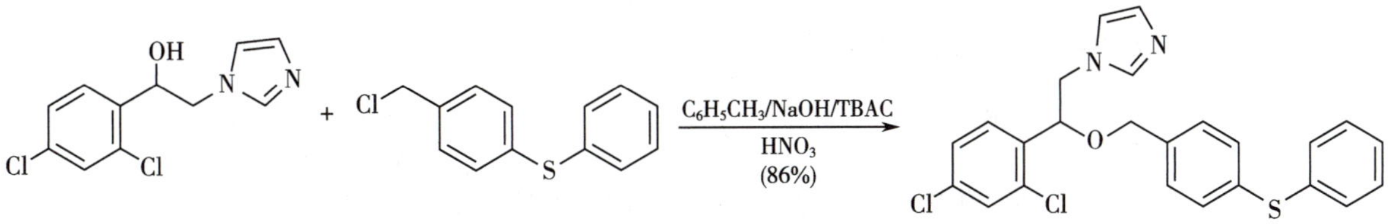

(2)聚乙二醇类:聚乙二醇(PEG)是一种高分子聚合物,化学式是 $HO(CH_2CH_2O)_nH$,无刺激性,味微苦,具有良好的水溶性,并与许多有机物组分有良好的相溶性,常用的有 PEG 100、PEG 200、PEG 400、PEG 800 等。例如,在抗组胺药氯苯那敏(chlorpheniramine)的合成过程中,利用 C- 烃化反应,以 PEG 800 作为相转移催化剂,可获取更高反应的收率。

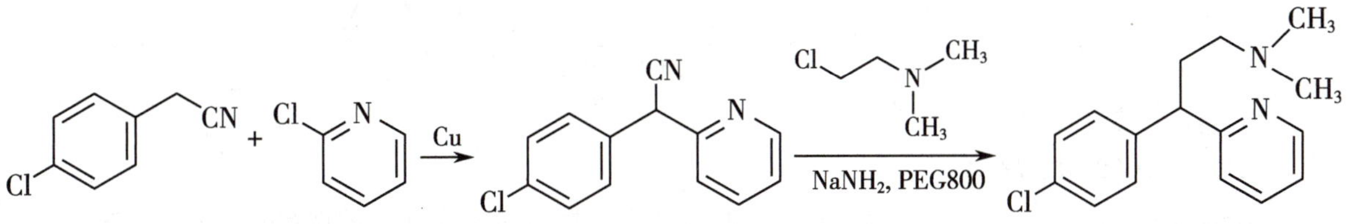

(chlorpheniramine)

抗心律失常药普罗帕酮(propafenone)制备中的第一步反应(C- 烃化反应)和第四步反应(O- 烷基化反应)都应用了相转移催化反应。

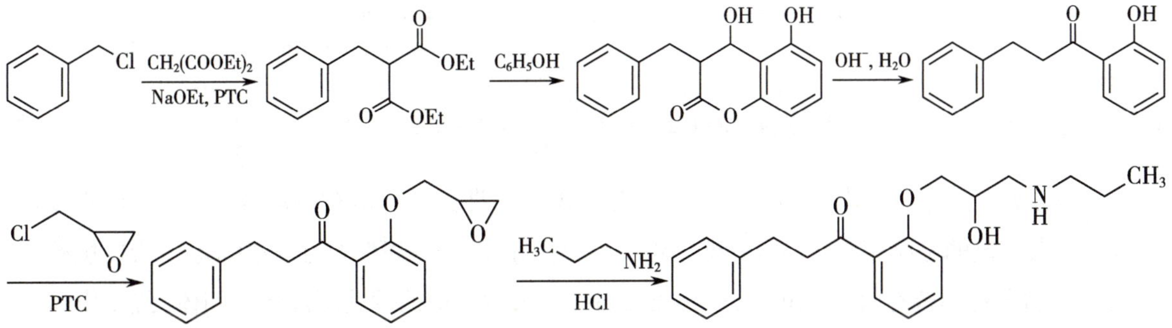

(propafenone)

(3)其他类:冠醚类、某些叔胺类、长链烷基磺酸盐[如十二烷基苯磺酸钠(sodium dodecyl benzene sulfonate,SDS)]等在药物合成中也有应用。

二、钯催化的 C-C 偶联反应

(一)Suzuki 反应
Suzuki 反应是指在零价钯配合物催化下,芳基、烯基硼酸或硼酸酯与卤代芳烃或烯烃发生的交叉偶联反应。

$$R\!-\!BY_2 \ + \ R'\!-\!X \xrightarrow[\text{碱}]{\text{[Pd]}} R\!-\!R'$$

$$BY_2=B(OR)_2, \ 9\!-\!BBN, \ B(CHCH_3CH(CH_3)_2)$$

Suzuki 反应具有较强的底物适应性及官能团容忍性,常用于合成多烯烃、苯乙烯和联苯的衍生物。此反应具有选择性,不同卤素以及不同位置的相同卤素进行反应的活性可能有差别,活性顺序为 R'—I>R'—Br>>R'—Cl。

(74%)

在非甾体抗炎药联苯乙酸(felbinac)的制备过程中,将对溴苯乙酸与苯硼酸反应,以钯配合物作催化剂利用 Suzuki 反应合成。

(二) Negishi 反应

Negishi 反应是一类由 Ni 或 Pd 催化的有机锌试剂与各种卤代物或磺酸酯(芳基、烯基、炔基和酰基)间的交叉偶联反应,适用于制备不对称的二芳基甲烷、苯乙烯型或苯乙炔型化合物,卤代杂环芳烃也可以进行类似的反应。

$$R\!-\!X \ + \ R'\!-\!ZnY \xrightarrow[\text{溶剂}]{NiL_n\text{或}PdL_n} R\!-\!R'$$

$$X=Cl, Br, I, OTf$$
$$Y=Cl, Br, I$$
$$L_n=PPh_3, dba, dppe$$

$$R\!-\!X \ + \ H\!-\!C\!\equiv\!C\!-\!R' \xrightarrow[\text{碱}]{\text{[Pd]/[Cu]}} R\!-\!C\!\equiv\!C\!-\!R'$$

该反应活性较好,卤代物以碘代物和溴代物最为常见。若没有碱的参与,反应很难发生,反应中碱的影响不仅取决于碱(负离子)的强弱,而且兼顾阳离子的性质。例如,抗雌激素药盐酸他莫昔芬(tamoxifen hydrochloride)合成中所得的顺式碳锌化中间体,经亲电体碘捕获得到烯基碘化物,进一步与芳基溴化锌通过 Negishi 反应,酸化后即制得盐酸他莫昔芬。

(三) Sonogashira 反应

Sonogashira 反应是 Pd/Cu 催化的芳卤或烯基卤代物和端基炔进行偶联的反应。该反应的机制涉及到钯循环和铜循环。

$$R-X + H-C\equiv C-R' \xrightarrow[\text{碱}]{[Pd]/[Cu]} R-C\equiv C-R'$$

反应通常在温和的碱性条件下进行,常用三乙胺、二乙胺等胺类物质作溶剂。一般需要两种催化剂:一种 Pd(0)络合物和一种 Cu(Ⅰ)盐。Pd 催化剂可以是钯-膦络合物,例如 Pd(PPh₃)₄、Pd(PPh₃)₂Cl₂ 或双齿配体络合物 Pd(dppe)Cl₂、Pd(dppp)Cl₂ 和 Pd(dppf)Cl₂。Cu(Ⅰ)盐,例如,碘化亚铜可与末端炔反应形成 Cu(Ⅰ)炔化物,作为偶联反应中的活性物质。

三、生物催化氢胺化反应

氢胺化反应(hydroamination)是一类形式上将氮-氢键加成到碳-碳不饱和键上的反应,符合原子经济性和绿色化学。

在苯丙氨酸裂解酶(phenylalanine lyase,PAL)、3-甲基天冬氨酸裂解酶(3-methylaspartic acid lyase,MAL)、苯丙氨酸氨基变位酶(phenylalanine aminomutase,PAM)的催化下,氨可对不饱和酸的 α- 或 β- 对映选择性加成。如利用化学 Knoevenagel-doebner 缩合与 PAL 介导的氢胺化,将苯甲醛通过一锅法合成为 L-芳基苯胺,同时生成相关的 L-二卤苯丙氨酸。利用此方法不仅可获得高光学纯度的化合物,而且具有较高的收率(产率 71%~84%)。

练习题

一、简答题

1. 常用的烃化剂有哪些? 进行甲基化及乙基化时,应选择哪些烃化剂? 引入较大烃基时应选择那些烃化剂?

2. 什么是羟乙基化反应,在药物合成中有何意义?

3. 苄基氯与苯胺、苯酚或苯作用,可分别发生哪种类型的烃化反应? 各生成什么主要产物?

二、完成下列合成反应

1.

$$O_2N-\underset{}{\bigcirc}-Cl \ + \ C_2H_5OH \ \xrightarrow{\text{NaOH, MnO}_2} \ \Big[\qquad\qquad \Big]$$

2.

$$\bigcirc + (CH_3)_3COH \ \xrightarrow[\text{NaBH}_4]{\text{(F}_3\text{CCOO)}_2\text{Hg}} \ \Big[\qquad\qquad \Big]$$

3.

$$\underset{CH_2OH}{\bigcirc} + \underset{Cl}{\overset{O}{\underset{N}{\bigcirc}}}\overset{F}{} \ \xrightarrow{\text{NaOH, C}_6\text{H}_5\text{CH}_3} \ \Big[\qquad\qquad \Big]$$

4.

$$CH_2(COOC_2H_5)_2 \ + \ \underset{CH_2Cl}{\bigcirc} \ \Big[\qquad \Big] \longrightarrow \ \underset{CH_2CH(COOC_2H_5)_2}{\bigcirc}$$

5.

$$\xrightarrow{\text{加热}} \ \Big[\qquad\qquad \Big]$$

6.

$$NC-\bigcirc-CH_2-\underset{N}{\overset{N-N}{\bigcirc}} \ + \ F-\bigcirc-CN \ \xrightarrow{t-\text{BuOK, DMF}} \ \Big[\qquad\qquad \Big]$$

7.

$$\underset{OH}{\bigcirc} \ + \ \underset{Br}{\bigcirc}\overset{O}{\underset{}{\overset{\|}{C}}}CH_2CH_3 \ \xrightarrow{\text{PEG200}} \ \Big[\qquad\qquad \Big]$$

8.

9.

10.

11.

12.

13.

14.

15.

16.

17.

18.

19.

20.

三、药物合成路线设计

1. 以苯酚、正溴丁烷、哌啶等为主要原料，合成局部麻醉药盐酸达克罗宁（dyclonine hydrochloride）。

达克罗宁

2. 以对甲基苯腈、对氟苯腈、三氮唑、NBS 等为主要原料，合成非甾体类芳香化酶抑制剂来曲唑（letrozole）。

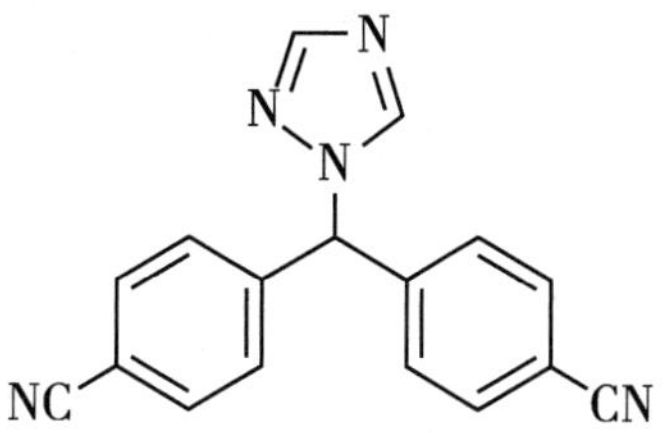

来曲唑

3. 以 1- 溴 -3- 氯丙烷、哌啶、二苯甲酮为原料，合成盐酸地芬尼多（difenidol hydrochloride）。

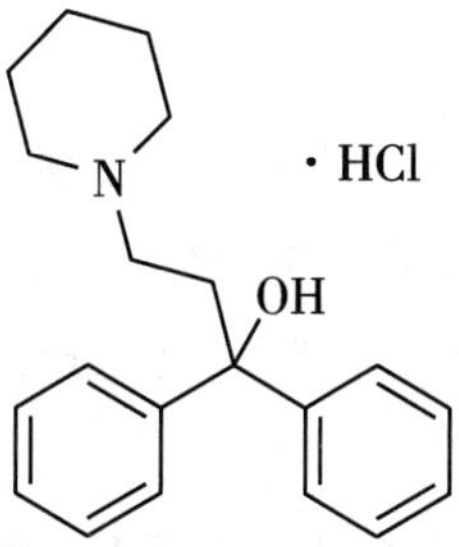

地芬尼多

（余宇燕）

第四章　酰化反应

ER4-1　第四章
酰化反应（课件）

【本章要点】

掌握　酰化反应的分类及应用；以羧酸为酰化剂、羧酸酯为酰化剂、酸酐为酰化剂、酰氯为酰化剂和酰胺为酰化剂的各类酰化反应的特点、影响因素及其应用；Vilsmeier-Haack反应、Hoesch反应、Gattermann反应、Reimer-Tiemann反应、Claisen反应等经典人名反应及其应用。

熟悉　各类酰化反应的反应机制；选择性酰化与羟基、氨基的保护及其应用；间接酰化反应及应用。

了解　新型酰化技术；酰化新试剂及催化剂的种类、特点及其应用。

在化学反应中，有机物分子结构中的碳、氮、氧等原子上导入酰基的反应为酰化反应（acylation reaction），酰化反应的产物分别是酮（醛）、酰胺和酯。酰化反应是有机合成中最重要、最常见的反应之一，在药物及其中间体、天然产物的合成中应用十分广泛。酰基也是药物合成中官能团转换的重要合成手段，酰基可通过氧化、还原、加成、肟化重排等反应转化成其他基团，在涉及羟基、氨基、巯基等基团保护时，将其酰化也是一个常见的保护方法。

第一节　概述

一、反应分类

按酰基的导入方式可将酰化反应分为直接酰化和间接酰化，所谓直接酰化是指将酰基直接引入到被酰化的原子上，在直接酰化中根据电子转移的方式不同可将其细分为直接亲电酰化、直接亲核酰化和直接自由基酰化；间接酰化是指将酰基的等价物引入到被酰化的原子上，再经处理后释放出酰基，间接酰化也可以根据电子转移方式不同将其细分为间接亲电酰化和间接亲核酰化，间接酰化一般只发生在碳原子的酰化反应中。

氧和氮原子上的酰化一般均为直接酰化反应，而碳原子上的酰化既有直接酰化（如Friedel-Crafts反应等）又有间接酰化反应（如Gattermann反应等）。

在直接酰化反应中，其酰化反应历程根据所用酰化剂的强弱，又可以分为单分子历程和双分子历程，但无论是单分子历程还是双分子历程，酰化反应一般属于亲电取代反应，因为作为酰化剂的羰基碳原子一般显(部分)正电性。

单分子历程: 一般采用酰卤、酸酐等强酰化剂的酰化反应,趋向于按单分子历程进行。

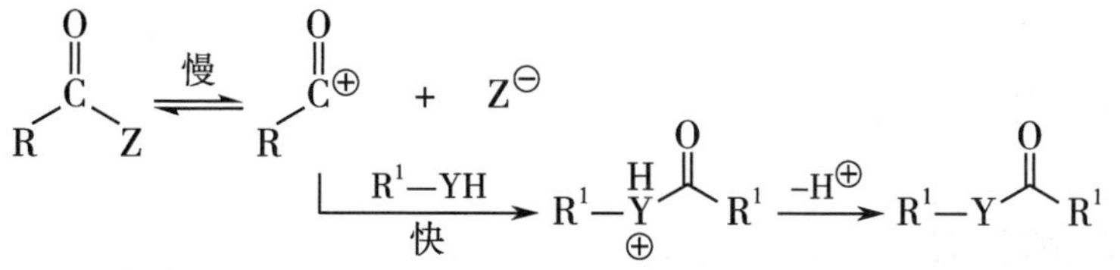

$$\underset{R}{\overset{O}{\underset{\parallel}{C}}}\!\!-\!Z \underset{慢}{\rightleftharpoons} R\!-\!\overset{O}{\overset{\parallel}{C}}^{\oplus} + Z^{\ominus}$$

（图示反应式）

$$(Y\!=\!O, NH, S, CH_2; Z\!=\!卤素, OCOR^2)$$

酰化剂在催化剂的作用下解离出酰基正离子,再与被酰化物发生亲电取代反应生成酰化产物,其中酰化剂解离过程是反应的限速步骤,酰化反应速率仅与酰化剂的浓度相关,为动力学上的一级反应,即 $V\!=\!k_1[RCOZ]$, V 为反应速度, k_1 为速度常数。

双分子历程: 一般采用羧酸、羧酸酯和酰胺等为酰化剂的酰化反应,趋向于按双分子历程进行。

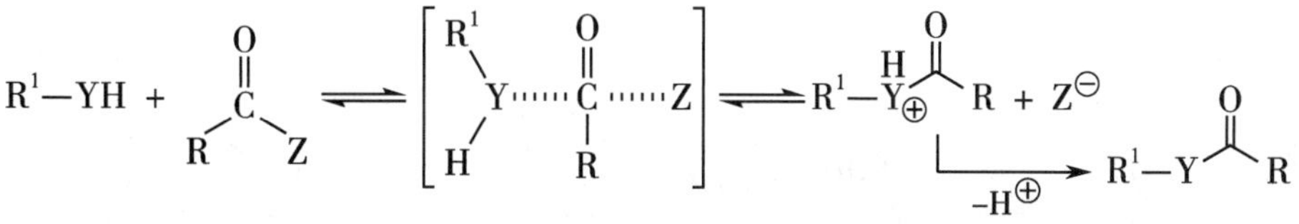

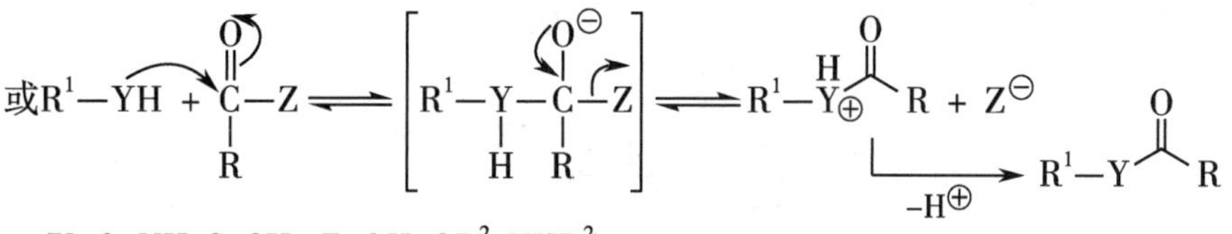

（图示反应式）

$$(Y\!=\!O, NH, S, CH_2; Z\!=\!OH, OR^2, NHR^2)$$

酰化剂的羰基与被酰化物结构中的羟基、氨基等进行亲电反应,生成中间过渡态,此步是反应的限速步骤,再解离出离去基团 Z 负离子,脱去质子生成酰化产物。另外一种可能的机制是被酰化物与酰化剂的羰基加成生成四面体过渡态,再脱去 Z 负离子,脱去质子生成酰化产物。双分子历程中酰化速度与酰化剂和被酰化物的浓度均相关,为动力学上的二级反应,即 $V\!=\!k_1[R^1COZ][R\!-\!YH]$。

从上述反应机制中可以看出,无论是单分子历程还是双分子历程,对于酰化剂而言,当其结构中的 R 相同时,其酰化能力与离去基团 Z 的电负性和离去能力有关,Z 的电负性越大、离去能力越强,酰化能力越强。一般情况下酰化剂的活性顺序为:

$$R\overset{\oplus}{C}O\overset{\ominus}{ClO_4} > R\overset{\oplus}{C}O\overset{\ominus}{BF_4} > RCOX > RCO_2COR^1 > RCO_2R^1, RCO_2H > RCONHR^1$$

上述强弱顺序不是绝对的,有些情况下会有所不同,例如某些活性酯或活性酰胺的活性不但比羧酸强甚至还比酸酐、酰氯等强酰化剂强。

而就被酰化物而言,无疑是亲核能力越强,越容易被酰化。当其结构中的 R 相同时,不同结构的被酰化物亲核能力的一般规律为:

$$R\overset{\ominus}{C}H_2 > R\overset{\ominus}{N}H > R\overset{\ominus}{O} > RNH_2 > ROH$$

R 为芳基时,由于芳基与氮原子或氧原子的共轭效应,使氮原子或氧原子上的电子云密度降低,导致反应活性下降,所以 RNH₂>ArNH₂、ROH>ArOH。另外,R 基团的立体位阻对其活性也有影响,立体位阻大的醇或胺的酰化要相对困难一些,一般选用活性较强的酰化剂。

二、酰化剂的种类及反应机制

(一) 羧酸为酰化剂

羧酸是常见的酰化剂,也是比较弱的酰化剂,其所进行的酰化反应一般按 S_N2 历程进行,可以进行 O- 酰化、N- 酰化和 C- 酰化,分别制得羧酸酯、酰胺和酮(醛)等。

$$R^2{-}YH \ + \ \underset{R^1}{\overset{O}{\|}}{-}OH \longrightarrow R^2{-}Y\underset{}{\overset{O}{\|}}R^1 \ + \ H_2O \quad (Y{=}O, NH, CH_2)$$

反应中通常加入各类催化剂以增加其反应活性,常见的催化剂包括质子酸、Lewis 酸、强酸型阳离子交换树脂和二环己基碳二亚胺(DCC)等。各类催化剂的催化机制如下。

质子酸催化:

Lewis 酸催化:

DCC 催化:

一般情况下,脂肪族羧酸活性强于芳香酸活性,羰基 α- 位具有吸电基的羧酸活性较强,立体位阻小的羧酸活性强于有立体位阻的酸。

（二）羧酸酯为酰化剂

常规的羧酸酯是一个较弱的酰化剂，其酰化反应一般按 S_N2 历程进行，反应是可逆的，羧酸甲酯、羧酸乙酯和羧酸苯酯是常用的酰化剂。

$$R^2-YH + \underset{\underset{OR^1}{|}}{\overset{\overset{O}{\|}}{R-C}} \rightleftharpoons R^2-Y-\underset{}{\overset{\overset{O}{\|}}{C-R}} + R^1OH$$

$$\underset{\underset{OR^1}{|}}{\overset{\overset{O}{\|}}{R-C}} \xrightarrow{R^2-YH} \left[\begin{array}{c} R^2 \\ Y \cdots C-OR^1 \\ H \quad R \end{array} \right] \rightleftharpoons R^2-\overset{\oplus}{\underset{H}{Y}}-\overset{\overset{O}{\|}}{C}-R + R^1O^\ominus \xrightarrow{-H^\oplus} R^2-Y-\overset{\overset{O}{\|}}{C}-R$$

（Y=O, NH, CH₂）

如果增加酯的反应活性，则要增加 R^1O 基团的离去能力，也就是增加 R^1OH 的酸性，一些取代的酚酯、芳杂环酯和硫醇酯活性较强，用于活性差的醇和结构复杂的化合物的酯化反应。

（三）酸酐为酰化剂

酸酐是一个强酰化剂，其酰化反应一般按 S_N1 历程进行，质子酸、Lewis 酸和吡啶类碱对酸酐均有催化作用，可使之释放出酰基正离子或使其亲电性增强。

$$\begin{array}{c} R-C \\ O \\ R-C \\ O \end{array} \rightleftharpoons \underset{H^\oplus}{} \begin{array}{c} R-C \\ \overset{\oplus}{O}H \\ R-C \\ O \end{array} \rightleftharpoons \left[R-\overset{\overset{O}{\|}}{C^\oplus} \right] + RCOOH$$

$$\begin{array}{c} R-C \\ O \\ R-C \\ O \end{array} \underset{\text{或}AlCl_3}{\overset{BF_3}{\rightleftharpoons}} \begin{array}{c} R-C \\ O \cdots BF_3 \\ R-C \\ O \end{array} \rightleftharpoons \left[R-\overset{\overset{O}{\|}}{C^\oplus} \right] + RCOOBF_3^{\ominus}$$

$$\begin{array}{c} R-C \\ O \\ R-C \\ O \end{array} + \underset{N}{\bigcirc} \rightarrow \underset{N}{\overset{\oplus}{\bigcirc}}-\overset{\overset{O}{\|}}{C}-R + RCOOH$$

常用的酸酐种类除乙酸酐、丙酸酐、苯甲酸酐和一些二元酸酐外，其他种类的单一酸酐较少，限制了该方法的应用，而混合酸酐容易制备，酰化能力强，因而更具实用价值。常见的混合酸酐包括羧酸-三氟乙酸混合酸酐、羧酸-磺酸混合酸酐、羧酸-硝基苯甲酸混合酸酐以及羧酸与氯甲酸酯、光气和草酰氯等形成的混合酸酐。

（四）酰氯为酰化剂

酰氯是一个活泼的酰化剂，酰化能力强，其参与酰化反应一般按单分子历程（S_N1）进行。

反应中有氯化氢生成,所以常加入碱性缚酸剂以中和反应中生成的氯化氢。某些酰氯的性质虽然不如酸酐稳定,但其制备比较方便,所以对于某些难以获得的酸酐来说,采用酰氯为酰化剂是非常有效的。

Lewis 酸类催化剂可催化酰氯生成酰基正离子中间体,从而增加酰氯的反应活性。

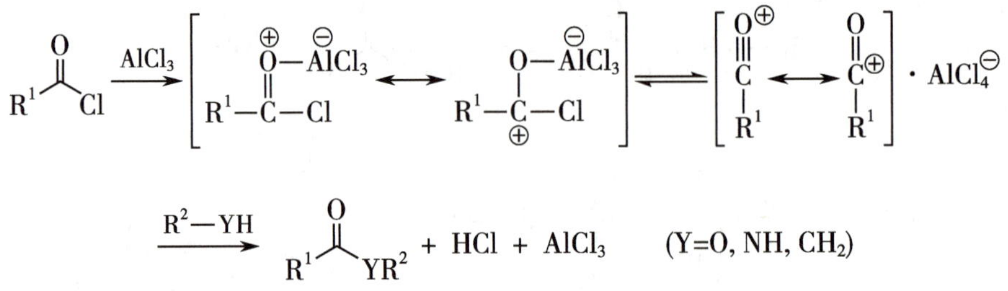

$$\xrightarrow{R^2-YH} \quad R^1\overset{O}{\underset{}{C}}YR^2 + HCl + AlCl_3 \qquad (Y=O, NH, CH_2)$$

反应中添加吡啶、N,N-二甲氨基吡啶(DMAP)等有机碱除了可中和反应生成的氯化氢外,也有催化作用,使酰氯酰化活性增强。

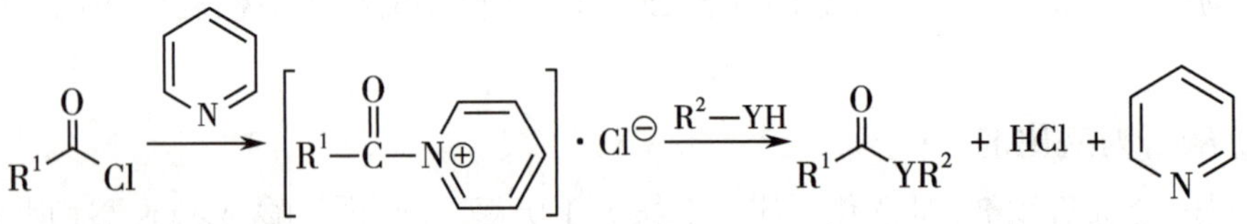

(五)酰胺为酰化剂

一般的酰胺由于其结构中 N 原子的供电性,酰化能力较弱,较少将其用作酰化剂,而一些具有芳杂环结构的酰胺(活性酰胺)由于酰胺键的 N 原子处于缺电子的芳杂环上,产生诱导效应使得羰基碳原子的亲电性增强,另一方面离去基团为含氮的五元芳杂环也是一个非常稳定的离去基团,因而使酰胺的反应活性得到加强,常用于 O-酰化反应和 N-酰化反应中。常见的活性酰胺结构如下:

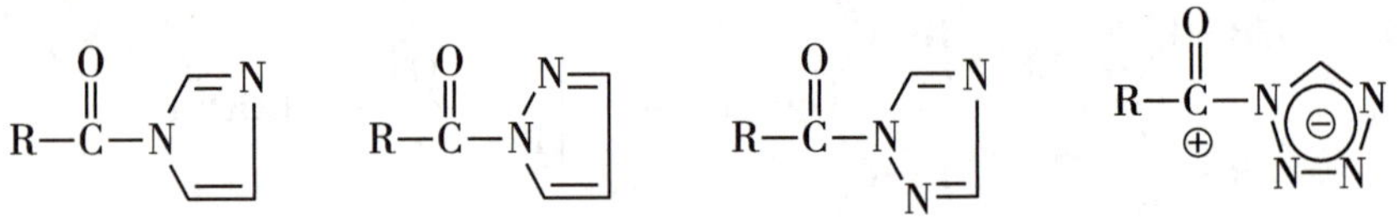

第二节 氧原子的酰化反应

氧原子的酰化反应包括醇羟基的 O-酰化反应和酚羟基的 O-酰化反应,是制备各类羧酸酯的经典方法,主要的酰化剂有羧酸、羧酸酯、酸酐、酰氯和酰胺等。

一、醇的 O-酰化反应

醇羟基的 O-酰化一般为直接亲电酰化,其酰化产物是羧酸酯。醇的 O-酰化反应根据所采用酰化种类不同可按单分子或双分子两种反应历程进行。

（一）羧酸为酰化剂

1. 反应通式及机制

$$R^1-\overset{\underset{\|}{O}}{C}-OH + HOR^2 \rightleftharpoons R^1-\overset{\underset{\|}{O}}{C}-OR^2 + H_2O$$

以羧酸为酰化剂的醇的 *O*- 酰化即酯化反应,其一般为可逆反应。

2. 反应影响因素及应用实例 本反应为可逆的平衡反应,为促使平衡向生成酯的方向移动,通常可采用的方法如下:①在反应中加入过量的醇(兼作反应溶剂),反应结束再将其回收套用;②蒸出反应所生成的酯,但采用这种方法要求所生成酯的沸点低于反应物醇和羧酸的沸点;③除去反应中生成的水,除水的方法有直接蒸馏除水和利用共沸物除水,加入分子筛、无水 $CaCl_2$、$CuSO_4$、$Al_2(SO_4)_3$、H_2SO_4 等除(脱)水剂,例如消炎镇痛药布洛芬吡甲酯(ibuprofen piconol)合成中采用甲苯带水的方法。

(ibuprofen piconol)

伯醇反应活性最强;仲醇次之;叔醇由于其立体位阻大且在酸性介质中易脱去羟基而形成较稳定的叔碳正离子,使酰化反应趋于按烷氧断裂的单分子历程进行,而使酰化反应难以完成;苄醇和烯丙醇也易于脱去羟基而形成较稳定的碳正离子,表现出同叔醇类似的性质。

质子酸催化一般采用浓硫酸或在反应体系中通入无水氯化氢,不饱和酸(醇)易发生氯化反应;对甲苯磺酸、萘磺酸等有机酸催化能力强,在有机溶剂中的溶解性较好,但价格相对较高。

在局部麻醉药苯佐卡因(benzocaine)中间体对硝基苯甲酸乙酯的合成过程中,采用了浓硫酸为催化剂的酯化反应。

Lewis 酸催化具有收率高、反应速率快、条件温和、操作简便、不发生加成和重排等副反应等优点，适合于不饱和酸(醇)的酯化反应。

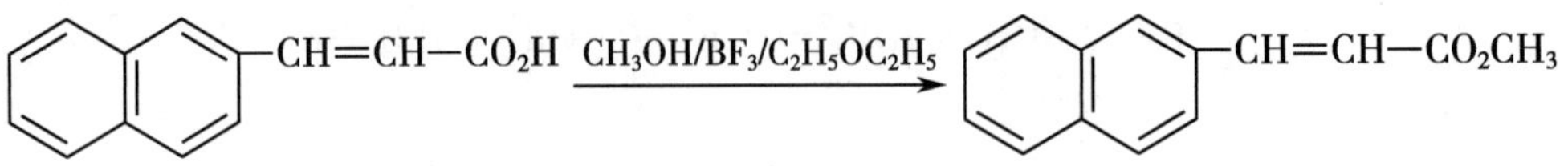

DCC 催化能力强、反应条件温和，特别适合于具有敏感基团和结构较为复杂的酯的合成。例如，在抗高血压药阿扎地平(azelnidipine)中间体的合成过程中，采用了以氰基乙酸为酰化剂、DCC 为催化剂的 O- 酰化反应。

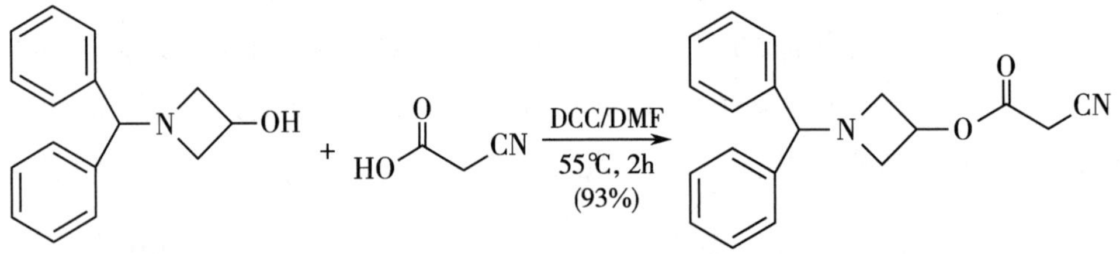

偶氮二羧酸二乙酯(DEAD)- 三苯基膦催化体系可用来增加反应中醇的活性，且反应具有一定的立体选择性，伯醇的反应活性最强，仲醇次之；反应中所生成的活性中间体与羧酸根负离子反应时会发生构型翻转，其反应过程如下：

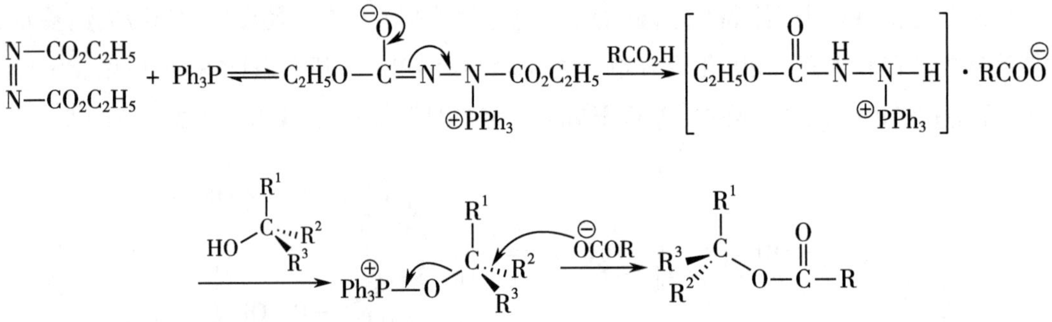

在核苷类药物 C-5′ 羟基的选择性酰化中，利用 C-3′ 和 C-5′ 两个位置的位阻差别，采用 DEAD- 三苯基膦催化体系，选择性地酰化 C-5′ 羟基。

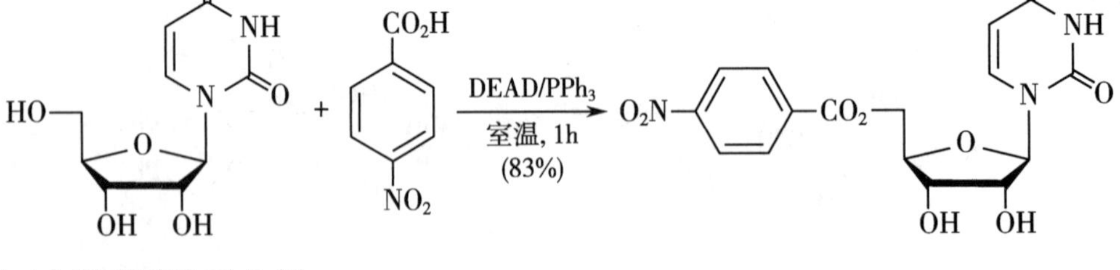

(二)羧酸酯为酰化剂

羧酸酯作为 O- 酰化反应的酰化剂，其酰化过程是通过酯分子中的烷氧基交换完成的，即由一种酯转化为另一种酯，反应是可逆的，通常需要加入质子酸或醇钠等催化剂。

1. 反应通式及机制

$$RCOOR^1 + R^2OH \rightleftharpoons RCOOR^2 + R^1OH$$

2. 反应影响因素及应用实例　反应过程是可逆的，存在着两个烷氧基(R^1O-、R^2O-)

的亲核竞争, 在反应中可通过不断蒸出所生成的醇来打破平衡, 使反应趋于完成。通常选用羧酸甲酯或羧酸乙酯等可以生成低沸点醇(甲醇或乙醇)的酯作为酰化剂。例如, M_3 受体拮抗剂索利那新(solifenacin)的合成过程中采用羧酸乙酯为酰化剂, 在 NaH 的催化下, 通过不断蒸出反应中生成的乙醇, 使酰化反应趋于完成。

(solifenacin)

含有碱性基团的醇或叔醇进行酯交换反应, 一般适宜采用醇钠催化。碱为催化剂时, 存在着两个烷氧基的亲核能力竞争, 一般要求 $R^2O—$ 的碱性要高于 $R^1O—$ 的碱性, 即其共轭 R^1OH 的酸性要强于 R^2OH 的酸性。活性酯的应用也是基于此原理。例如, 在麻醉药普鲁卡因(procaine)的合成过程中采用对氨基苯甲酸乙酯为酰化剂的 O- 酰化反应。

(procaine)

从机制中不难看出, 如果想要增加酯的酰化能力, 就要增加 $R^1O—$ 的离去能力, 也就是增加其共轭酸 R^1OH 的酸性。因此, 一些酚酯、芳杂环酯和硫醇酯等, 由于其烷氧基的离去能力较强, 常作为酰化剂。常见的活性酯如下:

(1)羧酸硫醇酯: 2- 吡啶硫醇羧酸酯为常见的活性酯, 一般由羧酸与 2,2′- 二吡啶二硫化物在三苯基磷的存在下与羧酸反应或通过酰氯与 2,2′- 二吡啶二硫化物反应制得, 通常用于结构复杂的羧酸酯制备。

例如, 在玉米烯酮(zearalenone)的合成过程中, 采用活性酯法反应收率可达 75%。

(zearalenone)

(2)羧酸三硝基苯酯: 由于结构中存在 3 个强吸电基硝基的作用, 羧酸三硝基苯酯活性较强, 可以与醇进行酯交换反应制得羧酸酯。

$$RCOONa + \text{[2-Cl-1,3,5-trinitrobenzene]} \longrightarrow RCOO\text{[2,4,6-trinitrophenyl]} + NaCl$$

（3）羧酸吡啶酯：羧酸 -2- 吡啶醇酯由羧酸与 2- 卤代吡啶季铵盐或氯甲酸 -2- 吡啶醇酯作用得到，其结构中吡啶环上的正电荷作用使羧酸羰基的活性增强。

（4）其他活性酯：羧酸异丙烯酯、羧酸二甲硫基烯醇酯、羧酸 -1- 苯并三唑酯等均为活性较强的羧酸酯，具有反应条件温和、收率较高、对脂肪醇和伯醇有一定的选择性等特点。其结构式分别如下：

羧酸异丙烯酯　　　　　羧酸二甲硫基烯醇酯　　　　羧酸–1–苯并三唑酯

（三）酸酐为酰化剂

酸酐为强酰化剂，可用于酚羟基及立体位阻大的叔醇的酰化，常加入少量的酸或碱催化。

1. 反应通式及机制

$$(RCO)_2O + R^1OH \longrightarrow RCOOR^1 + RCOOH$$

2. 反应影响因素及应用实例　　反应中常加入 H_2SO_4、TsOH、$HClO_4$ 等质子酸或 BF_3、$ZnCl_2$、$AlCl_3$、$CoCl_2$ 等 Lewis 酸作催化剂。例如，脲苷三乙酸酯（uridine triacetate）的制备采用 Ac_2O 为酰化剂、BF_3 为催化剂的酰化体系。

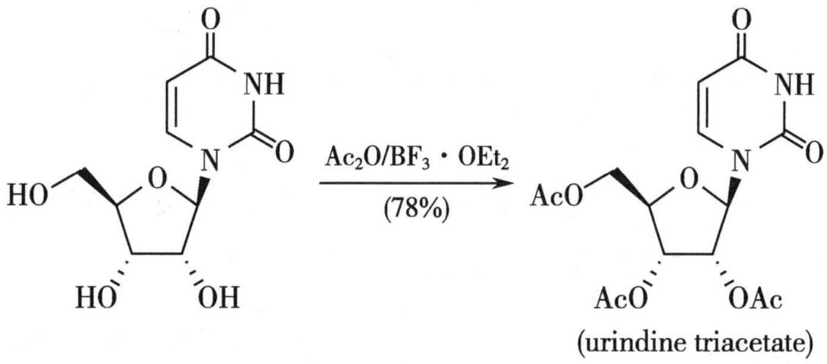

(urindine triacetate)

吡啶、4-*N*,*N*-二甲氨基吡啶(DMAP)、4-吡咯烷基吡啶(PPY)、三乙胺(TEA)及乙酸钠等碱性催化剂也用于酸酐的酰化反应。例如,抗血栓药物普拉格雷(prasugrel)在强碱性条件下将2-噻吩酮烯醇化后,通过以醋酐为酰化剂的酰化反应制得。

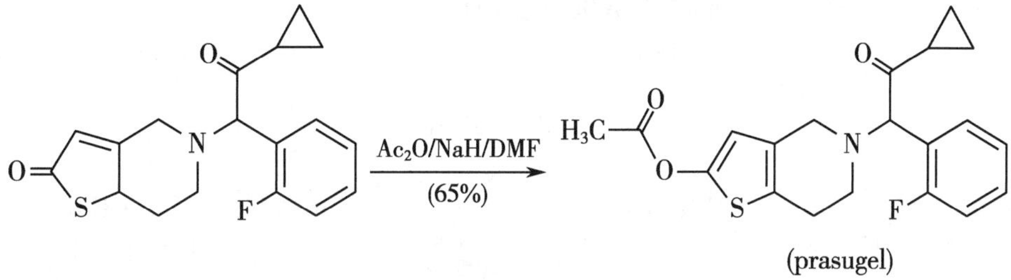

(prasugel)

混合酸酐具有更高实用价值,常见的混合酸酐包括下列几种类型。

(1)羧酸-三氟乙酸混合酸酐

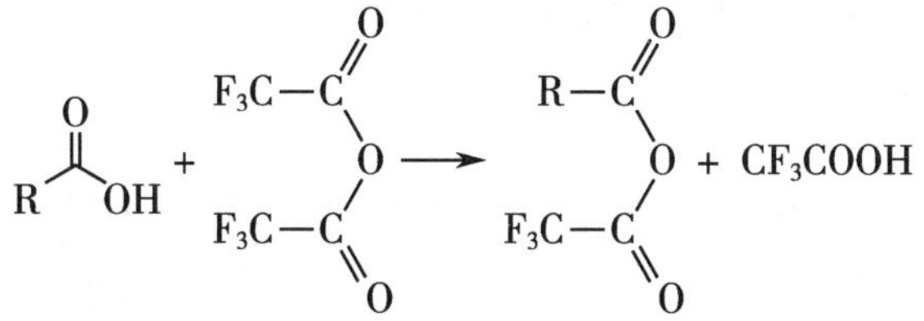

实际操作中一般采用临时制备的方法,羧酸与三氟乙酸酐反应可以较方便地得到羧酸-三氟乙酸混合酸酐,不需要分离,直接参与后续的酰化反应。

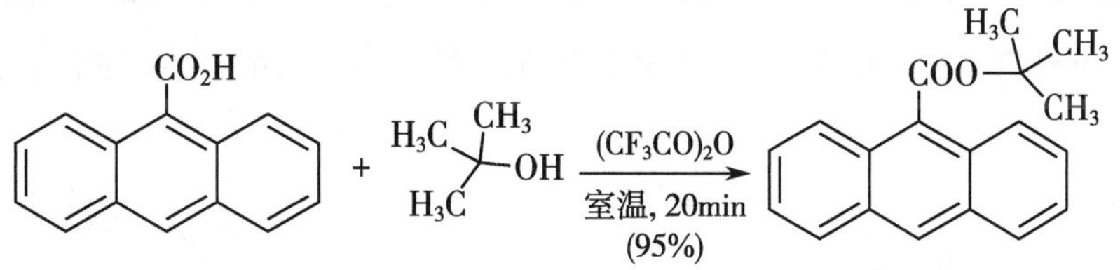

(2)羧酸-磺酸混合酸酐

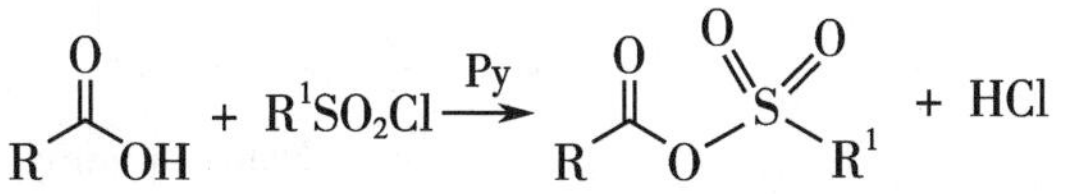

R^1=CF$_3$, CH$_3$, Ph, *p*-CH$_3$Ph

羧酸与磺酰氯在吡啶催化下得到羧酸-磺酸混合酸酐,也可以在反应中临时制备,适用于对酸比较敏感的叔醇、烯丙醇、炔丙醇、苄醇等的酰化。

（3）其他混合酸酐：在羧酸中加入氯代甲酸酯、光气、草酰氯等均可与羧酸形成混合酸酐，从而使羧酸的酰化能力增强，可用于结构复杂的酯类制备。

羧酸在 TEA、DMAP 等碱性催化剂的存在下与多种取代苯甲酰氯反应制得相应的羧酸 - 取代苯甲酸混合酸酐，也可以提高羧酸的酰化能力。

（四）酰氯为酰化剂

各种脂肪族和芳香族酰氯均可作为酰化剂与各种醇羟基进行酰化反应，其反应过程中常加入一些 Lewis 酸作催化剂，同时加入碱性物质作缚酸剂。

1. 反应通式及机制

$$R^1—\overset{\underset{\|}{O}}{C}—Cl + HOR^2 \longrightarrow R^1—\overset{\underset{\|}{O}}{C}—OR^2 + HCl$$

2. 反应影响因素及应用实例
酰氯为酰化剂的反应一般可选用三氯甲烷等卤代烃、乙醚、四氢呋喃、DMF 和二甲基亚砜（dimethyl sulfoxide，DMSO）等为反应溶剂，也可以不加溶剂直接采用过量的酰氯或过量的醇。例如，激素类药物苯丙酸诺龙（nandrolone phenylpropionate）的制备是将 19- 去甲基睾酮以苯丙酰氯为酰化剂，吡啶为催化剂，在苯溶剂中完成的。

(nandrolone phenylpropionate)

酰氯的酰化反应一般在较低的温度（0℃至室温）下进行，加料方式一般是在较低的温度下将酰氯滴加到反应体系中。对于较难酰化的醇，也可以在回流温度下进行酰化反应。例如，抗寄生虫药物苯氧司林（phenothrin）的合成。

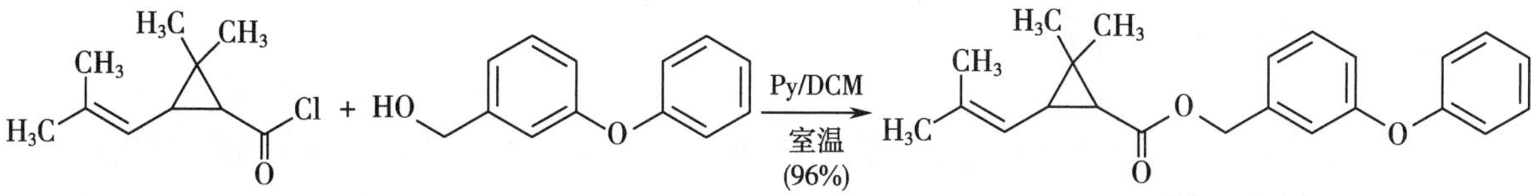

(phenothrin)

在某些羧酸为酰化剂的反应中,加入 SOCl₂、POCl₃、PCl₃ 和 PCl₅ 等氯化剂,使之在反应中先生成酰氯,原位参与酰化反应,使反应过程更加简便。例如,抗血脂药烟酸肌醇酯(inositol nicotinate)的合成是在肌醇与烟酸的反应中加入氧氯化磷,使烟酸转成酰氯直接参与酰化反应。

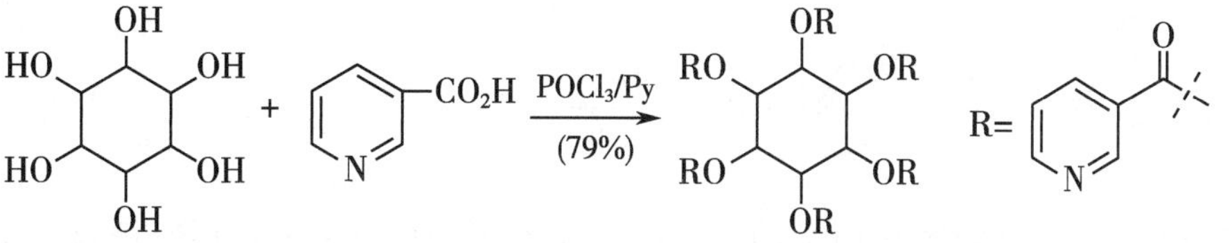

(inostiol nicotinate)

(五)酰胺为酰化剂

一般的酰胺由于其结构中 N 原子的供电性,酰化能力较弱,不能直接用于酰化反应,而酰基咪唑等一些具有芳杂环结构的酰胺活性较强,常被应用于 O- 酰化。酰化过程中加入醇钠、氨基钠、氢化钠等强碱可以增加反应活性。

1. 反应通式及机制

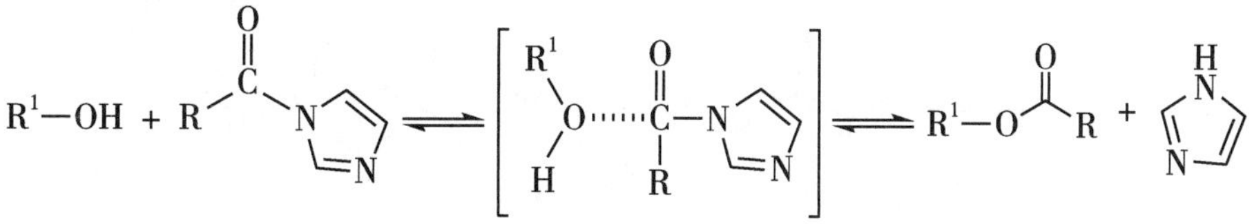

2. 反应影响因素及应用实例 酰基咪唑在反应中可以由碳酰基二咪唑(CDI)与羧酸直接作用得到,反应中如果同时加入 N- 溴代琥珀酰亚胺(NBS),可使咪唑环生成活化形式的中间体,活性更强,反应在室温下即可进行。

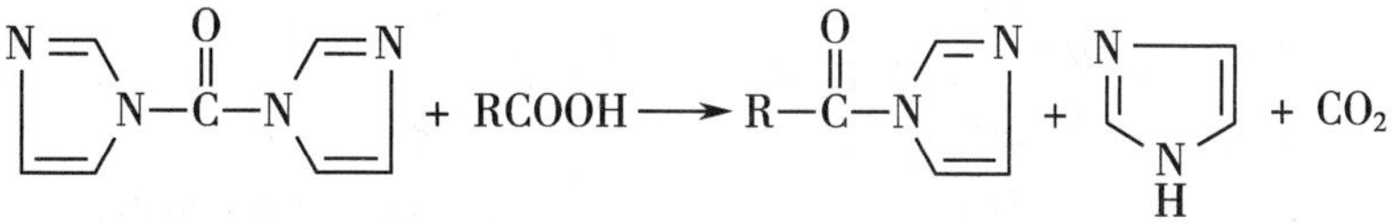

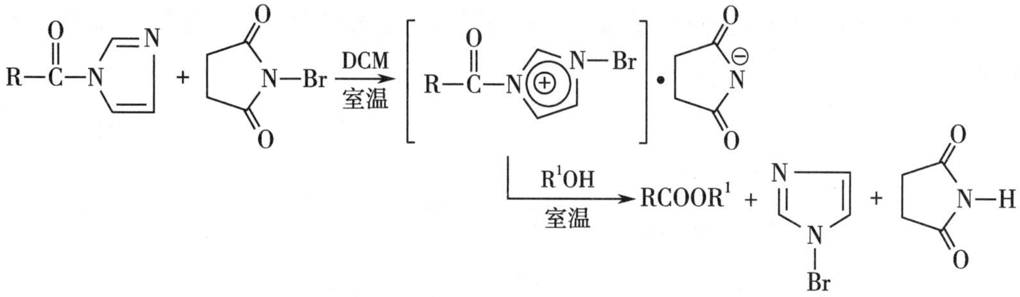

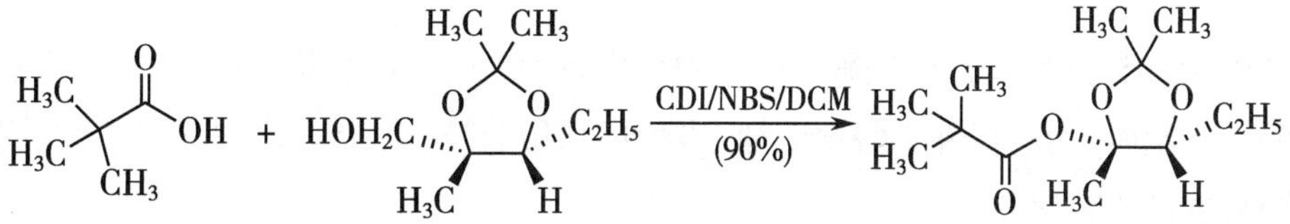

二、酚的 *O*- 酰化反应

酚羟基的 *O*- 酰化反应机制与醇羟基的 *O*- 酰化反应相同，但由于酚羟基的氧原子活性较醇羟基弱，所以一般不宜直接采用羧酸为酰化剂，而采用酰氯、酸酐和活性酯等酰化能力较强的酰化剂，下面将通过一些反应实例来说明酚的 *O*- 酰化反应。

采用羧酸为酰化剂时可在反应中加入多聚磷酸（PPA）、DCC 等增加羧酸的反应活性，适用于各种酚羟基的酰化。

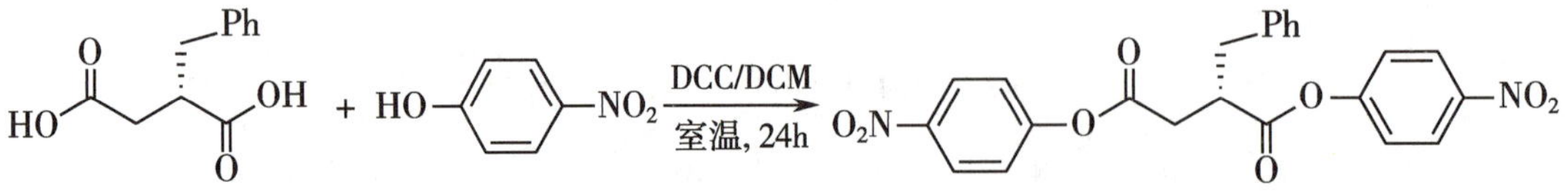

非甾体抗炎药药胍胺托美丁（amtolmetin guacil）的合成采用活性酰胺法，以 CDI 为催化剂。

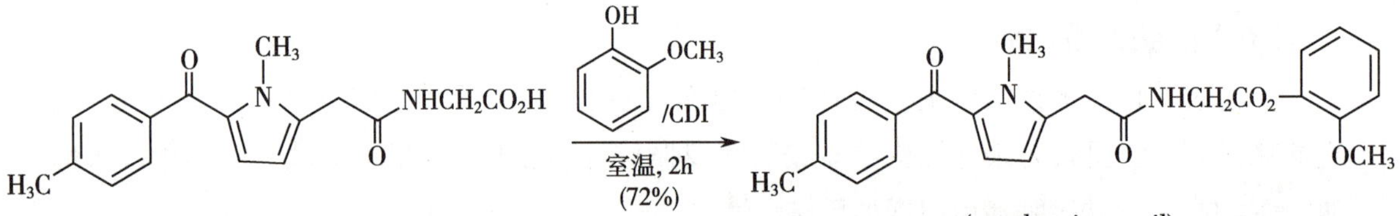

(amtolmetin guacil)

抗肿瘤药厄洛替尼（erlotinib）中间体的合成采用醋酐为酰化剂、吡啶存在下的酰化反应。

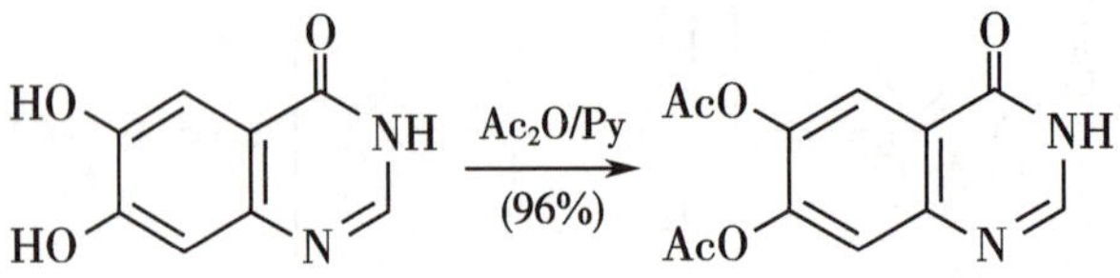

酰氯的酰化能力较强，是常用的酚的 *O*- 酰化试剂。例如，解热镇痛药贝诺酯（benorilate）是将对乙酰氨基酚（paracetamol）在碱性溶液中，以乙酰水杨酰氯酰化制得的。

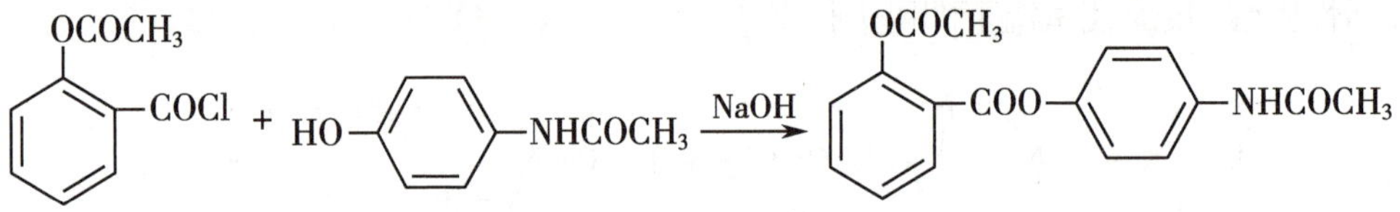

(benorilate)

分子中同时存在醇羟基和酚羟基时，由于醇羟基的亲核能力大于酚羟基，所以优先酰化醇羟基。

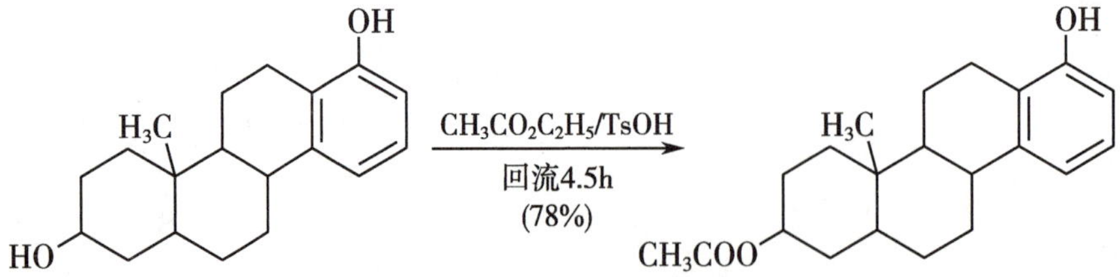

3- 乙酰 -1,5,5- 三甲基乙内酰脲（Ac-TMH）具有活性酰胺的结构，由 1,5,5- 三甲基乙内酰脲与醋酐反应制得，为选择性乙酰化试剂，当酚羟基和醇羟基共存于同一分子中时，可选择性地对酚羟基进行乙酰化。

三、药物合成实例分析

阿司匹林(aspirin)是一种临床应用近百年的解热镇痛药,用于流行性感冒等发热疾病的退热,同时也治疗风湿痛等。近年来其对血小板聚集有抑制作用,能阻止血栓形成,临床上用于预防短暂性脑缺血发作、心肌梗死、人工心脏瓣膜和静脉瘘或其他手术后血栓的形成。阿司匹林的合成采用以水杨酸为原料、乙酸酐为酰化剂的酚羟基的 O- 酰化反应。

1. 反应式

2. 反应操作　将反应釜预热至 70℃,加入 100.0g 水杨酸和 100.0ml 乙酸酐,开动搅拌,滴入 10.0ml 浓硫酸,反应 30 分钟,冷却到室温,即有结晶析出。向反应釜中加入 1L 水,使结晶完全;抽滤,冷水洗涤滤饼两次,抽干得阿司匹林粗品。将粗品移至精制釜中,搅拌下加入 1L 饱和碳酸氢钠水溶液,继续搅拌直至不再有气泡产生;抽滤,除去不溶性副产物,将滤液倒入 400.0ml 质量分数为 18% 的盐酸中,析出大量沉淀;待其冷却至室温后,抽滤,水洗涤滤饼两次,抽干得阿司匹林精品,白色固体 122.0g,收率约为 93.0%。

3. 反应影响因素　该反应为酚羟基的乙酰化反应,除乙酸酐外也可采用乙酰氯等其他强乙酰化剂,但酰氯稳定性差且需要另外加入缚酸剂,因此工业生产上一般选用乙酸酐作为该反应的酰化剂。本反应中乙酸酐是过量的,因其在反应中兼作反应溶剂。本反应中亦有水杨酸酐、乙酰水杨酸酐、水杨酸自身酰化产物等副产物生成,因此须严格控制反应温度及投料顺序。

第三节　氮原子的酰化反应

氮原子的酰化反应包括脂肪胺的 N- 酰化反应和芳胺的 N- 酰化反应,其是制备各类酰胺的经典方法,胺的酰化一般在结构类似的情况下比醇羟基的 O- 酰化要容易一些(胺基氮原子的亲核性比羟基氧原子略强一些），但两者所用的酰化剂的种类基本相同。就被酰化物（胺）而言，其氮原子的电子云密度越高，反应活性越强；但其空间位阻也会影响其反应活性，一般情况是伯胺>仲胺、脂肪胺>芳胺、无位阻的胺>有位阻的胺。

一、脂肪胺的 N- 酰化反应

脂肪族的伯胺和仲胺均可以与各种酰化剂反应生成酰胺，其反应历程由于酰化剂的不同而分为单分子历程和双分子历程。

（一）羧酸为酰化剂

虽然理论上羧酸可以与各种伯胺和仲胺反应生成酰胺，但由于羧酸为弱酰化剂，且羧酸与胺成盐后会使氨基氮原子的亲核能力降低，所以一般不宜直接以羧酸为酰化剂进行胺的 N- 酰化反应。

1. 反应通式及机制

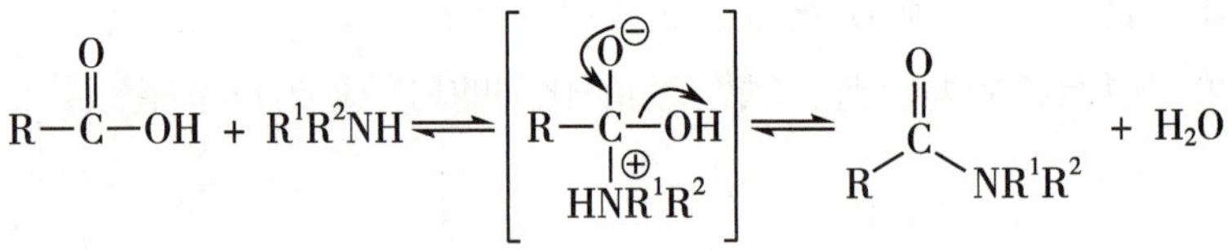

2. 反应影响因素及应用实例

羧酸为酰化剂的 N- 酰化反应是一个可逆反应，为了加快反应进程并使之趋于完成，需要不断蒸出反应所生成的水，一般反应在较高温度下进行，因此该法不适合对热敏感的酸或胺之间的酰化反应。

羧酸为弱酰化剂，一般在反应中需要加入一些催化剂与羧酸形成一些活性中间体，在前面 O- 酰化内容中曾讨论过的催化剂如 DCC、CDI 以及一些磷酸酯类等均有应用，这些可使羧酸的酰化能力增强。

在抗精神病药舒必利（sulpiride）的制备过程中，采用羧酸为酰化剂，CDI 为催化剂。

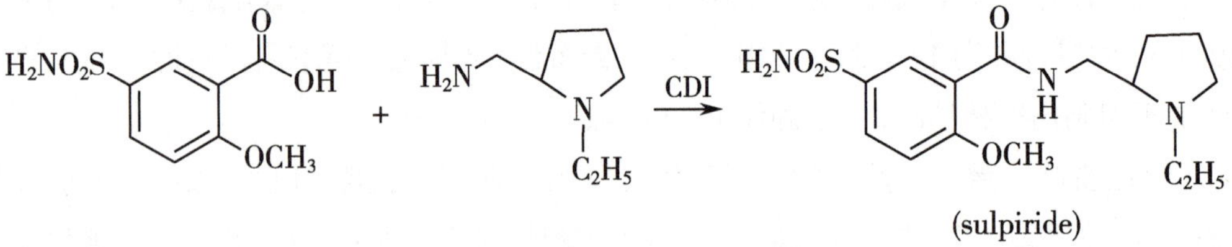

(sulpiride)

腹泻治疗药物消旋卡多曲（racecadotril）的合成采用羧酸法，以 DCC 为催化剂，DMF 为溶剂在室温下反应。

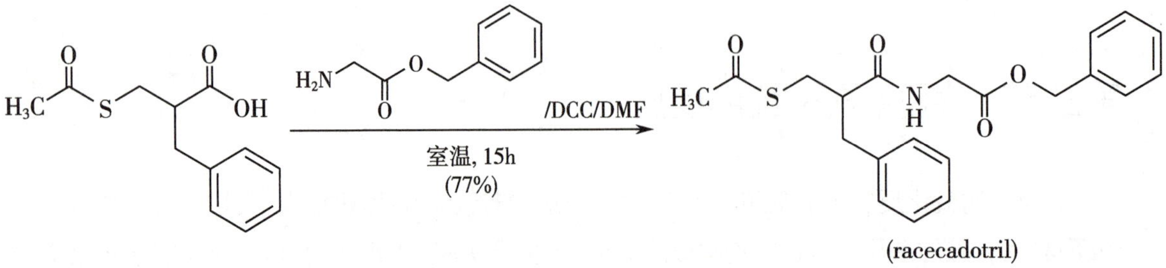

(racecadotril)

在半合成抗生素氨苄西林(ampicillin)的合成过程中,可以采用 D-(N- 三苯甲基)苯甘氨酸为酰化剂,在 DCC 的催化下与 6- 氨基青霉烷酸(6-6-APA)进行酰化反应,再在酸性环境中脱保护基制得。

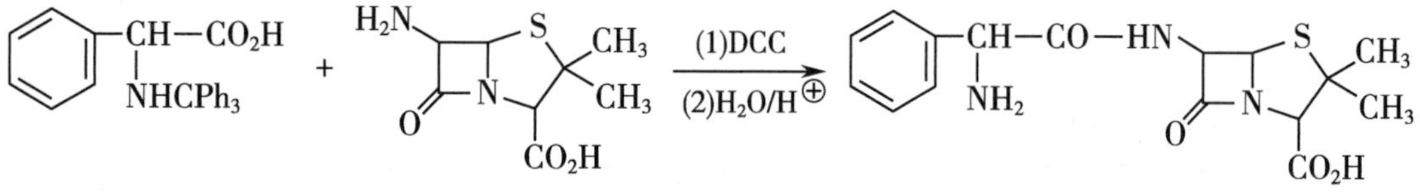

(ampicillin)

（二）羧酸酯为酰化剂

羧酸酯的反应活性虽不如酸酐、酰氯等强,但它易于制备且性质比较稳定,反应中又不像羧酸那样与胺成盐,所以在 N- 酰化中应用广泛。作为酰化剂的酯包括各种烷基或芳基取代的脂肪酸酯、芳香酸酯;被酰化物包括各种烷基或芳基取代的伯胺、仲胺以及 NH_3;反应溶剂一般是醚类、卤代烷及苯类。

1. 反应通式及机制

$$R-\overset{\overset{O}{\|}}{C}-OR^1 + R^2R^3NH \rightleftharpoons R-\overset{\overset{O}{\|}}{C}-NR^2R^3 + HOR^1$$

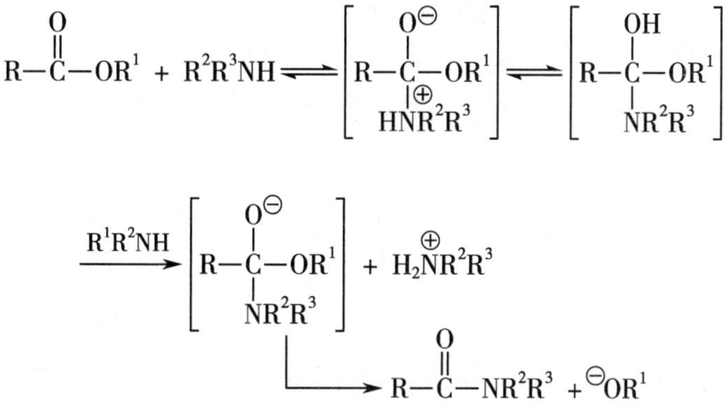

2. 反应影响因素及应用实例

反应中一般可加入金属钠、醇钠、氢化钠等强碱性催化剂以增强胺的亲核能力,反应中应用较多的酰化剂是羧酸甲酯、羧酸乙酯和羧酸苯酯。另外,还要严格控制反应体系的水分,防止催化剂分解以及酯和酰胺的水解发生。

例如,非甾体抗炎药替诺西康(tenoxicam)的合成中采用羧酸酯为酰化剂的酯交换反应。

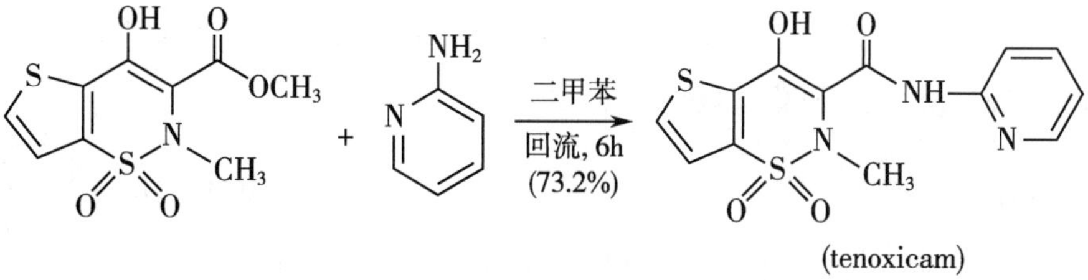

(tenoxicam)

在前述的氧酰化中曾讨论过的一些活性酯在 N- 酰化中也有应用,例如半合成头孢菌素头孢吡肟(cefepime)的合成系采用其侧链的活性硫醇酯与头孢母核的 N- 酰化反应。

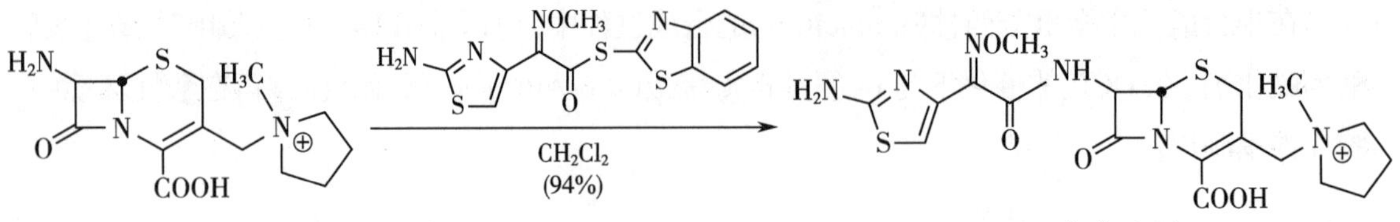

(cefepime)

（三）酸酐为酰化剂

酸酐为强酰化剂，其活性虽然比相应的酰氯稍弱，但其性质比较稳定，反应中会产生羧酸，所以可以自行催化，适用于一些难于酰化的胺类，如芳胺、仲胺，尤其是芳环上带有吸电基的芳胺，也可以另外加入酸、碱等催化剂促进反应。

1. 反应通式及机制

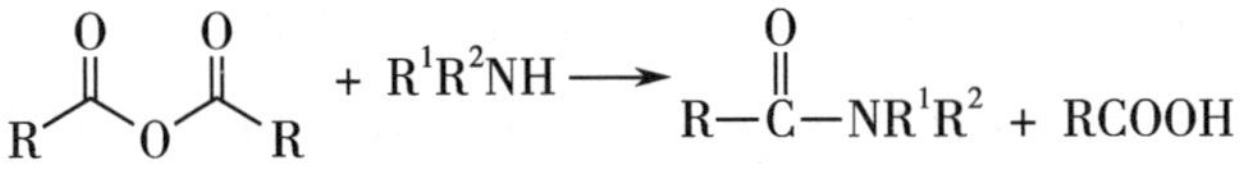

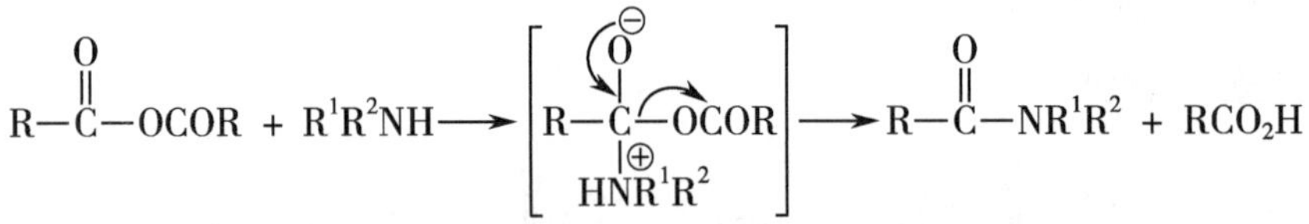

2. 反应影响因素及应用实例

反应中可以加入质子酸或 Lewis 酸作催化剂，催化酸酐生成酰基正离子而促进反应。采用碱性催化剂时一般不需要另外加入，只要采用过量的胺即可，如果加入吡啶类碱可生成吡啶季铵盐型活性中间体（见前述 O- 酰化）。例如，祛痰药厄多司坦（erdosteine）采用酸酐为酰化剂，在氢氧化钠为碱的条件下制得。

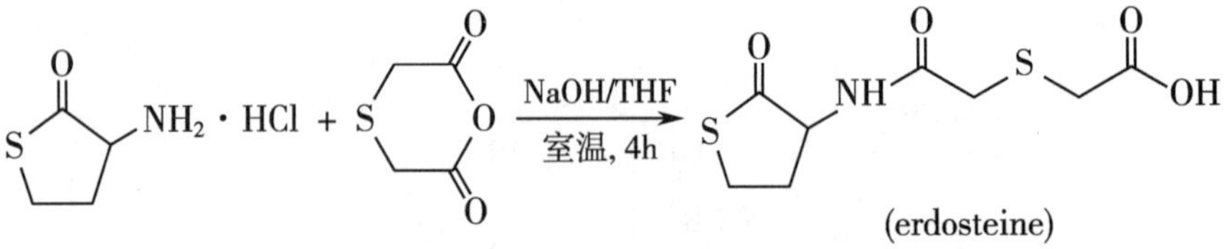

(erdosteine)

例如，抗菌药利奈唑胺（linezolid）是采用醋酐为酰化剂、吡啶为缚酸剂的酰化反应制得的。

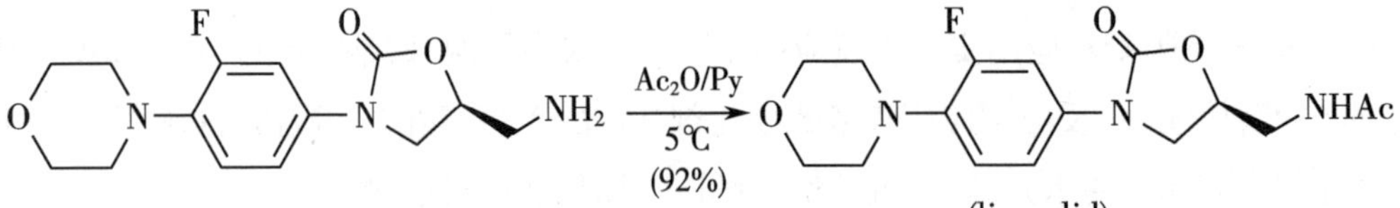

(linezolid)

前文 O- 酰化中讨论的混合酸酐在 N- 酰化中同样有着广泛的应用，特别是在一些复杂结构化合物的制备中更为常见，反应可在较温和的条件下进行，且收率较高，混合酸酐一般采用临时制备的方式加入。例如，抗抑郁药吗氯贝胺（moclobemide）的合成是在反应中加入氯甲酸乙酯和三乙胺，生成的混酐直接进行酰化反应。

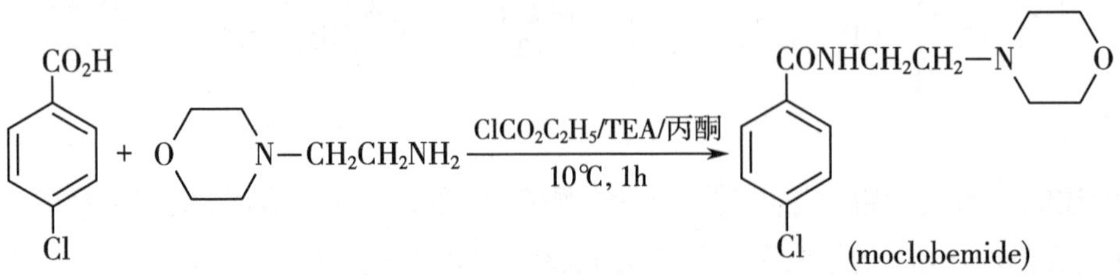

(moclobemide)

又如，降血糖药瑞格列奈（repaglinide）是以羧酸 - 对甲基苯磺酸混合酸酐为酰化剂，在乙腈中反应制得。

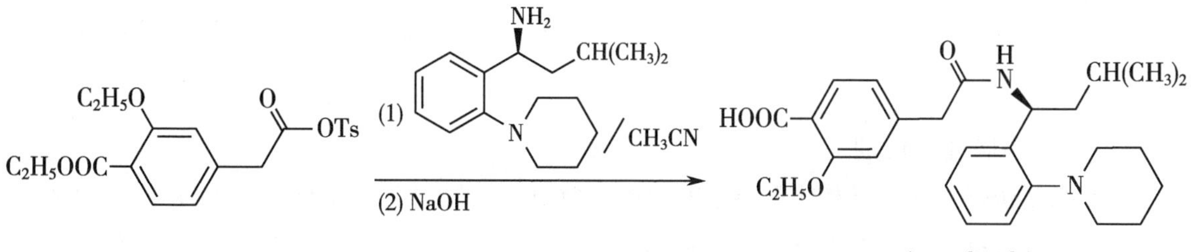

(repaglinide)

（四）酰氯为酰化剂

酰氯酰化能力强，一般应用于位阻较大的胺、热敏性的胺以及芳胺的酰化。

1. 反应通式及机制

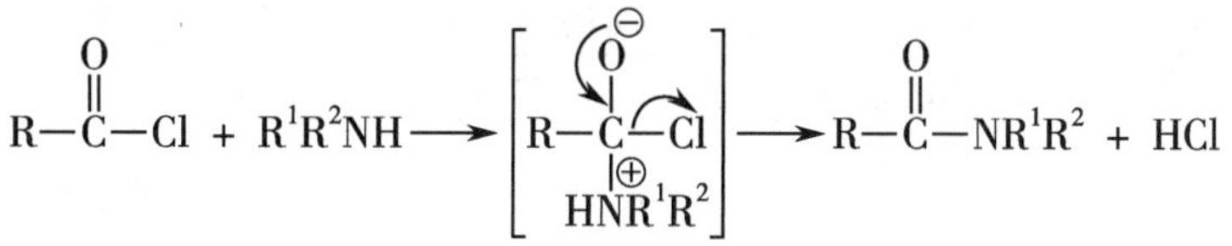

2. 反应影响因素及应用实例 通常加入氢氧化钠、碳酸钠、乙酸钠等无机碱及吡啶、三乙胺等有机碱为缚酸剂，以中和反应所生成的氯化氢，防止因其与胺成盐而降低氮原子的亲核能力，也可直接采用过量的胺作为缚酸剂。例如，血管扩张药桂哌齐特（cinepazide）即是以1-[（1- 四氢吡咯羰基）甲基]哌嗪为原料，以 3,4,5- 三甲氧基肉桂酰氯为酰化剂的酰化反应制得的。

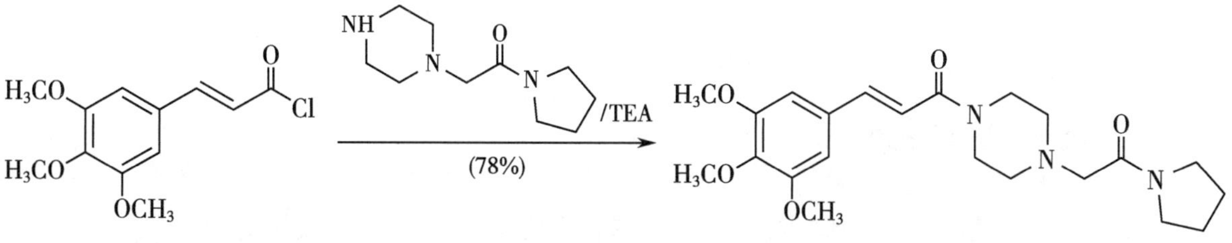

(cinepazide)

酰化中常用的有机溶剂有丙酮、二氯甲烷、三氯甲烷、乙腈、乙醚、四氢呋喃、苯、甲苯、吡啶和乙酸乙酯等。对于一些性质比较稳定的酰氯，也可以无机碱为缚酸剂，在水溶液中反应。例如，糖尿病治疗药物那格列奈（nateglinide）是在 DMF 中以氢氧化钠为缚酸剂，以 4- 异丙基环己基甲酰氯酰化制得的。

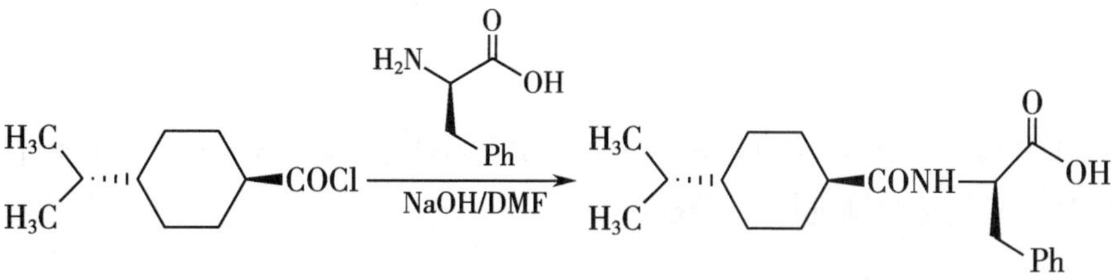

(nateglinide)

酰氯与胺的反应通常都是放热反应，因此反应在室温或更低的温度下进行。例如，镇咳药莫吉司坦（moguisteine）是以酰氯为酰化剂，在 0～5℃的反应温度下制得的。

（moguisteine）

（五）酰胺为酰化剂

一般的酰胺由于其结构中氮原子的供电子效应，使其酰化能力减弱，很少将其用作酰化剂，在上一节 *O*- 酰化中曾讨论过的一些羧酸与 CDI 形成的活性酰胺在 *N*- 酰化中也有应用，其反应机制与 *O*- 酰化一致。在此仅举几例说明其应用。

降血糖药米格列奈（mitiglinide）的合成采用此活性酰胺法。

$$\text{CDI/乙酸乙酯} \quad (73\%)$$

（mitiglinide）

促肠动力药普卡必利（prucalopride）的合成中亦采用 CDI 为活化剂的活性酰胺法。

$$\text{CDI/THF} \quad (82\%)$$

（prucalopride）

二、芳胺的 *N*- 酰化反应

芳胺的 *N*- 酰化反应机制与脂肪胺的 *N*- 酰化反应相同，但由于芳胺氨基的氮原子活性较脂肪胺的氨基弱，一般均采用酸酐、酰氯和活性酯等较强的酰化剂，下面将通过一些反应实例来说明芳胺的 *N*- 酰化反应。

乙酰苯胺采用乙酸酐为酰化剂、水为溶剂，在室温条件下采用苯胺的酰化反应制备。

ER4-2　乙酰苯胺的制备（视频）

$$\text{Ac}_2\text{O/H}_2\text{O} \quad \text{室温, 1h} \quad (85\%)$$

肌肉松弛药氯唑沙宗（chlorzoxazone）是通过 2- 氨基 -4- 氯苯酚与光气酰化环合而制得，反应中酚羟基和芳氨基分别进行了酰化。

$$+ \text{COCl}_2 \quad \xrightarrow[\text{室温, 2h}]{\text{甲苯}} \quad (92\%)$$

（chlorzoxazone）

非甾体抗炎药来氟米特（leflunomide）的合成采用酰氯为酰化剂，与4-三氟甲基苯胺在乙腈中反应制得。

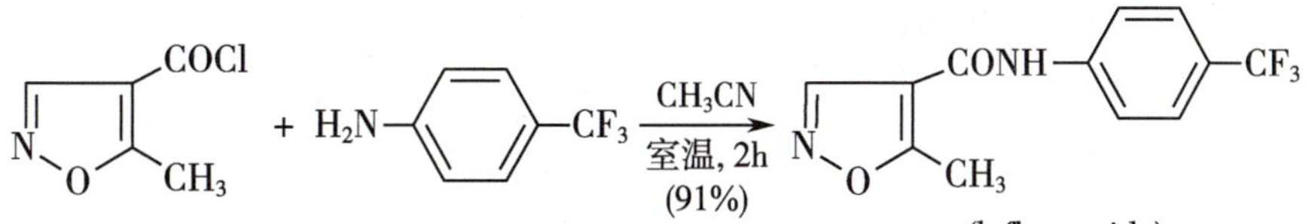

(leflunomide)

非甾体抗炎药美洛昔康（meloxicam）采用羧酸异丙酯为酰化剂，与2-氨基-5-甲基噻唑在二甲苯中回流反应制得。

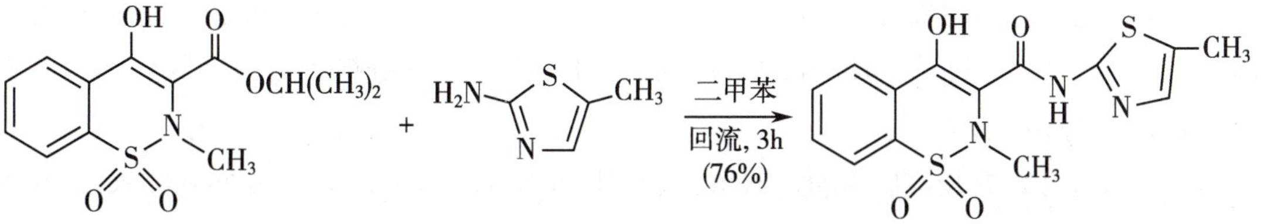

(meloxicam)

某些芳胺的氮原子也可以用羧酸酰化，如镇静催眠药氯硝西泮（clonazepam）的关键中间体是以苄氧羰基甘氨酸为酰化剂，DCC为催化剂，在二氯甲烷中对2-氨基-5-硝基-2-氯-联二苯酮进行 N-酰化制得。

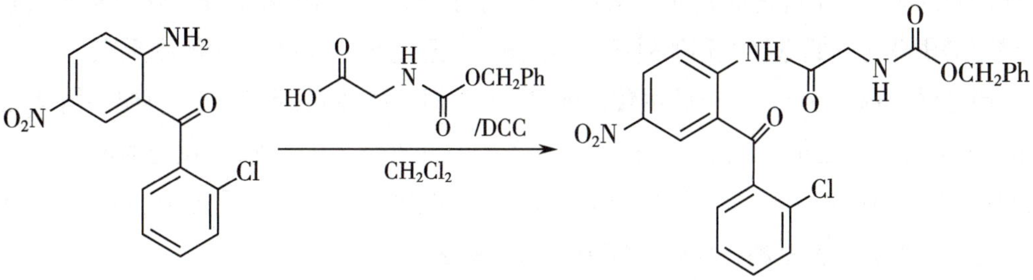

三、药物合成实例分析

对乙酰氨基酚（paracetamol）是一种经典的解热镇痛药，通过抑制环氧化酶，选择性抑制下丘脑体温调节中枢前列腺素的合成，导致外周血管扩张、出汗而达到解热的作用，其解热作用强度与阿司匹林相似；通过抑制前列腺素等的合成和释放，提高痛阈而起到镇痛作用，属于外周性镇痛药，作用较阿司匹林弱，仅对轻、中度疼痛有效。工业上对乙酰氨基酚的生产采用对氨基酚为原料、冰醋酸为酰化剂的芳胺 N-酰化反应；实验室中一般采用乙酸酐为酰化剂合成对乙酰氨基酚。

1. 反应式
（1）乙酸法

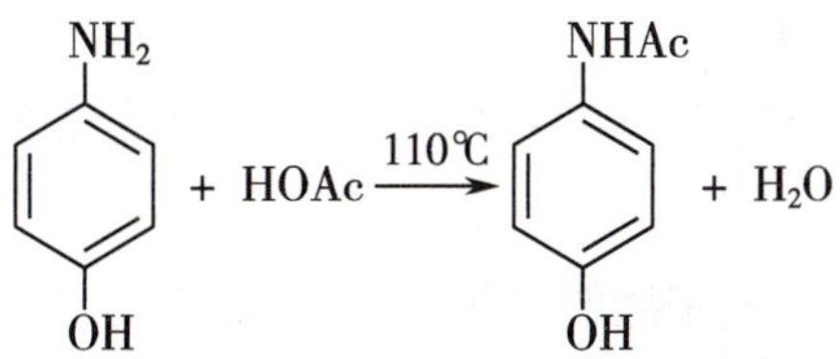

(paracetamol)

（2）乙酸酐法

(paracetamol)

2. 反应操作

（1）乙酸法：反应釜中加入 10.0g 对氨基酚和 15.0g 冰醋酸，升温至 110℃回流 1.5 小时，然后缓慢蒸出反应釜中剩余的稀乙酸和生成的水，直至反应温度升至 140℃，反应釜中加入 10.0g 水，冷却至室温有结晶析出，过滤，水洗，抽干得对乙酰氨基酚，白色结晶，得量约为 9.6g，收率约为 70%。

（2）乙酸酐法：在反应瓶中加入 10.0g 对氨基苯酚、0.8g 亚硫酸氢钠和 25.0ml 水，加热到 50℃；缓慢滴加 10.0ml 乙酸酐，加毕升温到 80℃，保温 30 分钟；冷却到室温，即有结晶析出；抽滤，水洗，抽干得对乙酰氨基酚粗品，以适量的水为溶剂重结晶得对乙酰氨基酚精品 11.7g，收率约为 86%。

3. 反应影响因素　该反应属于芳胺的 N- 酰化反应，同时对氨基酚的苯环上还有可被酰化的酚羟基，但由于羟基氧原子的亲核能力较氮原子弱，酰化时一般优先酰化氨基的氮原子，但也需要考虑酰化剂的选择性和加料顺序等因素，以避免酚羟基 O- 酰化的副反应。

采用乙酸为酰化剂时，原料成本较乙酸酐法低，但其活性差，且反应为可逆平衡反应，需要不断蒸出反应生成的水，反应时间亦较长；乙酸酐活性强，收率较高，反应时间短，但反应中须严格控制加料顺序和反应温度，以避免 O- 酰化的副反应发生。反应中加入少量的亚硫酸氢钠是防止原料对氨基酚在反应过程中氧化成苯醌。

第四节　碳原子的酰化反应

碳原子的酰化反应既有直接酰化又有间接酰化，直接酰化包括 Friedel-Crafts（酰化）反应、烯烃的 C- 酰化反应、羰基 α- 位的 C- 酰化反应；间接酰化包括 Hoesch 反应、Gattermann 反应、Vilsmeier-Haack 反应和 Reimer-Tiemann 反应等，碳酰化产物一般为酮类化合物。

一、芳烃的 C- 酰化反应

（一）Friedel-Crafts 反应

羧酸或羧酸衍生物在质子酸或 Lewis 酸的催化下，对芳烃进行亲电取代反应，生成芳基酮，此反应称为 Friedel-Crafts（酰化）反应。

1. 羧酸为酰化剂　羧酸在质子酸的催化下，对芳烃进行亲电取代反应生成芳酮，其反应机制的实质为芳香环上的亲电取代反应。

（1）反应通式及机制

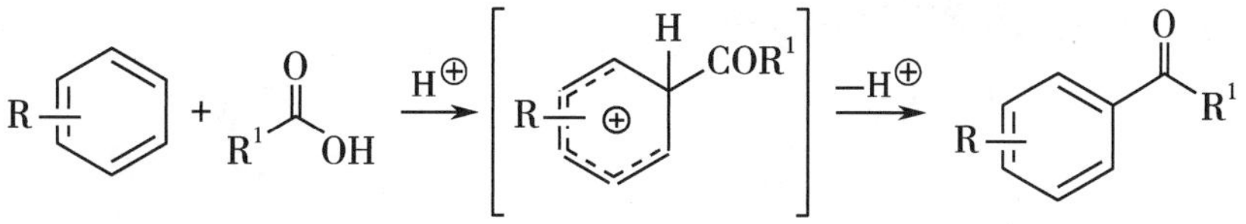

（2）反应影响因素及应用实例：反应中作为催化剂的质子酸有 HF、HCl、H$_2$SO$_4$、H$_3$BO$_3$、HClO$_4$、PPA 等无机酸以及 CF$_3$COOH、CH$_3$SO$_3$H、CF$_3$SO$_3$H 等有机酸。例如，肿瘤血管破坏剂瓦迪梅赞（vadimezan）的合成即为分子内的 Friedel-Crafts 酰化反应。

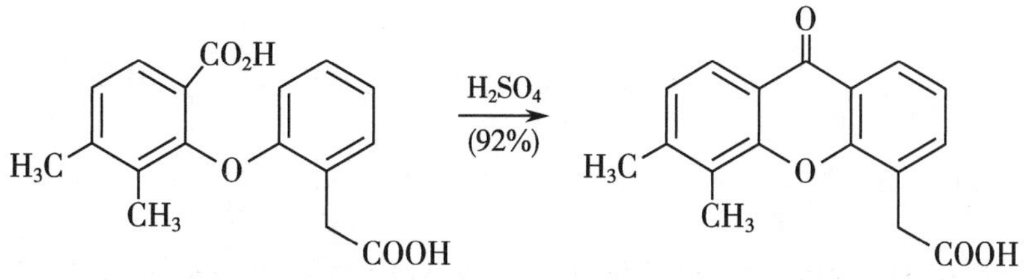

(vadimezan)

低沸点的芳烃进行 Friedel-Crafts 反应时，可以直接采用过量的芳烃作溶剂，常用的溶剂有二硫化碳、硝基苯、石油醚、二氯乙烷、三氯甲烷等。

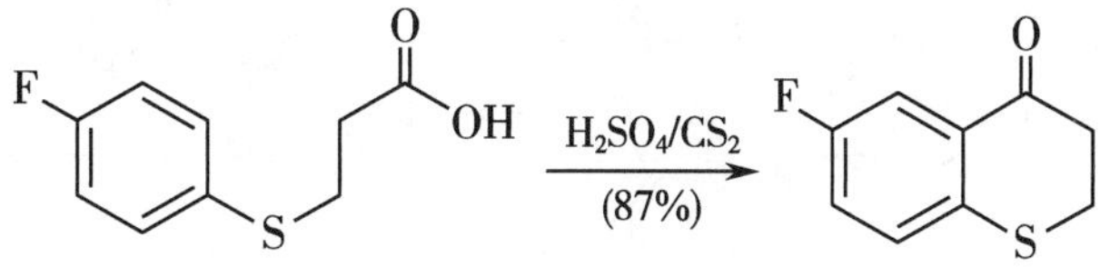

分子内的 Friedel-Crafts 反应较容易发生，例如镇吐药帕洛诺司琼（palonosetron）中间体的合成即为 PPA 催化下的分子内 Friedel-Crafts 酰化反应。

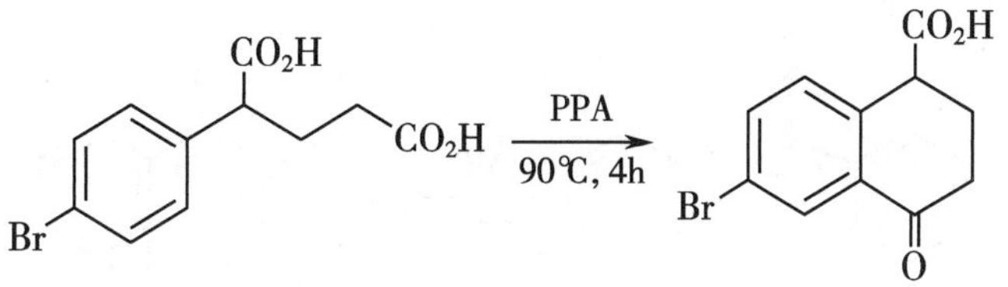

抗抑郁症药盐酸度硫平（dosulepin hydrochloride）中间体的合成亦为分子内的 Friedel-Crafts 酰化反应。

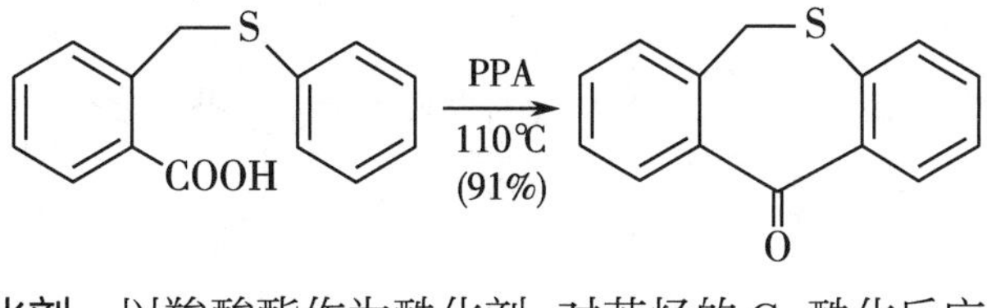

2. 羧酸酯为酰化剂　以羧酸酯作为酰化剂，对芳烃的 C- 酰化反应也是制备脂 - 芳酮的重要方法，反应中一般以 Lewis 酸为催化剂。

（1）反应通式及机制

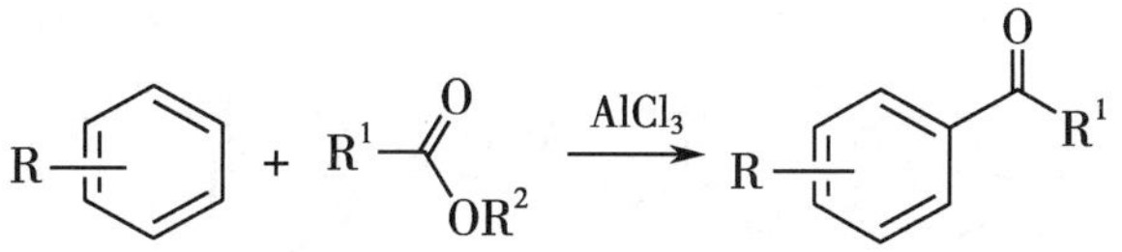

（2）反应影响因素及应用实例：羧酸酯作为酰化剂的芳烃 Friedel-Crafts 酰化反应，以分子内酰化较为普遍，用来制备环状化合物。

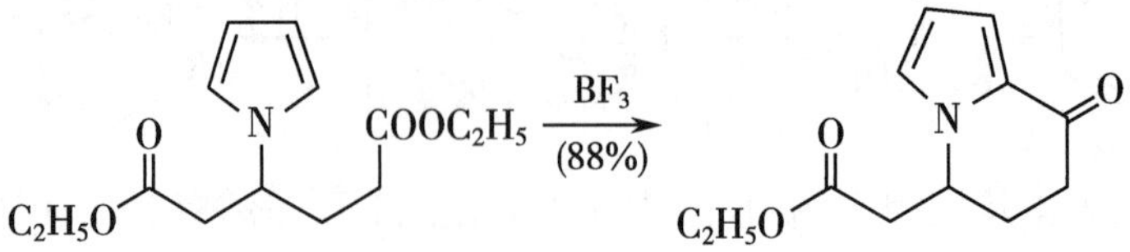

例如，在喹诺酮类抗菌药的基本母核苯并喹啉 -4- 酮 -3- 羧酸的合成过程中，一般均采用羧酸酯为酰化剂的分子内 Friedel-Crafts 酰化反应。

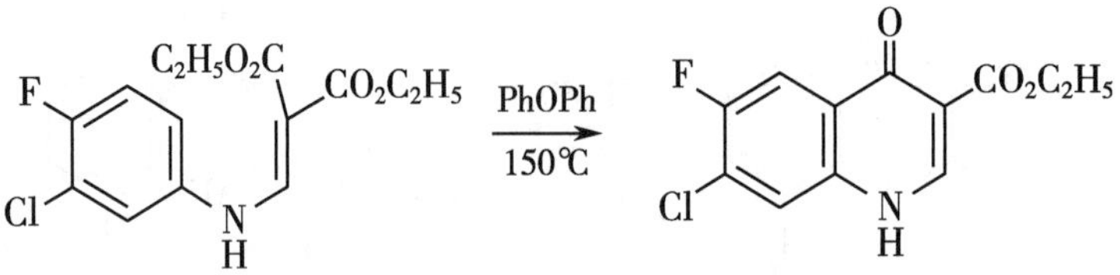

3. 酸酐为酰化剂　酸酐作为强酰化剂可与芳烃进行 Friedel-Crafts 酰化反应，酰化产物为芳基酮，反应中一般以 Lewis 酸作为催化剂。

（1）反应通式及机制

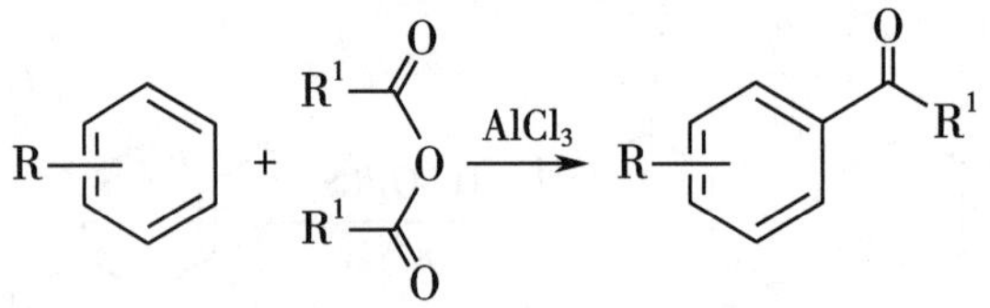

（2）反应影响因素及应用实例：以酸酐为酰化剂的 Friedel-Crafts 酰化反应，当以苯环为底物时一般多用 $AlCl_3$ 作催化剂；而富电子的芳杂环的活性较高，其酰化反应一般多以 BF_3 等较弱的 Lewis 酸作为催化剂。

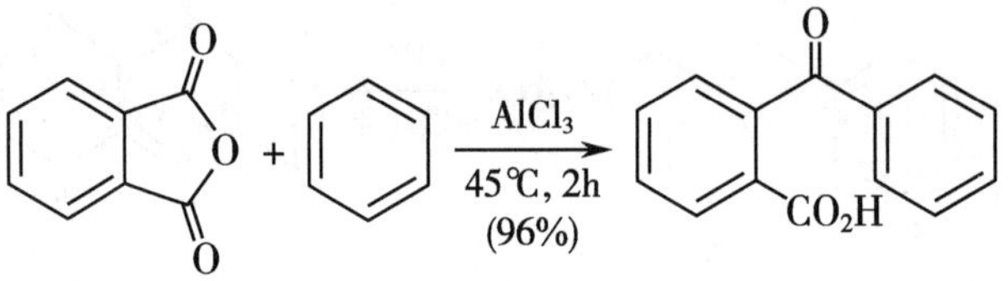

在醛糖还原酶抑制剂非达司他（fidarestat）中间体的制备过程中，采用马来酸酐为酰化剂、无水 $AlCl_3$ 为催化剂的反应，反应中苯环上的甲氧基同时发生脱烷基化反应。

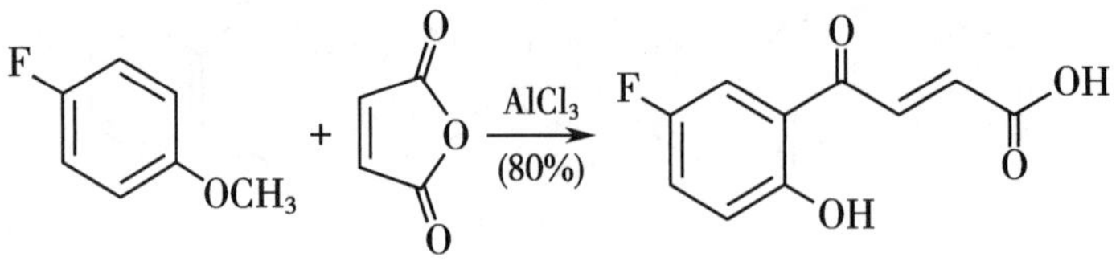

4. 酰氯为酰化剂　酰氯作为强酰化剂与芳烃间的 Friedel-Crafts 酰化反应最为常见，反应中需要加入 Lewis 酸作为催化剂。

（1）反应通式及机制

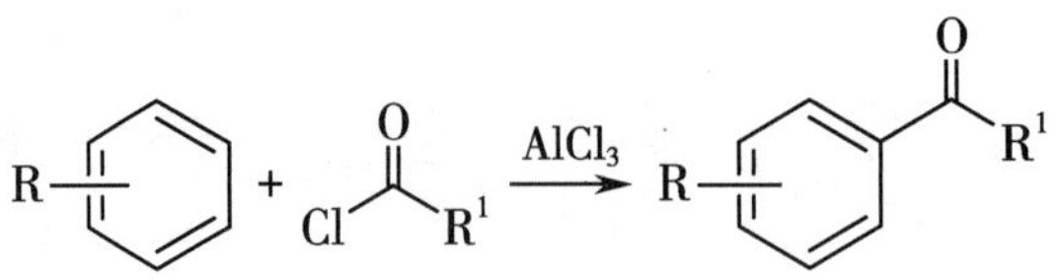

（2）反应影响因素及应用实例：常用的 Lewis 酸催化剂有（活性由大到小）$AlBr_3$、$AlCl_3$、$FeCl_3$、BF_3、$SnCl_4$、$ZnCl_2$，其中无水 $AlCl_3$ 及 $AlBr_3$ 最为常用，其价格便宜、活性高，但会产生大量的含铝盐废液。呋喃、噻吩、吡咯等容易分解破坏的芳杂环选用活性较小的 BF_3、$SnCl_4$ 等弱催化剂较为适宜。例如，抗过敏药氯雷他定（loratadine）中间体的制备，采用酰氯为酰化剂的分子内 Friedel-Crafts 酰化反应。

$AlCl_3$ 为催化剂时，有时会导致脱烷基化和烷基异构等副反应的发生。

低沸点的芳烃进行 Friedel-Crafts 反应时，可以直接采用过量的芳烃作溶剂。当不宜选用过量的反应组分作溶剂时，常用溶剂有二硫化碳、硝基苯、石油醚、二氯甲烷、三氯甲烷等，其中硝基苯与 $AlCl_3$ 可形成复合物，反应呈均相，极性强，应用较广。例如，降血糖药索格列净（sotagliflozin）中间体的制备采用二氯甲烷为溶剂的 Friedel-Crafts 酰化反应。

当芳环上带有邻、对位定位基（供电基）时，反应容易进行；反之亦然。因此，当芳环上有强吸电基或发生一次酰化后，一般难以通过 Friedel-Crafts 酰化反应引入第二个酰基，当环上同时存在强的供电子基时，可发生酰化反应。

（二）Hoesch 反应

腈类化合物与氯化氢在 Lewis 酸催化剂的存在下，与含有羟基或烷氧基的芳烃进行反应生成相应的酮亚胺（ketimine），再经水解得到芳香酮，此反应称为 Hoesch 反应。

1. 反应通式及机制

2. 反应影响因素及应用实例

该反应为芳香环上的亲电取代反应，所以被酰化物一般为间苯二酚、间苯三酚和其相应的醚类以及某些多电子的芳杂环等，一元酚、苯胺的产物通常是 O- 酰化产物或 N- 酰化产物，而得不到酮。某些电子云密度较高的芳稠环如 α- 萘酚，虽然是一元酚，也可发生 Hoesch 反应。烷基苯、氯苯、苯等芳烃一般可与强的卤代腈类（如 Cl₂CHCN、Cl₃CCN 等）发生 Hoesch 反应。

血管扩张药盐酸丁咯地尔（buflomedil hydrochloride）的合成采用 4-（1- 四氢吡咯烷基）丁腈与间三甲氧基苯的 Hoesch 反应。

(buflomedil hydrochloride)

作为酰化剂的脂肪族腈类化合物的活性强于芳腈,反应收率较高,而脂肪族腈的结构中腈的 α- 位带有卤素取代时则活性增加。

反应催化剂一般为无水 $ZnCl_2$、$AlCl_3$、$FeCl_3$ 等 Lewis 酸,当采用 BCl_3、BF_3 为催化剂时,一元酚则可得到邻位酰化产物。反应溶剂以无水乙醚为最好,冰醋酸、三氯甲烷 - 乙醚、丙酮、氯苯等也可以用作溶剂。

（三）Gattermann 反应

以氰化氢为酰化剂,以三氯化铝和氯化氢为催化剂与酚或酚醚进行甲酰化得到芳醛的反应称为 Gattermann 反应,其反应机制与 Hoesch 反应相似,可以看作是 Hoesch 反应的特例。

1. 反应通式及机制

$$HCN + HCl \xrightarrow{AlCl_3} H-\overset{Cl}{\underset{}{C}}=NH \xrightarrow{ArH/AlCl_3} ArCH=NH \xrightarrow{H_2O} ArCHO + NH_4Cl$$

2. 反应影响因素及应用实例

该反应中酰化剂氰化氢的活性较 Hoesch 反应强,所以芳环上有一个供电取代基时即可顺利发生反应,芳杂环也可以顺利反应。也可以用 $Zn(CN)_2$/HCl 代替毒性大的 HCN/HCl。

活性较低的芳环可以采用改良的 Gattermann 反应即 Gattermann-Koch 反应,反应中采用 CO/HCl/$AlCl_3$ 为酰化剂,在氯化亚铜的存在下反应,收率较高,为工业上制备芳醛的主要方法。

$$CO + HCl \xrightarrow{Cu_2Cl_2} HCOCl$$

$$R \xrightarrow[\text{AlCl}_3]{\text{HCOCl}} R-\text{芳环}-CHO$$

（四）Vilsmeier-Haack 反应

电子云密度较高的芳香化合物与二取代甲酰胺在三氯氧磷存在下，在芳环上引入甲酰基的反应称为 Vilsmeier-Haack 反应。

1. 反应通式及机制

$$ArH + \underset{\substack{\\ H}}{\overset{\substack{O\\ \|}}{C}}NR^1R^2 \xrightarrow{POCl_3} ArCHO + R^1-NH-R^2$$

(Vilsmeier reagent)

2. 反应影响因素及应用实例

该反应为芳环上的亲电取代反应，被酰化物一般为多环芳烃、酚(醚)、N,N- 二甲基苯胺以及吡咯、呋喃、噻吩、吲哚等多电子芳杂环。

除常用的 DMF 外，其他二取代的甲酰胺也可作为酰化剂，反应如果用其他酰胺代替 DMF，则产物为芳酮。

催化剂除常用的 $POCl_3$ 外，$COCl_2$、$SOCl_2$、$ZnCl_2$ 和 $(COCl)_2$ 等也有应用。

（五）Reimer-Tiemann 反应

苯酚和三氯甲烷在强碱性水溶液中加热,生成芳醛的反应称 Reimer-Tiemann 反应。

1. 反应通式及机制

2. 反应影响因素及应用实例

被酰化物一般包括酚类、N,N- 二取代的苯胺类和某些带有羟基取代的芳杂环类化合物,产物为羟基的邻、对位混合体,但邻位的比例较高。

虽然采用该反应制备羟基醛的收率不高(一般均低于 50%),但未反应的酚可以回收,且具有原料易得、方法简便等优势,因此有广泛的应用。

二、烯烃的 C- 酰化反应

酰氯为酰化剂的烯烃 C- 酰化反应可以看作是脂肪族碳原子的 Friedel-Crafts 酰化反应,产物为 α,β- 不饱和酮。

1. 反应通式及机制

$$\longrightarrow [\underset{\underset{Cl}{|}}{R^1CHCH_2COR}] \xrightarrow{-HCl} R^1CH=CHCOR$$

2. 反应影响因素及应用实例　反应一般以酰氯为酰化剂，在 AlCl₃ 等 Lewis 酸的催化下先与烯键加成得到 β- 氯代酮中间体，再消除一分子氯化氢得 C- 酰化产物，反应中酰氯对烯键的加成反应符合马氏规则。

除酰氯外，酸酐、羧酸（选用 HF、H₂SO₄、PPA 为催化剂）等也可以用作该反应的酰化剂。

三、羰基 α- 位的 C- 酰化反应

羰基化合物 α- 位的氢原子由于受相邻羰基的影响而显一定的酸性，较活泼，可与酰化剂发生 C- 酰化反应生成 1,3- 二羰基化合物。

（一）活性亚甲基 α- 位的 C- 酰化反应

1. 反应通式及机制

2. 反应影响因素及应用实例　活性亚甲基化合物包括丙二酸酯类、乙酰乙酸酯类、氰基乙酸酯类等。活性亚甲基化合物 α- 位的吸电能力越强，其氢原子酸性则越强，越容易发生反应，活性亚甲基化合物的酸性可以通过其 pKₐ 值来判定，pKₐ 值越小，酸性越强。常见的活性亚甲基化合物 pKₐ 值如表 4-1 所示。

表 4-1　常见的活性亚甲基化合物 pK_a 值

化合物	pK_a 值	化合物	pK_a 值
$CH_2(NO_2)_2$	4.0	$CH_2(CN)_2$	12.0
$CH_2(COCH_3)_2$	8.8	$CH_2(CO_2C_2H_5)_2$	13.3
CH_3NO_2	10.2	CH_3COCH_3	20.0
$CH_3COCH_2CO_2C_2H_5$	10.7	$CH_3CO_2C_2H_5$	25.5

酰化剂包括羧酸、酰氯和酸酐等羧酸衍生物。反应中一般多采用酰氯为酰化剂，羧酸在氰代磷酸二乙酯（diethyl phosphorocyanidate，DEPC）催化下也可用于该反应，且具有条件温和、收率高的优点。

X	Y	收率/%
CN	$CO_2C_2H_5$	93.4
H	NO_2	85.5
CN	CN	92.8

反应中作为催化剂的碱的选择与活性亚甲基化合物的活性有关，常见的碱有 RONa、NaH、$NaNH_2$、$NaCPh_3$、t-BuOK 等。活性亚甲基化合物的酸性越强，可以选择相对越弱的碱。

利用该反应可以获得其他方法不易制得的 β- 酮酸酯、1,3- 二酮、不对称酮等化合物。加替沙星（gatifloxacin）的中间体的合成即采用该方法。

抗肿瘤辅助治疗药尼替西农（nitisinone）采用 4- 三氟甲基 -2- 硝基苯甲酰氯为酰化剂，与1,3- 环己二酮在碱性条件下的 C- 酰化反应制得。

（nitisinone）

（二）Claisen 反应和 Dieckmann 反应

羧酸酯与另一分子具有 α- 活泼氢的酯进行缩合得到 β- 酮酸酯的反应称为 Claisen 反应，亦称 Claisen 缩合，Dieckmann 反应为发生在同一分子内的 Claisen 反应。

1. 反应通式及机制

2. 反应影响因素及应用实例　Claisen 反应过程为可逆平衡反应,当催化剂的用量在等摩尔以上时,可使产物全部转化为稳定的 β- 酮酸酯的钠盐,使反应平衡右移。

两种含 α- 活泼氢的酯进行缩合时,理论上应该有 4 种产物生成,缺乏实用价值。相同酯之间的 Claisen 反应产物单一,有实用价值。例如,利用乙酸乙酯的自身 Claisen 反应可以制备乙酰乙酸乙酯。

甲酸酯、苯甲酸酯、草酸酯及碳酸酯等不含 α- 活泼氢的酯与另外一分子的含 α- 活泼氢的酯进行 Claisen 反应时,通过适当控制反应条件可以得到单一的产物。

若两个酯羰基在同一分子内,可以发生分子内的 Claisen 反应,得到单一的环状 β- 酮酸酯,此反应也称为 Dieckmann 反应。

反应中碱的选择与酯羰基 α- 位的酸性强弱有关,常见的碱有醇钠、氨基钠、氢化钠和三苯甲基钠等。反应溶剂一般采用乙醚、四氢呋喃、乙二醇二甲醚、芳烃、煤油、DMSO 和 DMF 等非质子溶剂。另外,在反应中有一些常见的碱 / 溶剂的组合,如 RONa/ROH、NaNH$_2$/NH$_3$、NaNH$_2$/ 甲苯、NaH/ 甲苯、NaH/DMF、NaH/DMSO、Ph$_3$CNa/ 甲苯、(CH$_3$)$_3$COK/ 叔丁醇等。

（三）酮、腈 α- 位的 C- 酰化反应

与 Claisen 反应类似,酮羰基 α- 位和腈基 α- 位均可以与羧酸酯发生 C- 酰化反应,反应产物为 β- 二酮或 β- 羰基腈。

1. 反应通式及机制

2. 反应影响因素及应用实例 不对称酮进行反应时,一般情况下酮的 α- 位活性顺序为 $CH_3CO->RCH_2CO->R_2CHCO-$,即甲基酮优先被酰化。

酮与含 α- 活泼氢酯反应时,由于酮的 α- 活泼氢酸性较强,容易与碱作用形成碳负离子,所以反应趋于发生酮羰基 α- 位 C- 酰化反应。不含 α- 活泼氢的酯为酰化剂时,副产物少,产物较单纯。

腈类化合物与酮一样,其 α- 位也可以与酯发生 C- 酰化反应。

四、药物合成实例分析

曲匹布通(trepibutone)为一种肝胆疾病辅助用药,1981 年经美国食品药品管理局(FDA)批准上市,主要用于胆石症、胆囊炎、胆道运动障碍、胆囊切除术后综合征及慢性胰腺炎等,2016 年又批准增加了用于治疗与慢性胰腺炎相关的疼痛和胃肠症状等适应证。曲匹布通的合成以 1,2,4- 三乙氧基苯为原料,1,4- 丁二酸酐为酰化剂,三氯化铝为催化剂,在二氯乙烷中经 Friedel-Crafts 酰化反应制得。

1. 反应式

2. 反应操作

在反应釜中依次加入 1,2,4- 三乙氧基苯 100.0g、丁酸酐 100.0g、二氯乙烷 500.0ml，搅拌回流状态下加入无水三氯化铝 150.0g，加毕继续回流反应 2 小时，反应物中加入 500.0g 冰水并充分搅拌，溶解静置分层，分出有机层，经干燥后减压浓缩，待残余物固化后得曲匹布通粗品，将其以乙醇 - 水（1:1）为溶剂重结晶，得曲匹布通精品 126.0g，性状为浅黄色结晶，收率约 85.7%。

3. 反应影响因素

该反应为 Friedel-Crafts 酰基化反应，除酸酐外也可采用酰氯酰化剂，但就本反应而言，其相应酰氯的来源和稳定性远不如使用 1,4- 丁二酸酐方便。催化剂除了无水三氯化铝外还可选用其他 Lewis 酸，三氯化铝催化能力强且价格便宜，缺点是性质不稳定易吸潮、后处理操作复杂、无法回收、对环境造成一定的污染等。

第五节 选择性酰化与基团保护

在某些化合物的结构中存在着两个或两个以上可酰化的部位（基团），如果需要酰化其中的部分基团，一般可采取两种方式：①利用基团间立体位阻或电子效应的差别，通过选择合适的酰化剂进行选择性酰化；②采用基团保护策略，将其中的部分基团先行保护起来，再进行酰化反应。本节将通过一些具体的应用实例讨论这两种策略的应用。

一、选择性酰化反应

选择性酰化系指在多个相同基团或不同基团间进行选择性酰化，之所以能产生选择性是由于这些基团间存在着立体环境或电子效应方面的差异，因此与合适的酰化剂（亲电试剂）反应时表现出不同的反应活性。

（一）利用立体因素进行选择性酰化

下例甾体化合物中同时存在着 C-11α—OH、C-17α—OH 和 C-21—OH，其中 C-21—OH 为伯醇羟基，立体位阻最小，因此当选择较温和的 HOAc/Ba(OAc)$_2$ 为酰化剂时，主要为 C-21—OH 乙酰化的产物。

下例是 2- 羟基 -4- 氨基苯乙酮的酰化反应,由于 C-2—OH 可与相邻的羰基形成分子内氢键,使该羟基受到屏蔽,因此,选用 Ac₂O/NaOAc 在室温下酰化时主要得到 C-4—NH₂ 的乙酰化产物。

(二)利用电子效应进行选择性酰化

同一分子中若同时存在氨基、羟基时,由于羟基氧原子的亲核能力较氨基的氮原子弱,酰化时一般优先酰化氨基的氮原子。

下例中苯环的 2- 位氨基由于受吸电子的磺酸基影响,其电子云密度较 5- 位氨基更低,所以酰化反应主要发生在 5- 位的氨基上。

酰胺的氮原子受到吸电羰基的影响,其电子云密度较低,一般不容易发生酰化反应。

反应温度也会影响酰化的选择性,在下例中,相同的酰化剂,在低温下反应以酚羟基的 O- 酰化产物为主;如在室温下反应则会得到 O- 酰化和 C- 酰化的混合物。

分子中同时有酚羟基和醇羟基时,醇羟基的亲核性大于酚羟基,一般情况下醇羟基优先酰化。

当以 3- 乙酰 -1,5,5- 三甲基乙内酰脲(Ac-TMH)为酰化剂时则正好得到相反的结果,主要为酚羟基的酰化产物,具体实例见本章第二节的相关内容。

二、酰化反应在基团保护中的应用

基团保护是指将分子结构中的一些暂时不需发生反应的活性基团(如羟基、氨基、巯基、羰基、羧基和活泼 C—H 键等)加以"屏蔽",使之不受后续反应的影响,待反应结束后再恢复原来的基团。在本节主要讨论酰化反应在羟基、氨基保护中的应用。

(一)羟基的保护

由于酯结构具有一定的稳定性,且容易制备,因此可以通过将其转化成适当的羧酸酯的方法加以保护,待反应结束再通过水解的方式恢复原来的羟基。常见的酯有甲酸酯、碳酸酯、乙酸酯、α- 卤代乙酸酯、苯甲酸酯、特(新)戊酸酯等。脱去该类保护基的方法一般包括在氢氧化钠、碳酸钾等无机碱或氨水、有机胺、醇钠等水溶液或醇溶液中进行水解。

下例甾体化合物的反应中,由于 C-3α 羟基位阻最小,采用氯甲酸乙酯可选择性地保护该羟基。

胸腺嘧啶核苷的 5′- 位伯醇羟基活性较大,可以用特戊酰氯 - 吡啶选择性地保护。

10-去乙酰基巴卡亭Ⅲ（10-deacetylbaccatin Ⅲ）是一种天然提取物，可作为抗肿瘤药紫杉醇（paclitaxel）的半合成原料，其结构中 4 个游离羟基的活性顺序是 C-7—OH>C-10—OH>C-13—OH>C-1—OH，选择适当的酰化条件可选择性地保护 C-7—OH 和 C-10—OH。

（二）氨基的保护

将胺转变成单酰胺是一个较为简便且应用广泛的保护氨基的有效方法，在氨基酸、肽类、核苷和生物碱等活性化合物的合成中氨基的保护尤为普遍。通常作为氨基保护基的 N- 酰胺包括甲酰胺、乙酰胺、α- 卤代乙酰胺、苯甲酰胺和烃氧基甲酰胺等。脱去这些保护基的传统方法是通过在强酸性或碱性溶液中加热来实现保护基的脱除。一些对强酸、强碱较敏感的化合物不宜采用这种方法脱保护，近年来发现了一些诸如肼解法、还原法、氧化法等较为温和的脱保护基方法。

甲酸、甲乙酸酐、甲酸乙酯和原甲酸三乙酯都是常用的用于保护氨基的甲酰化试剂，甲酰基可用传统的酸或碱水解的方法方便地除去，也可采用 H_2O_2 氧化法将甲酰基转化成 CO_2 而去除。

乙酰胺较甲酰胺更为稳定，也是常见的氨基保护基，如采用丙二酸二乙酯法制备 α- 氨基酸的反应中，采用乙酰基作为氨基的保护基。

α- 单卤代乙酰胺也是一个常用的氨基保护基,它较乙酰基更容易水解脱除,也可在硫脲中方便地脱去,脱除条件较为温和,适用于肽类等化合物的制备。邻苯二胺也有这种"助脱"作用,在碱性环境中方便地脱去 α- 单卤代乙酰基。

氨基的烃氧基甲酰化是近年来发展起来的一类重要的氨基保护方法,特别是在肽类、半合成抗生素类药物的合成中广泛使用,具有上保护基的反应收率高、产物的稳定性好、脱保护基的反应条件温和等优势。常用的烃氧基甲酰化试剂有氯甲酸甲酯(乙酯)、氯甲酸苄酯(CbzCl)、二碳酸二叔丁酯[(t-Boc)$_2$O]和氯甲酸 -9- 芴甲酯(Fmoc-Cl)。

二碳酸二叔丁酯反应活性高,能与氨基酸或肽盐迅速反应,生成高收率的叔丁氧羰基保护的产物,且比较稳定,对各类亲核试剂稳定,对于氨解、碱分解、肼解条件等比较稳定。脱除保护基可以在盐酸或三氟乙酸中进行,室温下即可完成脱保护。

通过将氨基转化为 9- 芴甲氧甲酰胺来保护氨基也是重要的氨基保护方法,特点是对酸稳定,其脱除反应一般选用吡啶、吗啉或哌嗪等较温和的条件分解脱除。常用的 9- 芴甲氧甲酰化制剂有氯甲酸 -9- 芴甲酯(Fmoc-Cl)、9- 芴甲基琥珀酰亚氨基碳酸酯(Fmoc-OSu)等。

第六节　酰化反应的新进展

随着有机合成技术、有机新材料和有机催化等领域的飞速发展,酰化反应中不断涌现出许多新的酰化剂、催化剂和酰化方法。这些应用新试剂或新技术的酰化反应与传统的酰化反应相比具有反应收率高、选择性好、节能环保等优点,是对经典酰化反应的有益补充。

一、Friedel-Crafts 酰基化反应的新进展

Friedel-Crafts 酰基化反应在精细化学品和药物(中间体)的工业生产过程中应用非常广泛。经典的 Friedel-Crafts 酰基化催化剂主要是 Lewis 酸催化剂,其中卤化铝(如 AlCl₃)是芳香化合物 Friedel-Crafts 酰基化的最有效催化剂,Lewis 酸类传统催化剂虽然活性高、选择性好,但其有诸多缺点,如催化剂单耗过大、后处理操作复杂、无法循环利用、对环境造成严重污染等,这些因素严重阻碍了该反应的工业化应用。近年来,众多新型 Friedel-Crafts 酰基化反应催化剂,如沸石分子筛、离子液体催化剂、负载型催化剂、固体超强酸、杂多酸、金属 - 有机框架材料等被应用到 Friedel-Crafts 酰基化反应中,并取得了良好效果,使得 Friedel-Crafts 酰基化反应这一经典的合成反应焕发了新的活力,也对绿色经济可持续的工业化生产具有推动作用。

1. 沸石分子筛催化　沸石分子筛是一类硅铝酸盐,具有孔道分布均匀、选择性好、易与产物分离、良好的再生性以及对环境友好等优点。沸石已经成为 Friedel-Crafts 反应催化剂的研究重点,成功用于酰基化反应。

(95%)　　　　(5%)

2. 离子液体催化　离子液体,即在室温或室温附近温度(<100℃)下呈液态、完全由离子构成的物质,离子液体具有以下优点:①稳定、不易燃、不挥发;②溶解度大、溶解范围广;③无色无味、没有显著的蒸气压、对环境友好、符合绿色环保要求。其在 Friedel-Crafts 反应中的广泛应用符合绿色化学的要求,是近年来 Friedel-Crafts 反应的发展趋势之一。在下述 Friedel-Crafts 酰化反应中应用咪唑类离子液体催化,在温和的条件下使反应达到了高收率和高选择性。

(92%)　　　(96%)　　　(4%)

$$[Gmin]Cl = \text{H}_2\text{N}\overset{\displaystyle O}{\underset{}{\text{C}}}\text{N} \cdots \overset{+}{\text{N}}\text{—CH}_3 \quad Cl^{\ominus}$$

3. 超声辅助下的 Friedel-Crafts 酰基化反应 超声波作为一种新的能量形式，用于化学反应不仅使很多以往不能进行或难以进行的反应得以顺利进行，而且它作为一种方便、迅速、有效、安全的合成技术大大优越于传统的搅拌和外加热方法。例如，在超声波催化下，以负载三氟甲基磺酸锌的聚醚砜微胶囊（polyethersulfone–microcapsule, PES-MC）为催化剂，利用超声波对催化剂的可控释放和其空化作用（cavitational effect），实现了二苯醚与乙酰溴 Friedel-Crafts 酰基化反应的高收率、高选择性，反应可在温和条件下短时间内完成，催化剂可循环使用多次。

4. 杂多酸催化 杂多酸（heteropolyacid, HPA）是一类由氧原子桥联金属原子所形成的多核高分子化合物，具有强酸性、氧化性以及"假液相"特性。如果将杂多酸固载到各种多孔载体上，如二氧化硅、二氧化钛、活性炭以及分子筛等，固载后的杂多酸不仅具有良好的热稳定性，还可以增加杂多酸的比表面积，提高其催化活性且可以回收套用。将其应用于 Friedel-Crafts 酰基化反应，由于杂多酸具有极强的酸性，使酰化剂羧酸或酸酐更容易质子化，因而，杂多酸固载型催化剂对酰基化试剂为酸或酸酐的 Friedel-Crafts 酰基化反应具有极好的催化性。例如，苯甲醚和正己酸的 Friedel-Crafts 酰基化反应，采用以分子筛固载化的磷钨酸为催化剂，反应选择性可达 100%，收率达 89%。

二、胺的 *N*- 甲酰化反应新进展

胺的 *N*- 甲酰化反应产物为甲酰胺，是一类极为重要的化工中间体，也是重要的药效团。例如，亚叶酸、福莫特罗和奥利司他等多种药物的结构中均含有相应的甲酰胺官能团。近年来，通过胺类 *N*- 甲基化直接获得甲酰胺的反应因其具有高原子经济性，已经引起人们广泛的关注。甲醇、甲酸、甲醛、一氧化碳或二氧化碳作为甲酰化试剂在各类 *N*- 甲酰化中广泛使用。

1. 甲醇为碳源的 *N*- 甲酰化反应 甲醇作为最基本的化学物质之一，可以从再生资源（物质）和大气中的二氧化碳中获得，也是一种理想的绿色化学试剂，它可以转化成甲醛、乙酸和烯烃等，也是重要的甲酰化试剂。近年来，有多项研究工作利用甲醇为甲酰化试剂，在金属配合物类脱氢催化剂存在下，直接发生 *N*- 甲酰化反应，虽然在此类反应中也使用了催化量的贵重金属催化剂，但反应具有较好的原子经济性和环境安全性，因此仍具有较强的实用性。

$$+ CH_3OH \xrightarrow[\substack{110℃,12h \\ (86\%)}]{(iPr-PN^HP)Mn(H)(CO)_2} + 2H_2$$

$(iPr-PN^HP)Mn(H)(CO)_2=$

2. 甲酸为碳源的 *N*- 甲酰化反应 以甲酸为 *N*- 甲酰化试剂, 直接 *N*- 甲酰化胺是合成甲酰胺最简便、经济和有效的方法之一。研究表明, 多种过渡金属及其盐、金属氧化物、金属纳米配合物等能够有效催化胺的 *N*- 甲酰化反应, 反应收率好, 可在无溶剂条件下进行, 一些反应的催化剂具有无毒、可重复使用、易于操作等特点, 符合绿色化学的工艺要求。

$$R\!-\!\!\!\!\bigcirc\!\!\!\!-NH_2 + HCOOH \xrightarrow[\substack{无溶剂, 70℃, 0.5\sim3h \\ (87\sim96\%)}]{Zn\ (10mmol\%)} R\!-\!\!\!\!\bigcirc\!\!\!\!-NHCHO$$

(R=4-OCH₃, 4-Cl, 4-Ac)

多种金属纳米粒子作催化剂, 可以在室温和无溶剂条件下有效地催化胺的 *N*- 甲酰化反应。

$$R\!-\!\!\!\!\bigcirc\!\!\!\!-NH_2 + HCOOH \xrightarrow[\substack{60℃ \\ (84\sim91\%)}]{纳米\ ZnO\ (10mmol\%)} R\!-\!\!\!\!\bigcirc\!\!\!\!-NHCHO$$

(R=H, 3-Cl, 3-NO₂, 4-COOH, 4-Br, 4-OH)

3. CO 为碳源的 *N*- 甲酰化反应 以 CO 为一个碳单元对胺进行 *N*- 甲酰化反应, 可实现反应物中每个原子都保留在产物中, 具有最好的原子经济性。因此, CO 是最有效的 *N*- 甲酰化试剂。一些无机碱和过金属、金属氧化物、纳米金属配合物等能够有效地催化胺的 *N*- 甲酰化反应。例如, CO 在一种高效、高选择性的双金属 $Pd_{0.88}Co_{0.12}$ 纳米颗粒催化剂存在下直接进行 *N*- 甲酰化, 在温和的反应条件下高收率获得甲酰胺。

$$R\!-\!\!\!\!\bigcirc\!\!\!\!-NH_2 + CO \xrightarrow[\substack{EtONa,\ i\text{-}PrOH,\ 60℃ \\ (60\%\sim96\%)}]{纳米Pd_{0.88}Co_{0.12}} R\!-\!\!\!\!\bigcirc\!\!\!\!-NHCHO$$

(R=H, CH₃, CH₃O, F, CN, CF₃, COCH₃)

4. CO₂ 为碳源的 *N*- 甲酰化反应 CO_2 是产生温室效应的主要物质, 因此通过开发有效的技术和方法来降低大气中的 CO_2 水平十分必要。由于 CO_2 是无毒、无味、来源丰富且可再生的一个碳原子的构建模块, 是易于获得且对环境无害的原料, 从绿色和可持续化学的角度来看, 将 CO_2 转化为可增值的重要化学品具有巨大的经济效益和社会效益。近年来, 有多项研究涉及在金属配合物催化剂和还原剂存在下, CO_2 作为甲基化试剂用于各种胺的 *N*- 甲酰化制备甲酰胺衍生物，反应具有高选择性、高收率和高原子经济性，催化剂可循环利用。

另有研究报道，该反应也可以采用 ZnO-TBAB 的催化体系，反应原料来源更为便捷。

一、简答题

1. DCC 和 DEAD 均为 O- 酰化反应中良好的催化剂，但两者的使用特点有所不同，简述两者催化作用的特点。

2. 由草酸和乙醇制备草酸二乙酯的反应中，提高收率的方法有哪些？

3. 2- 苯基丙二酸二乙酯是合成镇静催眠药苯巴比妥的重要中间体，列举出 3 种采用 C- 酰化反应制备该中间体的方法。

4. 下述是用来制备"苯佐卡因"中间体对硝基苯甲酸乙酯的反应，针对这一反应，某同学设计了如下实验方案：①选择 50～100℃ 的范围考察反应温度对反应的影响；②选择 2～10 小时的范围考察反应时间对反应的影响；③反应结束后进行常压蒸馏回收得到无水乙醇并将其套用到下批投料；④加入 50% 氢氧化钠溶液中和未反应的对硝基苯甲酸。上述实验方案是否合理？为什么？

$$O_2N-\!\!\!\!\bigcirc\!\!\!\!-COOH \ + \ C_2H_5OH \ \underset{\text{加热}}{\overset{H_2SO_4}{\rightleftharpoons}} \ O_2N-\!\!\!\!\bigcirc\!\!\!\!-COOC_2H_5 \ + \ H_2O$$

二、完成下列合成反应

1.

2.

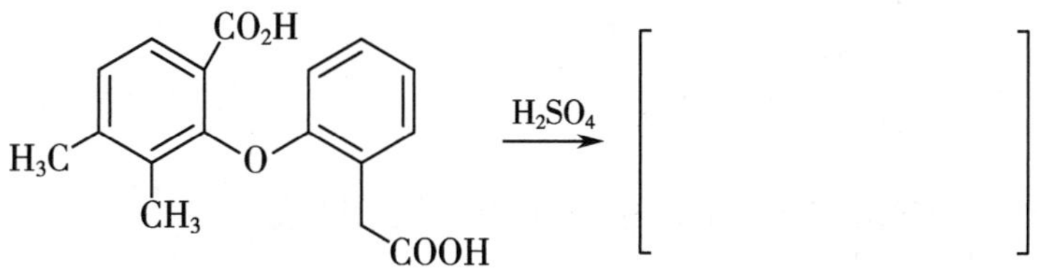

$\xrightarrow{H_2SO_4}$

3.

$+$ $\xrightarrow{Py}$

4.

$\xrightarrow{BF_3/Et_2O}$

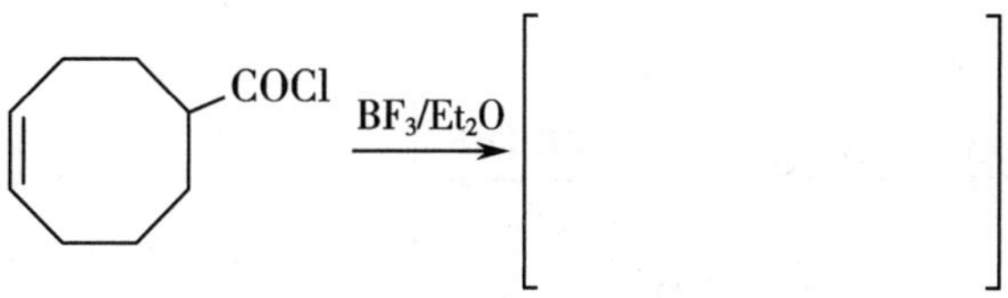

5.

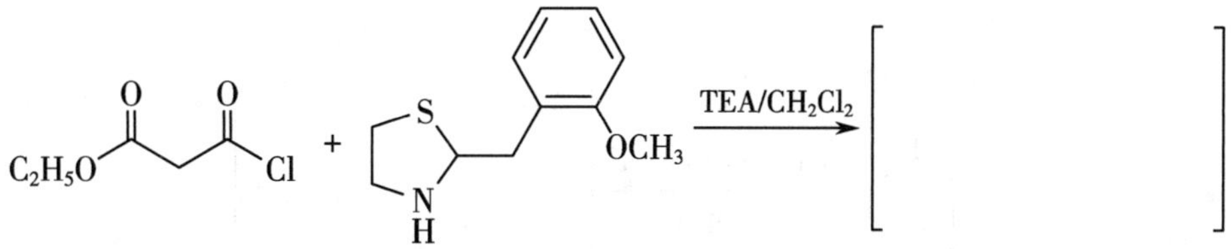

C_2H_5O Cl $+$ $\xrightarrow{TEA/CH_2Cl_2}$

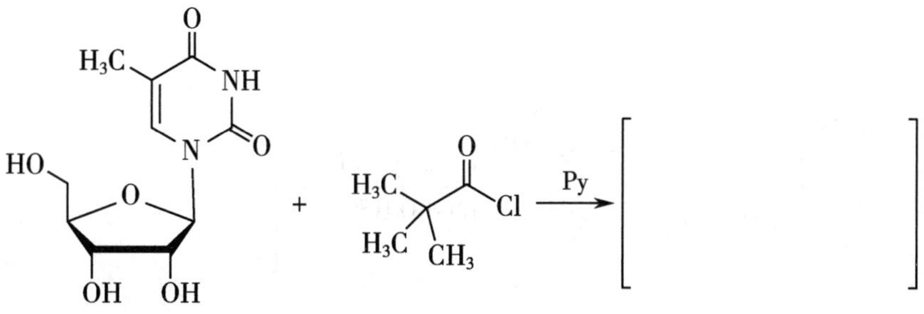

6.

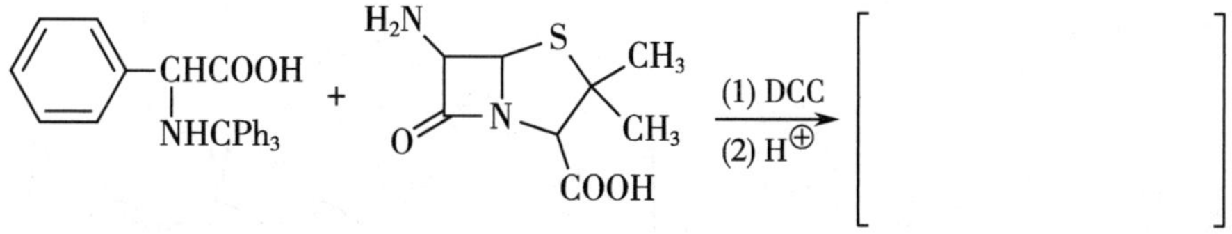

$+$ $\xrightarrow[(2)\ H^{\oplus}]{(1)\ DCC}$

7.

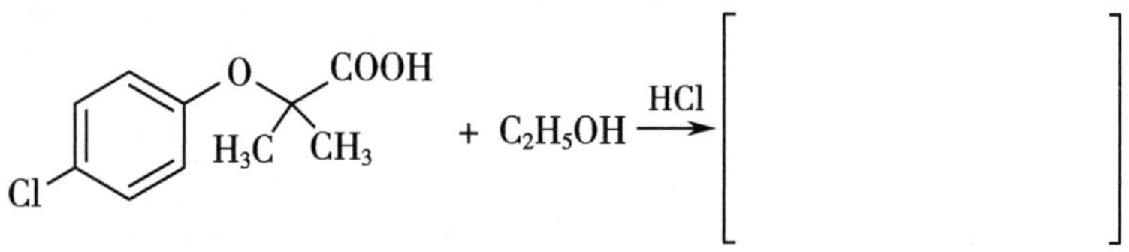

$+\ C_2H_5OH \xrightarrow{HCl}$

8.

$+\ CH_3COCl \xrightarrow[5℃]{AlCl_3/CS_2}$

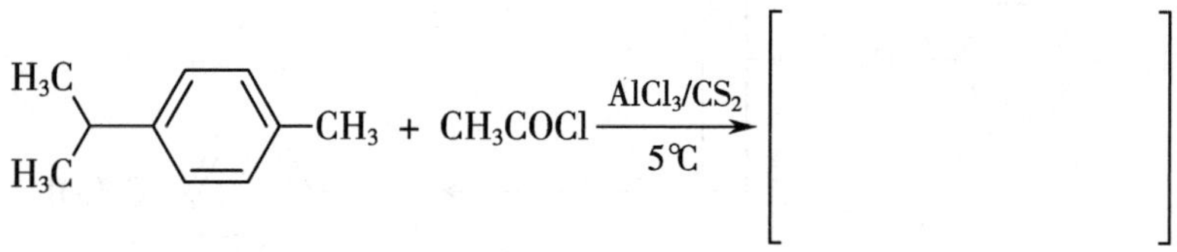

9.

$$\xrightarrow{\text{CH}_3\text{ONa/CH}_3\text{OH}}$$

10.

$$\xrightarrow[\text{(2) H}_2\text{O/H}^{\oplus}]{\text{(1) ZnCl}_2/(\text{C}_2\text{H}_5)_2\text{O}}$$

11.

$$\xrightarrow[\text{回流}]{\text{CDI/THF}}$$

12.

$$\xrightarrow[\text{室温}]{\text{Ac}_2\text{O/AcONa}}$$

13.

14.

15.

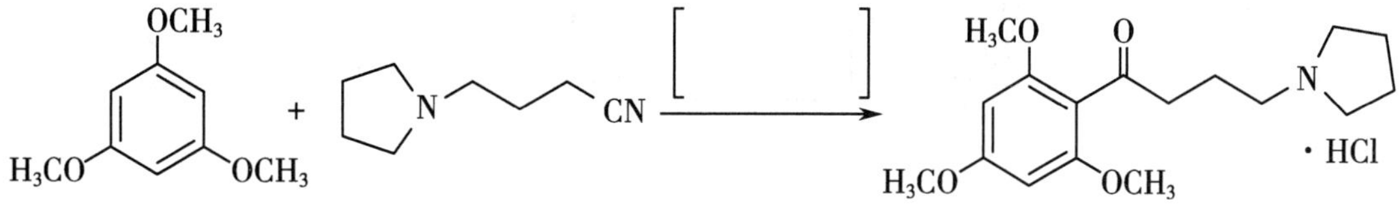

OCH_3 + N—$CH_2CH_2CH_2$—CN [ ] → H_3CO ... O ... N · HCl
H_3CO OCH_3 H_3CO OCH_3

16.

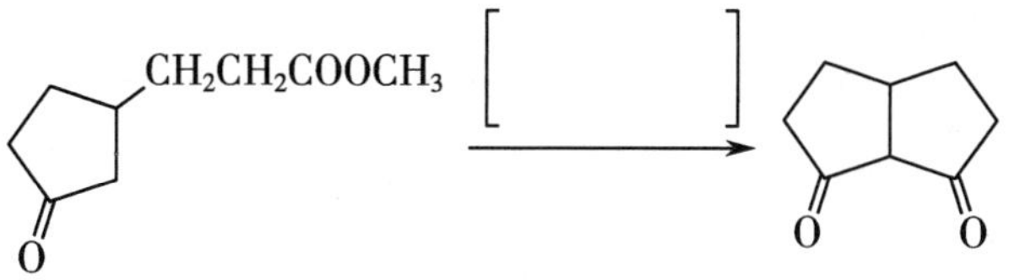

$CH_2CH_2COOCH_3$ [ ] →

O O O

17.

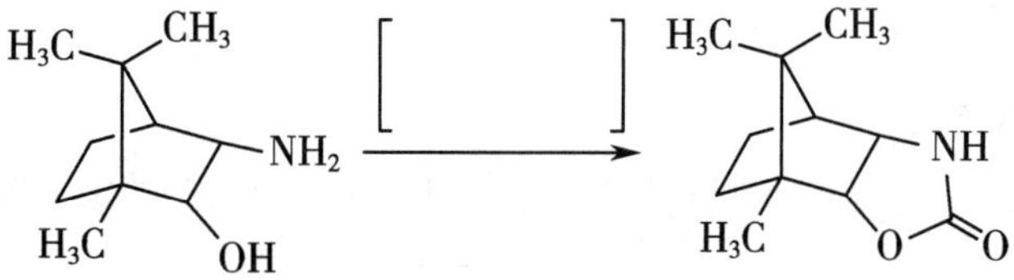

H_3C CH_3 —NH_2 OH [ ] → H_3C CH_3 NH O O
H_3C H_3C

18.

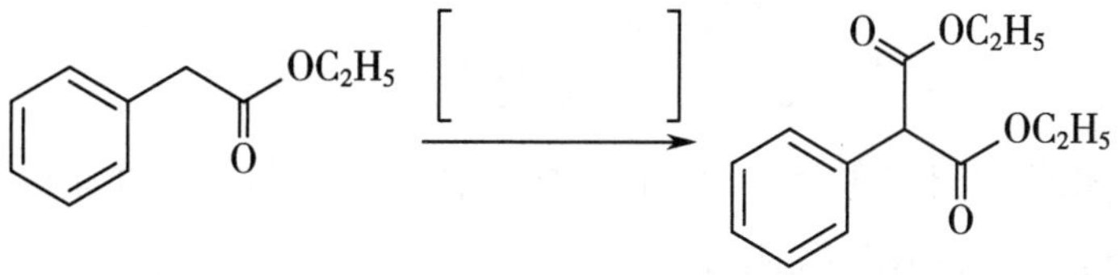

OC_2H_5 O [ ] → O OC_2H_5 OC_2H_5 O

19.

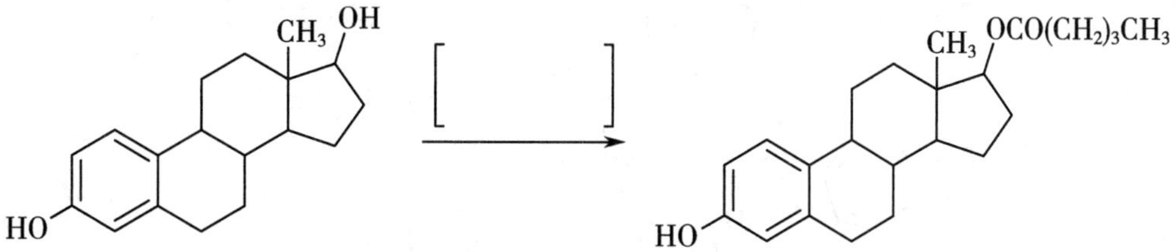

CH_3 OH [ ] → CH_3 $OCO(CH_2)_3CH_3$
HO HO

20.

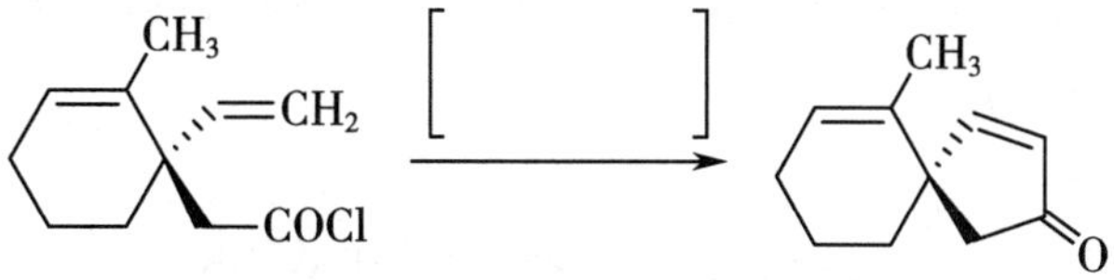

CH_3 =CH_2 COCl [ ] → CH_3 O

21.

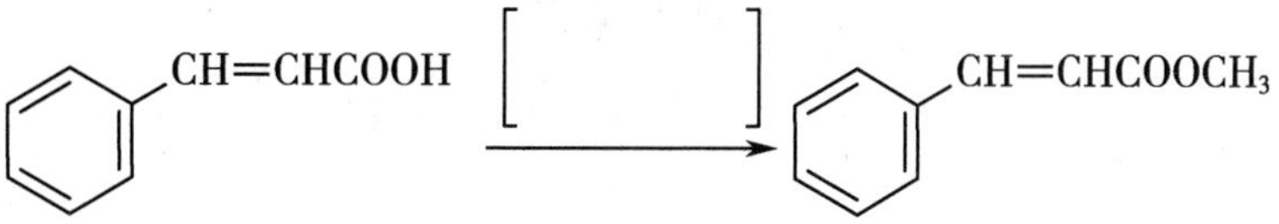

CH=CHCOOH [ ] → CH=CHCOOCH$_3$

22.

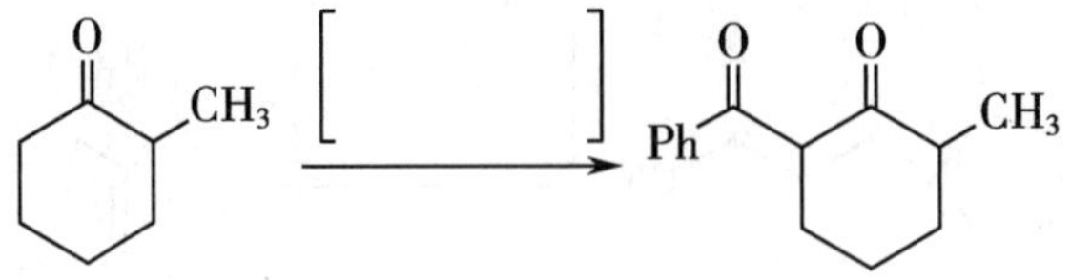

23.

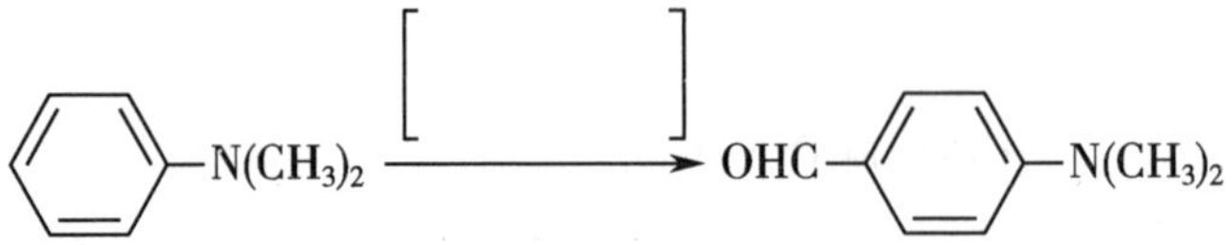

24.

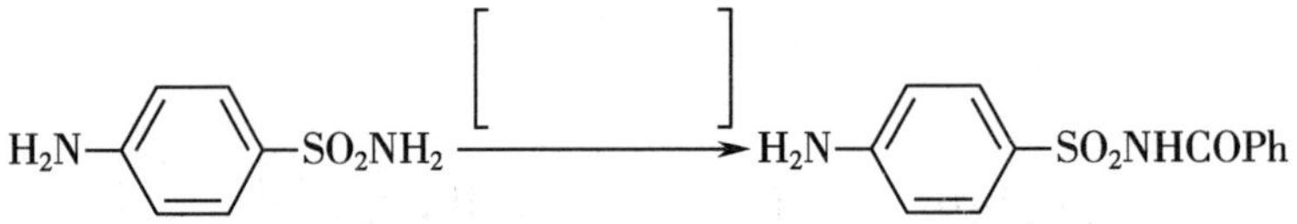

三、药物合成路线设计

1. 根据所学知识，以水杨酸和对氨基酚等为主要原料，合成解热镇痛药贝诺酯（benorilate）。

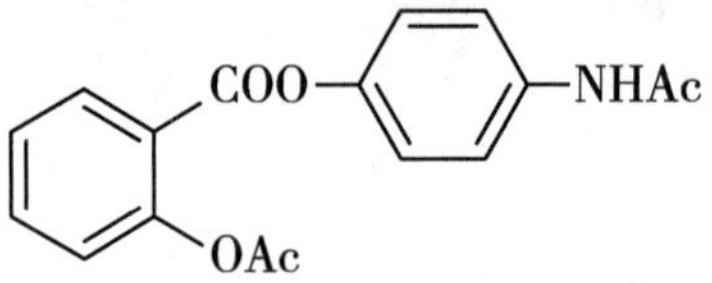

贝诺酯

2. 根据所学知识，以苯并呋喃、丁酸酐、对甲氧基苯甲酸等为主要原料，合成抗心律失常药盐酸胺碘酮（amiodarone hydrochloride）。

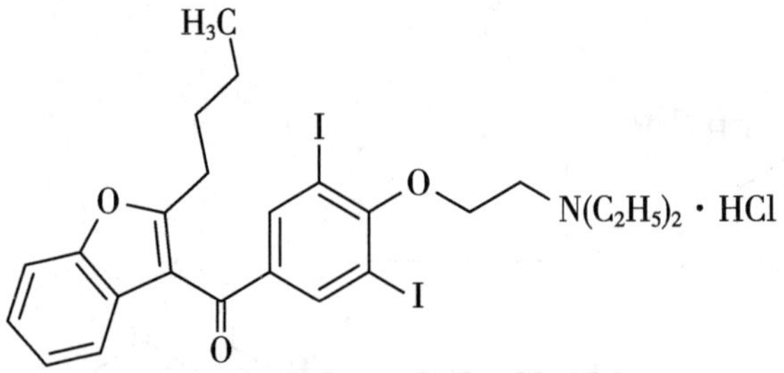

(amiodarone hydrochloride)

盐酸胺碘酮

3. 根据所学知识，以水杨酸、乙酸酐、乙酰氯、N-叔丁基苄胺为主要原料，合成 β₂ 受体激动剂沙丁胺醇（salbutamol）。

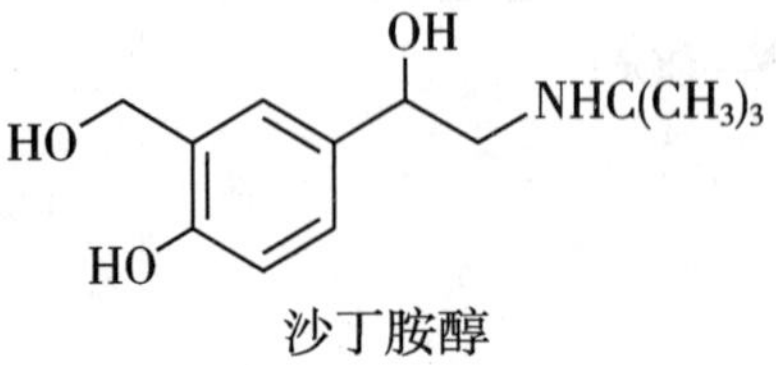

沙丁胺醇

（郭　春）

第五章　缩合反应

【本章要点】

掌握　缩合反应的机制，即亲核加成-消除反应：Claisen-Schmidt 反应、Knoevenagel 反应、Wittig 反应、Reformatsky 反应、Perkin 反应、Stobbe 反应等；亲核加成反应：Michael 反应；亲电取代反应：Blanc 反应、Mannich 反应等。

熟悉　亲核试剂除了具有活性氢的化合物（如含 α-H 的醛或酮、活性亚甲基化合物、脂肪酸酐、丁二酸酯等）外，还有 α-卤代酸酯、Wittig 试剂等。

了解　缩合反应的新试剂、新方法，如 Suzuki 偶联反应、Grubbs 反应、Hantzsch 反应等。

缩合反应（condensation reaction）是指两个或多个有机化合物分子通过反应形成一个新的较大分子的反应，或同一个分子发生分子内反应形成新的分子。反应过程中，一般同时脱去一些简单的小分子（如水、醇或氯化氢等），也有些是加成缩合，不脱去任何小分子。就化学键而言，通过缩合反应可以建立碳-碳键及碳-杂键，本章主要讨论生成碳-碳键的缩合反应。

缩合反应在药物合成中应用十分广泛，是一个增长碳链、形成分子骨架的重要反应类型，也是药物及药物中间体合成的重要手段。例如，抗抑郁药帕罗西汀（paroxetine）的制备即包括了 Prins 反应等缩合反应。

第一节　概述

一、反应分类

按反应历程和参与反应的分子不同，可将缩合反应分为以下几类：羟醛缩合反应；形成碳-碳双键的缩合反应；氨烷基化、卤烷基化、羟烷基化反应以及其他缩合反应。

（一）羟醛缩合反应

含 α-H 的醛、酮在碱或酸的催化下发生自身缩合，或与另一分子的醛、酮发生缩合，生成 β-羟基醛、酮，再经脱水消除生成 α,β-不饱和醛、酮，这类反应称为羟醛缩合反应，又称醛醇缩合反应（Aldol 缩合反应）。

1. **经典羟醛缩合反应**　主要包括 α-H 的醛酮自身缩合、α-H 的醛酮之间缩合、甲醛与

α-H 的醛酮缩合、芳醛与 α-H 的醛酮缩合和分子内的羟醛缩合。

2. 选择性羟醛缩合反应　含 α-H 的不同醛、酮分子之间的区域选择性及立体选择性的羟醛缩合称为选择性的羟醛缩合，主要有烯醇盐法、烯醇硅醚法和亚胺法。

（二）形成碳 - 碳双键的缩合反应

1. Wittig 反应　醛、酮与磷叶立德合成烯烃的反应称为羰基烯化反应，又称 Wittig 反应。其中磷叶立德（phosphorus ylide）称为 Wittig 试剂。

2. Knoevenagel 反应　具有活性亚甲基的化合物在碱的催化下，与醛、酮发生缩合，再经脱水而得 α,β- 不饱和化合物的反应，称为 Knoevenagel 反应。

3. Perkin 反应　芳香醛和脂肪酸酐在相应脂肪酸碱金属盐的催化下缩合，生成 β- 芳基丙烯酸类化合物的反应称为 Perkin 反应。

4. Stobbe 反应　在强碱条件下，醛、酮与丁二酸酯或 α- 取代丁二酸酯进行缩合而得亚甲基丁二酸单酯的反应称为 Stobbe 反应。该反应常用的催化剂为醇钠、叔丁醇钾、氢化钠和三苯甲烷钠等。

（三）氨烷基化、卤烷基化、羟烷基化反应

1. Mannich 反应　具有活性氢的化合物与甲醛（或其他醛）以及氨或胺（伯胺、仲胺）进行缩合，生成氨甲基衍生物的反应称为 Mannich 反应，亦称 α- 氨烷基化反应。其反应产物常称为 Mannich 碱或 Mannich 盐。

2. Pictet-Spengler 反应　β- 芳乙胺与醛在酸性溶液中缩合生成 1,2,3,4- 四氢异喹啉的反应称为 Pictet-Spengler 反应。最常用的羰基化合物为甲醛或甲醛缩二甲醇。Pictet-Spengler 反应实质上是 Mannich 反应的特殊例子。

3. Prins 反应　烯烃与甲醛（或其他醛）在酸催化下加成而得 1,3- 二醇或其环状缩醛 1,3- 二氧六环及 α- 烯醇的反应称为 Prins 反应。

4. Blanc 反应　芳烃在甲醛、氯化氢及无水 $ZnCl_2$（或 $AlCl_3$、$SnCl_4$）或质子酸（H_2SO_4、H_3PO_4、HOAc）等缩合剂的存在下，在芳环上引入氯甲基（—CH_2Cl）的反应，称为 Blanc 氯甲基化反应。此外，多聚甲醛 / 氯化氢、二甲氧基甲烷 / 氯化氢、氯甲基甲醚 / 氯化锌、双氯甲基醚或 1- 氯 -4-（氯甲氧基）丁烷 /Lewis 酸也可作氯甲基化试剂。

5. 其他缩合反应

（1）安息香缩合反应：芳醛在含水乙醇中，以氰化钠（钾）为催化剂，加热后发生双分子缩合生成 α- 羟基酮的反应称为安息香缩合（benzoin condensation）。

（2）Michael 加成反应：活性亚甲基化合物和 α,β- 不饱和羰基化合物在碱性催化剂的存在下发生加成而缩合成 β- 羰烷基类化合物的反应，称为 Michael 反应。

（3）Darzens 反应：醛或酮与 α- 卤代酸酯在碱催化下缩合生成 α,β- 环氧羧酸酯（缩水甘油酸酯）的反应称为 Darzens 反应。

（4）Reformatsky 反应：醛、酮与 α- 卤代酸酯在金属锌粉存在下缩合而得 β- 羟基酸酯或脱水得 α,β- 不饱和酸酯的反应称为 Reformatsky 反应。

（5）Strecker 反应：脂肪族或芳香族醛、酮类与氰化氢和过量氨（或胺类）作用生成 α- 氨基腈，再经酸或碱水解得到 (d,l)-α- 氨基酸类的反应称为 Strecker 反应。

二、反应机制

（一）亲核加成 - 消除反应

在形成新碳 - 碳键的缩合反应中，不同种类的亲核试剂与醛、酮的缩合反应多数属于亲核加成 - 消除机制，包括含有 α-H 的醛或酮间的加成 - 消除反应，α- 卤代酸酯对醛、酮的加成 - 消除反应，Wittig 试剂对醛、酮的加成 - 消除反应，活性亚甲基化合物对醛、酮的加成 - 消除反应等。

1. 含有 α-H 的醛或酮间的亲核加成 - 消除反应　含 α-H 的醛、酮自身缩合属亲核加成 - 消除反应机制。羟醛缩合反应既可被酸催化，也可被碱催化，但碱催化应用最多。

碱催化反应机制如下：

（ R^1=H, 脂肪基或芳香基 ）

碱首先夺取 1 个 α-H 生成碳负离子，碳负离子作为亲核试剂进攻另一分子醛、酮的羰基，生成 β- 羟基化合物，后者在碱的作用下失去一分子水，生成 α,β- 不饱和醛、酮。

酸催化反应机制如下：

酸催化首先是醛、酮分子的羰基氧原子接受 1 个质子生成镎盐，从而提高羰基碳原子的亲电活性,另一分子醛、酮的烯醇式结构的碳 - 碳双键碳原子进攻羰基,生成 β- 羟基醛、酮,而后失去一分子水生成 α,β- 不饱和醛、酮。

2. α- 卤代酸酯对醛、酮的加成 - 消除反应　α- 卤代酸酯与锌首先经氧化加成形成有机锌化合物,然后向醛、酮的羰基做亲核加成形成 β- 羟基酸酯的卤化锌盐,再经酸水解而得到 β- 羟基酸酯。若 β- 羟基酸酯的 α- 碳原子上具有氢原子,则在较高温度或在脱水剂(如酸酐、质子酸)存在下经脱水而得 α,β- 不饱和酸酯。

3. Wittig 试剂对醛、酮的加成 - 消除反应　Wittig 试剂中带负电荷的碳原子具有很强的亲核性,对醛、酮的羰基做亲核进攻,形成内鎓盐或氧磷杂环丁烷中间体,进而经顺式消除得到烯烃及氧化三苯膦。

4. 活性亚甲基化合物对醛、酮的加成 - 消除反应　活性亚甲基化合物对醛、酮的加成 - 消除反应机制解释甚多,主要有两种。一种是羰基化合物在伯胺、仲胺或铵盐的催化下形成亚胺过渡态,然后与活性亚甲基的碳负离子加成,其过程如下:

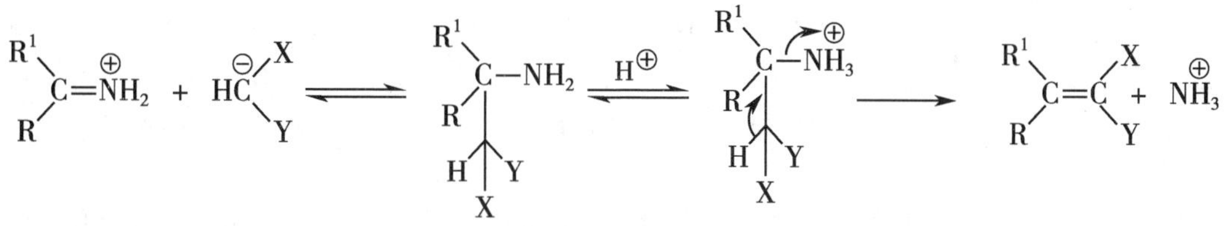

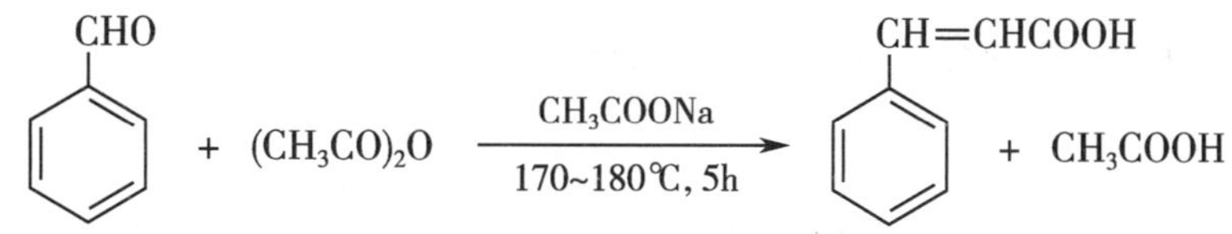

（化学结构反应式）

$$C_6H_5CHO + (CH_3CO)_2O \xrightarrow[170\sim180^\circ C, 5h]{CH_3COONa} C_6H_5CH{=}CHCOOH + CH_3COOH$$

另一种机制类似羟醛缩合，反应在极性溶剂中进行，在碱性催化剂（B）的存在下，活性亚甲基形成碳负离子，然后与醛、酮缩合。

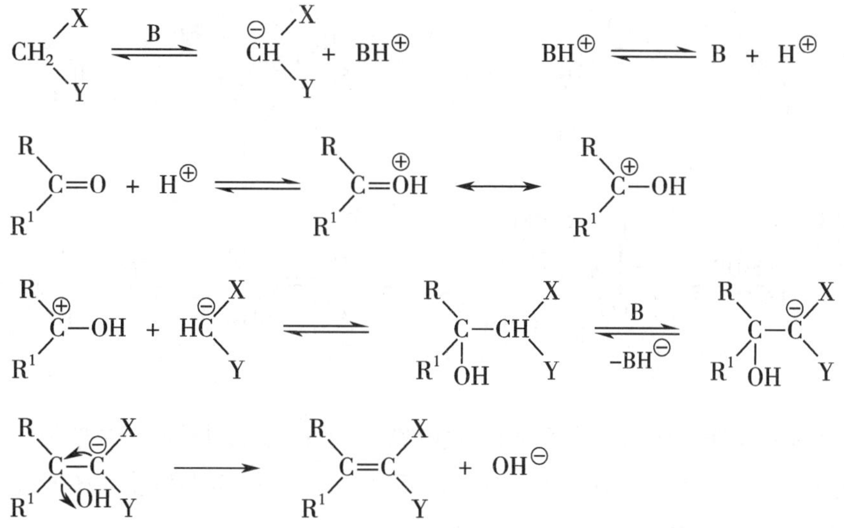

（化学结构反应式）

$$BH^{\oplus} \rightleftharpoons B + H^{\oplus}$$

（化学结构反应式）

一般认为采用伯胺、仲胺或铵盐催化有利于形成亚胺中间体，反应可能按前一种机制进行；反应如在极性溶剂中进行，则类似羟醛缩合的机制可能性较大。

5. Perkin 反应　在碱作用下，酸酐经烯醇化后与芳醛发生 Aldol 缩合，酰基转移、消除、水解得 β- 芳基丙烯酸类化合物。

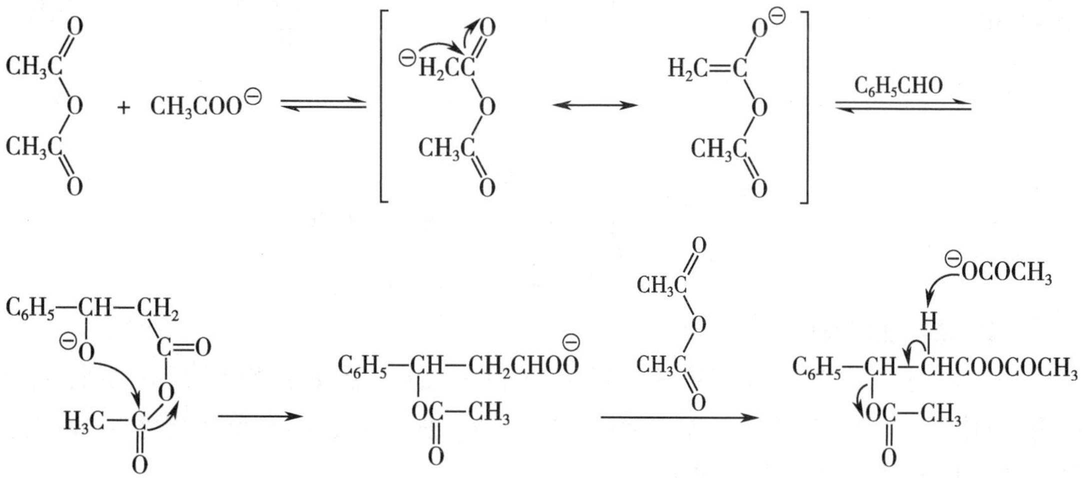

（化学结构反应式）

$$\xrightarrow{-CH_3COO^{\ominus},\ -CH_3COOH} \quad \begin{array}{c} C_6H_5 \\ \end{array} C=C \begin{array}{c} H \\ COOCOCH_3 \end{array} \quad \xrightarrow{H_2O} \quad \begin{array}{c} C_6H_5 \\ \end{array} C=C \begin{array}{c} H \\ COOH \end{array}$$

6. Stobbe 反应 在强碱条件下，丁二酸酯经烯醇化，与羰基化合物发生 Aldol 缩合，并失去一分子乙醇形成内酯，再经开环生成带有酯基的 α,β- 不饱和酸。

7. Strecker 反应 在弱酸性条件下，氨（或胺）向醛、酮羰基碳原子亲核进攻，生成 α- 氨基醇，α- 氨基醇不稳定，经脱水成亚胺离子，进而氰基负离子与亚胺发生亲核加成，生成 α- 氨基腈，再水解成 α- 氨基酸。

（二）亲核加成反应

活性亚甲基化合物对 α,β- 不饱和羰基化合物的加成反应属于亲核加成反应机制。在催化量碱的作用下，活性亚甲基化合物转化成碳负离子，进而与 α,β- 不饱和羰基化合物发生亲核加成而缩合成 β- 羰烷基类化合物。

$$(Y=CHO, C=O, COOR; B=NaOH, KOH, EtONa, t-BuOK)$$

（三）亲电反应

α- 卤烷基化反应（如 Blanc 反应）、Prins 反应、α- 氨烷基化反应（如 Mannich 反应、Pictet-Spengler 反应）等属于亲电取代反应机制。如在 α- 卤烷基化反应中，甲醛在氯化氢存在下，形成一种稳定的正离子，进而与芳环发生亲电取代，生成的羟甲基在氯化氢存在下，经 S_N2 反应，得到氯甲基产物。

$$H_2C=O + H^{\oplus} \rightleftharpoons \left[H_2C=\overset{\oplus}{O}H \longleftrightarrow {}^{\oplus}CH_2OH \right]$$

$$ArH + {}^{\oplus}CH_2OH \longrightarrow ArCH_2OH + H^{\oplus}$$

$$ArCH_2OH + HCl \rightleftharpoons ArCH_2Cl + H_2O$$

Prins 反应：在酸催化下，甲醛经质子化形成碳正离子，然后与烯烃进行亲电加成。根据反应条件的不同，加成物脱氢得 α- 烯醇，或与水反应得 1,3- 二醇，后者可再与另一分子甲醛缩醛化得到 1,3- 二氧六环型产物。此反应可看作不饱和烃经加成引入 1 个 α- 羟甲基的反应。

第二节　羟醛缩合反应

一、经典羟醛缩合反应

（一）含 α-H 的醛、酮自身缩合

含 α-H 的醛、酮在碱或酸的催化下可发生自身缩合，生成 β- 羟基醛、酮类化合物，或进而发生消除脱水生成 α,β- 不饱和醛、酮。

1. 反应通式及机制

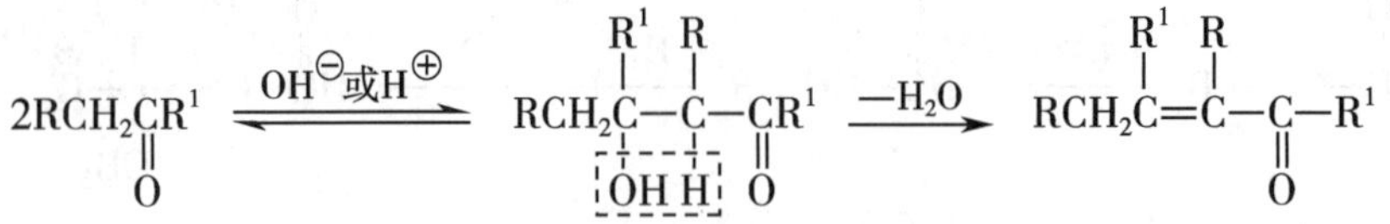

$$2RCH_2CR^1 \xrightarrow{OH^\ominus 或 H^\oplus} \underset{\underset{OH\ H}{|}}{RCH_2C-C-CR^1} \xrightarrow{-H_2O} RCH_2C=C-C-R^1$$

（R^1=H, 脂肪基或芳烃基）

含 α-H 的醛、酮自身缩合及其他醛酮缩合反应均属亲核加成 - 消除反应机制,见本章第一节。

2. 反应影响因素及应用实例

含 α-H 的酮分子间自身缩合的反应活性较醛低,速率较慢。例如,当丙酮的自身缩合反应到达平衡时,缩合物的浓度仅为丙酮的 0.01%,为了打破这种平衡,可用索氏提取器抽提等方法除去反应中生成的水,从而提高收率。

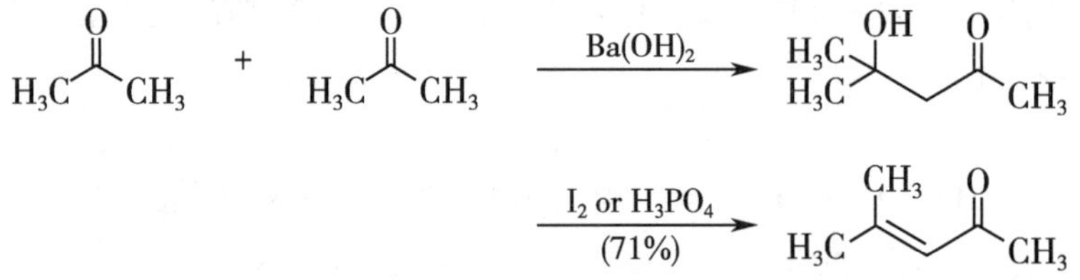

含 α-H 的脂肪酮自身缩合,常用强碱来催化,如氢氧化钠、醇钠、叔丁醇铝等。例如,大鼠肝脏中 Hmox1 有效诱导剂的合成。

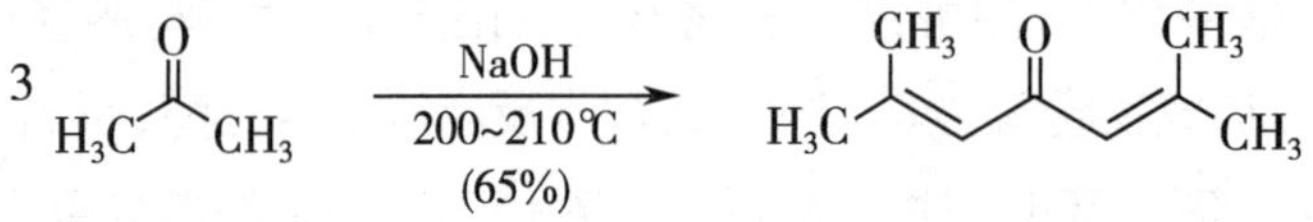

酮的自身缩合若是对称酮,则产品较单纯;若是不对称酮,则不论是碱催化还是酸催化,反应主要发生在羰基 α- 位取代基较少的碳原子上,得到 β- 羟基酮或其脱水产物。例如,治疗晚疫病和霜霉病的氰霜唑(cyazofamid)中间体的合成。

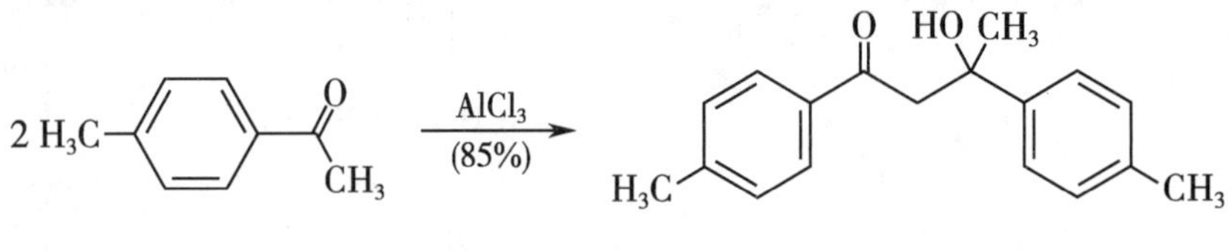

反应温度对该反应的速率及产物类型有一定影响。对含 α-H 的醛而言,反应温度较高或催化剂的碱性较强,有利于打破平衡,进而脱水得 α,β- 不饱和醛,生成的 α,β- 不饱和醛一般以 E 构型异构体为主。例如,丙醛在不同温度下的自身缩合反应:

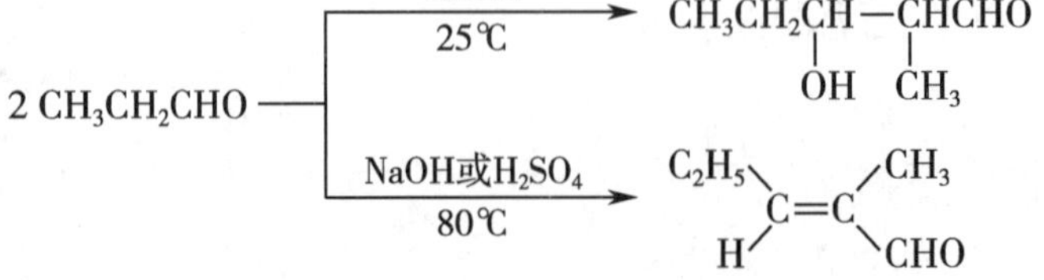

催化剂对醛、酮的自身缩合反应影响较大。常用的碱性催化剂有磷酸钠、乙酸钠、碳酸钠(钾)、氢氧化钠(钾)、乙醇钠、叔丁醇铝、氢化钠、氨基钠等,有时也可用碱性离子交换树脂。氢化钠等强碱一般用于活性差、空间位阻大的反应物之间的缩合,如酮 - 酮缩合,并且在非

质子溶剂中进行反应。常用的酸催化剂有盐酸、硫酸、对甲苯磺酸以及三氟化硼等 Lewis 酸。例如,镇静催眠药甲丙氨酯(meprobamate)中间体的合成就采用了该反应。

$$H_3C-CH_2-CHO \quad + \quad H_3C-CH_2-CHO \quad \xrightarrow[\text{(90%)}]{NaOH} \quad H_3C-CH_2-CH=C-CHO \quad (CH_3)$$

(二)含 α-H 的醛、酮之间缩合

含 α-H 的不同醛、酮分子之间的缩合反应情况比较复杂,理论上有 4 种产物,如果继续脱水产物更复杂。实际上,根据反应物性质和反应条件的不同,所得产物仍有主、次之分,甚至可以使某一种产物占绝对优势。

含 α-H 的两种不同醛进行缩合时,若活性差异较大,利用不同的反应条件,可以得到某一个主要产物。例如:

$$CH_3CHO \quad + \quad CH_3CH_2CH_2CHO$$

$$\xrightarrow{NaOH} CH_3CH_2CH_2\underset{\underset{OH}{|}}{C}HCH_2CHO \rightleftharpoons CH_3CH_2CH_2CH=CHCHO$$

$$\xrightarrow[\text{室温}]{HCl} CH_3\underset{\underset{OHC_2H_5}{|}}{C}HCHCHO \xrightarrow{-H_2O} H_3CHC=\underset{\underset{C_2H_5}{|}}{C}CHO$$

当一种反应物为含 α-H 的醛,另一种为含 α-H 的酮时,在碱催化的条件下缩合,醛作为羰基组分,酮作为亚甲基组分,主要产物为 β- 羟基酮,或再经脱水生成 α,β- 不饱和酮。如异戊醛与丙酮的缩合,主要产物为解痉药辛戊胺(octamylamine)的中间体。由于醛比酮活泼,在反应时醛会发生自身缩合,得到副产物,而酮一般不会自身缩合,过量的酮还可以回收使用。若将醛慢慢滴加到含有催化剂的过量酮中,可有效抑制醛自身缩合。

$$(CH_3)_2CHCH_2-\overset{\overset{O}{\|}}{C}H \quad + \quad H_3C-\overset{\overset{O}{\|}}{C}-CH_3 \xrightarrow{NaOH} (CH_3)_2CHCH_2-\overset{\overset{OH}{|}}{C}H-\overset{\overset{H}{|}}{C}H-\overset{\overset{O}{\|}}{C}-CH_3$$

$$\xrightarrow[\text{30℃}]{-H_2O} (CH_3)_2CHCH_2-CH=CH-\overset{\overset{O}{\|}}{C}-CH_3 \quad \text{(60%)}$$

在酮类中,甲基酮和脂环酮空间阻碍较小,比较活泼,容易进行缩合。甲基脂肪酮(CH_3COCH_2R)在碱性催化剂的作用下,一般在甲基上进行缩合;若用甲醇钠为催化剂,则缩合在亚甲基处进行;脂环酮常能和两分子醛在 α,α'- 位缩合。苄基酮的 α- 亚甲基特别活泼,因为亚甲基同时受到羰基和苯基活化。

$$\overset{\overset{O}{\|}}{C}-CH_3 \quad + \quad CH_2-\overset{\overset{O}{\|}}{C} \xrightarrow[\text{(85%)}]{NaOCH_3} \quad H_3C-C=C-CO$$

(三)甲醛与含 α-H 的醛、酮缩合

甲醛本身不含 α-H,不能自身缩合,但在碱[如 Ca(OH)_2、K_2CO_3、NaHCO_3、R_3N 等]的催化

下，可与含 α-H 的醛、酮进行醛醇缩合，在醛、酮的 α- 碳原子上引入羟甲基，此反应称为羟甲基化反应（Tollens 缩合），其产物是 α,β- 不饱和醛、酮。例如：

$$HCHO + CH_3CHO \xrightarrow{NaOH} CH_2(OH)CH_2CHO \xrightarrow{-H_2O} H_2C{=}CHCHO$$

在氯霉素（chloramphenicol）的合成中，甲醛与对硝基 -(α- 乙酰胺基）苯乙酮在碳酸氢钠的催化下，缩合得对硝基 -(α- 乙酰胺基 -β- 羟基)- 苯丙酮。

利尿药依他尼酸（ethacrynic acid）的合成是以 2,3- 二氯 -4- 丁酰基苯氧乙酸为原料与甲醛缩合制得。

由于甲醛和不含 α-H 的醛在浓碱中能发生 Cannizzaro 反应（歧化反应），因此甲醛的羟甲基化反应和交叉 Cannizzaro 反应能同时发生，这是制备多羟基化合物的有效方法。如血管扩张药硝酸戊四醇酯（pentaerythritol tetranitrate）中间体的合成。

（四）芳醛与含 α-H 的醛、酮的缩合

芳醛与含有 α- 活泼氢的醛、酮在碱的催化下缩合成 α,β- 不饱和醛、酮的反应称为 Claisen-Schmidt 反应。

1. 反应通式及机制

反应先形成中间产物 β- 羟基芳丙醛（酮），但它极不稳定，立即在强碱催化下脱水生成稳定的芳基丙烯醛（酮）。

$$ArCH-C-CR^1 \xrightarrow{-H_2O} ArHC=C-C-R^1$$

2. 反应影响因素及应用实例　经 Claisen-Schmidt 反应得到的 α,β- 不饱和羰基化合物以 E 构型为主。

（1）　　　　　　　　　（2）

不同反式构型产物的生成取决于过渡态脱水的难易。

过渡态（**1**）中 Ph 基与 PhC＝O 基处于邻位交叉，相互影响大；而在过渡态（**2**）中呈对位交叉，比过渡态（**1**）稳定，对消除脱水有利，结果生成反式构型的产物。

$$Ph-CHO + H_3C-CHO \xrightarrow[34\sim36℃]{NaOH} \text{（39%）}$$

若芳香醛与不对称酮缩合，如不对称酮中仅 1 个 α- 位有活性氢原子，则产品单纯，不论酸催化还是碱催化均得到同一产物。

$$O_2N-\!\!\!\text{◯}\!\!\!-CHO + Ph-C-CH_3 \xrightarrow[\text{（94%）}]{NaOH/H_2O/C_2H_5OH} O_2N-\!\!\!\text{◯}\!\!\!-C=CHCOPh$$

若酮的两个 α- 位均有活性氢原子，则可能得到两种不同的产物。当苯甲醛与甲基脂肪酮（CH_3COCH_2R）缩合时，以碱催化，一般得到甲基位上的缩合产物（1- 位缩合）；若用酸催化，则得到亚甲基位上的缩合产物（3- 位缩合）。

$$\text{◯}-CHO + CH_3COCH_2CH_2CH_3 \left\{ \begin{array}{l} \xrightarrow{NaOH} \\ \xrightarrow{HCl} \end{array} \right.$$

因为在碱催化时，1- 位比 3- 位较容易形成碳负离子；而在酸催化时，形成烯醇异构体的稳定性为 $CH_3(HO)CH=CHCH_2CH_3 > CH_3CH_2CH_2(HO)CH=CH_2$，因而缩合反应主要发生在 3- 位上，所得缩合物为带支链的不饱和酮。

芳醛、不含 α-H 的芳酮以及芳杂环酮也可发生类似的缩合。例如，糖尿病治疗药物依帕司他（epalrestat）的中间体 α- 甲基肉桂醛的合成即采用该反应。

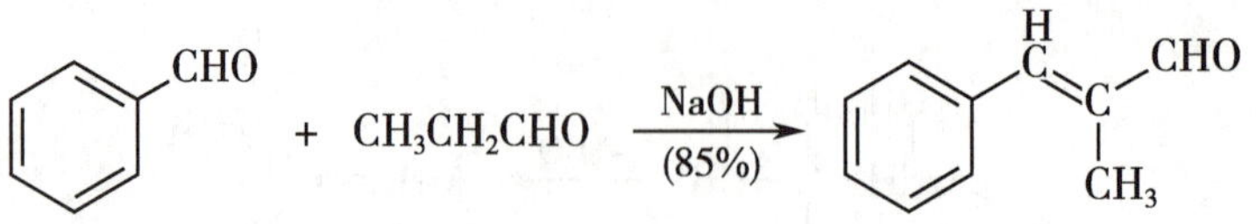

（五）分子内的羟醛缩合

含 α-H 的二羰基化合物在催化量碱的作用下，可发生分子内的羟醛缩合反应，生成五元、六元环状化合物，因此，该法常用于成环反应。成环的难易次序为六元环>五元环>七元环≫四元环。例如，2,6-庚二酮在 LDA 的催化下可生成 4-羟基-4-甲基环己酮。

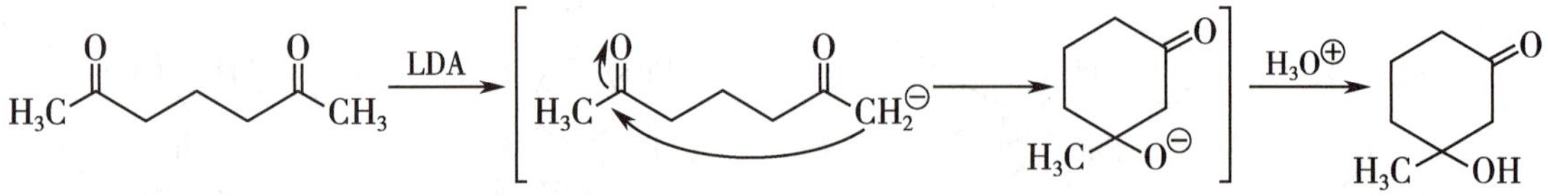

脂环酮与 α,β-不饱和酮的共轭加成产物所发生的分子内缩合反应，可以在原来环结构的基础上再引入一个新环，该反应称为 Robinson 环化反应。

实际上，Robinson 环化反应是 Michael 加成反应与分子内羟醛缩合反应的结合，是合成稠环化合物的方法之一，主要用于甾体、萜类化合物的合成。例如，天然产物柠条醇 A（carainterol A）具有较强的降血糖作用，它的全合成中涉及了此类反应。

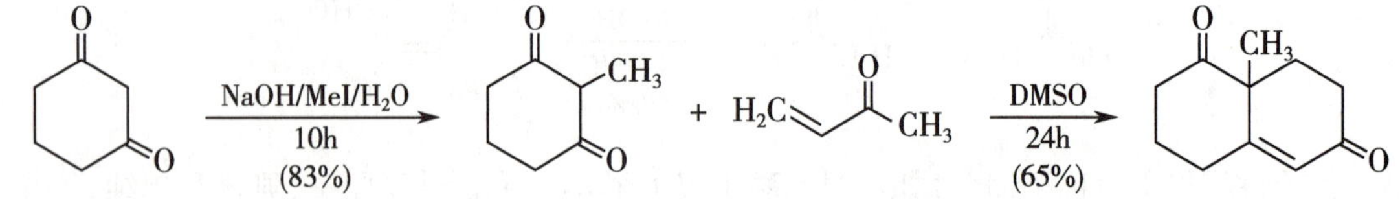

加成反应生成的中间体是一个新的碳负离子，可导致许多副反应的发生。因此，在进行 Robinson 环化反应时，为了减少由于 α,β-不饱和羰基化合物较大的反应活性带来的副反应，常用其前体代替。例如，环己烯酮类衍生物的合成涉及此类反应。

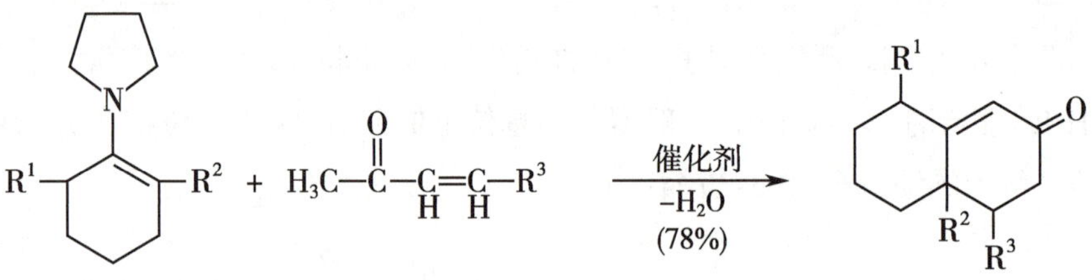

二、选择性羟醛缩合反应

含 α-H 的不同醛、酮分子之间可以发生自身的羟醛缩合，也可以发生交叉的羟醛缩合，产物复杂，因而没有应用价值。近年来，含 α-H 的不同醛、酮分子之间的区域选择性及立体选择性的羟醛缩合已发展为一类形成新碳-碳键的重要方法，这种方法称为选择性羟醛缩合。选择性羟醛缩合主要有以下几种方法。

（一）烯醇盐法

先将醛、酮中的某一组分在具有位阻的碱（常用 LDA）的作用下形成烯醇盐，再与另一分子的醛、酮反应,实现区域或立体选择性羟醛缩合。不对称酮转变成烯醇盐时优先脱位阻较小的 α- 碳上的氢。例如,2- 戊酮用 LDA 处理后成烯醇盐,然后再与苯甲醛反应,形成专一的加成产物 1- 羟基 -1- 苯基 -3- 己酮。

(二)烯醇硅醚法

将醛、酮中的某一组分转变成烯醇硅醚,然后在四氯化钛等 Lewis 酸的催化下,与另一醛、酮分子发生羟醛缩合。

例如,丁烯醛与三甲基氯化硅反应生成烯醇硅醚,再与肉桂醛的二甲基缩醛发生缩合反应生成二烯醛。

在此类反应中,常用的催化剂除了四氯化钛外,还有三氟化硼、四烃基铵氟化物等。

(三)亚胺法

醛类化合物一般较难形成相应的碳负离子,因而可先将醛与胺类反应形成亚胺,亚胺再与 LDA 作用转变成亚胺锂盐,然后与另一醛、酮分子发生羟醛缩合,生成 β- 羟基醛或 α,β- 不饱和醛。

醛与胺类形成亚胺后,亲电性减弱,使自身缩合的趋势变小;另外形成亚胺锂盐后,醛 α-碳原子具有较大的亲核性,有利于与另一分子醛或酮的羰基进行加成缩合,所得产物由于形成螯合物中间体极为稳定。例如,先使丙醛生成叔丁基亚胺,再用 LDA 去质子化后形成亚胺锂盐,然后与苯丁醛发生交叉羟醛缩合。

三、药物合成实例分析

盐酸普罗帕酮(propafenone hydrochloride)为广谱高效膜抑制性抗心律失常药,具有膜稳定作用及竞争性 β 受体拮抗作用,能降低心肌兴奋性,延长动作电位时程及有效不应期,延长传导,其中间体的合成涉及羟醛缩合反应。

1. 反应式

2. 反应操作

于反应瓶中加入邻羟基苯乙酮(**2**)13.6g(0.1mol)、氢氧化钠 16g(0.4mol)、水 100ml、溴化四丁基铵 0.05g。搅拌下慢慢加热至 50℃,于 20 分钟内滴加苯甲醛(**3**)14.8g(0.14mol)。加完后升温至 70℃,保温反应 3 小时。冷却至室温,用浓盐酸约 40ml 调至 pH=1。抽滤,水洗。滤饼用乙醇重结晶,于 40℃减压干燥,得淡黄色粉状固体(**1**)19.9g,收率 88.8%,m.p. 88～89℃。

3. 反应影响因素

该反应中,发现 $n(\mathbf{2}):n(\mathbf{3}):n(\text{NaOH})=1:1:2.5$ 时,产率较高;为了抑制醛的自身缩合,NaOH 溶液必须最后在冰水浴中缓慢滴加。此外,NaOH 的浓度必须控制在 10%,否则,浓度太高易引起醛酮自身的缩合反应,浓度太低则反应时间延长、产率降低。

第三节 形成碳-碳双键的缩合反应

一、Wittig反应

醛、酮与磷叶立德合成烯烃的反应称为羰基烯化反应，又称 Wittig 反应，其中磷叶立德（phosphorus ylide）称为 Wittig 试剂。

（一）反应通式及机制

$$\underset{R^3}{\overset{O}{\underset{\|}{C}}}\underset{R^4}{} + (C_6H_5)_3\overset{\oplus}{P}{=}\overset{\ominus}{C}\underset{R^2}{\overset{R^1}{}} \longrightarrow \underset{R^4}{\overset{R^3}{}}C{=}C\underset{R^2}{\overset{R^1}{}} + (C_6H_5)_3P{=}O$$

Wittig 试剂（磷叶立德）可由三苯基磷与有机卤化物作用，再在非质子溶剂中加碱处理，失去一分子卤化氢而成。磷叶立德具有内鎓盐的结构，其结构可用其共振式叶林（Ylene）的磷化物表示。

常用的碱有正丁基锂、苯基锂、氨基钠、氢化钠、醇钠、氢氧化钠、叔丁醇钾、叔胺等；非质子溶剂有 THF、DMF、DMSO、乙醚等。

$$(C_6H_5)_3P + XC\underset{R^2}{\overset{R^1}{\underset{|}{\overset{|}{H}}}} \longrightarrow (C_6H_5)_3\overset{\oplus}{P}{-}CH\underset{R^2}{\overset{R^1}{\underset{X^\ominus}{}}} \xrightarrow{C_6H_5Li} \left[(C_6H_5)_3\overset{\oplus}{P}{-}\overset{\ominus}{C}\underset{R^2}{\overset{R^1}{}} \longleftrightarrow (C_6H_5)_3P{=}C\underset{R^2}{\overset{R^1}{}} \right]$$
$$\text{(Ylide)} \qquad\qquad \text{(Ylene)}$$

反应在无水条件下进行，所得 Wittig 试剂对水、空气都不稳定，因此在合成时一般不分离出来，直接进行下一步与醛、酮的反应。反应机制为亲核加成-消除反应，见本章第一节。

（二）反应影响因素及应用实例

Wittig 试剂中 α-碳原子上带负电荷，并存在着 d-p π 共轭，故其性质较碳负离子稳定，但其稳定性是相对的。Wittig 试剂的反应活性和稳定性随着 α-碳上取代基的不同而不同。若取代基为 H、脂肪烃基、脂环烃基等，其稳定性小，反应活性高；若为吸电子取代基，则亲核活性降低，但稳定性却增大。例如，对硝基苄基三苯基膦比亚乙基三苯基膦稳定得多，前者可由三苯基（对硝基苄基）卤化膦在三乙胺中处理制得，后者则须将三苯基乙基溴（碘）化膦在惰性非质子溶剂（如 THF）中用强碱正丁基锂处理才能制得。

$$(C_6H_5)_3\overset{\oplus}{P}{-}CH_2{-}\!\!\!\left\langle\!\!\bigcirc\!\!\right\rangle\!\!\!{-}NO_2 \xrightarrow{Et_3N/CH_2Cl_2} (C_6H_5)_3P{=}CH{-}\!\!\!\left\langle\!\!\bigcirc\!\!\right\rangle\!\!\!{-}NO_2$$
$$X^\ominus$$

$$(C_6H_5)_3\overset{\oplus}{P}{-}CH_2CH_3 \xrightarrow{n\text{-BuLi/THF}} (C_6H_5)_3P{=}CHCH_3$$
$$Br^\ominus$$

醛、酮的活性可影响 Wittig 反应的速率。一般来讲，醛反应最快，酮次之，酯最慢。同一个 Wittig 试剂分别与丁烯醛和环己酮在相似的条件下反应，醛容易亚甲基化，收率高，而酮的收率低。

$$CH_3CH=CHCHO/C_6H_5$$
加热
(81%)
$$\longrightarrow CH_3CH=CHCH=CHCOOC_2H_5$$

$$(C_6H_5)_3P=CHCOOC_2H_5$$

$$\bigcirc=O/C_6H_5$$
加热
(25%)
$$\longrightarrow \bigcirc=CHCOOC_2H_5$$

利用羰基活性的差别，可以进行选择性亚甲基化反应。例如，在治疗维生素 A 缺乏症药物维生素 A 醋酸酯（retinyl acetate）的合成过程中，仅醛基参与反应，而酯羰基不受影响。

在 Wittig 反应中，反应产物烯烃可能存在 Z 型、E 型两种异构体。影响 Z 型与 E 型两种异构体组成比例的因素很多，诸如 Wittig 试剂和羰基反应物的活性、反应条件（如配比、溶剂、有无盐存在等）等。利用不同的试剂，控制反应条件，可获得一定构型的产物。Wittig 反应在一般情况下的立体选择性可归纳于表 5-1。

表 5-1　Wittig 反应立体选择性参数表

反应条件		稳定的活性较小的试剂	不稳定的活性较大的试剂
极性溶剂	无质子	选择性差，但以 E 型为主	选择性差
	有质子	生成 Z 型异构体的选择性增强	生成 E 型异构体的选择性增强
非极性溶剂	无盐	高度选择性，E 型占优势	高度选择性，Z 型占优势
	有盐	生成 Z 型异构体的选择性增强	生成 E 型异构体的选择性增强

例如，当用稳定性大的 Wittig 试剂与乙醛在无盐条件下反应时，主要得到 E 型异构体；若苯甲醛与稳定性小的 Wittig 试剂在无盐条件下反应，则 Z 型异构体增加，Z 型和 E 型异构体的组成比例接近 1∶1。

与一般的烯烃合成方法相比，应用 Wittig 反应合成烯烃化合物具有如下优点：①反应条件比较温和，收率较高，且生成的烯键处于原来的羰基位置，一般不会发生异构化，可以制得能量上不利的环外双键化合物；②应用面广，具有各种不同取代基的羰基化合物均可作为反应物；③能改变反应试剂和条件，立体选择地合成一定构型的产物，如 *Z* 型或 *E* 型异构体；④与 *α*,*β*- 不饱和羰基化合物反应时不发生 1,4- 加成，双键位置固定，利用此特性可合成许多共轭多烯化合物（如胡萝卜素、番茄红素）。

在萜类、甾体、维生素 A 和维生素 D、前列腺素、昆虫信息素以及新抗生素等天然产物的合成中，Wittig 反应具有其独特的作用。如维生素 A（vitamin A）的合成。

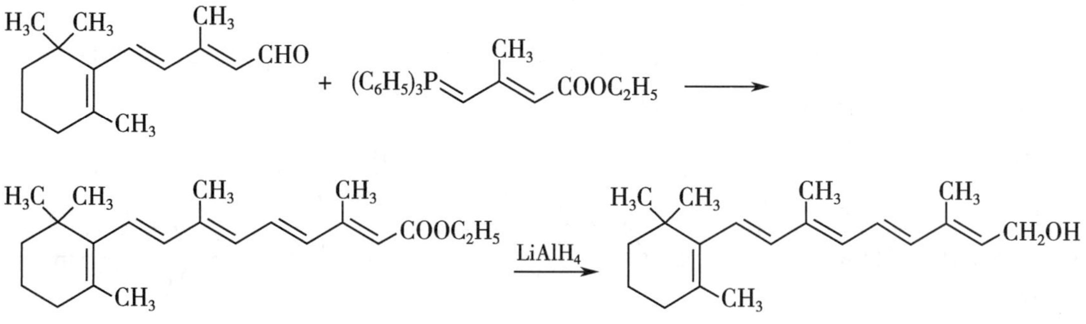

(vitamin A)

Wittig 试剂除了与醛、酮反应外，也可和烯酮、异氰酸酯、亚胺、酸酐等发生类似的反应。

$$H_2C{=}C{=}O + (C_6H_5)_3P{=}C(R^1)(R^2) \longrightarrow H_2C{=}C{=}C(R^1)(R^2)$$

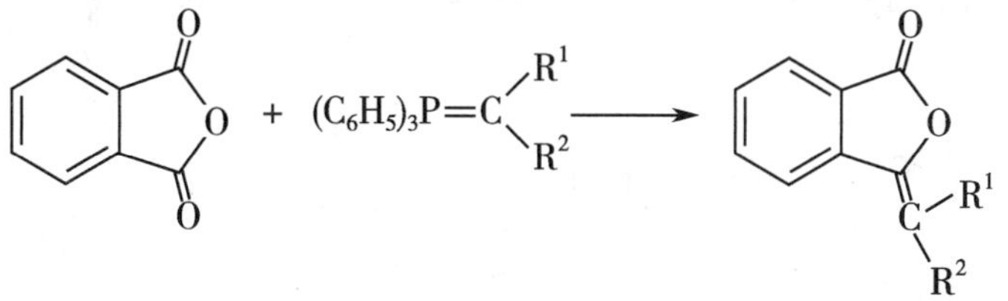

用 *α*- 卤代醚制成的 Wittig 试剂与醛、酮反应可得到烯醚化合物，再经水解而生成新的醛、酮，这是合成醛、酮的一种新方法。

$$ROCH_2Cl \xrightarrow{Ph_3P} ROCH{=}PPh_3 \xrightarrow{R^1COR^2} ROCH{=}C(R^1)R^2 \xrightarrow{H_2O} R^1CH(R^2)CHO$$

Wittig 试剂的制备比较麻烦，而且后处理比较困难，很多人对其进行了改进，如用下列膦酸酯、硫代膦酸酯和膦酰胺等代替内𬭩盐。

$$(RO)_2P(=O){-}CH_2R^1 \qquad (RO)_2P(=S){-}CH_2R^1 \qquad (R_2N)_2P(=O){-}CH(R^1)(R^2)$$

膦酸酯　　　　硫代膦酸酯　　　　膦酰胺

利用膦酸酯与醛、酮类化合物在碱存在下作用生成烯烃的反应称为 Wittig-Horner 反应，反应机制与 Wittig 反应相似。

$$RH_2C{-}P(=O)(OC_2H_5)_2 + R^1C(=O)R^1 \longrightarrow (R^1)_2C{=}CHR + {}^{\ominus}O{-}P(=O)(OC_2H_5)_2$$

膦酸酯可通过 Arbuzow 重排反应制备,即亚膦酸酯在卤代烃(或其衍生物)作用下异构化而得。一般认为是按 S_N2 进行的分子内重排反应。

(R^1=H,脂烃基,芳烃基,—COOH,—CN,—OR等)

该法广泛用于各种取代烯烃的合成,α,β- 不饱和醛、双醛、烯酮等均能发生 Wittig-Horner 反应,例如,白藜芦醇(resveratrol)中间体的合成就使用了该反应。

利用膦酸酯进行 Wittig 反应,其产物烯烃主要为 E 型异构体,但金属离子、溶剂、反应温度及膦酸酯中醇的结构均会影响其立体选择性。如膦酸酯与苯甲醛在溴化锂存在下可得到单一的 E 型异构体;而膦酸酯与醛在低温下反应,产物主要是 Z 型异构体。

例如,治疗重度痤疮药异维 A 酸(isotretinoin)的合成中涉及 Wittig 反应,主要得到 Z 型产物。

83%

Wittig-Horner 反应亦可采用相转移反应,避免了无水操作。例如:

$$C_6H_5CH=CHCHO \xrightarrow[\substack{(n-C_4H_9)_4N^{\oplus}I^{\ominus}/NaOH/H_2O/PhH \\ (81\%)}]{\overset{\displaystyle O \atop \displaystyle \|}{(C_2H_5O)_2PCH_2C_6H_4Br-p}} C_6H_5-(CH=CH)_2-C_6H_4Br-p$$

二、Knoevenagel 反应

具有活性亚甲基的化合物在碱的催化下，与醛、酮发生缩合，再经脱水而得 α,β- 不饱和化合物的反应，称为 Knoevenagel 反应。

（一）反应通式及机制

$$H_2C\overset{X}{\underset{Y}{\big\langle}} + O=C\overset{R}{\underset{R^1}{\big\langle}} \xrightarrow{\text{碱}} \overset{X}{\underset{Y}{\big\rangle}}C=C\overset{R}{\underset{R^1}{\big\langle}} + H_2O$$

$$(X, Y=-CN,-NO_2,-COR^2,-COOR^2,-CONHR^2)$$

对该反应机制的解释主要有两种。一种是羰基化合物在伯胺、仲胺或铵盐的催化下形成亚胺过渡态，然后与活性亚甲基的碳负离子加成；另一种机制类似羟醛缩合，反应在极性溶剂中进行，在碱性催化剂的存在下，活性亚甲基形成碳负离子，然后与醛、酮缩合。

（二）反应影响因素及应用实例

Knoevenagel 反应中，一般活性亚甲基化合物具有两个吸电子基团时，活性较大。常用的活性亚甲基化合物有丙二酸及其酯、β- 酮酸酯、氰乙酸酯、硝基乙酸酯、丙二腈、丙二酰胺、苄酮、脂肪族硝基化合物等。

常用的碱性催化剂有吡啶、哌啶、二乙胺等有机碱或它们的羧酸盐，以及氨或乙酸铵等。反应时常用苯、甲苯等有机溶剂共沸除去生成的水，以促使反应完全。

Knoevenagel 反应所得烯烃的收率与反应物结构类型、催化剂种类、配比、溶剂、温度等因素有关。例如，在同一条件下，位阻大的醛、酮比位阻小的醛、酮反应要更困难，收率也更低。

$$CH_3COCH_3 \xrightarrow[\substack{\text{加热} \\ (92\%)}]{CH_2(CN)_2/H_2NCH_2CH_2COOH/PhH} \overset{H_3C}{\underset{H_3C}{\big\rangle}}C=C\overset{CN}{\underset{CN}{\big\langle}}$$

$$(CH_3)_3CCOCH_3 \xrightarrow[\substack{\text{加热} \\ (48\%)}]{CH_2(CN)_2/H_2NCH_2CH_2COOH/PhH} \overset{(H_3C)_3C}{\underset{H_3C}{\big\rangle}}C=C\overset{CN}{\underset{CN}{\big\langle}}$$

芳醛、脂肪醛与活性亚甲基化合物均可顺利地进行反应，其中芳醛的收率较高。例如，2 型糖尿病治疗药洛贝格列酮（lobeglitazone）的合成。

又如,降血脂药瑞舒伐他汀(rosuvastatin)中间体的合成。

位阻小的酮(如丙酮、甲乙酮、脂环酮等)与活性较高的亚甲基化合物(如丙二腈、氰乙酸酯、脂肪族硝基化合物等)可顺利地进行反应,收率较高。例如,抗癫痫药乙琥胺(ethosuximide)中间体的合成。

但与丙二酸及其酯、β-酮酸酯、β-二酮等活性较低的亚甲基化合物反应时收率不高。位阻大的酮反应困难、速率慢、收率低。若用 $TiCl_4$-吡啶作催化剂,不仅可与醛,亦可以和酮顺利反应。

$$RCHO + CH_3COCH_2COOC_2H_5 \xrightarrow[\text{(52\%~92\%)}]{TiCl_4/Py} RHC=C\begin{matrix} COCH_3 \\ COOC_2H_5 \end{matrix}$$

$$\underset{R}{\overset{O}{\parallel}}\!\!C\!\!-\!R^1 + CH_2(COOC_2H_5)_2 \xrightarrow[\text{(73\%~100\%)}]{TiCl_4/Py} \begin{matrix} R^1 \\ R \end{matrix}C=C(COOC_2H_5)_2$$

丙二酸活性亚甲基化合物在碱催化下与脂肪醛或芳香醛缩合,是制备 β-取代丙烯酸衍生物的重要方法。在与脂肪醛缩合时,往往得到 α,β- 及 β,γ- 不饱和酸的混合物。后经 Doebner 改进,丙二酸与醛在吡啶或吡啶-哌啶的催化下缩合而得 β-取代丙烯酸的反应称为 Knoevenagel-Doebner 反应。其优点是反应速率高、条件温和、收率较好、产品纯度高、β,γ- 不饱和酸异构体甚少或没有、适用范围广。丙二酸单酯、氰乙酸等亦可进行类似的缩合反应。例如:

用吡啶作溶剂或催化剂时,其缩合发生脱羧反应。例如:

据文献报道,采用微波催化可极大促进该类反应的进行,并缩短反应时间,提高收率。例如:

$$RCHO + CH_2(COOH)_2 \xrightarrow[\substack{\text{微波} \\ \text{(70\%~96\%)}}]{AcONH_4} R\diagup\!\!\!=\!\!\!\diagdown COOH$$

苯乙腈与苯甲醛在相转移催化剂（phase transfer catalyst，PTC）作用下，经 Knoevenagel 反应可制备芪类化合物。该法与 Wittig 反应、Grignard 反应比较具有反应条件简单、收率高等特点。

三、Perkin 反应

芳香醛和脂肪酸酐在相应的脂肪酸碱金属盐的催化下缩合，生成 β- 芳基丙烯酸类化合物的反应称为 Perkin 反应。

（一）反应通式及机制

$$ArCHO \ + \ (RCH_2CO)_2O \ \xrightarrow{RCH_2CO_2Na} \ ArCH=CCOOH$$
$$R$$

在碱作用下，酸酐经烯醇化后与芳醛发生 Aldol 缩合，经酰基转移、消除、水解得 β- 芳基丙烯酸类化合物。

（二）反应影响因素及应用实例

该反应通常局限于芳香族醛类，带有吸电取代基的芳醛活性增强，反应易于进行；反之，连有给电子取代基时，反应速率减慢，收率也低，甚至不能发生反应。例如，抗肿瘤药考布他汀（combretastatin）中间体的合成即采用该反应。

当邻羟基、邻氨基芳香醛进行反应时，常伴随闭环反应。例如水杨醛与乙酸酐发生 Perkin 反应，顺式异构体可自动发生内酯化生成香豆素，而反式异构体发生乙酰基化生成乙酰香豆酸。

某些芳杂醛如呋喃甲醛、2-噻吩甲醛亦能进行该反应。例如，血吸虫病治疗药呋喃丙胺（furapromide）原料呋喃丙烯酸的合成即采用该反应。

$$\text{（呋喃）} \text{CHO} + (CH_3CO)_2O \xrightarrow[\text{(2) } H^{\oplus}]{\text{(1) } CH_3COOK} \text{（呋喃）} CH=CHCOOH$$
$$(70\%)$$

若酸酐具有两个 α-氢，则其产物均是 α,β-不饱和羧酸。某些高级酸酐制备较难，来源亦少，但可将该羧酸与乙酸酐反应制得混合酸酐再参与缩合。

$$C_6H_5CH_2COOH + \text{（混合酸酐）} \xrightarrow[\text{加热}]{(C_2H_5)_3N} C_6H_5CH_2\overset{O}{\underset{}{C}}-O\overset{O}{\underset{}{C}}CH_3 \xrightarrow[\text{(2) } H_3O^{\oplus}]{\text{(1) } C_6H_5-CHO} \underset{H}{\overset{C_6H_5}{}}C=C\underset{COOH}{\overset{C_6H_5}{}}$$
$$(83\%)$$

催化剂常用相应羧酸的钾盐或钠盐，但铯盐的催化效果更好，反应速率快，收率也较高。由于羧酸酐是活性较弱的亚甲基化合物，而催化剂羧酸盐又是弱碱，所以对反应温度要求较高（150～200℃）。例如，治疗心绞痛药普尼拉明（prenylamine）中间体肉桂酸的合成即采用该反应。

$$\text{（苯）} CHO + (CH_3CO)_2O \xrightarrow[170\sim180℃,\ 5h]{CH_3COONa} \text{（苯）} CH=CHCOOH + CH_3COOH$$

Perkin 反应优先生成 E 型异构体的产物。

$$(E/Z\ 91:7)$$

四、Stobbe 反应

在强碱条件下，醛、酮与丁二酸酯或 α-取代丁二酸酯进行缩合而得亚甲基丁二酸单酯的反应称为 Stobbe 反应。该反应常用的催化剂为醇钠、叔丁醇钾、氢化钠和三苯甲烷钠等。

（一）反应通式及机制

$$R\overset{O}{\underset{}{C}}R^1 + \underset{CH_2COOC_2H_5}{\overset{CH_2COOC_2H_5}{|}} \xrightarrow[\text{加热}]{t-BuOK/t-BuOH} \underset{R^1}{\overset{R}{}}C=C\underset{CH_2COOH}{\overset{COOC_2H_5}{}}$$

在强碱条件下，丁二酸酯经烯醇化，与羰基化合物发生 Aldol 缩合，并失去一分子乙醇形成内酯，再经开环生成带有酯基的 α,β-不饱和酸。

（二）反应影响因素及应用实例

在 Stobbe 反应中，若反应物为不含 α-H 的对称酮，则仅得 1 种产物，收率较高；若反应物

为含有 α-H 的不对称酮，则产物是 Z 型、E 型异构体的混合物。例如：

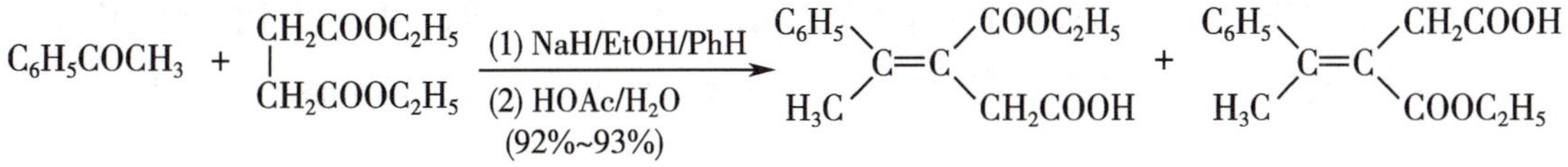

$$C_6H_5COCH_3 + \begin{array}{c} CH_2COOC_2H_5 \\ | \\ CH_2COOC_2H_5 \end{array} \xrightarrow[\text{(2) HOAc/H}_2\text{O}]{\text{(1) NaH/EtOH/PhH}} \underset{\substack{(92\%\sim93\%)}}{} \begin{array}{c} C_6H_5 \\ \diagdown \\ H_3C \end{array} C=C \begin{array}{c} COOC_2H_5 \\ \diagup \\ CH_2COOH \end{array} + \begin{array}{c} C_6H_5 \\ \diagdown \\ H_3C \end{array} C=C \begin{array}{c} CH_2COOH \\ \diagup \\ COOC_2H_5 \end{array}$$

Stobbe 反应产物在酸中加热水解并脱羧，生成较原来的起始原料醛、酮增加 3 个碳原子的不饱和酸。

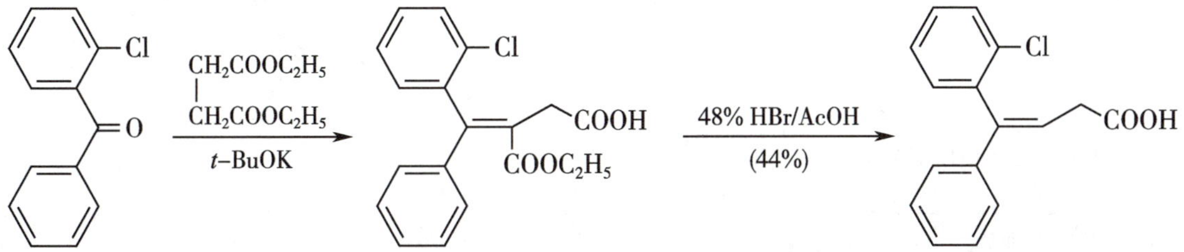

Stobbe 反应产物在碱性条件下水解，再酸化，可得二元羧酸。例如，糖尿病治疗药米格列奈（mitiglinide）中间体苄基丁二酸的合成。

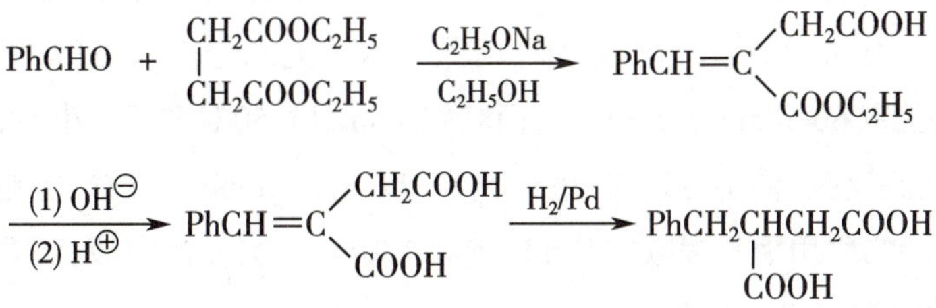

$$PhCHO + \begin{array}{c} CH_2COOC_2H_5 \\ | \\ CH_2COOC_2H_5 \end{array} \xrightarrow[\text{C}_2\text{H}_5\text{OH}]{\text{C}_2\text{H}_5\text{ONa}} PhCH=C \begin{array}{c} CH_2COOH \\ \diagup \\ COOC_2H_5 \end{array}$$

$$\xrightarrow[\text{(2) H}^{\oplus}]{\text{(1) OH}^{\ominus}} PhCH=C \begin{array}{c} CH_2COOH \\ \diagup \\ COOH \end{array} \xrightarrow{\text{H}_2/\text{Pd}} PhCH_2CHCH_2COOH \underset{\substack{| \\ COOH}}{}$$

若以芳香醛、酮为原料，生成的羧酸经还原后，再经分子内的 Friedel-Crafts 酰化反应，可生成环己酮的衍生物。例如，α- 萘满酮（α-tetralone）的合成。

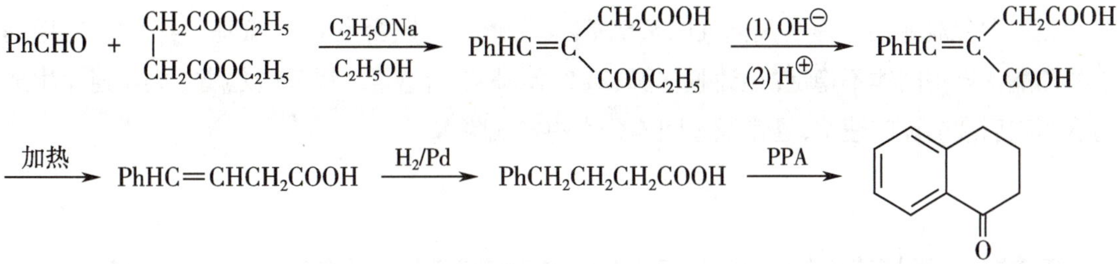

$$PhCHO + \begin{array}{c} CH_2COOC_2H_5 \\ | \\ CH_2COOC_2H_5 \end{array} \xrightarrow[\text{C}_2\text{H}_5\text{OH}]{\text{C}_2\text{H}_5\text{ONa}} PhHC=C \begin{array}{c} CH_2COOH \\ \diagup \\ COOC_2H_5 \end{array} \xrightarrow[\text{(2) H}^{\oplus}]{\text{(1) OH}^{\ominus}} PhHC=C \begin{array}{c} CH_2COOH \\ \diagup \\ COOH \end{array}$$

$$\xrightarrow{\text{加热}} PhHC=CHCH_2COOH \xrightarrow{\text{H}_2/\text{Pd}} PhCH_2CH_2CH_2COOH \xrightarrow{\text{PPA}}$$

除丁二酸外，某些 β- 酮酸酯及其醚类似物亦可在碱催化下与醛、酮缩合得 Stobbe 反应产物。例如：

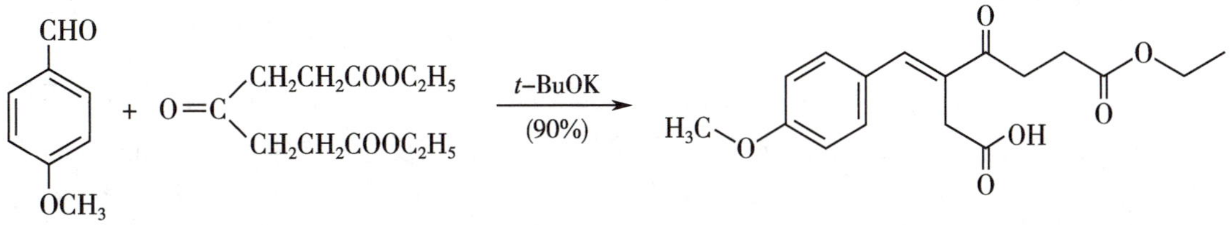

五、药物合成实例分析

普瑞巴林（pregabalin）是神经递质 γ- 氨基丁酸（γ-aminobutyric acid, GABA）的 3- 位烷基取代物，

是一种新型钙离子通道调节剂,临床上主要用于治疗外周神经痛、辅助性治疗局限性部分癫痫发作以及治疗糖尿病性周围神经痛和带状疱疹神经痛,是美国 FDA 批准的第一个同时适用于治疗上述两种疼痛的药物。普瑞巴林的合成过程中涉及 Knoevenagel 缩合反应和 Michael 加成反应。

1. 反应式

2. 反应操作

将 62.4g 氰乙酸乙酯(552mmol)、52.1g 异戊醛(605mmol)、正己烷(70ml)及 0.55g 二丙胺(5.4mmol)置于反应瓶中,回流分水至无水分出,减压浓缩溶剂至干,加入 105.7g 丙二酸二乙酯(660mmol)及 5.6g 二丙胺(55mmol),50℃搅拌 1 小时,然后倾入 300ml 6mol/L 盐酸中,回流反应,薄层色谱法(thin layer chromatography, TLC)检测至原料消失。反应液冷却至 70~80℃后用甲苯提取(250ml 一次,150ml 一次),提取液浓缩至干,得 3-(2- 甲基丙基)戊二酸油状物 88.7g,收率 85.4%。

3. 反应影响因素

氰乙酸乙酯结构中的亚甲基,因邻位氰基及酯基的吸电子效应,具有较低的 pK_a(13.1,DMSO),易于在碱作用下与邻位酯基形成烯醇而具有亲核活性,另一原料 3- 甲基丁醛结构中的醛基是高活性的亲电基团,因此二者缩合生成 2- 氰基 -3- 羟基 -5- 甲基己酸乙酯。该中间体不稳定,迅速脱水得 (Z)-2- 氰基 -5- 甲基 -2- 烯己酸乙酯。为了避免生成的水影响后续的反应速率,通常通过回流分水的方式除水。

第四节　氨烷基化、卤烷基化、羟烷基化反应

一、Mannich 反应

具有活性氢的化合物与甲醛(或其他醛)以及氨或胺(伯胺、仲胺)进行缩合,生成氨甲基衍生物的反应称为 Mannich 反应,亦称 α- 氨烷基化反应。其反应产物常称为 Mannich 碱或 Mannich 盐。

(一)反应通式及机制

$$RH_2C-\overset{O}{\underset{\|}{C}}R^1 \; + \; H-\overset{O}{\underset{\|}{C}}-H \; + \; R_2NH \longrightarrow R_2NCH_2\overset{}{\underset{R}{CH}}C\overset{O}{\underset{\|}{C}}R^1$$

亲核性较强的胺与甲醛反应，生成 *N*- 羟甲基加成物，并在酸催化下脱水生成亚甲胺离子，进而与烯醇式的酮进行亲电反应，得到产物。

$$H-\overset{\displaystyle \underset{\| }{O}}{\underset{}{C}}-H \ + \ R_2NH \longrightarrow H-\overset{\displaystyle \underset{|}{NR_2}}{\underset{\underset{OH}{|}}{C}}-H \ \xrightarrow[-H_2O]{H^\oplus} \ H-\overset{\displaystyle \overset{\oplus}{NR_2}}{\underset{|}{C}}-H \ \xrightarrow{CH_2=\overset{\underset{|}{OH}}{C}-R^1}$$

$$R_2NCH_2CH_2-\overset{\displaystyle \underset{\| }{R^1}}{\underset{\underset{OH}{\overset{}{\oplus}}}{C}} \ \xrightarrow{-H^\oplus} \ R_2NCH_2CH_2\overset{O}{\overset{\|}{C}}R^1$$

（二）反应影响因素及应用实例

可发生 Mannich 反应的含活性氢的化合物有醛、酮、羧酸及其酯、腈、硝基烷、端基炔、酚类及某些杂环化合物等。若分子中只有 1 个活泼氢，则产物比较单纯；若有两个或多个活泼氢，则在甲醛、胺过量的情况下生成多氨基化产物。

$$R-\overset{O}{\overset{\|}{C}}-CH_3 \ + \ 3\,HCHO \ + \ 3\,NH_3 \longrightarrow (H_2NCH_2)_3\overset{O}{\overset{\|}{C}}CR$$

在 Mannich 反应中，含氮化合物可以是氨、伯胺、仲胺或酰胺。采用仲胺较采用氨和伯胺会获得更高的收率，仲胺氮原子上仅有 1 个氢，生成产物单纯，应用较多。当用氨或伯胺时，若活性氢化物和甲醛过量，则所有氨上的氢均可参与缩合反应。例如，镇吐药盐酸格拉司琼（granisetron hydrochloride）中间体的合成。

$$\begin{array}{c} CHO \\ | \\ (CH_2)_3 \\ | \\ CHO \end{array} \ + \ CH_3NH_2 \ + \ \begin{array}{c} CH_2COOH \\ | \\ C=O \\ | \\ CH_2COOH \end{array} \xrightarrow[(38\%)]{NaHPO_3}$$

参加反应的醛可以是甲醛（甲醛水溶液或多聚甲醛），也可以是活性较大的其他脂肪醛（如乙醛、丁醛、丁二醛、戊二醛等）和芳香醛（如苯甲醛、糠醛），但它们的活性均比甲醛低。例如，抗真菌药盐酸萘替芬（naftifine hydrochloride）中间体的合成。

$$\text{CH}_2\text{NHCH}_3 \ + \ HCHO \ + \ PhCOCH_3 \xrightarrow[(90\%)]{H^\oplus} \text{CH}_2\text{N(CH}_3\text{)CH}_2\text{CH}_2\text{COPh}$$

典型的 Mannich 反应中还必须有一定浓度的质子，这才有利于形成亚甲胺碳正离子，因此反应所用的胺（或氨）常为盐酸盐。反应所需的质子和活性化合物的酸度有关。例如，镇痛药盐酸曲马多（tramadol hydrochloride）中间体的合成。

$$\text{环己酮} \ + \ HCHO \ + \ (CH_3)_2NH \cdot HCl \xrightarrow{C_2H_5OH} \quad \xrightarrow[(93\%)]{NaOH} \quad$$

除酮外，酚类、酯及杂环含有活性氢的化合物也可发生 Mannich 反应。例如，抗炎药吲哚美辛（indometacin）等的中间体——3- 二甲胺甲基吲哚的合成。

含多个 α- 活泼氢的不对称酮进行 Mannich 反应，所得产物往往是一个混合物，用不同的 Mannich 试剂，可获得区域选择性的产物。利用烯氧基硼烷与碘化二甲基铵盐反应，可提供区域选择性合成 Mannich 碱的新方法。

$$(C_2H_5)_2CHC{=}CHCH_2CH_3 \ + \ (CH_3)_2\overset{\oplus}{N}{=}CH_3I^{\ominus} \xrightarrow{(94\%)} (C_2H_5)_2CHC{-}CHCH_2N(CH_3)_2$$

将环己酮转变成烯醇锂盐，然后分批投入亚铵三氟乙酸盐与之反应，可以区域选择性地合成 Mannich 碱。

如用亚甲基二胺为 Mannich 试剂，预先用三氟乙酸处理，即能得到活泼的亲电试剂亚甲胺正离子的三氟乙酸盐，经分离后与活性氢化物反应，可直接制备 Mannich 碱。

$$(CH_3)_2NCH_2N(CH_3)_2 \ + \ 2CF_3COOH \longrightarrow (CH_3)_2\overset{\oplus}{N}{=}CH_2 \ + \ H_2\overset{\oplus}{N}(CH_3)_2 \ + \ 2CF_3COO^{\ominus}$$

$$(CH_3)_2CHOCOCH_3 \ + \ (CH_3)_2\overset{\oplus}{N}H{=}CH_2 \xrightarrow{CF_3COOH} (CH_3)_2CHOCOCH_2CH_2N(CH_3)_2$$

在手性催化剂的诱导下，可进行不对称 Mannich 反应。例如，α- 氟代酮酸酯和亚胺经手性硫脲催化的 Mannich 反应合成 Mannich 碱，经一步反应得 β- 内酰胺衍生物。

Mannich 反应在有机合成方法上的意义，不仅在于制备许多氨甲基化产物，并可作为中间体，通过消除和加成、氢解等反应而制备一般难以合成的产物。由于 Mannich 碱不稳定，加热后易脱去 1 个胺分子而形成烯键，利用这类化合物进行加成反应，可制得有价值的产物。例如，镇吐药昂丹司琼（ondansetron）中间体的合成。

二、Pictet-Spengler 反应

β- 芳乙胺与醛在酸性溶液中缩合生成 1,2,3,4- 四氢异喹啉的反应称为 Pictet-Spengler 反应。最常用的羰基化合物为甲醛或甲醛缩二甲醇。

（一）反应通式及机制

Pictet-Spengler 反应实质上是 Mannich 反应的特殊例子。β- 芳乙胺与醛首先作用得到 α- 羟基胺，再脱水生成亚胺，然后在酸催化下发生分子内亲电取代反应而闭环，所得四氢异喹啉以钯碳脱氢而得异喹啉。

（二）反应影响因素及应用实例

β- 芳乙胺的芳环反应性能对反应的难易有很大影响，如果芳环闭环位置上电子云密度较高则有利于反应进行；反之亦然。一般在该反应中，芳环上均需有供电子基团如烷氧基、羟基等存在。例如，生物碱育亨宾（yohimbine）中间体 6- 甲氧基 -1,2,3,4- 四氢异喹啉可以以间甲氧基苯乙胺和甲醛为起始原料，经 Pictet-Spengler 反应制得。

当苯甲醛等与芳乙胺环合时，反应温度不同，产物顺、反异构体比例不同，一般认为在低温下反应选择性提高。例如：

利用 Pictet-Spengler 反应制备取代四氢异喹啉时，其区域选择性可经芳环上环合部位取代基的诱导而获得。例如，3-甲氧基苯乙胺与甲醛-甲酸反应，主要生成6-甲氧基四氢异喹啉。

当在其2-位引入三甲基硅烷基后，则生成8-甲氧基四氢异喹啉。

Pictet-Spengler 反应除可用于制备四氢异喹啉外，还常用于制备其他不同类型的稠环化合物。例如，心脏病治疗药氯吡格雷硫酸氢盐（clopidogrel bisulfate）中间体的合成。

三、Prins 反应

烯烃与甲醛（或其他醛）在酸催化下加成而得 1,3-二醇或其环状缩醛 1,3-二氧六环及 α-烯醇的反应称为 Prins 反应。

（一）反应通式及机制

在酸催化下，甲醛经质子化形成碳正离子，然后与烯烃进行亲电加成。根据反应条件不同，加成物脱氢得 α-烯醇，或与水反应得 1,3-二醇，后者可再与另一分子甲醛缩醛化得 1,3-二氧六环型产物。

（二）反应影响因素及应用实例

生成 1,3- 二醇和环状缩醛的比例取决于烯烃的结构、酸催化的浓度以及反应温度等因素。乙烯反应活性较低，而烃基取代的烯烃反应比较容易。RCH＝CHR 型烯烃经反应主要得到 1,3- 二醇，但收率较低；而 $R_2C＝CH_2$ 或 RCH＝CH_2 型烯烃反应后主要得到环状缩醛，收率较好。

某些环状缩醛，特别是由 $R_2C＝CH_2$ 或 RCH＝CHR^1 形成的环状缩醛，在酸液中于较高温度下水解，或在浓硫酸中与甲醇一起回流醇解均可得到 1,3- 二醇。例如：

$$\text{（结构式）} \xrightarrow[\text{加热}]{CH_3OH/H_2SO_4} \quad (92\%) \quad \underset{OH \quad CH_2OH}{CH_3CH_2-CH_2}$$

例如，抗菌药氯霉素（chloramphenicol）中间体的合成。

$$PhCH＝CH_2 + Cl_2 \xrightarrow{H_2O} \underset{OH}{PhCH-CH_2Cl} \xrightarrow{TsOH} PhCH＝CHCl \xrightarrow{2HCHO}$$

$$\text{（结构式）} \xrightarrow{NH_3} \text{（结构式）} \xrightarrow[\text{加热}]{H^{\oplus}} \underset{OH \quad NH_2}{PhCH-CHCH_2OH} \quad (55\%)$$

反应通常用稀硫酸催化，亦可用磷酸、强酸性离子交换树脂以及 BF_3、$ZnCl_2$ 等 Lewis 酸作催化剂。如用盐酸催化，则可能发生 γ- 氯代醇的副反应。例如：

$$\text{（结构式）} + H-\underset{O}{\overset{||}{C}}-H \xrightarrow{HCl/ZnCl_2} (23\%) \text{（结构式）}$$

Prins 反应中除了使用甲醛外，亦可使用其他醛。

$$(CH_3)_2C＝CH_2 + 2CH_3CHO \xrightarrow{25\% H_2SO_4} (98\%) \text{（结构式）}$$

苯乙烯与甲醛进行 Prins 反应，如在有机酸（如甲酸）中进行，则生成 1,3- 二醇的甲酸酯，经水解得 1,3- 二醇。

$$\text{（结构式）}-CH＝CH_2 + HCHO \xrightarrow{HCOOH} (51\%) \text{（结构式）}$$

$$\xrightarrow{H_2O} (100\%) \text{（结构式）}$$

若反应在酸性树脂催化下进行，则得 4- 苯基 -1,3- 二氧六环。

$$\text{（结构式）}-CH＝CH_2 \xrightarrow[\text{酸性树脂}]{HCHO} (91\%) \text{（结构式）}$$

四、Blanc 反应

芳烃在甲醛、氯化氢及无水 $ZnCl_2$（或 $AlCl_3$、$SnCl_4$）或质子酸（H_2SO_4、H_3PO_4、HOAc）等缩合剂的存在下，在芳环上引入氯甲基（$-CH_2Cl$）的反应，称为 Blanc 反应。此外，多聚甲醛 / 氯化氢、二甲氧基甲烷 / 氯化氢、氯甲基甲醚 / 氯化锌、双氯甲基醚或 1- 氯 -4-（氯甲氧基）丁烷 /Lewis 酸也可作氯甲基化试剂。如用溴化氢、碘化氢代替氯化氢，则会发生溴甲基化和碘甲基化反应。

（一）反应通式及机制

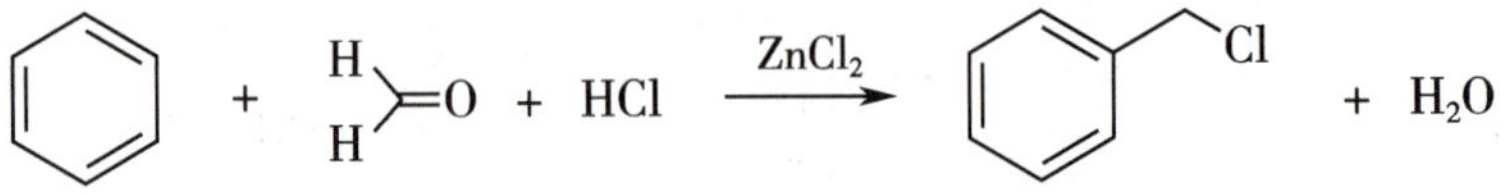

氯甲基化反应机制为芳香环上的亲电取代反应：

$$H_2C{=}O + H^{\oplus} \rightleftharpoons \left[H_2C{=}\overset{\oplus}{O}H \longleftrightarrow {}^{\oplus}CH_2OH \right]$$

$$ArH + {}^{\oplus}CH_2OH \longrightarrow ArCH_2OH + H^{\oplus}$$

$$ArCH_2OH + HCl \rightleftharpoons ArCH_2Cl + H_2O$$

如用氯甲基甲醚 / 氯化锌：

$$CH_3OCH_2Cl + ZnCl_2 \longrightarrow H_3C{-}\overset{\oplus}{\underset{\underset{ZnCl_2}{|}}{\ddot{O}}}{-}CH_2Cl \rightleftharpoons CH_3\overset{\ominus}{O}ZnCl_2 + \overset{\oplus}{C}H_2Cl$$

$$ArH + \overset{\oplus}{C}H_2Cl \longrightarrow ArCH_2Cl + H^{\oplus}$$

$$CH_3\overset{\ominus}{O}ZnCl_2 + H^{\oplus} \longrightarrow CH_3{-}\underset{\underset{H}{|}}{\overset{\oplus}{O}}{-}\overset{\ominus}{Z}nCl_2 \longrightarrow CH_3OH + ZnCl_2$$

（二）反应影响因素及应用实例

芳环上氯甲基化的难易程度与芳环上的取代基有关。若芳环上存在给电子基团（如烷基、烷氧基等），则有利于反应进行。对于活性大的芳香胺类、酚类，反应极易进行，但生成的氯甲基化产物往往进一步缩合，生成二芳基甲烷，甚至得到聚合物。而吸电子基团（如硝基、羧基、卤素等）则不利于反应进行，如间二硝基苯、对硝基氯苯等不能发生反应。例如：

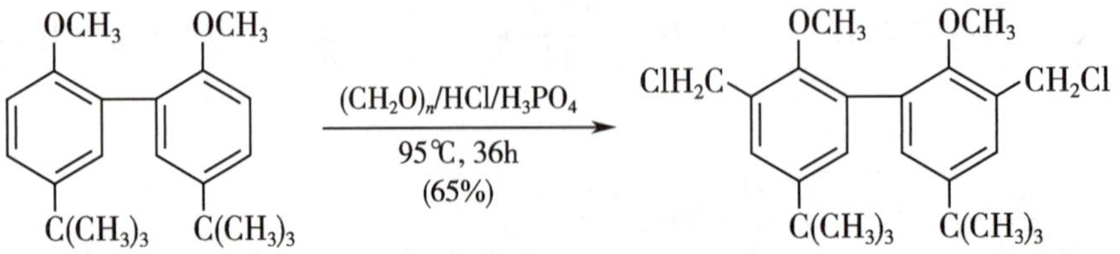

电子云密度较低的芳香化合物常用氯甲基甲醚试剂，如：

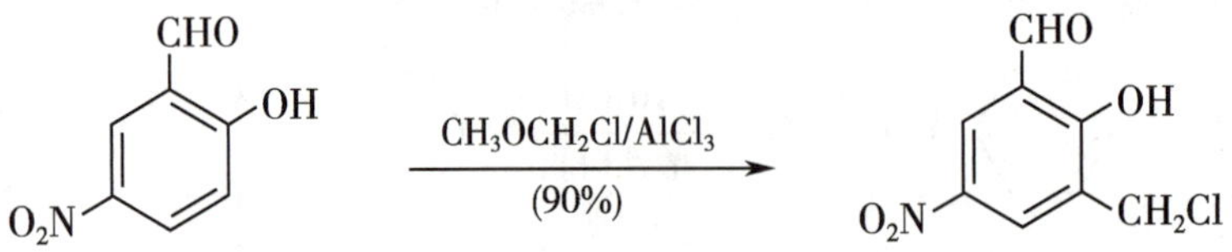

若用其他醛如乙醛、丙醛等代替甲醛,则可得到相应的氯甲基衍生物。

随着反应温度的升高,反应条件不同,可引入两个或多个氯(溴)甲基基团。

氯甲基化反应在有机合成中甚为重要,因引入的氯甲基可以转化成—CH_2OH、—CH_2OR、—CH_2CN、—CHO、—$CH_2NH_2(NR_2)$及—CH_3等基团,还可以延长碳链。

例如,烯丙胺类抗真菌药盐酸布替萘芬(butenafine hydrochloride)的合成过程中涉及氯甲基化反应,得到的氯甲基化产物被甲胺取代可达到延长碳链的目的。

五、药物合成实例分析

唑那普利(quinapril)临床上用于肾性高血压和原发性高血压及充血性心力衰竭。在唑那普利的合成过程中涉及 Pictet-Spengler 反应。

1. 反应式

（**2**）　　　　　　　　　　　　　　（**1**）

2. 反应操作

于反应瓶中加入 α-苯丙氨酸(**2**)75g(0.455mol)、36% 甲醛 170ml 和浓盐酸 575ml,水浴锅搅拌加热反应 1.5 小时。再加入 36% 甲醛 75ml 和浓盐酸 150ml,并继续加热 3 小时。冷却,过滤。滤饼溶解在 100ml 热水中,再加入热乙醇 200ml,趁热加入 10% 氨水,用刚果红检验至中性。冷却后过滤生成结晶,乙醇洗涤、干燥,得(**1**)49.5g,收率 61%,m.p. 326℃(dec)。用乙醇-水重结晶,得闪光片状结晶,m.p. 335℃(dec)。

3. 反应影响因素　　反应过程中,若将反应温度降低至 90℃,可避免溶剂大量挥发,收率可提高到 78.5%。

第五节　其他缩合反应

一、安息香缩合反应

芳醛在含水乙醇中,以氰化钠(钾)为催化剂,加热后发生双分子缩合生成 α-羟基酮的反应称为安息香缩合(benzoin condensation)。

(一)反应通式及机制

反应过程首先是氰离子对羰基加成,进而发生质子转移,形成苯甲酰负离子等价体(benzoyl anion equivalent)。该碳负离子与另一分子苯甲醛的羰基进行加成,后消除氰负离子,得到 α-羟基酮。

(二)反应影响因素及应用实例

某些具有烷基、烷氧基、卤素、羟基等给电子基团的苯甲醛可发生自身缩合,生成对称的 α-羟基酮。

4-(二甲氨基)苯甲醛的自身缩合反应难以进行,但其可与苯甲醛反应生成不对称的 α-羟基酮。

安息香缩合亦可在某些相转移催化剂的作用下进行,例如将少量的氰化四丁基铵在室温下加至 50% 的甲醇水溶液中，即能实现苯甲醛向安息香的转化。除了氰离子可作为安息香缩合的催化剂外，亦可用 N-烷基噻吩鎓盐、咪唑鎓盐、维生素 B_1 等作为催化剂。

例如，抗癫痫药苯妥英钠（phenytoin sodium）是以苯甲醛为起始原料，在维生素 B_1 的催化下，经安息香缩合，再经氧化、苯偶姻重排以及与尿素缩合，水解而制得。

二、Michael 加成反应

活性亚甲基化合物和 α,β-不饱和羰基化合物在碱性催化剂的存在下发生加成而缩合成 β-羰烷基类化合物的反应，称为 Michael 加成反应。

（一）反应通式及机制

一般认为，Michael 反应机制如下：在催化量碱的作用下，活性亚甲基化合物转化成碳负离子，进而与 α,β-不饱和羰基化合物发生亲核加成而缩合成 β-羰烷基类化合物。

（二）反应影响因素及应用实例

在 Michael 加成反应中，活性亚甲基化合物称为 Michael 供电体，一般包括丙二酸酯类、β-酮酯类、氰乙酸酯类、乙酰丙酮类、硝基烷类、砜类等；而 α,β-不饱和羰基化合物及其衍生物则称 Michael 受电体，是一类亲电的共轭体系，一般包括 α,β-烯醛类、α,β-烯酮类、α,β-炔酮类、α,β-烯腈类、α,β-烯酯类、α,β-烯酰胺类、α,β-不饱和硝酸化合物等。

一般而言，供电体的酸性强，则易形成碳负离子，其活性亦大；而受电体的活性则与 α,β-不饱和键上连接的官能团性质有关，官能团吸电子能力越强，活性亦越大。因而同一加成产物可由两个不同的反应物（供电体和受电体）组成。例如，供电体丙二酸二乙酯和苯乙酮相比，前者酸性（$pK_a=13$）较后者（$pK_a=19$）大，若采用哌啶或吡啶等弱碱催化，在同一条件下反应，则前者可得到收率很高的加成产物，而后者较困难。

$$C_6H_5CH=CHCOC_6H_5 + CH_2(COOC_2H_5)_2 \xrightarrow[\text{加热}]{\text{NH/EtOH}} C_6H_5COCH_2\overset{\overset{\displaystyle C_6H_5}{|}}{C}HCH(COOC_2H_5)_2$$

(98%)

$$C_6H_5CH=C(COOC_6H_5)_2 + C_6H_5COCH_3 \xrightarrow[\text{加热}]{\text{NH/EtOH}} C_6H_5COCH_2\overset{\overset{\displaystyle C_6H_5}{|}}{C}HCH(COOC_2H_5)_2$$

(35%)

不对称酮的 Michael 加成主要发生在取代基多的碳原子上,因烷基取代基的存在大大增强了烯醇负离子的活性,故有利于加成。例如,2- 甲基环己烷 -1,3- 二酮与 3- 戊烯酮的合成中涉及此类反应。

Michael 加成反应常用的催化剂有醇钠(钾)、氢氧化钠(钾)、金属钠、氨基钠、氢化钠、哌啶、吡啶、三乙胺以及季铵碱等。碱催化剂的选择与供电体的活性和反应条件有关。除了碱催化外,该反应亦可在质子酸(如三氟甲磺酸)、Lewis 酸、氧化铝等催化下进行。例如,2- 氧代环己基甲酸乙酯与丙烯酸乙酯在三氟甲磺酸(TfOH)催化下,可高产率地生成 1,4- 加成产物。

经典的 Michael 反应常在质子性溶剂中在催化量碱的作用下进行,但近年的研究表明,等摩尔量的碱可将活性亚甲基转化成烯醇式,反应收率更高,选择性强。例如,非甾体抗炎药卡洛芬(carprofen)中间体的合成。

一些简单的无机盐如氯化铁、氟化钾等亦可催化 Michael 反应。例如,抗脑血管药巴氯芬(baclofen)中间体的合成。

通过 Michael 加成反应可在活性亚甲基上引入含多个碳原子的侧链。例如,嘌呤衍生物中间体的合成采用了此反应。

利用环酮与 α,β- 不饱和酮进行 1,4- 加成,继而闭环生成环化合物的反应,广泛用于甾族、萜类化合物的合成。例如,镇静催眠药格鲁米特(glutethimide)的合成。

三、Darzens 反应

醛或酮与 α- 卤代酸酯在碱催化下缩合生成 α,β- 环氧羧酸酯(缩水甘油酸酯)的反应称为 Darzens 反应。

(一)反应通式及机制

α- 卤代酸酯在碱性条件下生成相应的碳负离子中间体,碳负离子中间体亲核进攻醛或酮的羰基碳原子,发生醛醇型加成,再经分子内 S_N2 取代反应形成环氧丙酸酯类化合物。

(二)反应影响因素及应用实例

参与反应的醛、酮,除脂肪醛外,芳香醛、脂肪酮、脂环酮以及 α,β- 不饱和酮等均可顺利进行该反应。

除常用的 α- 氯代酸酯外，有时也可用 α- 卤代酮、α- 卤代腈、α- 卤代亚砜和砜、α- 卤代 -N,N- 二取代酰胺及苄基卤代物等。例如，治疗肺动脉高压药物安立生坦（ambrisentan）中间体的合成。

$$Ph_2C\!=\!O \ + \ ClCH_2CO_2CH_3 \xrightarrow[\text{MTBE}]{\text{CH}_3\text{ONa}} \ \underset{Ph}{\overset{Ph}{\diagdown}}\!\!\!\!\!\!\overset{O}{\triangle}\!\!-CO_2CH_3$$

α,β- 环氧酸酯是极其重要的有机合成中间体，可经水解、脱羧转变成比原有反应物醛、酮多 1 个碳原子的醛、酮。例如，镇吐药大麻隆（nabilone）中间体的合成。

Darzens 反应常用的碱性催化剂有醇钠（钾）、氨基钠、LDA 等，其中醇钠最常用，对活性差的反应物常用叔醇钾和氨基钠。例如，治疗心绞痛药物乳酸心可定（prenylamine lactate）中间体的合成。

手性试剂参与的不对称 Darzens 反应可获得较好的立体选择性。如对称或不对称酮与 α- 氯乙酸（−）-8- 苯基薄荷酯在叔丁醇钾的存在下反应，得到产物的非对映选择性在 77%～96%。

手性相转移催化剂亦可催化不对称 Darzens 反应。

四、Reformatsky 反应

醛、酮与 α- 卤代酸酯在金属锌粉存在下缩合而得 β- 羟基酸酯或脱水得 α,β- 不饱和酸酯的反应称为 Reformatsky 反应。

（一）反应通式及机制

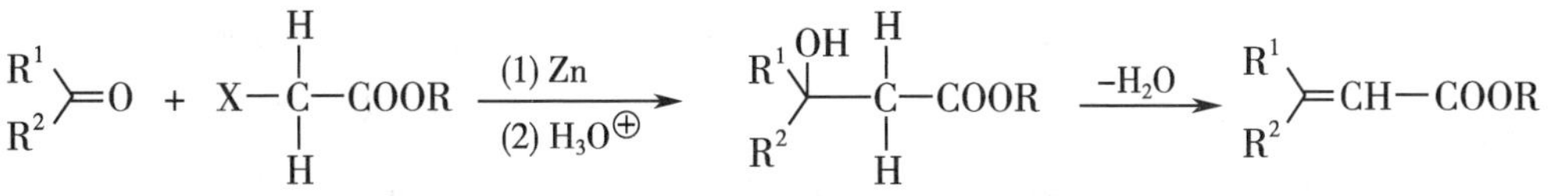

$$R^1_{R^2}{>}C{=}O + X{-}\underset{H}{\overset{H}{\underset{|}{\overset{|}{C}}}}{-}COOR \xrightarrow[\text{(2) } H_3O^{\oplus}]{\text{(1) Zn}} R^1_{R^2}\underset{|}{\overset{OH}{\underset{|}{\overset{|}{C}}}}\underset{H}{\overset{H}{\underset{|}{\overset{|}{C}}}}{-}COOR \xrightarrow{-H_2O} R^1_{R^2}{>}CH{-}COOR$$

（二）反应影响因素及应用实例

Reformatsky 反应中，α-碘代酸酯的活性最大，但稳定性差；α-氯代酸酯的活性小，与锌的反应速率慢，甚至不反应；α-溴代酸酯使用最多。α-卤代酸酯的活性次序为：

$$ICH_2COOC_2H_5 > BrCH_2COOC_2H_5 > ClCH_2COOC_2H_5$$

$$XCH_2COOC_2H_5 < X\underset{R}{\overset{}{\underset{|}{CH}}}COOC_2H_5 < X\underset{R}{\overset{R^1}{\underset{|}{\overset{|}{C}}}}{-}COOC_2H_5$$

α-多卤代酸酯亦可与醛、酮发生 Reformatsky 反应。例如：

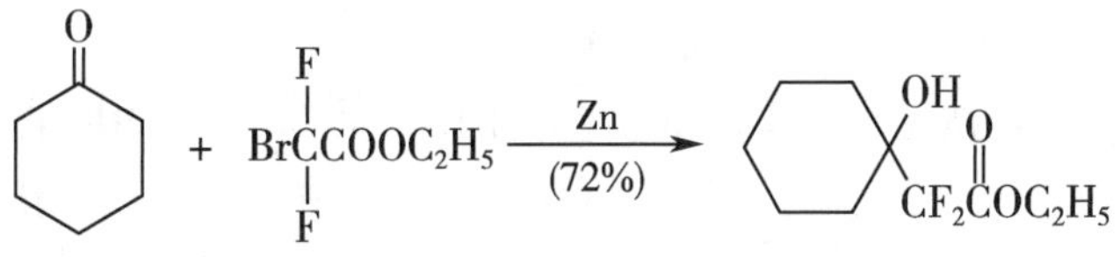

各种醛、酮均可进行 Reformatsky 反应，醛的活性一般比酮大，但活性大的脂肪醛在此反应条件下易发生自身缩合等副反应。当芳香醛与 α-卤代酸酯在 Sn^{2+}、Ti^{2+}、Cr^{3+} 等金属离子的催化下进行 Reformatsky 反应时，常得到（赤）型构型为主的产物。例如：

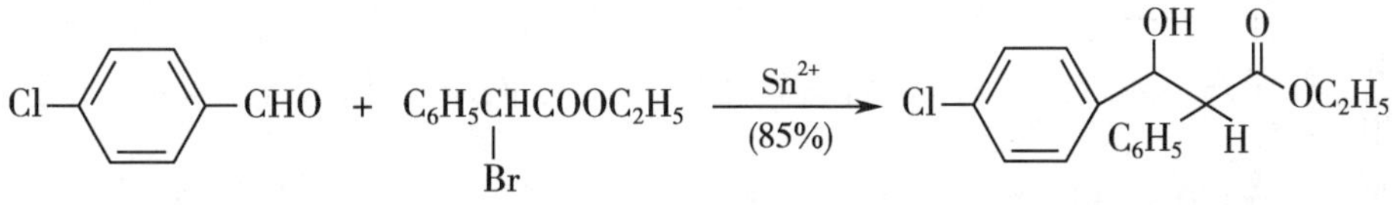

赤型/苏型=80/20

除了醛、酮外，酰氯、腈、烯胺等均可与 α-卤代酸酯缩合，分别生成 β-酮酸酯、内酰胺等。例如，高血压治疗药物奥美沙坦酯（olmesartan medoxomil）中间体的合成。

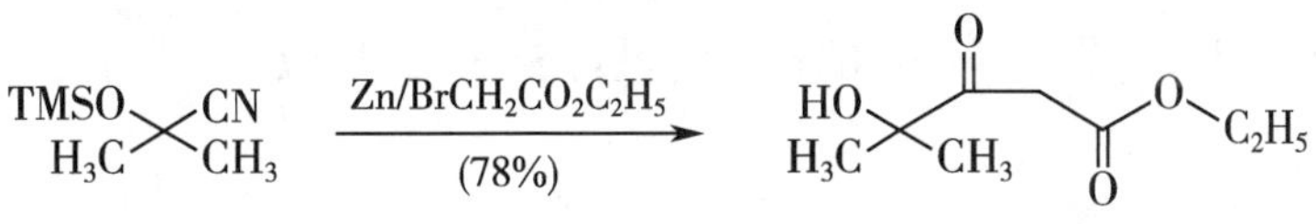

催化剂锌粉须经活化，常用 20% 盐酸处理，再用丙酮、乙醚洗涤，真空干燥而得。亦可用金属钾、钠、锂-萘等还原无水氯化锌制得，这种锌粉活性很高，可使反应在室温下进行，收率良好。

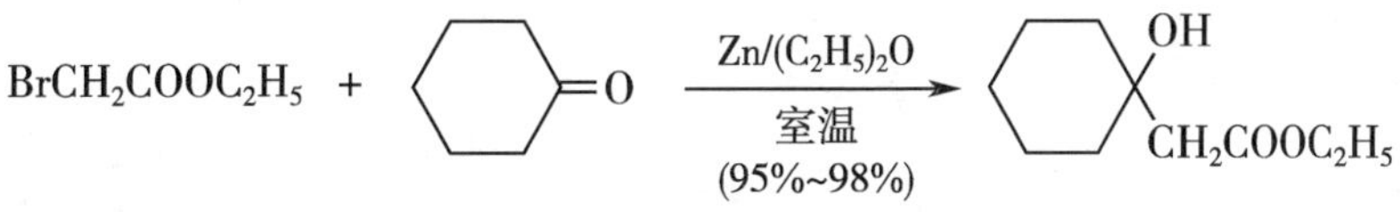

活化锌粉的另一种方法是制成 Zn-Cu 复合物或以石墨为载体的 Zn-Ag 复合物。这类复合物的活性更高，可使反应在低温下进行，且收率高，后处理方便。除了用锌试剂外，还可改

用金属镁、锂、铝等试剂。由于镁的活性比锌大，往往用于一些有机锌化合物难以完成的反应（主要是位阻大的化合物）。例如：

$$CH_3CHCOOC_4H_9\text{-}t \ + \ Mg \ + \ (C_6H_5)_2CO \xrightarrow[\quad(81\%)\quad]{} (C_6H_5)_2C\text{—}CHCOOC_4H_9\text{-}t$$
$$\underset{Br}{|} \qquad\qquad\qquad\qquad\qquad \underset{OH}{|}\ \underset{CH_3}{|}$$

α- 卤代酸酯与锌的反应基本上与制备格氏试剂（RMgX）的条件相似，需要无水操作和在有机溶剂中进行，常用的有机溶剂有乙醚、苯、四氢呋喃、二氧六环、二甲氧甲（乙）烷、二甲亚砜、二甲基甲酰胺等。不同溶剂极性对反应的选择性有一定影响。

五、Strecker 反应

脂肪族或芳香族醛、酮类与氰化氢和过量氨（或胺类）作用生成 α- 氨基腈，再经酸或碱水解得到（d,l）-α- 氨基酸类的反应称为 Strecker 反应。

（一）反应通式及机制

$$R^1\text{—}C{=}O \ + \ HCN \ + \ NH_3 \longrightarrow R^1\text{—}\overset{CN}{\underset{R(H)}{\overset{|}{\underset{|}{C}}}}\text{—}NH_2 \xrightarrow{2H_2O/HCl} R^1\text{—}\overset{COOH}{\underset{R(H)}{\overset{|}{\underset{|}{C}}}}\text{—}NH_2 \ + \ NH_4Cl$$

在弱酸性条件下，氨（或胺）向醛、酮羰基碳原子发生亲核进攻，生成 α- 氨基醇，进而脱水生成亚胺离子，然后氰基负离子与亚胺发生亲核加成，最终水解成 α- 氨基酸。

（二）反应影响因素及应用实例

反应中若用伯胺或仲胺代替氨，则得 N- 单取代或 N,N- 二取代的 α- 氨基酸。若采用氰化钾（或氰化钠）和氯化铵的混合水溶液代替 HCN/NH$_3$，则操作简便、安全，反应后也生成 α- 氨基腈。

$$R^1\text{—}\overset{O}{\underset{R(H)}{\overset{\|}{\underset{|}{C}}}} \ + \ NH_4Cl \ + \ KCN \xrightarrow{H_2O} R^1\text{—}\overset{CN}{\underset{R(H)}{\overset{|}{\underset{|}{C}}}}\text{—}NH_2 \ + \ KCl \ + \ H_2O$$

亦可用氰化三甲基硅烷代替剧毒的氰化氢进行 Strecker 反应。例如：

$$\underset{Ph}{\overset{\overset{Ts}{\underset{\|}{N}}}{}}{} \ + \ (CH_3)_3SiCN \xrightarrow[\substack{DMA/H_2O \\ (98\%)}]{AcOLi} \underset{Ph}{\overset{\overset{Ts}{\underset{|}{HN}}}{}}{}CN$$

多种有机催化剂可促进 Strecker 反应的进行，如有机磷酸、氨基磺酸、盐酸胍、脲、硫脲衍生物等。

Strecker 反应广泛用于制备各种 (d,l)-α- 氨基酸。如 (d,l)-α- 氨基苯乙酸的合成。

$$\text{C}_6\text{H}_5\text{—CHO} + \text{HCN} \longrightarrow \text{C}_6\text{H}_5\text{—}\underset{\text{OH}}{\text{CHCN}} \xrightarrow{\text{NH}_3} \text{C}_6\text{H}_5\text{—}\underset{\text{NH}_2}{\text{CHCN}}$$

$$\xrightarrow[\text{(37\%)}]{\text{H}_3\text{O}^{\oplus}} \text{C}_6\text{H}_5\text{—}\underset{\text{NH}_2}{\text{CHCOOH}}$$

近年来，应用不对称 Strecker 反应合成具有光学活性的 α- 氨基酸取得了较大的进展。在不对称 Strecker 反应中，手性源可来自胺、醛（酮）或手性催化剂。利用 (R)-α- 氨基苯乙醇为手性源，经不对称 Strecker 反应可制备一系列光学活性纯的 α- 氨基酸。

$$\underset{\text{H}_2\text{N}}{\overset{\text{Ph}}{\diagdown}}\text{OH} \xrightarrow{\text{RCHO/KCN/NH}_4\text{Cl}} R\text{—}\underset{\text{CN}}{\overset{\text{H}}{\text{N}}}\text{—}\underset{\text{OH}}{\overset{\text{Ph}}{\diagdown}} \xrightarrow[\text{(2) HCl}]{\text{(1) Pb(OAc)}_4} R\text{—}\underset{\text{COOH}}{\overset{\text{NH}_2}{\diagdown}}$$

六、药物合成实例分析

吉米沙星（gemifloxacin）是一种强效新喹诺酮类抗菌药，该药对耐甲氧西林的金黄葡萄球菌和关键呼吸系统病原菌（如流感嗜血杆菌、黏膜炎莫拉菌和肺炎球菌）有很好的疗效。吉米沙星的合成过程中涉及缩合得 α,β- 不饱和酸酯的反应。

1. 反应式

$$\underset{\text{（2）}}{\overset{\text{F}\quad\text{CN}}{\underset{\text{Cl}\quad\text{N}\quad\text{Cl}}{\bigcirc}}} + \text{BrCH}_2\text{COOC}_2\text{H}_5 \xrightarrow[\text{(2) H}^+]{\text{(1) Zn/酸化}} \underset{\text{（1）}}{\overset{\text{CH}_2\text{CO}_2\text{C}_2\text{H}_5}{\underset{\text{Cl}\quad\text{N}\quad\text{Cl}}{\overset{\text{F}}{\bigcirc}\text{C=O}}}}$$

2. 反应操作　于反应瓶中加入 THF 60ml、锌粉 4.12g（63.2mmol）、甲磺酸 24mg，搅拌下加热回流 1.5 小时。加入 2,6- 二氯 -3- 氰 -5- 氟基吡啶（**2**）8.0g（41.9mmol），而后滴加溴乙酸乙酯 8.8g（52.7mmol），约 1.5 小时加完。加完后继续回流反应 2.5 小时。TLC 监测反应至完全，冷至 0～10℃，加入 18% 的盐酸调至 pH 为 2～3。用二氯甲烷提取（30ml×3），合并二氯甲烷层，减压蒸出溶剂，得浅黄色油状液体亚胺中间体。将其溶于 40ml 无水乙醇中，室温慢慢加入氯化氢饱和的乙醇溶液约 6ml，搅拌反应 2 小时。过滤析出固体，用 70% 冷乙醇洗涤，干燥，得白色固体（**1**）10.3g，收率 88%，m.p.66.1～67.4℃。

3. 反应影响因素　本反应理论收率是 78%，但亚胺中间体的酯基在强酸条件下易发生水解反应，会影响产物的收率和纯度。该反应可进一步改进，原料（**2**）可经低温酸化、萃取后得亚胺中间体，进一步在无水条件下经酸催化醇解得到产物（**1**），由此可避免酸催化水解引起的副反应，总收率可达 93%，纯度 99%。

第六节　缩合反应新进展

随着缩合反应的飞速发展,新试剂、新方法不断被人们发现,例如 Suzuki 偶联反应、Grubbs 反应、Hantzsch 反应等,这些反应的发现对药物合成的发展起到了非常重要的作用。

(一) Suzuki 偶联反应

Suzuki 偶联反应是在零价钯配合物催化下,芳基或烯基硼酸或硼酸酯与氯、溴、碘代芳烃或烯烃发生交叉偶联。

1. 反应通式及机制

$$RX \ + \ R^1BY_2 \xrightarrow{\text{Pd催化剂}} R-R^1$$

(R=芳基, 烯基, 烷基)
(X=Cl, Br, OTf; Y=OH, OR^{2}等)

Suzuki 偶联反应机制为一个三步历程的催化循环:(1)氧化加成;(2)转移金属化作用;(3)还原消除。

2. **反应影响因素及应用实例**　Suzuki 偶联所用的亲核试剂为各类硼酸衍生物,其性质稳定、低毒、易保存。而且硼原子与碳原子具有相近的电负性,使得该类亲核试剂可以有其他功能基团存在。另外,其产生的硼化合物副产品易于后处理。由此可见,各类硼酸衍生物作为其亲核试剂是奠定其地位的基础。

拉帕替尼(lapatinib)是一种口服小分子表皮生长因子酪氨酸激酶抑制剂,其合成的关键步骤包括 Suzuki 反应。

(二) Grubbs 反应

Grubbs 反应即烯烃复分解反应,是指烯烃在金属卡宾催化剂的作用下,发生碳 - 碳双键的断裂,然后重新组成新的烯烃分子的过程。Grubbs 反应的主要特点是缩短了合成路线，不仅副产物少、效率高，而且原子经济性好，提高了化学合成的效率，是"绿色化学"的典范。

1. 反应通式及机制

反应第一阶段金属卡宾和一个烯烃分子结合形成一个四元环，这个环由金属原子和三个碳原子单键连接而成；反应的第二阶段四元环中的两个单键断裂得到一个乙烯分子和一个新的金属卡宾；反应第三阶段新得到的金属卡宾结合最初反应物中的一个烯烃分子形成一个新的金属四元环；反应第四阶段过渡分子分裂得到一个复分解产物和一个重构的金属卡宾分子。重构的金属卡宾分子继续参加上述循环，这样催化的烯烃复分解反应连续进行下去。反应的最终产物为一个带两个 R^1 基团（双键两侧的碳上各有一个）的烯烃和一个乙烯。

2. 反应影响因素及应用实例

随着温度提高，Grubbs 催化剂活性会大大增加，但这个规律只有在温度较低时才成立，因为高温会使 Grubbs 催化剂分解，使其失活。引发速率常数与溶剂的介电常数近似成正比，由于中间体的极性比最初状态的催化剂强，故极性大的溶剂有利于中间态分子稳定，进而提高引发速率常数。随着单体与催化剂摩尔比的增大，产率略有降低，分子质量增大，分子质量分布基本不变。

Balanol 是一种有效的蛋白激酶 C（PKC）和蛋白激酶 A（PKA）的 ATP 竞争性抑制剂，是肿瘤学研究的重要靶标。Balanol 合成的关键步骤包括烯烃复分解反应。

（三）Hantzsch 反应

Hantzsch 反应是由一分子醛、两分子 β- 酮酸酯及一分子氨发生缩合反应，得到二氢吡啶衍生物，再经氧化或脱氢得到取代的吡啶 -3,5- 二甲酸酯，后者可经水解、脱羧得到相应的吡啶衍生物。该反应的特点是可由 β- 酮酸酯和醛在氨存在下一步环化形成二氢吡啶环系，进而氧化得到 2,4,6- 三取代的吡啶衍生物。

1. 反应通式及机制

醛和氨分别与一分子 β- 酮酸酯反应得到相应中间体，两种中间体通过分子内的加成 - 消除反应发生环化形成二氢吡啶化合物，最后在氧化剂作用下芳构化形成吡啶环。

2. 反应影响因素及应用实例
不同催化剂会影响 Hantzsch 反应的产率。在水相中，D/L- 脯氨酸的催化产率最高。铵源的不同也会影响 Hantzsch 反应的产率。经比较，在水相中，相同反应条件下，$(NH_4)_2CO_3$ 作为铵源效果较好，产率较高。

非洛地平（felodipine）为二氢吡啶类钙通道阻滞剂，用于治疗高血压、心绞痛、充血性心力衰竭，该药物的合成涉及 Hantzsch 反应。

一、简答题

1．何为羟醛或醇醛(Aldol)缩合反应？它的机制是什么？

2．举例写出下列人名反应(注明反应条件)。

（1）Reformatsky 反应　　（2）Mannich 反应　　（3）Knoevenagel 反应

（4）Wittig 反应　　　　　（5）Michael 反应　　　（6）安息香缩合反应

（7）Perkin 反应　　　　　（8）Darzens 反应　　　（9）Blanc 反应

（10）Claisen-Schmidt 反应

3．Knoevenagel-Doebner 反应与 Perkin 反应有何异同？

4．写出通过交叉羟醛缩合并脱水形成肉桂醛的醛或酮。

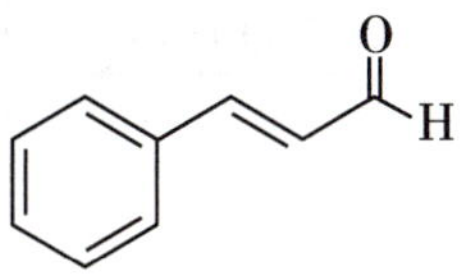

5．写出下列转化的反应机制。

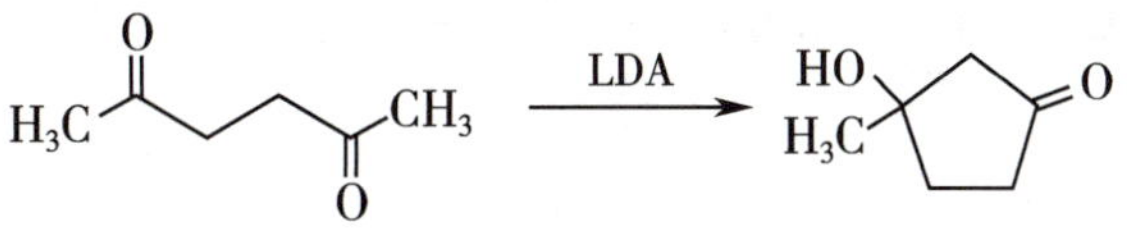

二、完成下列反应

1．

$$2CH_3CHO \xrightarrow{\text{NaOH}} [\qquad]$$

2．

$$2CH_3CH_2COCH_3 \xrightarrow{C_6H_5N(CH_3)_2MgBr/PhH/(C_2H_5)_2O} [\qquad]$$

3．

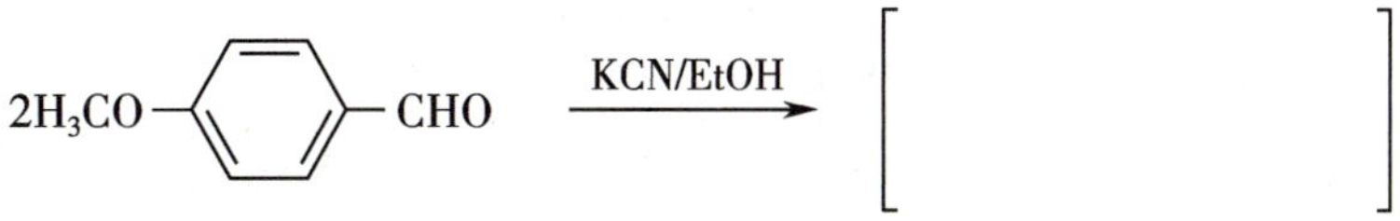

$$2H_3CO-\!\!\!\!\bigcirc\!\!\!\!-CHO \xrightarrow{\text{KCN/EtOH}} [\qquad]$$

4．

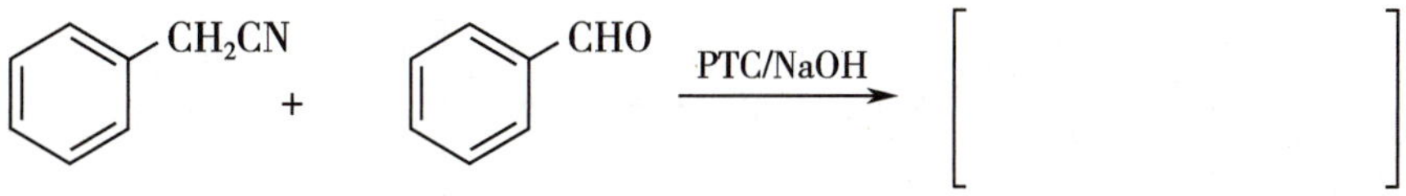

5.

$$\underset{\underset{BnO}{}}{\overset{BnO}{\bigcirc}}\text{—CHO} \quad + \quad (C_2H_5O)_2\overset{\overset{O}{\|}}{P}\text{—CH}_2\text{COOEt} \quad \xrightarrow{\text{NaH}} \quad \left[\qquad\qquad\qquad \right]$$

6.

$$\underset{\underset{H_3CO}{}}{\overset{H_3CO}{\bigcirc}}\text{—CHO} \quad + \quad CH_3NO_2 \quad \xrightarrow{\text{AcONH}_4/\text{AcOH}} \quad \left[\qquad\qquad\qquad \right]$$

7.

$$\underset{Ph}{\overset{O}{\|}}\underset{H}{} \quad + \quad O\underset{\text{COEt}}{\overset{\text{COEt}}{<}} \quad \xrightarrow{\text{CH}_3\text{COONa}} \quad \left[\qquad\qquad\qquad \right]$$

8.

$$\bigcirc\text{—CHO} \quad + \quad (PhCH_2CO)_2O \quad \xrightarrow{\text{PhCH}_2\text{COONa}} \quad \left[\qquad\qquad\qquad \right]$$

9.

$$H_3CHC{=}CHCH_2C_6H_5 \quad + \quad CH_2(COOC_2H_5)_2 \quad \xrightarrow{\overset{\bigcirc\hspace{-0.9em}\text{NH/EtOH}}{\hspace{3em}}} \quad \left[\qquad\qquad\qquad \right]$$

10.

$$\bigcirc\underset{\underset{H}{}}{C}{=}\underset{\underset{H}{}}{C}\overset{\overset{O}{\|}}{C}\bigcirc\text{—} \quad + \quad CH_2(COOC_2H_5)_2 \quad \xrightarrow{\overset{\bigcirc\hspace{-0.9em}\text{/Mg–Al}}{\hspace{3em}}} \quad \left[\qquad\qquad\qquad \right]$$

11.

$$\underset{\bigcirc}{\overset{O}{\|}}\text{—COOC}_2\text{H}_5 \quad + \quad HC{\equiv}C\text{—}\overset{\overset{O}{\|}}{C}\text{—CH}_3 \quad \xrightarrow{\overset{\overset{O}{\|}}{K_2CO_3/CH_3CCH_3}} \quad \left[\qquad\qquad\qquad \right]$$

12.

$$\underset{\bigcirc}{\overset{O}{\|}} \quad + \quad Br\overset{\overset{O}{\|}}{\diagdown}\underset{O}{}\diagdown CH_3 \quad + \quad Zn \quad \longrightarrow \quad \left[\qquad\qquad\qquad \right]$$

13.

$$\text{(furfural)} + (CH_3CO)_2O \xrightarrow{CH_3COOK/H^+} \left[\qquad \right]$$

14.

$$C_6H_5H_2C\overset{\overset{O}{\|}}{-}C{-}CH_3 + HCHO + HN(CH_3)_2 \longrightarrow \left[\qquad \right]$$

15.

$$\text{(C}_6H_5CH(C_2H_5)CN) + H_2C{=}CHCN \xrightarrow{KOH/MeOH} \left[\qquad \right]$$

16.

$$Zn + BrCH_2COOC_2H_5 + \left[\qquad \right] \xrightarrow[\text{室温}]{(C_2H_5)_2O} \text{（环己烷OH/CH}_2COOC_2H_5\text{）}$$

17.

$$(H_3C)_2HCH_2C{-}\text{（苯环）}{-}COCH_3 + ClCH_2COOC_2H_5 \xrightarrow{i{-}PrONa} \left[\qquad \right]$$

18.

$$2C_6H_5CHO \xrightarrow{\left[\qquad \right]} C_6H_5\overset{\overset{O}{\|}}{-}C\overset{\overset{OH}{\underset{H}{|}}}{-}C{-}C_6H_5$$

19.

$$\xrightarrow{HCHO/HCOOH} \left[\qquad \right]$$

20.

$$\text{（苯环）} + HCHO + HCl \xrightarrow{ZnCl_2} \left[\qquad \right]$$

三、药物合成路线设计

1. 根据所学知识,以异丁基苯、乙酰氯、氯乙酸乙酯等为主要原料,完成非甾体抗炎药布洛芬(ibuprofen)的合成路线设计。

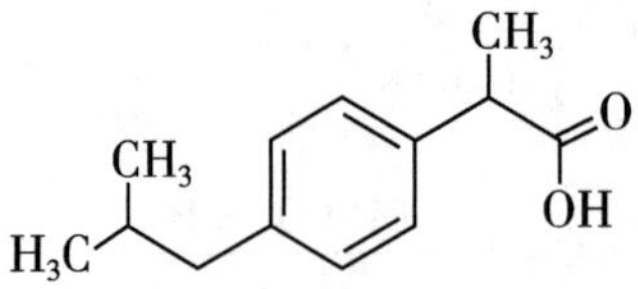

布洛芬

2. 根据所学知识，以2,3-二氯苯甲醚、丁酰氯、氯乙酸甲酯为原料，完成利尿药依他尼酸（etacrynic acid）的合成路线设计。

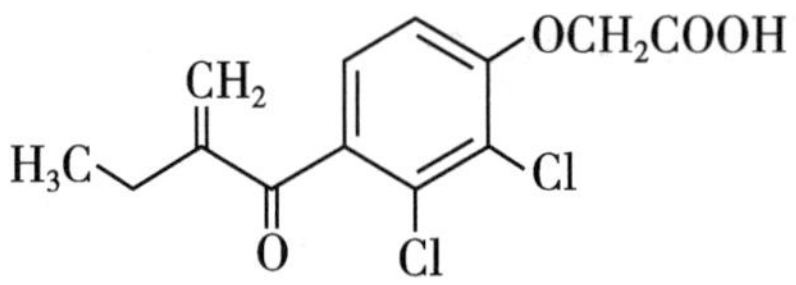

依他尼酸

3. 根据所学知识，以溴乙烷、对三氟甲基苯甲醛、三氧化铬、多聚醛、吡咯烷盐酸盐等为主要原料，完成肌肉松弛药兰吡立松（lanperisone）的合成路线设计。

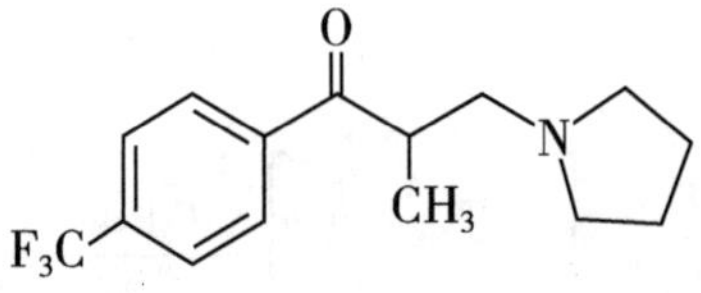

兰吡立松

（李念光）

第六章 氧化反应

【本章要点】

掌握 主要氧化剂的种类，氧化反应的分类及氧化剂的选择；氧化剂介导的烯烃、醛、酮、羟基等官能团氧化的反应特点、底物适用范围、影响因素及其应用；Swern 氧化、Oppenauer 氧化、Dess-Martin 氧化、Baeyer-Villiger 氧化等经典人名反应及其应用。

熟悉 各类氧化反应的反应机制及影响因素；氧化剂的强弱及氧化程度；DMSO 氧化、$KMnO_4$ 氧化、氧化偶联反应及其应用。

了解 生物催化氧化、光催化氧化、电催化氧化的特点及其应用。

使有机物分子中碳原子（或其他原子如 N、P、S）总氧化态升高的反应（在氧化剂作用下，能使有机分子失去电子或使参加反应的碳原子上电子云密度降低的反应）被称为氧化反应（oxidation reaction），即参与反应的有机分子中有去氢或者加氧的过程。氧化反应是有机合成中最重要、最常见的反应之一，在药物及其中间体的合成反应中应用十分广泛，是很多官能团转换的重要方式。通过氧化反应可以合成种类繁多的化合物，如醇、醛、酮、酸、酚、醌、环氧化合物、脱氢化合物等。氧化反应使用的氧化剂不同，氧化程度、反应位置、反应机制和反应产物也会不同。本章主要讨论官能团转换之间的氧化反应。

第一节 概述

一、反应分类

氧化反应的类型多种多样，有不同的分类方法。按照被氧化物的状态可分为气相氧化和液相氧化；按照操作方法可分为化学氧化（化学试剂）、催化氧化（催化剂作用下）、电解氧化（电解方法）、生化氧化（利用微生物）。本节所述主要是按所涉化学键的变化类型分类：氢消去反应、C-C 断裂反应、氢被氧置换反应、氧与底物加成反应、氧化偶联反应。

（一）氢消去反应

1. 脂肪环的芳构化 芳构化反应常用于制备苯环和五、六元芳杂环，通常环上的取代基不会对环构成干扰。

（1）催化脱氢：催化脱氢是催化加氢的逆过程，常用催化剂是贵金属，如铂、钯、铑、镍等。

脂肪环芳构化是双键催化氢化机制的逆过程，如环己烷经催化脱氢生成环己烯，环己烯继续脱氢生成苯。

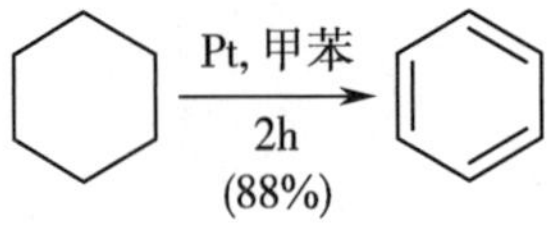

若在六元环状化合物中，含有一个或两个双键，或该环与芳环稠合，则较易实现芳构化。

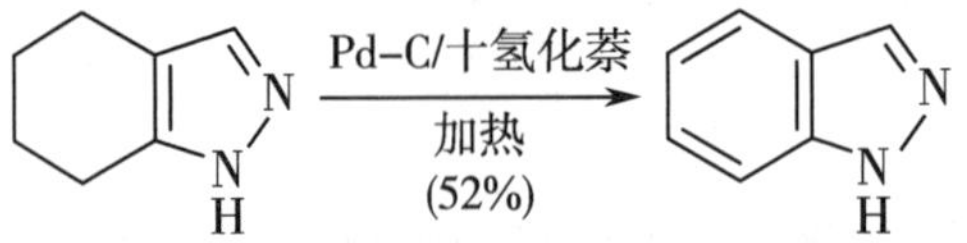

（2）醌类氧化脱氢：常用的醌类脱氢芳构化试剂主要有苯醌（BQ）、四氯苯醌（chloranil）和 2,3- 二氯 -5,6- 二氰基 -1,4- 苯醌（DDQ），其反应活性依次增大，反应时被还原成相应的氢醌。其中，DDQ 不仅可以用于难以脱氢的底物，还可氧化活泼亚甲基和羟基，得到相应的羰基化合物。具有季碳原子的环状化合物用醌类脱氢剂芳构化时，可发生骨架重排。

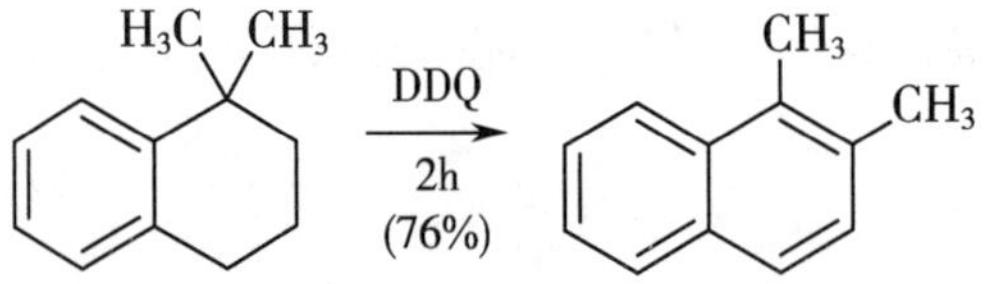

除醌类脱氢剂外，其他可用于芳构化的脱氢剂还有氧（O_2）、二氧化锰（MnO_2）、二氧化硒（SeO_2）、铬酸（H_2CrO_4）、硫单质（S）、硒单质（Se）等。

2. 脱氢生成碳 - 碳双键 工业上双键化合物的来源主要是通过石油裂解，脂肪族化合物想要在特定位置上脱氢产生双键通常是较难实现的，但也有例外，如三级胺在乙酸汞作用下形成烯胺的反应，该反应先生成亚胺鎓离子，再失去一个质子形成烯胺。

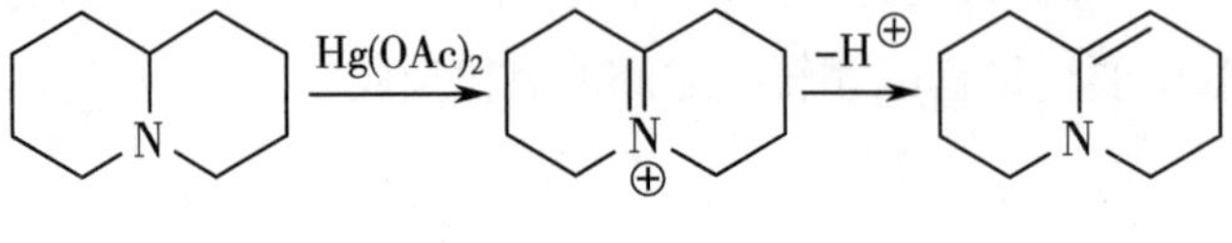

另外，SeO_2 在某些条件下可使羰基化合物失去一分子 H_2 形成 α,β- 不饱和羰基化合物，该反应常用于甾类化合物的合成。例如：

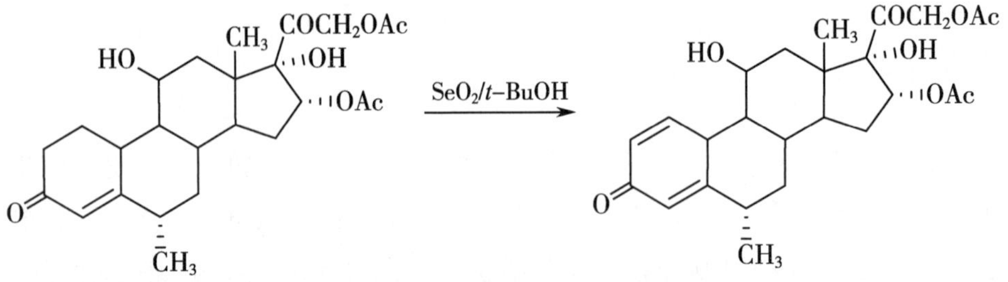

3. 醇脱氢生成醛或酮 醇在脱氢作用下可被氧化生成醛或酮。一级醇转化为醛，二级醇转化为酮，主要氧化条件有以下几种。

（1）强氧化剂：二级醇在室温或略高于室温的条件下很容易被氧化成酮。其中酸性重铬酸盐是常用试剂，还有其他一些常用的强氧化剂也有相同的作用，如高锰酸钾（$KMnO_4$）、溴素（Br_2）、三氧化铬（CrO_3）、四氧化钌（RuO_4）等。大多数此类氧化剂也可以使一级醇氧化成醛,但要防止醛进一步被氧化成羧酸。

（2）基于二甲基亚砜（DMSO）的试剂：醇与 DMSO 和 N,N'- 二环己基碳二亚胺（DCC）混合物可发生 Pfitzner-Moffatt 氧化,此条件下的一级醇可以被氧化成醛而不会进一步氧化成酸。Swern 氧化则是利用 DMSO 作氧化剂和有机碱（如三乙胺）在低温下与草酰氯协同作用将一级醇或二级醇氧化成醛或酮。

（3）Oppenauer 氧化：在碱（如叔丁基铝或异丙醇铝）存在下,二级醇和酮一起反应,醇被氧化成酮,酮被还原成二级醇。反应只在醇和酮之间发生氢原子的转移,而不涉及分子的其他部分,具有高度选择性。

除了以上氧化条件,一些高价碘试剂、金属催化剂和酶催化也能使醇氧化成醛、酮化合物。

4. 其他脱氢反应 四乙酸铅[$Pd(OAc)_4$]、过氧化镍（NiO_2）、$CuCl$—O_2—吡啶等试剂可将一级胺脱氢生成腈类化合物,一些氧化剂还可使某些一级胺氧化生成偶氮化合物。

（二）C-C 键断裂反应

1. 烯烃的臭氧氧化 烯烃化合物在低温和惰性溶剂中用臭氧处理,生成臭氧化合物,臭氧化合物被水分解可得到醛或酮。在臭氧化合物的分解过程中会生成过氧化氢（ H_2O_2 ）,为避免醛被 H_2O_2 进一步氧化,可加入锌粉（Zn）或二甲硫醚（CH_3SCH_3）,其可与 H_2O_2 反应生成 $Zn(OH)_2$ 或二甲亚砜[$(CH_3)_2S=O$]。

利用臭氧化分解得到的醛、酮产物的结构,可推测烯烃分子的结构。将臭氧化物分解后得到的醛、酮分子中的氧去掉,剩余部分用双键连接起来,即得到原来烯烃的结构。

2. 邻二醇及相关化合物的氧化裂解 1,2- 邻二醇容易被高碘酸（ H_5IO_6 ）或 $Pb(OAc)_4$ 氧化生成醛、酮化合物,该反应条件温和,操作简便,产率很高。因此,当以烯烃为原料制备醛、酮时,常常先把双键氧化成邻二醇,再用 H_5IO_6 或 $Pb(OAc)_4$ 使其裂解得到醛、酮,而不是直接使用臭氧、重铬酸盐或高锰酸盐氧化。一些其他的氧化剂与邻二醇反应也可以得到相同的产物,如活化的 MnO_2、吡啶重铬酸盐等。

H_5IO_6 和 $Pb(OAc)_4$ 这两种氧化剂的使用条件是互补的,H_5IO_6 在水溶液中反应效果较好,而 $Pb(OAc)_4$ 则更适用于有机溶剂中。当有三个或更多的羟基连在相邻的碳上时,中间的一个或几个羟基碳反应后生成甲酸。

3. 其他氧化 双键能被许多氧化剂裂解,最常用的是中性或酸性的高锰酸盐和酸性重铬酸盐,根据双键上连接基团不同,产物可能是酮或酸,或是两者混合物。芳环在足够强的氧化剂作用下可被氧化裂解,如萘氧化成邻苯二甲酸,以及环己基苯氧化成环己基羧酸。羧酸在 $Pb(OAc)_4$ 作用下亦可发生脱羧反应生成双键。

（三）氢被氧置换反应

1. α- 氢被氧置换 一些 α- 氢在氧化剂条件下可被氧置换,如羰基 α 位的甲基或亚甲基可被氧化为 α- 羟基酮、醛或羧酸衍生物。此外,苄基中的亚甲基也可发生类似氧化,典型的氧化剂有 Salen 锰和 PhIO 或其氧化物。

$$R^1 \overset{O}{\underset{}{\parallel}} CH_2 R^2 \longrightarrow R^1 \overset{O}{\underset{}{\parallel}} CH(OH) R^2$$

SeO_2 是较温和的氧化剂,常用二噁烷、乙酸、乙酐、乙腈作为反应溶剂。如果控制 SeO_2 的用量,可将羰基 α 位的活性 C—H 键氧化成羟基,此时若以酸酐为溶剂,则会生成相应的酯,从而防止羟基进一步被氧化。若溶剂中含有少量的水,会使氧化反应加速,这可能是亚硒酸(H_2SeO_3)在发生作用。

羰基 α- 位的甲基或亚甲基可以被 SeO_2 氧化,分别生成 α- 醛酮和 α- 二酮。此反应也可以在芳基或双键的 α 位发生,但是在后者的情况下,更普遍的结果是羟基化。SeO_2 是最常用的氧化剂,用 N_2O_3 或其他氧化剂也可以实现此反应。—CH_2—上含有两个芳基的底物最易被氧化,许多氧化剂都可以氧化这些底物。

$$R^1 \overset{O}{\underset{}{\parallel}} CH_2 R^2 \xrightarrow{SeO_2} R^1 \overset{O}{\underset{}{\parallel}} \overset{}{\underset{O}{\parallel}} R^2$$

2. 甲苯的氧化 芳环上的甲基可被多种氧化剂氧化成醛。Etard 氧化是以铬酰氯(CrO_2Cl_2)为氧化剂,将苄甲基氧化为醛基,产率较高。CrO_3 和乙酸酐(Ac_2O)的混合物也是一种将苄甲基氧化为芳醛的常用试剂,该反应中间体酰基缩醛[$ArCH(OAc)_2$]可防止被进一步氧化,酰基缩醛水解再生成醛。可将 $ArCH_3$ 转变成 $ArCHO$ 的其他氧化剂还有硝酸铈铵(CAN)和氧化银等。

$$\text{甲苯} \xrightarrow[\text{(80\%)}]{CrO_2Cl_2} \text{苯甲醛}$$

3. 稠环芳烃的氧化 像萘、蒽和菲等较活泼的稠环芳烃可被多种氧化剂直接氧化成醌,但产率通常不高。

4. 其他氧化 至少含有一个伯烷基的醚能被 RuO_4 氧化成相应的羧酸酯,反应产率较高。胺类化合物还可以被氧化成相应的醛、酮、羧酸、亚硝基化合物。

(四)氧与底物加成反应

1. 羧酸氧化成过氧酸 用 H_2O_2 和酸催化剂氧化羧酸是制备过氧酸的最好方法。$(CH_3)_2C(OCH_3)OOH$ 与 DCC 的混合物也可以实现此反应。对于脂肪族羧酸来说,最常用的催化剂是浓硫酸。该反应为可逆反应,依靠除去水或加入过量的反应物使平衡向右移动。对芳族羧酸来说,常用的催化剂是甲磺酸,并且其可直接作为溶剂。

$$R\overset{O}{\underset{}{\parallel}}OH \underset{}{\overset{H_2O_2/H^\oplus}{\rightleftharpoons}} R\overset{O}{\underset{}{\parallel}}O{-}OH + H_2O$$

2. 三级胺及其他氧化 叔胺能被氧化成氧化胺,常用的氧化剂是 H_2O_2,产率较高,此外过酸也是实现此反应的重要试剂。非端炔可被氧化成二酮,常用氧化剂为四氧化锇(OsO_4)、中性 $KMnO_4$。

$$R_3N \xrightarrow{H_2O_2} R_3\overset{\oplus}{N}-\overset{\ominus}{OH}$$

（五）氧化偶联反应

1. 涉及碳负离子的偶联 连有吸电基的卤代烷可在碱作用下二聚成烯。吸电基团可以是硝基、芳基等。

2. 硫醇的氧化 硫醇在氧化剂存在下易被氧化生成二硫化物。过氧化氢是该反应最常用的氧化剂，其他氧化剂也可完成此反应，如 $KMnO_4/CuSO_4$、相转移条件下的 Br_2、过硼酸钠以及 NO 等。

$$2RSH \xrightarrow{H_2O_2} RSSR$$

二、反应机制

氧化反应中的反应底物不同或使用的氧化剂不同，反应机制也会有所不同，氧化反应的机制一般可分为电子型和自由基型两大类。

（一）电子型反应机制

1. 亲核反应 亲核反应机制包括亲核消除、亲核加成和亲核取代机制。

（1）亲核消除：SeO_2 氧化羰基 α- 位亚甲基生成二羰基化合物的反应属于亲核消除反应机制。酮的烯醇式作为亲核试剂进攻 SeO_2 先形成硒酸酯，再发生迁移重排，羰基底物夺取 SeO_2 的氧形成二羰基化合物，SeO_2 则被还原成单质硒。

（2）亲核加成：过氧化物（ROOH）氧化 α,β- 不饱和酮形成 α,β- 环氧化酮，使缺电子双键形成环氧化合物的反应属于亲核加成反应机制。$ROO^{\ominus}$ 对 α,β- 不饱和酮的双键进行亲核加成，使缺电子的烯烃变为环氧化合物，此过程中双键可能会形成单键，故链状化合物中存在构型变换的可能，其趋势是由不太稳定的构型变为稳定构型。

（3）亲核取代：用 DMSO 将伯卤代烷氧化成醛的反应属于亲核取代反应机制。反应过程中，先经 S_N2 取代作用生成烷氧基硫离子中间体，再通过碱拔去一个质子和二甲硫醚得到醛。

$$\xrightarrow[-H^{\oplus}]{\text{碱}} \quad \text{[结构式]} \quad \longrightarrow CH_3SCH_3 + RCHO$$

Pb(OAc)$_4$ 氧化羰基的 α 位生成 α- 乙酸酯酮的反应也属于亲核取代反应机制。酮的烯醇式作为亲核试剂进攻 Pb(OAc)$_4$ 后，酰基负离子进攻显正电的双键碳得到 α- 乙酸酯酮。

2. 亲电反应 亲电反应机制包括亲电消除、亲电加成和亲电取代机制。

（1）亲电消除：Oppenauer 氧化反应为亲电消除反应机制，醇与三烷氧基铝中的一个烷氧基交换，在负氢受体（丙酮）作用下，使底物脱去一个氢生成酮，丙酮转变成烷氧基与铝的偶联物，恢复成三烷氧基铝。

（2）亲电加成：KMnO$_4$ 氧化双键的反应属于亲电加成反应机制。反应中生成的酯是经水解生成邻二醇还是进一步氧化，取决于反应介质的 pH，pH≥12 时，反应有利于水解成邻二醇；pH<12 时，则有利于进一步氧化。加大 KMnO$_4$ 的用量或提高其浓度，有利于进一步氧化。

（3）亲电取代：SeO_2 氧化烯丙位烃基生成烯丙醇类化合物的反应属于亲电取代反应机制，SeO_2 作为亲烯组分与具有烯丙位氢的烯发生亲电烯反应（ene reaction），再经脱水、[2,3]-σ 迁移重排、硒酯裂解得到烯丙醇类化合物。

（二）自由基型反应机制

1. 自由基加成 O_2 氧化酮羰基 α-氢生成 α-羟基的反应属于自由基加成反应机制。烯醇化的酮被氧化成自由基后，进行单电子转移，生成的过氧化物经还原后得到 α-羟基酮。

2. 自由基取代 过氧酸酯在催化剂作用下氧化烯丙位烃基使富电子烯键 α-质子被烷酰氧基取代生成 α-烯酯的反应属于自由基取代反应机制。该氧化反应为单电子转移过程，溴化亚铜与过酸叔丁酯作用，生成叔丁氧基自由基和铜离子；后者与底物的烯丙位氢作用，生成烯丙基自由基；烯丙基自由基与二价铜离子作用，生成烯丙正离子；烯丙正离子和羧酸负离子作用，完成烯丙位酰氧基化，生成 α-烯酯。

3. 自由基消除　有机过氧酸和胺反应的机制类似于双键和过氧酸的环氧化反应,属于自由基消除反应机制。增加过氧酸的亲电性或胺的亲核性可加快反应速率。

$$R_3N: \quad \overset{O-O}{\underset{H \cdots O}{\overset{|}{\underset{\parallel}{C}}}}C-R^1 \longrightarrow \left[\begin{matrix} R_3N \cdots O \cdots \\ H \cdots O \end{matrix} \overset{\cdots}{\underset{\cdots}{C}}-R^1 \right] \longrightarrow R_3N \longrightarrow O + R^1COOH$$

三、氧化剂的种类

氧化反应是在氧化剂或氧化催化剂作用下实现的,氧化剂种类繁多,特点各异。因此,在药物合成中,选择符合要求的合适氧化剂是非常重要的。氧化剂可分为金属元素高价化合物、非金属元素高价化合物、无机过氧化合物、有机过氧化合物和非金属元素单质。

(一)金属元素高价化合物

常见的金属元素高价氧化物有 $KMnO_4$、MnO_2、CrO_3、重铬酸钾($K_2Cr_2O_7$)、$Pb(OAc)_4$、二氧化铅(PbO_2)等,这些氧化剂在药物合成中扮演着极其重要的角色。

1. 锰氧化剂　$KMnO_4$ 氧化范围广,可在酸性、碱性及中性介质中作用,介质不同,氧化能力不同。由于其具有较好的水溶性,常在水或水与其他溶剂的混合物中使用。其水溶液是较强的氧化剂,向其溶液中加酸会增加其氧化性。若被氧化的有机物难溶于水,可用丙酮、吡啶、冰醋酸等有机溶剂溶解。$KMnO_4$ 可与冠醚形成络合物,增加其在非极性有机溶剂中的溶解度,使其氧化能力增强。

MnO_2 作为一个温和的氧化剂,其反应活性与其结构、制备方法以及溶剂的极性相关,其中表面积是众多变量中的一个重要因素。MnO_2 的应用非常广泛,可用于多种反应,包括胺氧化、芳构化、氧化偶联和硫醇氧化等多种反应。

2. 铬氧化剂　$K_2Cr_2O_7$、重铬酸钠($Na_2Cr_2O_7$)和 H_2CrO_4 是常用的氧化剂。其中,$Na_2Cr_2O_7$ 在水中的溶解度比 $K_2Cr_2O_7$ 大,应用更广。重铬酸盐在水溶液中存在的主要形式与溶液浓度和 pH 有关。在稀溶液中,以酸性铬酸根离子存在,当浓度增大时,重铬酸根离子更占优势。

(二)非金属元素高价化合物

常见的非金属元素高价氧化物有硝酸(HNO_3)、一氧化氮(NO)、三氧化硫(SO_3)、次氯酸钠($NaClO$)、氯酸钠($NaClO_3$)、H_5IO_6、高碘酸钠($NaIO_4$)和 DMSO 等。

1. 硝酸　HNO_3 是一种强氧化剂,主要用于羧酸的制备。浓 HNO_3 的氧化能力比稀硝酸强,稀 HNO_3 被还原生成 NO,而浓 HNO_3 则被还原生成二氧化氮(NO_2)。用 HNO_3 作氧化剂的缺点是腐蚀性强、反应选择性较差、会发生硝化(芳环)和酯化(醇)反应。可用乙酸、二氧六环等溶剂稀释以调节其氧化能力。加入催化剂如铁盐、钒酸盐、钼酸盐和亚硝酸钠等可以加强 HNO_3 的氧化能力。液体有机物可直接用 HNO_3 氧化,固体有机物则常在对 HNO_3 稳定的有机溶剂中进行氧化,例如乙酸、氯苯和硝基苯等。

2. 二甲基亚砜　DMSO 是一种常用的极性非质子有机溶剂,但有时也用作氧化剂,它是一种温和的选择性氧化剂。DMSO 可以将某些活性卤代物高产率地氧化为羰基化合物。

环氧化合物可在 DMSO 存在下氧化开环, 生成 α-羟基酮, 三氟化硼（BF_3）对该反应有催化作用。例如, 环氧环己烷可在 BF_3 催化下被 DMSO 氧化成 α-羟基环己酮。

DMSO 与 DCC（Pfitzner-Moffatt 试剂）或 DMSO 与醋酐混合使用均可将伯醇、仲醇氧化生成相应的羰基化合物。该反应条件温和, 收率较高, 而且具有高度选择性, 分子中的烯键、氨基、酯基以及叔羟基等均不受影响。DMSO-DCC 氧化反应已广泛用于甾体、生物碱、糖类的氧化。

（三）无机过氧化合物

常见无机过氧化合物有 O_2、H_2O_2、Na_2O_2、过碳酸钠和过硼酸钠等。

1. 氧 氧（空气）是最廉价的氧化剂。在有机合成中, 通常是在催化剂存在下进行催化氧化, 常用的催化剂有 Cu、Co、Pt、Ag、V 或其氧化物。空气氧化属于自由基型反应机制, 生成氢过氧化物, 氢过氧化物再分解生成相应的氧化产物。

2. 过氧化氢 H_2O_2 是一种较温和的氧化剂。1mol H_2O_2 氧化时可生成 16g 活性氧。H_2O_2 氧化反应温度一般不高, 且反应后不残留杂质, 产品纯度较高, 可在中性、碱性或酸性介质中用各种不同浓度的 H_2O_2 进行反应。在中性介质中, H_2O_2 可将硫醚氧化成亚砜, 在硫酸亚铁存在下可将脂肪族多元醇氧化成羟基醛。

（四）有机过氧化合物

常用的有机过氧化物有有机过氧酸和烃基过氧化氢等。

1. 有机过氧酸 羧酸中加入双氧水即可氧化为有机过氧酸（简称过酸）。常用的过酸有过氧甲酸、过氧乙酸、过氧三氟乙酸、过氧苯甲酸和间氯过氧苯甲酸等。过酸一般不稳定, 应新鲜制备, 但间氯过氧苯甲酸是稳定的晶体, 可长期储存。过氧酸可与烯键反应生成环氧化合物, 是重要的环氧化试剂。

氧化的难易与过酸的烃基部分和双键上电子云密度有关。过酸的强弱次序为三氟过氧乙酸（TFPAA）>间氯过氧苯甲酸（m-CPBA）>过氧苯甲酸（PBA）>过氧乙酸（PAA）。双键上电子云密度较高时容易发生环氧化, 电子云密度较低时则应选用含吸电子基的过酸氧化, 用过酸环氧化时, 分子中的羟基不受影响。酮类化合物可用过酸氧化生成酯, 称为 Baeyer-Villiger 反应。但该反应较为缓慢, 常用强酸催化或用氧化能力较强的过酸。

2. 烃基过氧化氢 烃基过氧化氢是 H_2O_2 中的氢原子被烷基或芳香基等有机基团置换而形成的含有过氧官能团的有机化合物。叔丁基过氧化氢（TBHP）广泛应用于醛、酮、羧酸酯和环氧化物等的合成。在一定条件下, TBHP 可作为氧的供给体, 将硫、氮、磷等杂原子氧化为相应的氧化物。

（五）非金属元素单质

常见的非金属元素单质有卤素、硫和硒等。

1. 卤素 Br$_2$ 可将醇氧化成醛、酮化合物, 与其他试剂组合时可显示出特异的氧化性, 如 Br$_2$/ 六甲基磷酰三胺(HMPA)或 Br$_2$/ 三丁基氧化锡(HBD)可选择性氧化仲醇, 而 Br$_2$/ 羧酸镍则可选择性氧化伯醇, 可将 1,4- 二醇转化为 γ- 丁内酯。

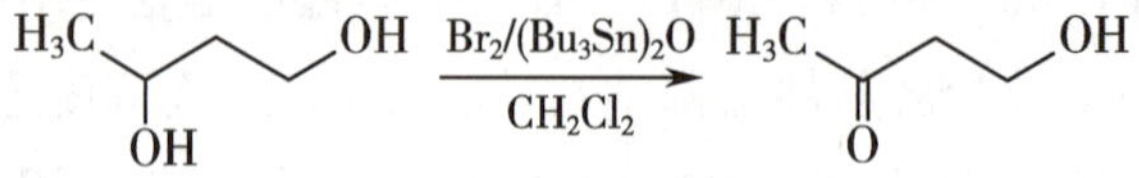

$$H_3C-CH(OH)-CH_2-CH_2-OH \xrightarrow[CH_2Cl_2]{Br_2/(Bu_3Sn)_2O} H_3C-CO-CH_2-CH_2-OH$$

I$_2$ 可作为脱氢试剂, 将叔胺脱氢生产烯胺化合物。

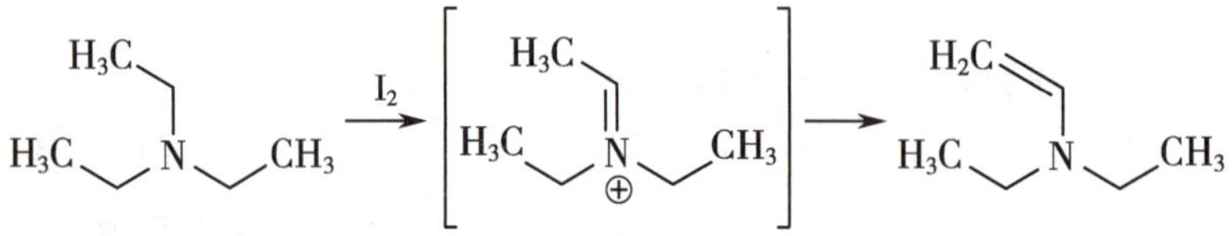

$$[图示: (H_3C-CH_2)_2N-CH_2-CH_3 \xrightarrow{I_2} [亚胺离子中间体]^{\oplus} \rightarrow H_2C=CH-N(CH_2CH_3)_2]$$

2. 硫和硒 S 是一种温和的氧化剂, 可用于各种有机物的脱氢反应, 在有些脱氢化反应中优于 Se 和其他催化剂, 反应可能为自由基机制。S 还可用作煤脱氢化反应的试剂。与 S 相比, Se 的脱氢能力较弱, 副反应少, 但脱氢温度较高(300~330℃), 反应时间长, 生成的硒化氢(H$_2$Se)有剧毒。

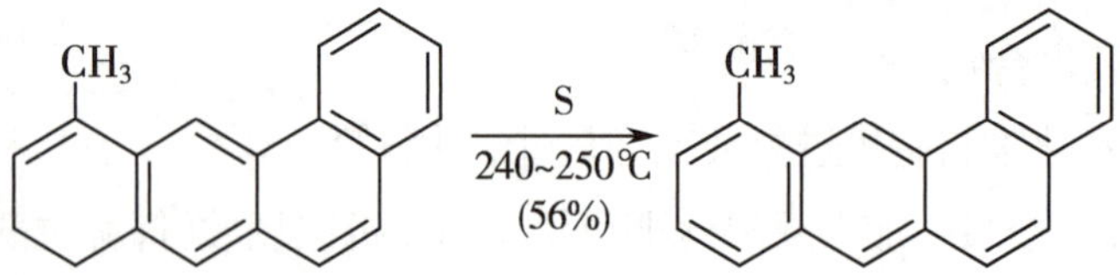

$$[图示: 甲基苯并菲衍生物 \xrightarrow[(56\%)]{S \\ 240\sim250℃} 芳构化产物]$$

第二节　醇、酚的氧化反应

一、醇的氧化

（一）醇氧化成醛、酮的反应

1. 铬氧化剂氧化

（1）反应通式及机制

$$R^1-CH(OH)-R^2 \xrightarrow{铬化合物} R^1-CO-R^2$$

醇被 H$_2$CrO$_4$ 氧化的反应属于亲电消除反应机制。

（2）反应影响因素及应用实例: 醇类分子结构中含有极性基团, 对 H$_2$CrO$_4$ 氧化速度影响不大, 但脂环仲醇类化合物氧化时, 空间因素影响显著。当以丙酮为 H$_2$CrO$_4$ 氧化醇类的溶剂时有其特殊的优点, 将铬酸稀硫酸溶液加于醇的丙酮溶液中, 反应速度比在乙酸溶液中快。有大量丙酮存在时, 可保护仲醇氧化生成的酮类化合物不被进一步氧化。例如, 将雄酮(androsterone)3 位羟基在 CrO$_3$ 作用下氧化成酮, 产率可高达 96%。

（图）CrO$_3$/H$_2$SO$_4$/H$_2$O CH$_3$COCH$_3$ (96%)

Collins 氧化是将铬酸酐 - 吡啶络合物溶于二氯甲烷（DCM），将伯醇或仲醇氧化生成醛或酮，该反应可在几分钟内完成且收率较高。例如，在维生素类药物阿法骨化醇（alfacalcidol）中间体的制备过程中，利用 Collins 试剂将仲醇氧化成酮。

（图）CrO$_3$ C$_5$H$_5$N (98%)

但 Collins 试剂的缺点是易吸潮，氯铬酸吡啶鎓盐（PCC）氧化法可弥补 Collins 氧化的缺点。PCC 可用吡啶加到 CrO$_3$ 的盐酸溶液中制得，稍过量的 PCC 在 DCM 中氧化伯醇或仲醇，可高收率地得到醛或酮。例如，在抗肿瘤药培美曲塞（pemetrexed）中间体的合成过程中，利用 PCC 将伯醇氧化成醛。

（图）PCC CH$_2$Cl$_2$ (83%) C$_2$H$_5$OOC

2. 锰氧化剂氧化

（1）反应通式及机制

（图）锰化合物

该反应属于亲电消除反应机制。

（2）反应影响因素及应用实例：活性二氧化锰为高选择性氧化剂，在不同条件下制得的二氧化锰活性也不同。在碱存在时，高锰酸钾和硫酸锰反应所得含水二氧化锰的活性较高。例如，多羟基甾体化合物的氧化，MnO$_2$ 可选择性氧化烯丙位羟基生成 α,β- 不饱和醛酮。

（图）MnO$_2$/CH$_2$Cl$_2$ 室温 (62%)

KMnO$_4$ 是药物合成中常用的一种廉价氧化试剂，其水溶液是很强的氧化剂，可将仲醇氧化成酮、伯醇直接氧化成羧酸。当向水溶液中加入酸，可除去反应生成的碱，可加大氧化性，得到高收率氧化产物。例如,抗生素羧苄西林(carbenicillin)中间体异辛酸的合成,用 HNO_3 氧化法制备时收率只有 35%,改用 $KMnO_4$ 氧化后,收率可达 79%。

3. Oppenauer 氧化

（1）反应通式及机制

该反应属于亲电消除反应机制。

（2）反应影响因素及应用实例:该反应是醇类的选择性氧化反应,尤其适用于仲醇。除丙酮外,绝大部分的酮和醛都可用作氢受体。由于此反应是一个可逆反应,一般通过反应体系中酮和醇的含量来调节反应平衡状态。该反应已广泛应用于甾醇的氧化,特别适用于将烯丙位的仲醇氧化成 α,β- 不饱和酮,反应选择性好,对其他基团无影响,但甾体 β,γ- 位双键常移位到 α,β- 位生成共轭酮。例如,在用于治疗骨质疏松症的艾地骨化醇(eldecalcitol)中间体的合成过程中,用三异丙醇铝和环己酮体系将仲醇氧化为酮,同时双键移位得到 α,β- 不饱和酮。

4. DMSO 氧化

（1）反应通式及机制

该氧化反应属于亲核消除反应机制。

（2）反应影响因素及应用实例:DMSO 的氧化性主要来源于它的亲核性,作为亲核试剂,其分子中的氧原子较硫原子亲核性较强。因此,亲电试剂首先进攻氧原子,在活化剂的作用下硫原子受到亲核试剂的进攻生成活性锍盐,然后和醇反应形成烷氧基锍盐,进而生成醛或酮。能够活化 DMSO 的亲电试剂有 DCC、草酰氯、乙酸酐、三氟乙酸酐、五氧化二磷和乙酰氯等。

1）Swern 氧化:以 DMSO 为氧化剂,三氟乙酸酐(trifluoroacetic anhydride, TFAA)或草酰氯为活化试剂,三乙胺(Et$_3$N)为碱,将醇氧化为相应醛或酮的反应称为 Swern 氧化。该反应条件温和,在低温下即可进行,具有良好的官能团兼容性,底物的空间位阻对反应效果无明显影响。

Swern 氧化是有机合成中首个无须金属氧化物参与的氧化反应。TFAA 可作为良好的亲电试剂活化 DMSO，促使其与一系列含氮亲核试剂（芳香胺、酰胺、磺酰胺等）发生亲核取代反应。TFAA 与 DMSO 混合后形成的三氟乙酰氧基二甲基锍鎓盐，还可在 –50℃低温下迅速与一级、二级醇反应，形成的烷氧基二甲基锍鎓盐在有机碱 Et$_3$N 的作用下得到醛、酮产物。该反应适用于环状/非环状脂肪醇、苄醇及烯丙醇的氧化。例如，抗病毒药福沙那韦钙（fosamprenavir calcium）中间体的合成。

2）Pfitzner-Moffattt 氧化：Pfitzner-Moffattt 氧化反应已广泛应用于甾体、生物碱、糖类化合物的氧化。该反应以 DMSO 为氧化剂，DCC 为活化试剂，反应条件温和，选择性高，既不氧化双键，也不发生双键移位。该反应对酸的强弱有一定的要求，如果使用酸性太强的酸，则会发生 Pummerer 转位生成醇的甲硫基甲醚副反应，而无法得到氧化产物；酸的酸性太弱，也不能得到氧化产物。

酸的 pK_a 必须在反应范围内。一般来说，磷酸的活性最好，可以在短时间内完成氧化反应，但易生成较多的副产物。

3）Albright-Goldman 氧化：该反应以 DMSO 为氧化剂，乙酸酐为活化试剂，将醇羟基氧化为羰基。但乙酸酐常与羟基发生乙酰化副反应，尤其是位阻小的羟基，因此，该氧化反应更多应用于位阻较大的羟基底物。且一般需使用过量的乙酸酐，有时还须加热才可顺利进行。该反应还可用甲磺酸酐[(MeSO$_2$)$_2$O]代替乙酸酐，可降低副反应的发生。例如睾酮（testosterone）在 DMSO 和乙酸酐体系中氧化，收率只有 70%，而在 DMSO 和甲磺酸酐的体系中氧化，收率可提高到 99%。

5. Dess-Martin 氧化　1983 年，Martin 等合成了一种高价碘试剂 Dess-Martin Periodinane，

简称 DMP。DMP 试剂是一种容易制备、性能温和、选择性高而且环境友好的有机合成新试剂，该试剂参与的氧化反应，反应条件温和、速度适中、用量少、后处理简单，且可以在温和条件下选择性地将醇氧化成醛或酮，而底物分子中的呋喃环和硫醚以及其他许多官能团不受影响。用 DMP 试剂进行的氧化反应被称为 Dess-Martin 氧化，是现代有机合成中常用的氧化反应之一。

DMP 氧化醇的反应机制如下：

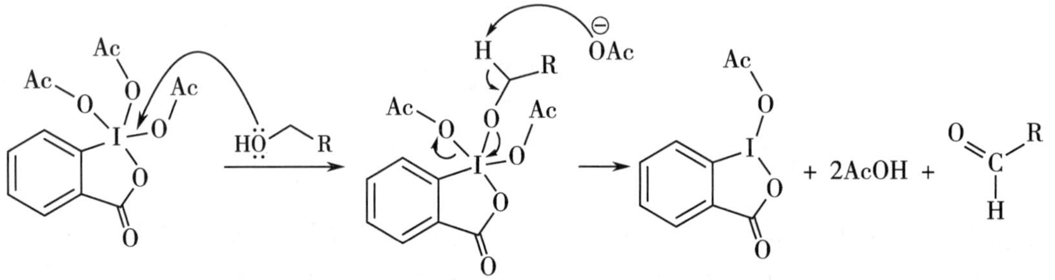

该氧化是通过 DMP 作为氧化剂在室温下完成的，反应完成后 I_2 由五价变成三价。利用 DMP 试剂对醇进行氧化的反应在药物合成中应用十分广泛。例如，抗病毒药物波普瑞韦（boceprevir）中间体的合成，以 DMP 为氧化剂，以 70% 的收率将醇氧化为相应的酮。

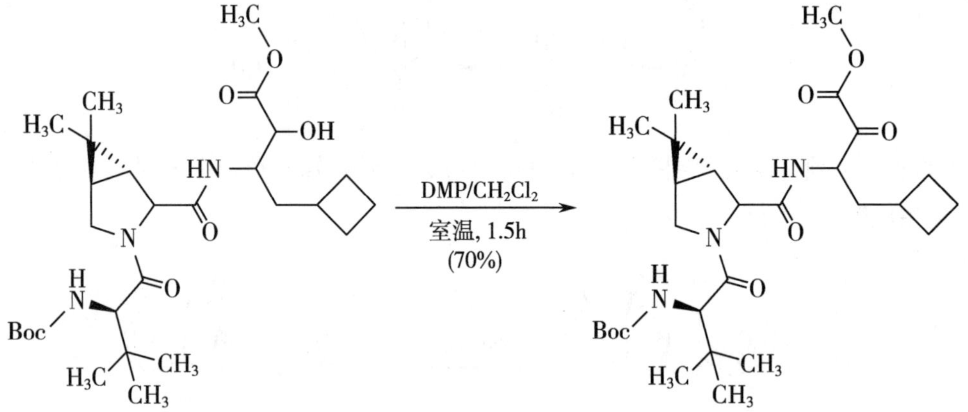

DMP 试剂常用于将伯醇氧化成醛，仲醇氧化为酮，该反应的一般流程为将醇溶解到 DCM（二氯甲烷中，一般加入两个当量的 DMP，室温下反应。例如，抗丙型肝炎药物替拉瑞韦（telaprevir）中间体的合成。

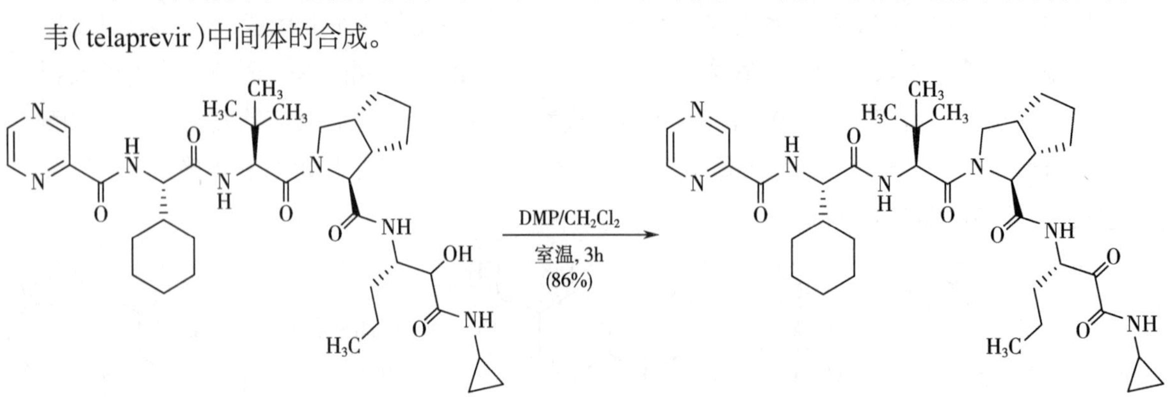

6. 其他氧化剂　除本节中所提及的氧化剂外，还有许多其他氧化剂可以对醇进行氧化，且在药物合成中应用颇多。

（1）2,2,6,6- 四甲基哌啶氧化物（TEMPO）：TEMPO 是一种在有机合成中可用一元醇或多元醇化合物氧化的催化剂。可将仲醇氧化为酮，将伯醇氧化为醛，具高选择性，生成的醛不会被氧化成羧酸。例如，TEMPO 作为催化剂可用于尿胆素、吲哚、生物碱等测试试剂以及染料中间体对二甲氨基苯甲醛的合成，在氧化剂的作用下，室温下以 95% 的收率得到目标产物。

（2）溴素：Br_2 是电负性较大的元素之一，具有较强的氧化性，可对醇进行氧化。例如，在用于治疗胃及十二指肠溃疡的药物格隆溴铵（glycopyrrolate bromide）中间体的合成过程中，选择性的氧化苯环侧链 α- 位上的羟基，而不氧化 β- 位的羟基。

（3）过氧化氢：H_2O_2 是一种强氧化剂，具有很强的氧化性，可将醇氧化为醛或酮。例如，在心脏病治疗药吲哚洛尔（pindolol）中间体的合成过程中，在 H_2O_2 和 Br_2 的作用下，将酯基 α 位上的羟基氧化为酮。

（二）伯醇氧化成羧酸的反应

伯醇氧化为羧酸是合成中的一种重要氧化反应，常用氧化剂有 $KMnO_4$、六价铬化合物和 HNO_3 等。

1. 反应通式及机制

$$R-CH_2OH \xrightarrow{\text{氧化剂}} R-COOH$$

该氧化反应属于亲电消除反应机制。

2. 反应影响因素及应用实例
在一些伯醇的氧化反应中，用 $KMnO_4$ 进行氧化时，应使其紫色褪去，若不褪色，可持续搅拌更长时间，或加入少量甲醇使紫色消失。例如，在降血脂药瑞舒伐他汀（rosuvastatin）中间体异丁酸的合成过程中，以异丁醇为原料在 $KMnO_4$ 条件下氧化，收率可达 76%。

$$(CH_3)_2CHCH_2OH \xrightarrow[(76\%)]{KMnO_4} (CH_3)_2CHCOOH \ + \ MnO_2$$

将 CrO_3 溶解在硫酸水溶液中得到含有 H_2CrO_4 和其寡聚物的红色溶液，该溶液称为琼斯（Jones）试剂，其可将伯醇氧化为羧酸。除 Jones 试剂外，其余高价铬试剂也有类似的反应效果。$Na_2Cr_2O_7$ 与硫酸作用生成 CrO_3，即铬酸酐，溶于水后得到 H_2CrO_4。例如，在镇静催眠药溴米索伐（bromisoval）中间体异戊酸的合成过程中，以异戊醇为原料，在重铬酸钠和硫酸体系下氧化，收率为60%。

$$(CH_3)_2CHCH_2CH_2OH \xrightarrow[\substack{H_2SO_4 \\ (60\%)}]{Na_2Cr_2O_7} (CH_3)_2CHCH_2COOH$$

以硝酸为氧化剂对醇进行氧化时，反应体系中常常会放出二氧化氮气体，此类反应应该在通风橱中进行，放出的二氧化氮气体用水来进行吸收处理。例如，在心脏病治疗药硝苯地平（nifedipine）中间体正己酸的合成过程中，以硝酸为氧化剂将醇氧化得到羧酸，收率达50%。

$$CH_3(CH_2)_5\underset{\underset{OH}{|}}{CHCH_3} \xrightarrow[(50\%)]{HNO_3} CH_3(CH_2)_4-COOH \ + \ CH_3COOH$$

（三）二元醇的氧化反应

1. H_5IO_6 氧化　H_5IO_6 及其金属盐是一类重要的氧化剂，尤其在氧化裂解邻二醇型化合物时应用十分广泛。该反应迅速且完全，条件温和（室温），选择性高，可在水溶液中进行，常用于定量测定邻二醇型化合物和碳水化合物的结构，在糖化学中尤为重要。氧化是通过形成环状络合物完成的，因此，顺式邻二醇比反式容易氧化。例如，在平喘镇咳药多索茶碱（doxofylline）中间体的合成过程中，在 H_5IO_6 条件下氧化邻二醇，以70%的收率得到目标产物。

2. $Pb(OAc)_4$ 氧化　$Pb(OAc)_4$ 是一种选择性很强的氧化剂，可由四氧化三铅（铅丹）与乙酸一起加热制备。邻二醇被 $Pb(OAc)_4$ 氧化时，邻二醇的 C-C 键断裂生成两分子羰基化合物，环状邻二醇则生成二羰基化合物。氧化过程先形成五元环状中间体，再分解为羰基化合物。$Pb(OAc)_4$ 不稳定，易被水分解，一般在有机溶剂（如冰醋酸、苯、三氯甲烷和乙腈等）中进行氧化反应，但个别情况下也可在水中进行。反应时在有机溶剂中加入少量的水或醇可加快反应速率。例如，抗肿瘤药盐酸比生群（bisantrene hydrochloride）中间体的合成。

（四）多元醇的氧化反应

多元醇是分子中含有两个或两个以上羟基的醇类。相邻多元醇的性质跟邻二醇类似，可被 H_5IO_6、$Pb(OAc)_4$、MnO_2 等氧化，在酸性条件下也可发生片呐醇重排。对于非相邻多元醇，在对其氧化时需根据目标产物的结构考虑是否进行选择性氧化。多元醇的氧化反应常应用于甾体类药物合成。

1. 非选择性氧化　某些目标产物须将原料中的羟基全部氧化。在保证其他基团不受影响的前提下，可选用氧化能力较强的氧化剂，以达到全部氧化的目的。例如，在胆囊炎治疗药去氧胆酸（deoxycholic acid）的合成过程中，在 Br_2 条件下，一步反应同时将三个羟基氧化为羰基。

2. 选择性氧化　对于某些目标产物，只须氧化部分羟基，部分羟基须保留，此时，可选择一些温和的氧化剂进行氧化，以提高反应的选择性。MnO_2 作为一种温和的氧化剂，其反应活性与制备方法、底物结构和溶剂的极性有关，且具有较高选择性，对其他基团无影响。例如，11β- 羟基睾酮（11β-hydroxytestosterone）的合成可选择性氧化烯丙位羟基，不影响双键和另外两个羟基。

二、酚的氧化

酚在氧化剂作用下可被氧化为醌，常用的氧化剂有亚硝基过硫酸钾（Frémy's 盐）、$Na_2Cr_2O_7$、Ag_2CO_3、$Ph(OAc)_4$、H_5IO_6、硝酸铈铵（ceric ammonium nitrate，CAN）、二甲基二氧杂环丙烷、空气中的氧气等。

1. 反应通式及机制

Frémy's 盐在稀碱水溶液中将酚氧化生成醌的反应为自由基消除机制。

2. 反应影响因素及应用实例　由于羟基的活化作用，酚易被氧化成醌。在氧化剂的作用下,苯酚会先形成很活泼的酚氧自由基,易发生其他自由基副反应。若氧化剂过强,氧化产率较低。当酚环上连有吸电子基时会抑制反应,连有给电子基则促进反应。酚羟基对位无取代基时,氧化产物为对苯醌,如在抗精神病药物艾地苯醌(idebenone)中间体的合成过程中,酚原料苯环上连有多个给电子基,在 CAN 的作用下,得到对苯醌衍生物。

当酚羟基对位有取代基而邻位没有取代基时,氧化产物为邻苯醌;当对位和邻位同时有取代基时,氧化产物主要为对苯醌,如维生素 E(vitamin E)主环的合成。

三、药物合成实例分析

爱普列特(epristeride)是甾体 -5α-Ⅱ型还原酶的强抑制剂,临床上主要用于治疗良性前列腺增生、前列腺癌、男性秃发、女性多毛和痤疮。爱普列特合成过程中涉及醇的 Oppenauer 氧化反应。

1. 反应式

2. 反应操作 在反应瓶中加入 3β- 羟基 -5- 雄(甾)烯 -17β- 羧酸甲酯 26.5g(0.079 6mol)、甲苯 260ml 和环己酮 66ml(0.638 8mol),搅拌加热,直至馏出收集到 30ml 溶剂。加入异丙醇铝 14.6g(0.071 5mol)和甲苯 60ml 的浆状液,将混合物搅拌加热回流 1 小时,蒸除溶剂 60ml,剩余物冷却至 65℃,加入活性炭 6.6g 和水 7～10ml,搅拌混合物,静置 15 分钟后过滤,滤饼用乙酸乙酯洗涤数次,合并滤液洗液,浓缩,残余物加正己烷 40ml,在 5℃搅拌 16 小时,再置于冰浴中搅拌 1 小时,过滤,滤饼用冷的正己烷洗涤,干燥得到 3- 氧代 -4- 雄(甾)烯 -17β- 羧酸甲酯(21.83g),产率为 83%。

3. 影响因素 Oppenauer 氧化反应选择性高,基团耐受性好,对其他基团无影响。值得注意的是,该氧化反应常发生双键移位而得到共轭酮,本实例充分利用了该反应特性,一步反应即可高收率地得到目标产物。该中间体也可以通过 Jones 氧化、酸催化转位实现。

第三节　醛、酮的氧化反应

一、醛氧化成羧酸

羰基是醛、酮的官能团，也是醛、酮类化合物的反应中心，可发生还原、加成和氧化等反应。醛具有较强的还原性，醛基上的碳原子易被氧化，即使在一些弱氧化剂条件下也可将醛氧化成相同碳原子数的羧酸。

（一）H$_2$CrO$_4$ 氧化

H$_2$CrO$_4$ 是一种强氧化剂，H$_2$CrO$_4$ 及其衍生物的氧化机制十分复杂，尚不十分清楚。常用的 H$_2$CrO$_4$ 为 CrO$_3$ 的稀硫酸溶液，有时也可加入乙酸，以利于 CrO$_3$ 的解聚。例如，在抗菌药物硝呋肼（nifurzide）中间体的合成过程中，H$_2$CrO$_4$ 可将噻吩 2- 位上的醛基氧化为羧基。

（二）高锰酸钾氧化

KMnO$_4$ 是一种在药物合成中应用较广的强氧化剂，反应可在酸性、中性或碱性水溶液中进行。其氧化能力在酸性水溶液中最强，碱性水溶液中次之，中性水溶液中比较温和。例如，在抗高血压药盐酸阿夫唑嗪（alfuzosin hydrochloride）中间体的合成过程中，在 KMnO$_4$ 和硝酸的作用下，可同时发生醛基氧化和苯环的硝化反应。

KMnO$_4$ 在很多有机溶剂中的溶解度都较小，且会氧化某些有机溶剂，使其应用受到限制。丙酮、乙酸和吡啶对高锰酸钾稳定，可分别作为 KMnO$_4$ 氧化反应的中性、酸性和碱性溶剂。例如，在消炎镇痛药酮洛芬（ketoprofen）中间体的合成过程中，在 KMnO$_4$ 的乙酸溶液中反应可同时氧化醛基和活泼亚甲基。

（三）氧化银氧化

氧化银（新鲜制备）的氧化能力较弱，可高选择性地将醛基氧化成羧基，且底物结构中双键及对强氧化剂敏感的基团不受影响。氧化银不稳定易分解，故常用硝酸盐与碱先生成 AgOH，在室温下迅速分解生成黑色的氧化银。例如，在消炎镇痛药萘普生（naproxen）的合成过程中，在硝酸银的碱溶液中可将醛基氧化成羧基。

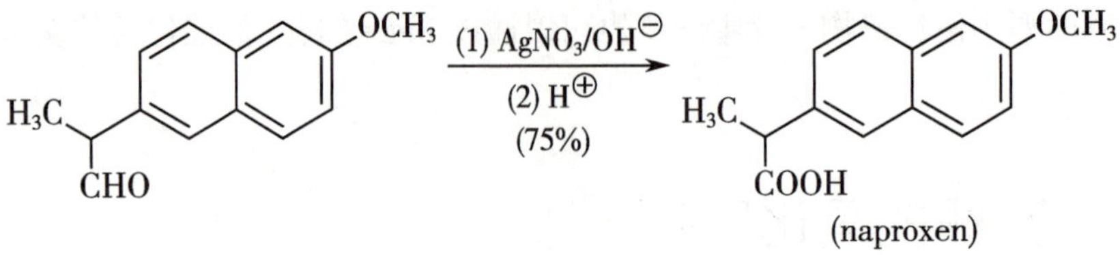

（1）AgNO$_3$/OH$^\ominus$

（2）H$^\oplus$

（75%）

(naproxen)

（四）NaClO 氧化

次氯酸盐是一种强氧化剂，且具有氯化作用。醛类化合物用 NaClO 氧化时，除醛基被氧化成相应的羧基外，同时会发生氯代反应。因此，应将反应温度、反应时间及氧化剂的用量三个因素合理调配，使其有利于氧化反应的进行，同时又相对抑制氯代反应的发生，提高氧化反应的收率及产物纯度。例如，在消炎镇痛药布洛芬（ibuprofen）的合成过程中，在 NaClO 的作用下可将醛基氧化为羧基。

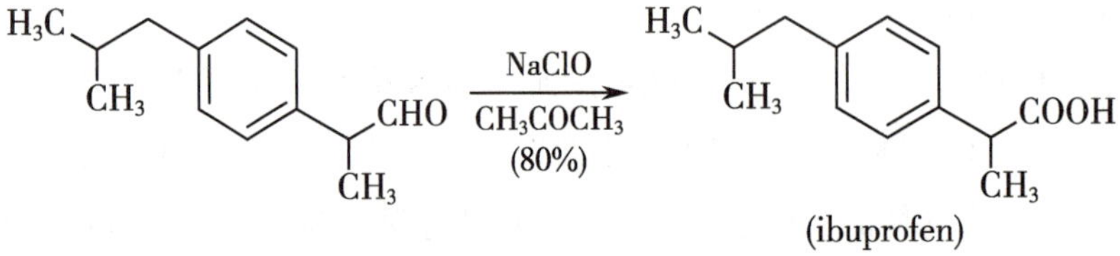

NaClO

CH$_3$COCH$_3$

（80%）

(ibuprofen)

二、酮的氧化

根据分子中烃基的不同，酮可分为脂肪酮、脂环酮、芳香酮或饱和酮与不饱和酮。酮对一般氧化剂稳定，只在强烈条件下才能被氧化。

（一）氧化成酯

酮被过酸（如过氧三氟乙酸、过氧苯甲酸）氧化，可在酮羰基与 α- 碳之间插入一个氧得到酯，该反应称为 Baeyer-Villiger 反应。反应通式如下：

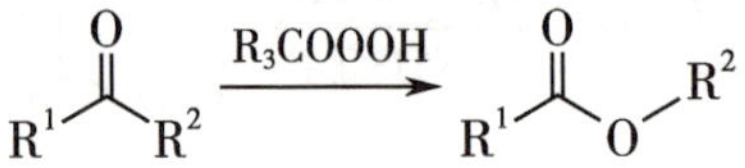

$$R^1 \overset{O}{\underset{}{C}} R^2 \xrightarrow{R_3COOOH} R^1 \overset{O}{\underset{}{C}} O-R^2$$

在此反应中，过酸首先加成到酮的羰基上生成过氧酸酯，再发生重排，原羰基上的一个基团 R 迁移到氧上，过氧酸酯中弱的 O—O 键断裂，生成酯和羧酸。其反应机制如下：

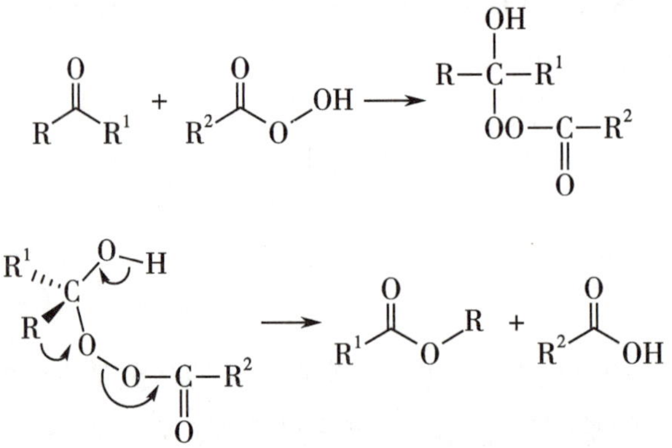

若为不对称的酮，R 和 R^1 两个基团均可迁移，因此有可能得到两种产物，但基团的迁移有一定的选择性，富电子的烷基更易迁移。迁移能力为：叔烷基>环己基>仲烷基>苄基>苯

基>伯烷基>甲基>氢；取代苯基的迁移能力为 p-CH$_3$O—Ar>p-CH$_3$—Ar>p-Cl—Ar>p-Br—Ar>p-NO$_2$—Ar。

Baeyer-Villiger 氧化在药物合成中应用广泛，如降血脂药环丙贝特（ciprofibrate）中间体的合成。

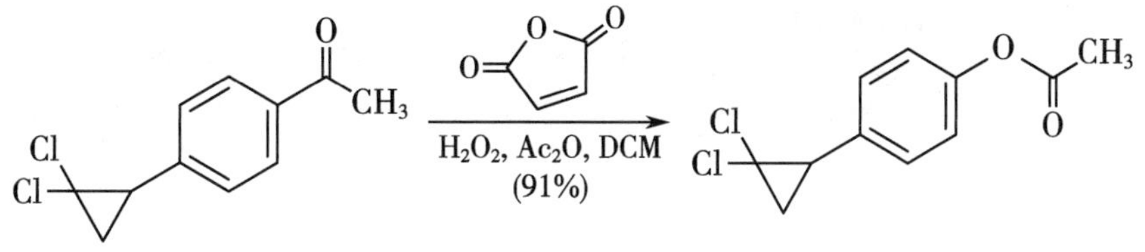

在药物合成中，有机过氧酸可由羧酸和过氧化氢在酸性条件下制得，如治疗苯二氮䓬类镇静催眠药过量中毒药氟马西尼（flumazenil）中间体 6-氟靛红酐酸的合成。

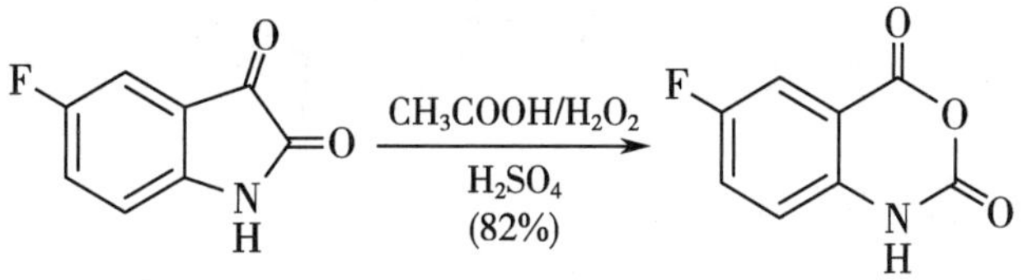

（二）氧化成 α-羟基酮

Pb(OAc)$_4$ 或乙酸汞[Hg(OAc)$_2$]等氧化剂可氧化羰基 α 位的活性烃基，得到 α-羟基酮化合物，反应通式如下：

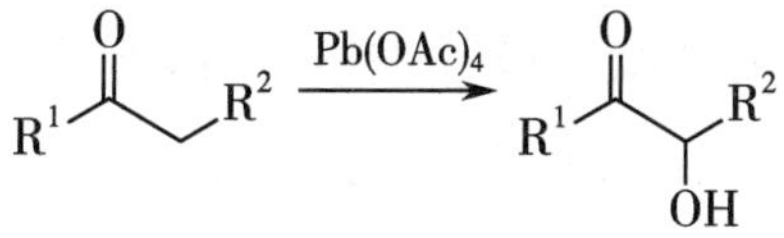

该反应属于亲核取代反应机制，反应先在羰基 α-位上引入乙酰氧基，再水解生成 α-羟基酮。

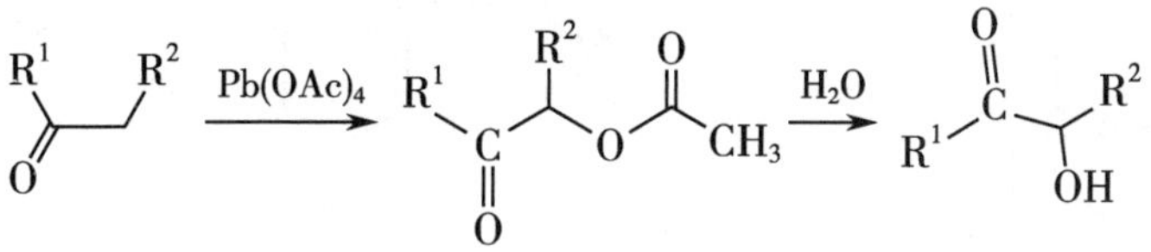

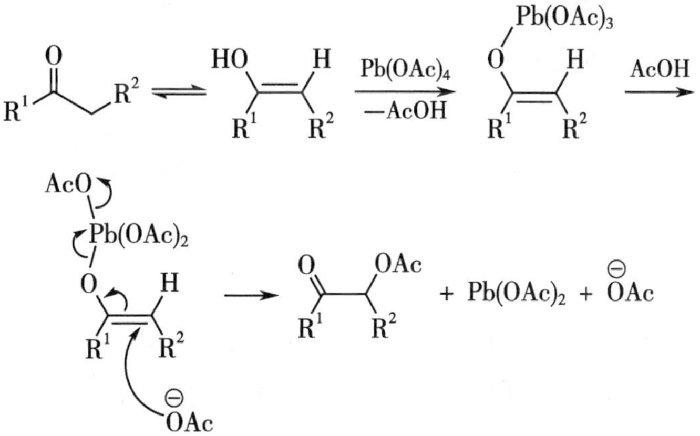

反应的决速步骤是酮的烯醇化，烯醇化的位置决定了产物的结构。Lewis BF$_3$ 是该反应常用的催化剂，反应过程中 BF$_3$ 可催化酮的烯醇化，并对动力学控制的烯醇化反应有利，可加速羰基 α-位活性烃基氧化。当底物分子中同时含有两个以上的活性烃基部位时，产物为多种

α-羟基酮的混合物,无实用价值。若加入 BF_3,可选择性地氧化活性甲基并使之乙酰化。例如,3-乙酰氧基孕甾-20-酮在 $Pb(OAc)_4$ 和 BF_3 体系中的氧化。

（三）氧化成 1,2-二酮

SeO_2 或 H_2SeO_3 可氧化羰基 α-位的活性羟基,得到 1,2-二羰基化合物。反应通式如下:

该反应属于亲核消除反应机制。

SeO_2 是较温和的氧化剂,反应一般在较高温度下进行。若 SeO_2 用量不足,羰基的 α-H 键将被氧化成醇,此时若以乙酸酐为溶剂则会生成乙酸酯,阻止氧化反应的继续进行。因此,常使用稍过量的 SeO_2,以促使反应完全。溶剂中含有少量水可加快氧化反应速率,这可能是由于 SeO_2 与水结合生成了 H_2SeO_3。因不对称酮的氧化缺乏选择性,故只有当羰基仅一侧存在活性 α-C—H 键或两侧的 α-C—H 键处于等价位置时,这类反应才有较好的应用价值。例如,肺动脉高压治疗药司来帕格(selexipag)中间体的合成。

当羰基 α-位活性基团为甲基时,可被氧化生成 α-酮酸。反应过程中常伴有脱羧等进一步氧化,但反应条件控制适当也可以获得较高的收率。例如,慢性胃炎治疗药格隆溴铵(glycopyrronium bromide)的合成。

（四）氧化成羧酸

$KMnO_4$、H_2CrO_4 等强氧化剂,在剧烈条件下可使 1,2-二羰基化合物中间的 C-C 键断裂,生成两分子羧酸,该反应可用于由二酮类化合物制备羧酸化合物。

甲基酮类化合物可在次卤酸盐存在下发生卤仿反应，得到少一个碳的羧酸化合物。例如，次溴酸钠可用于抗菌药环丙沙星（ciprofloxacin）中间体环丙基甲酸的合成。

三、药物合成实例分析

盐酸诺拉曲塞二水合物（nolatrexed dihydrochloride dihydrate），化学名为 2- 氨基 -6- 甲基 -5-（4- 吡啶硫基)-4(1H)- 喹唑啉酮二盐酸盐二水合物，是胸苷酸合成酶（thymidylate synthase，TS）抑制剂，在其合成过程中，涉及酮的 Baeyer-Villiger 反应。

1. 反应式

2. 反应操作

将冰醋酸（480ml）和 4- 溴 -5- 甲基靛红（115.2g，0.48mol）加至 1 000ml 三颈瓶中，40～50℃滴加由乙酸酐（36ml）和 30% 过氧化氢水溶液（32ml）新鲜制得的过氧乙酸溶液，滴毕加热至 60～70℃，搅拌 4 小时。反应结束后冷却至 10℃，过滤，滤饼依次用水（100ml）、5% 碳酸氢钠水溶液（200ml）和水（200ml）洗涤，干燥后用无水乙醇重结晶，得到产物（103.2g，84%）。

3. 影响因素

过酸不稳定，应新鲜制备，本实例中以新鲜制备的过氧乙酸为氧化剂，经 Baeyer-Villiger 反应一步制得，操作简便，收率可达 84%。

第四节　烃类的氧化反应

一、饱和烃的氧化

饱和烃是一种稳定性较高的烃类，选择性氧化饱和烃中的碳 - 氢键较为困难，因此，这类反应在药物合成中的实例较少。但在某些特定氧化剂及氧化条件下，也可发生氧化反应。这类反应主要分为脱氢反应和加氧反应。

（一）脱氢反应

脱氢反应是指在分子中消除一对或几对氢形成不饱和键化合物的反应。根据反应条件可分为氧化剂参与脱氢和催化剂参与脱氢，根据脱氢部位又可分为 α,β- 脱氢反应和脱氢芳构化反应。

1. α,β-脱氢反应

（1）反应通式及机制

该类反应通常属于亲核消除反应机制。

（2）反应影响因素及应用实例：该类反应常用于甾体化合物的合成。常用试剂有醌类脱氢剂、硒类脱氢剂。例如，湿疹、神经性皮炎等皮肤病治疗药物地塞米松（dexamethasone）中间体的合成。

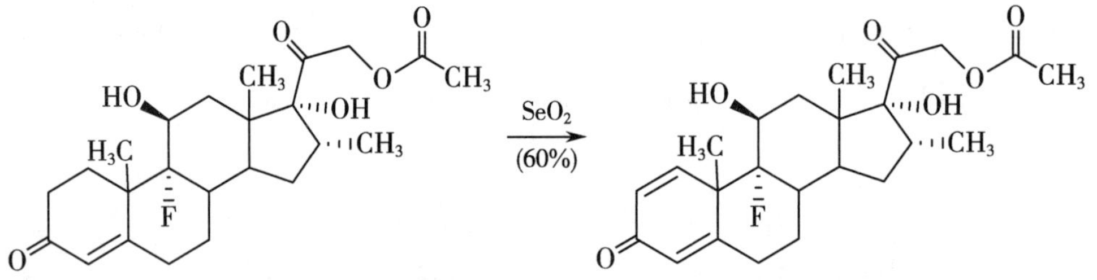

醌类脱氢剂的脱氢位置取决于在该反应条件下烯酮式形成的相对速率及稳定性。DDQ为常用的醌类脱氢剂，常用溶剂为苯或二噁烷。例如，抗肿瘤药醋酸奥沙特隆（osaterone acetate）中间体的合成。

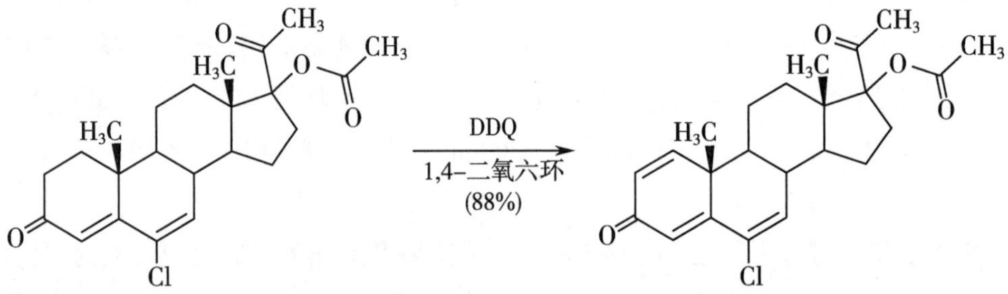

有机硒脱氢剂具有较好的选择性，分子中其他易氧化基团可不受影响。例如，良性前列腺增生治疗药非那雄胺（finasteride）的合成。

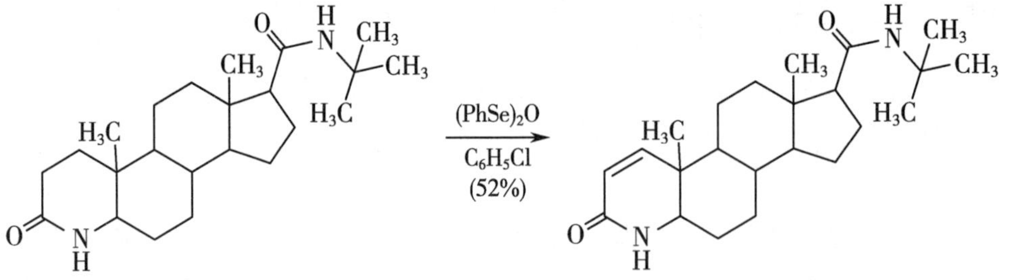

（finasteride）

2. 脱氢芳构化反应

（1）反应通式及机制

该类反应通常属于亲电消除反应机制。

（2）反应影响因素及应用实例：烃类发生的脱氢芳构化反应在药物合成中应用广泛。催化脱氢是催化加氢的逆过程，已存在一个双键的六元环较易被氧化，完全饱和的环则较难被芳构化。例如，抗高血压药卡维地洛（carvedilol）中间体的合成。

DDQ 是常用的醌类芳构化脱氢剂，具有季碳原子的化合物用 DDQ 脱氢芳构化时，可使取代基发生移位，但不失去碳原子。

不饱和稠杂环化合物在一些氧化剂的作用下可发生脱氢芳构化反应，生成稠杂芳烃。例如，消炎镇痛药氨芬酸钠（amfenac sodium）中间体的合成。

（二）加氧反应

1. 反应通式及机制

该类反应属于自由基反应机制。

2. 反应影响因素及反应实例

C—H 键的反应活性顺序为叔>仲>伯，直链叔碳原子的 C—H 键比末端伯碳原子的 C—H 键更易被氧化，稠多环桥头叔碳原子比环中的仲碳原子更易氧化。尽管选择性地氧化饱和脂肪族烷烃中 C—H 键比较困难，但在 H_2CrO_4 或铬酸盐的作用下，可在较温和的条件下选择性地氧化金刚烷为 1- 金刚烷醇，副产物 2- 金刚烷酮的比例小于 7%。例如，皮肤病治疗药物阿达帕林（adapalene）中间体的合成。

芳香环上的烷烃 α 位有氢原子时，易被 $KMnO_4$ 氧化成羧基。例如，麻醉药布比卡因（bupivacaine）、罗哌卡因（ropivacaine）等中间体吡啶 -2- 甲酸的合成。

二、烯烃的氧化

烯烃双键中相对丰富的 π 电子使其易被氧化,可发生双羟基化、环氧化和氧化裂解等反应。

(一)双羟基化反应

1. KMnO₄ 氧化　KMnO₄ 可氧化烯烃得到邻二醇化合物,但必须注意控制反应温度、KMnO₄ 浓度、溶液 pH 等条件,否则氧化时容易断链生成醛、酮或羧酸。KMnO₄ 与烯烃作用生成邻二醇的反应,以碱性介质较好,也能在中性水溶液、硫酸镁水溶液、乙醇以及丙酮等溶液中进行。KMnO₄ 氧化得到的产物是具有立体专一性的顺式产物。例如,苯丙二醇胺类抗心律失常药物中间体的合成。

2. OsO₄ 氧化　OsO₄ 是一个亲电试剂,可与烯烃反应先生成五元环状锇酸酯,再水解得到顺式加成的邻二醇化合物。OsO₄ 氧化是一种高效制备邻二醇化合物的方法,但该试剂价格高昂且毒性大,限制了其在药物合成中的应用。例如,镇吐药物甲磺酸多拉司琼(dolasetron mesylate)中间体的合成。

3. Prevost-Woodward 反应　将烯烃在碘、苯甲酸盐或乙酸盐条件下氧化为邻二醇的反应称为 Prevost-Woodward 反应,该反应条件温和,立体选择性高,在无水条件下先得到反式邻二醇二酯,再经水解得到反式邻二醇化合物(Prevost 法)。在有水存在时,先得到顺式羧酸酯,再经水解得到顺式邻二醇化合物(Woodward 法)。例如,植物生长激素油菜素内酯(brassinolide)中间体的合成。

（二）环氧化反应

环氧化反应是指在化合物双键两端碳原子间加上一个氧原子得到环氧乙烷类化合物的反应。为提高反应的选择性和收率,需要根据底物结构不同选择不同的氧化剂。

1. 反应通式及机制

所用环氧化试剂不同,其反应机制也相应不同。

2. 反应影响因素及应用实例

过酸是烯烃环氧化反应的常用试剂,用有机过氧酸氧化烯烃生成环氧乙烷的反应属于亲电加成机制。过酸分子中若存在吸电子基,可加快环氧化反应速率,其氧化能力依次是 $CF_3CO_3H > CCl_3CO_3H > CH_3CO_3H$。过酸还可以与醛、酮发生 Baeyer-Villiger 氧化反应生成酯,也可与硫醚发生氧化生成亚砜或砜。因此,在实际应用中需要注意底物中的羰基、含硫和含氮的官能团。例如,治疗因雌激素缺乏引起的泌尿生殖道萎缩性症状药物雌三醇(estriol)中间体的合成。

用氧化烯烃时,溶液 pH 对产物结构有重要的影响,与醛基共轭的烯烃在 pH 为 10 左右时可被 H_2O_2 氧化为 α,β- 环氧羧酸化合物。此外,对于不饱和酯的氧化,控制合适的 pH 可保证酯基不水解,可较高收率地得到 α,β- 环氧羧酸酯。例如,抗真菌药肉桂醛(cinnamaldehyde)在丙酮(acetone)溶剂中,pH 为 10.5 下被过氧化氢氧化,在碱性条件下得到 α,β- 环氧羧酸化合物。

(cinnamic aldehyde)

过氧丙酮类氧化剂是一种非常温和的烯烃环氧化试剂,但此类试剂不稳定,常用丙酮及其衍生物[如六氟丙酮(hexafluoroacetone)]与臭氧或 H_2O_2 原位生成得到。例如,口服避孕药米非司酮(mifepristone)中间体的合成。

（三）氧化裂解

烯烃的氧化裂解是有机合成中常用来引入含氧官能团的反应之一，广泛应用于以烯烃为原料制备醛和酮。

1. 臭氧氧化

（1）反应通式及机制：臭氧氧化是烯烃裂解常用方法。将臭氧通入烯烃中，先会快速生成臭氧化合物，且反应可定量完成。臭氧化合物很容易爆炸，故一般不将其分离出来，而是直接进一步水解，得到醛、酮化合物。

$$\begin{array}{c}R^1\\R^2\end{array}C=C\begin{array}{c}R^3\\R^4\end{array}\xrightarrow{O_3}R^2\begin{array}{c}R^1\quad O\quad R^3\\ \diagup\quad\diagup\quad\diagdown\\ O\!-\!O\end{array}R^4\xrightarrow{H_2O}\begin{array}{c}R^1\\R^2\end{array}C=O\ +\ O=C\begin{array}{c}R^3\\R^4\end{array}$$

该反应属于亲电加成反应机制。

（2）反应影响因素及应用实例：臭氧氧化裂解反应时，为了高选择性地得到醛、酮，避免羧酸的生成，可在水解反应中加入还原性的保护剂，用其还原所产生的 H_2O_2。常用保护剂有 Zn、二甲硫醚和亚磷酸三甲酯等。

$$\text{环己烯}\xrightarrow[\substack{(2)\ Zn\\(62\%)}]{(1)\ O_3}\begin{array}{c}CHO\\CHO\end{array}$$

2. $KMnO_4$ 氧化

烯烃还可被 $KMnO_4$ 氧化裂解生成相应的醛、酮或羧酸等羰基化合物。

（1）反应通式及机制

$$\begin{array}{c}R^1\\R^2\end{array}C=C\begin{array}{c}R^3\\H\end{array}\xrightarrow{KMnO_4}\begin{array}{c}R^1\\R^2\end{array}C=O\ +\ O=C\begin{array}{c}R^3\\H\end{array}\left(\text{或}\ O=C\begin{array}{c}R^3\\OH\end{array}\right)$$

$KMnO_4$ 氧化反应为亲电加成反应机制。

（2）反应影响因素及应用实例：水不溶性烯烃用 $KMnO_4$ 水溶液氧化时，由于溶解度差、收率低，故加入相转移催化剂可提高产物收率。如顺式环辛烯的全羟基化，在相转移催化剂苯基三甲基氯化铵存在时，收率为 50%，而没有相转移催化剂时，收率仅 7%。

$$\text{环辛烯}\xrightarrow[\substack{(50\%)}]{KMnO_4/H_2O/NaOH/C_6H_5N(CH_3)_3Cl}\begin{array}{c}OH\\OH\end{array}$$

使用 $KMnO_4$ 氧化裂解烯烃的反应一般选择性较差，分子中其他易氧化的基团往往会被氧化。此外，反应中产生大量 MnO_2，导致后处理困难，收率降低。

改用含 $KMnO_4$ 的 $NaIO_4$ 溶液作氧化剂（$NaIO_4：KMnO_4=6：1$）（Lemieux 试剂）氧化双键使之断裂的方法称为 Lemieux-von Rudloff 法，此法没有单用 $KMnO_4$ 的缺点。其原理是 $KMnO_4$ 先氧化双键成 1,2-二醇，接着过碘酸钠氧化 1,2-二醇成 C-C 键断裂产物，同时，$NaIO_4$ 将五价的锰氧化成高锰酸盐再继续反应。本法条件温和，收率高。

三、芳烃的氧化

（一）侧链氧化

芳烃侧链 α-H 的化学性质与烯烃的 α-H 相似，受苯环的影响 α-H 较为活泼。烷基苯比苯更易被氧化，在氧化剂作用下，烷基优先被氧化。在 $KMnO_4$、$K_2Cr_2O_7$、HNO_3 等强氧化剂作用下，含 α-H 的烷基被氧化成羧基，且不论烷基的碳链长短，一般都生成苯甲酸。例如，广谱驱肠虫药甲苯咪唑（mebendazole）中间体的合成。

硝酸氧化芳烃的侧链生成相应的芳酸，其特点是对于存在多个 α-H 的侧链时，可选择性地氧化其中一个侧链。例如，消炎镇痛药托美丁（tolmetin）中间体的合成。

在乙酸钴或钒氧化物等催化作用下，空气中的 O_2 可将含有 α-H 的芳环侧链氧化成相应的醛。例如，抗变态反应药曲尼司特（tranilast）中间体的合成。

（二）芳环氧化

1. 氧化成酚 在芳环上通过氧化引入酚羟基的方法主要是 EIbs 氧化，即过二硫酸钾在冷碱溶液中将酚类氧化，在原有酚羟基的邻对位引入酚羟基。

（1）反应通式及机制

该反应属于亲电取代反应机制。

（2）反应影响因素及应用实例：该反应是在酚类苯环上引入酚羟基的重要方法，但收率不高。反应一般发生在酚羟基的对位，当对位有取代基时，则在邻位氧化引入羟基，如在二硫酸钾的作用下可在 4- 甲基 -5,7- 二甲氧基香豆素的 6- 位上引入酚羟基。

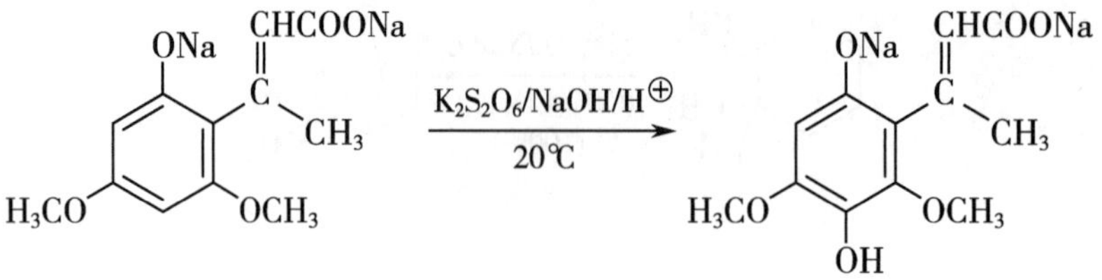

2. 氧化成醌

（1）反应通式及机制

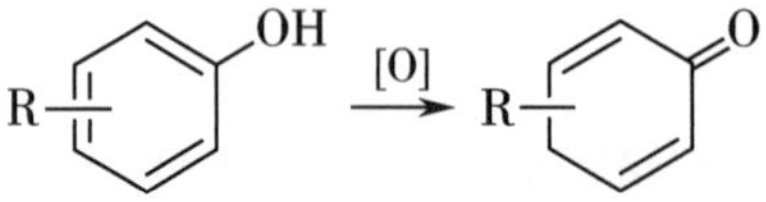

用 Frémy's 盐在稀碱水溶液中将酚氧化成醌的反应属于自由基消除机制。

（2）反应影响因素及应用实例：芳环上的取代基效应对该反应有显著影响，供电子基可促进反应，吸电子则会抑制反应。当酚羟基的对位无取代基时，酚被氧化成对醌；对位有取代基时，邻位有无取代基均可被氧化成邻位醌。例如，中枢神经系统退化疾病治疗药物艾地苯醌（idebenone）的合成。

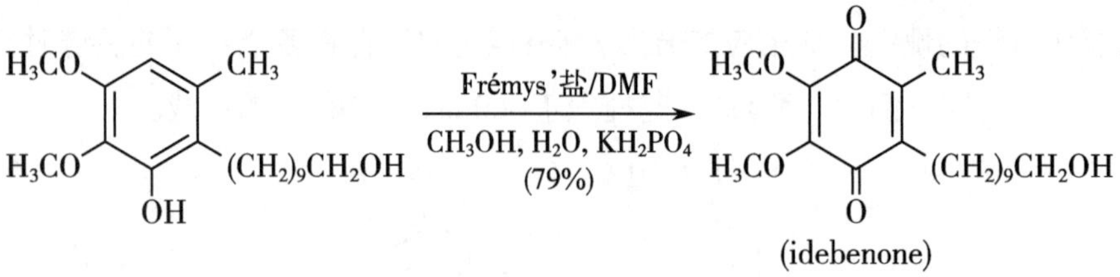

（idebenone）

许多氧化剂都可将芳烃氧化成醌，选择氧化剂时，要与所氧化芳烃的氧化态相适应。例如，在秦皮乙素（aesculetin）等药物中间体的合成过程中，若氧化剂为 CrO₃，收率为 66%；若氧化剂为五氧化二钒时，收率为 83%。

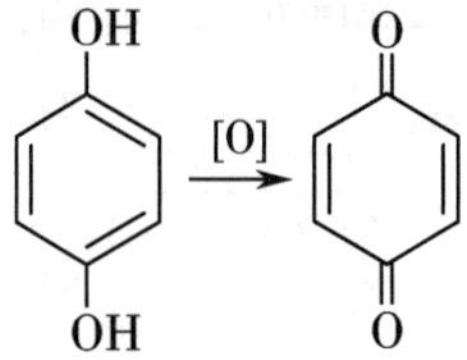

3. 氧化偶联　指两个或两个以上芳环间在 Lewis 酸、氧化剂（oxidant）的共同作用下 C—H 键直接生成 C—C 键的反应，主要用于扩展芳环共轭体系或延长碳链。

（1）反应通式及机制

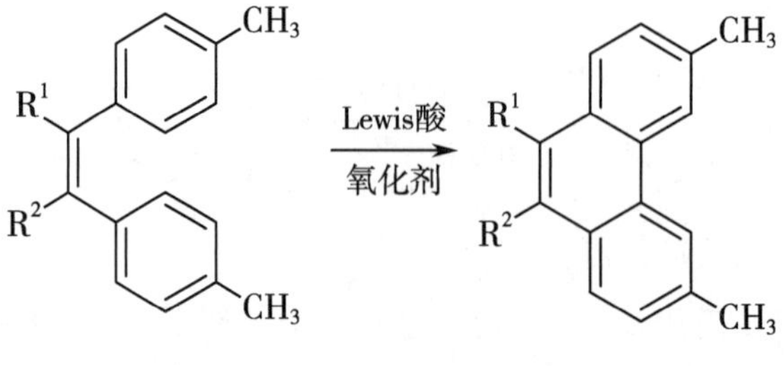

（2）反应影响因素及反应实例：Oxone（单过硫酸氢钾复合盐）可在钯的催化下氧化非官能化芳香化合物直接偶联得到芳香化合物。如 2- 邻甲苯基吡啶偶联，由于吡啶取代基的定位

效应,可得到单一的高收率偶联产物。

四、药物合成实例分析

阿戈美拉汀(agomelatine),化学名为 N-[2-(7-甲氧基-1-萘基)乙基]乙酰胺,是褪黑激素激动剂,兼有拮抗 5-HT$_{2C}$ 受体作用,是第一个褪黑素受体激动剂类抗抑郁药,能有效治疗抑郁症,改善睡眠参数和保持性功能。在阿戈美拉汀的合成中,可利用脱氢芳构化合成其萘环结构。

1. 反应式

2. **反应操作** 将 DDQ(25g,0.11mol)投入到干燥 DCM(200ml)中,20℃下滴加 **A**(20g,0.1mol)的 DCM 溶液(100ml),滴毕保温搅拌 1 小时,反应液过滤,滤液依次用饱和碳酸氢钠溶液(100ml×3)、水(100ml)和饱和盐水(100ml)洗涤,用无水硫酸镁干燥,过滤,滤液蒸除溶剂,剩余物用乙醇-水(5:3)重结晶,烘干,得灰白色粉末(7-甲氧基-1-萘基)乙腈(18.6g,94%)。

3. **影响因素** 在由 **A** 制备 **B** 时,总收率约为 72%,改进后的工艺采用芳构化方法,该方法与 Pd/C 受氢体催化脱氢相比,具有原料廉价易得、反应条件温和、收率较高等优点。改进后方法以 DDQ 为脱氢试剂,室温下于 DCM 中反应制得 **B**,收率为 94%;将还原和乙酰化合为一锅反应,即在氢化反应中加入乙酐,生成的(7-甲氧基-1-萘基)乙胺直接酰化生成产物,改进后的工艺总收率约为 76%。

第五节 其他氧化反应

一、胺类化合物的氧化

有机胺分子中的氮原子是最低氧化态,可被氧化剂氧化,不同的氧化剂和反应条件可以得到不同的氧化产物。

（一）伯胺的氧化

1. 反应通式及机制

$$RNH_2 \longrightarrow RNHOH \longrightarrow R-\underset{\underset{H}{|}}{C}=NOH \Longleftrightarrow R-N=O \longrightarrow RNO_2$$

伯胺可被过酸氧化成亚硝基或硝基化合物，这是硝基还原的逆反应，该反应属于自由基消除反应机制。

2. 反应影响因素及应用实例

氧化剂氧化能力的强弱及用量会影响产物的类型，采用氧化能力较弱的过酸时，会得到亚硝基化合物；采用氧化能力较强的过酸时，伯胺能被氧化成硝基化合物。例如，氟喹诺酮类抗菌药中间体的合成。

芳胺很容易被氧化，如新的纯苯胺是无色的，但暴露在空气中很快就变成了红棕色，其氧化过程复杂，且产物难以分离。在一定条件下，苯胺氧化可得到其主要产物对苯醌。例如，抗肿瘤药盐酸氨柔比星（amrubicin hydrochloride）中间体的合成。

脂肪族伯胺用适当试剂在碱性介质中氧化，产物一般是醛亚胺、醛肟等。在酸性介质中，产物则是醛或酮。例如，抗真菌药特比萘芬（terbinafine）中间体的合成。

（二）仲胺的氧化

1. 反应通式及机制

过氧化物、过酸及卤素等氧化剂可将仲胺氧化成相应的羟胺、亚胺、硝酮、N-氧化物或N-卤化物。

$$R_2NH \xrightarrow{[O]} R_2NOH$$

其中过氧化物氧化仲胺的反应属于自由基消除反应机制。

2. 反应影响因素及应用实例

H_2O_2、过酸、m-CPBA等常用的氧化剂可将仲胺氧化成羟胺和N-氧化物，如2,2,6,6-四甲基哌啶的氧化。

Cl_2、Br_2、NBS 和 NCS 等常用的氧化剂可氧化酰胺氮原子得到 N-卤化物。

碱性条件下，Br_2 等可将仲胺氧化成相应的亚胺。

（三）叔胺的氧化

1. 反应通式及机制　选择不同的氧化剂对同一叔胺进行氧化，可获得不同产物；当氧化剂一定，不同类型的叔胺将经历不同的氧化方式。

有机过氧酸和叔胺反应机制类似于双键和过酸的环氧化反应。增加过酸的亲电性，或者增加叔胺的亲核性，都可加快氧化反应。该反应属于自由基消除反应机制。

2. 反应影响因素及应用实例　过氧化氢或过酸可将叔胺高产率地氧化为氧化胺。例如，镇静催眠药樟磺阿莫拉明（amoxydramine camsilate）的合成。

(amoxydramine camsilate)

吡啶和其他亲核性弱的含氮杂环，须使用氧化能力强的高浓度过氧化氢或过酸，用过酸时需要较高的反应温度。例如，胃溃疡治疗药奥美拉唑（omeprazole）中间体的合成。

$$\text{（结构式）} \xrightarrow[\text{(95\%)}]{H_2O_2/CH_3COOH} \text{（结构式）}$$

二、含硫化合物的氧化

（一）硫醇的氧化

二硫化物常作为候选药物或药物合成中间体，可通过合适的氧化剂氧化硫醇制得。其反应通式如下：

$$R-SH \xrightarrow{[O]} R-S-S-R$$

硫醇氧化产物与氧化剂的强弱和用量有着直接的联系。使用弱氧化剂时，氧化剂过量也不会使产物进一步氧化；使用氧化能力较强的氧化剂时，则需要严格控制氧化剂的用量，否则会使氧化所产生的二硫化物被进一步氧化成磺酸。例如，在头孢菌素类广谱抗生素头孢咪唑钠（cefpimizole sodium）中间体的合成过程中，用浓硝酸可把硫醇氧化成磺酸。

$$\text{（结构式）} \xrightarrow[\text{(91\%)}]{\text{浓}HNO_3} \text{（结构式）}$$

氧气也可以将硫醇盐氧化成二硫化物，例如，与癌症化疗药物联合使用以降低尿毒性药物地美司钠（dimesna）的合成。

$$2NaS\text{———}SO_3Na \xrightarrow[\text{(84\%)}]{O_2/HOAc/H_2O} \text{（dimesna）}$$

（二）硫醚的氧化

硫醚的氧化产物为砜类，在温和条件下，产物为亚砜。若用过量的氧化剂，并在较高温度下长时间反应，产物为砜。反应通式如下：

$$R-S-R \xrightarrow{[O]} R-\overset{O}{\underset{}{\overset{\|}{S}}}-R \xrightarrow{[O]} R-\overset{O}{\underset{\overset{\|}{O}}{\overset{\|}{S}}}-R$$

过氧化氢和烃基过氧化物可将硫醚氧化成亚砜。该氧化反应在药物合成中的应用颇多。例如，治疗嗜睡症的新型中枢神经兴奋药莫达非尼（modafinil）中间体的合成。

$$\text{（结构式）} \xrightarrow[\text{(79\%)}]{H_2O_2/AcOH} \text{（结构式）}$$

强氧化剂如酸性 KMnO₄ 氧化硫醚时，可直接氧化成砜。例如，β- 内酰胺酶抑制剂他唑巴坦（tazobactam）中间体的合成。

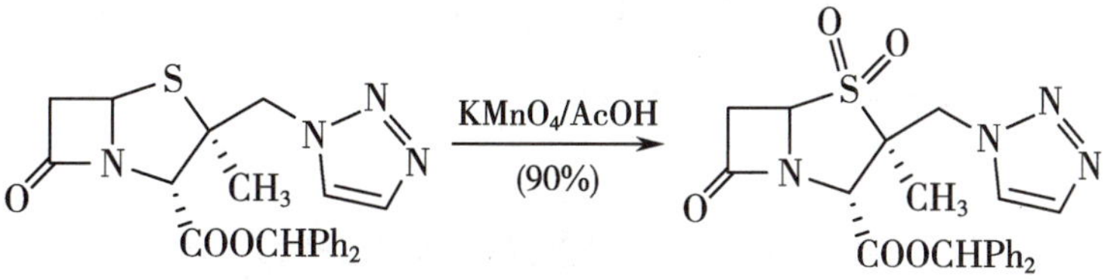

（三）磺酸酯的氧化

磺酸酯可被 DMSO 氧化成羰基化合物，生成的醛一般不进一步氧化，且反应较快，收率较高。反应通式如下：

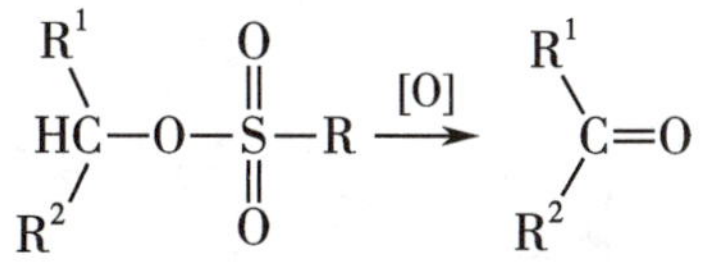

该氧化过程先形成烃氧基锍盐中间体，再分解为羰基化合物。该反应属于亲核消除反应机制。

某些醇类在氧化成醛或酮的过程中，采用普通氧化试剂难以达到理想的效果时，往往会考虑将其转化为磺酸酯，然后在碱性条件下用 DMSO 氧化。例如，高血压治疗药利血平（reserpine）中间体的合成。

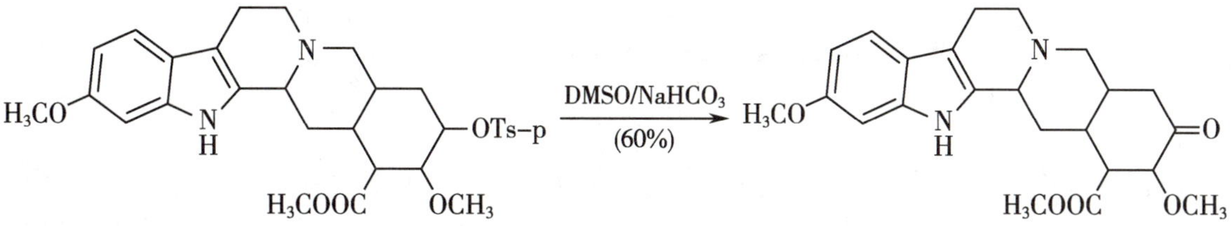

三、卤化物的氧化

卤化物是官能团转化中的重要中间体，在某些情况下比烃类更容易被氧化，伯、仲卤代烃可被氧化剂氧化成相应的羰基化合物，反应机制随氧化剂的不同而不同，常用氧化剂有二甲基亚砜、乌洛托品、过氧化氢和叔胺氧化物等。

（一）DMSO 氧化

DMSO 是活性卤代烃的选择性氧化剂，先反应形成烷氧基锍盐中间体，再在碱的作用下进行 β- 消除得到羰基化合物，该反应也称为 Kornblum 反应。

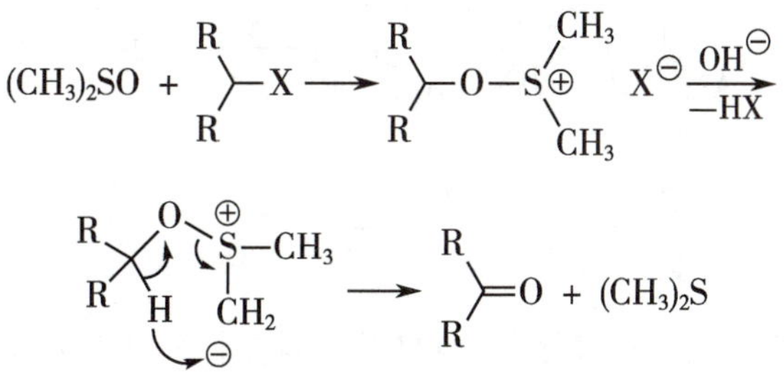

该反应属于亲核消除反应机制。该方法对于活性较高的伯卤代烃化合物反应收率较高，不同卤代烃的反应活性顺序为碘代烃>溴代烃>氯代烃。对于活性较低的伯卤代烃类化合物，可先将其转化为碘化合物，再进行 DMSO 氧化则可得到较高的收率。例如，胃病治疗药奥芬溴铵（oxyphenonium）、格隆溴铵（glycopyrronium）等中间体的合成。

（二）乌洛托品氧化

乌洛托品（六亚甲基四胺）氧化是卤甲基化合物与乌洛托品先反应形成季铵盐，再于酸性条件下水解得到相应的醛的反应。

卤甲基化合物的活性顺序为碘化物>溴化物>氯化物，该方法对具有活泼氢的芳香族卤甲基化合物氧化成醛有较高收率。例如，胃动力促进药莫沙必利（mosapride）中间体对氟苯甲醛的合成。

（三）H$_2$O$_2$ 氧化

在 V$_2$O$_5$ 和催化剂条件下，H$_2$O$_2$ 可将苄基卤化物氧化生成相应的醛或酮。卤化物先在催化剂作用下水解为相应的醇后会很快转化为碳正离子，后者迅速生成矾酸酯，并被 H$_2$O$_2$ 氧化成相应的醛或酮。

该方法廉价易得，活性较高的苄氯化合物作为底物时产率较高，且还原副产物仅为水。

（图：4-氯苄氯 在 V₂O₅/H₂O₂/甲基三辛基氯化铵，回流，6h（90%）条件下氧化为 4-氯苯甲醛）

（四）叔胺氧化物氧化

叔胺氧化物也可氧化芳苄基或烯丙基卤代烃生成相应的醛或酮化合物。叔胺氧化合物先与卤代烃生成季铵盐氧化物，再经碱处理或热分解即可得到醛或酮。

常用的叔胺氧化物有吡啶氮氧化物、三甲胺氮氧化物和 4- 二甲基吡啶 -*N*- 氧化物，其亲核性依次增强。

（图：2-溴甲基萘 经 (1) 氧化吡啶/Ag₂O/CH₃CN/25℃ (2) NaOH（95%）生成 2-萘甲醛）

四、药物合成实例分析

奥美拉唑（omeprazole）是世界上首例上市的质子泵抑制剂，于 1988 年上市。临床上用于治疗良性消化性溃疡、反流性食管炎、卓 - 艾综合征。奥美拉唑的合成过程中涉及硫醚的氧化。

1. 反应式

（反应式：5-甲氧基-2-(4-甲氧基-3,5-二甲基-2-吡啶基)甲基硫代-1H-苯并咪唑 经 *m*-CPBA / DCM（86%）氧化为奥美拉唑（亚砜结构））

2. 反应操作

将 5- 甲氧基 -2-(4- 甲氧基 -3,5- 二甲基 -2- 吡啶基)甲基硫代 -1*H*- 苯并咪唑(33.0g，100mmol)溶于 350ml DCM 中，置于 –25℃干冰中冷却，搅拌下缓慢滴加间氯过氧苯甲酸(17.2g，100mmol)的 DCM 溶液(100ml)，约 2 小时滴完，继续在 –25℃下反应 3 小时。室温下加入 Na₂CO₃ 水溶液(500ml，5%)，搅拌 0.5 小时。静置分层，有机层用水(300ml×3)洗涤，无水 MgSO₄ 干燥。过滤，滤液浓缩后加入 200ml 乙腈，冰箱静置析晶，有白色固体析出。抽滤，并用乙腈洗涤滤饼，得白色粉状晶体奥美拉唑 29.5g，收率 86%，纯度 99.5%。

3. 影响因素

硫醚氧化反应适宜在较低温度下进行，温度过高易发生过氧化反应，反应液很快会变黑，杂质增多，纯化困难，收率降低。为了避免硫原子被过氧化为砜，间氯过氧苯甲酸实际使用量低于理论量，间氯过氧苯甲酸经 DCM 稀释后缓慢滴加，低温反应，实时监测可以有效减少过氧化物的生成。间氯过氧苯甲酸滴加时间对反应的进行有重要影响，在间氯过氧苯甲酸比例一定的情况下，滴加时间过短或滴加速度过快、搅拌不够充分，均易使硫醚发生局部过氧化，从而导致奥美拉唑收率降低，间氯过氧苯甲酸滴加时间以 2 小时为宜。

ER6-2 二苯乙二酮的制备
（视频）

第六节　氧化反应新进展

氧化反应是一类极其重要的反应,它占据有机合成的 1/3,广泛应用于药物合成领域。传统的氧化工艺大多数采用化学计量的氧化剂,这些氧化剂存在污染环境和成本较高等问题。随着药物合成技术的不断研究发展,未来将有更多的氧化反应,其中生物催化氧化、光催化氧化及电催化氧化在药物合成领域是后续研究和应用的热点之一。

1. 生物催化氧化　相对于传统氧化剂,生物催化剂来源于天然,通常以完整细胞、游离酶或细胞壁的形式使用。生物催化方法具有反应条件温和、环境友好、对映体选择性高等优点,因而逐渐得到了人们的青睐。

对于芳香硫醚底物的直接氧化,可以直接将一些手性亚砜类药物的前体硫醚作为底物,通过生物催化氧化,实现一步氧化直接合成目标亚砜药物。比如通过筛选获得的菌株 *Cunninghamella echinulata* MK40,其整细胞可以直接催化抗溃疡药物雷贝拉唑(rabeprazole)前体硫醚的氧化,可获得对映体过量(*e.e.* 值)达到 99% 的 S 构型的雷贝拉唑。利用菌株 *Lysinibacillus* sp. B71,可以得到几乎纯的艾司奥美拉唑。

芳环羟基化反应用重氮盐水解或其他取代法,涉及反应步骤繁多,且副产物也多。而单加氧酶能选择性催化羟化,其机制是先对芳香族化合物进行环氧化,生成不稳定的中间体芳烃氧化物,该中间体再通过氢负离子迁移重排生成苯酚化合物。

芳香族化合物的选择性羟基化也可通过使用完整的细胞催化进行。例如,在心血管疾病治疗药普瑞特罗(prenalterol)的合成过程中,可由刺孢小克银汉霉的细胞催化其底物前体区域选择性羟基化而得到,该反应不具有对映选择性,因而产物为消旋体。

(prenalterol)

酶催化 Baeyer-Villiger 反应具有立体选择性,潜手性的酮能通过环己酮单加氧酶的不对称氧化生成相应的内酯,氧的插入位置取决于 4- 位取代基 R 的性质,其产物立体构型取决于底物基团的迁移能力,当 R 为 CH_3O、C_2H_5、$n\text{-}C_3H_7$ 和 $t\text{-}C_4H_9$ 时,产物为 S 构型,但当 4- 位为 $n\text{-}C_4H_9$ 时,其产物为 R 构型。

维生素 C 的合成也可用生物氧化,其中"二步发酵法"是我国研究出的方法。D- 山梨糖醇用黑醋菌氧化可生成 L- 山梨糖,再用假单胞菌氧化得到 2- 酮 -L- 古龙糖酸,后者经酸处理烯醇化、内酯化转变为维生素 C(vitamin C)。

2. 光催化氧化　利用过渡金属(Ru、Ir)催化的光反应来进行有机合成逐渐成为一个新的热点。光催化剂能够通过单电子氧化途径氧化一些常见的官能团,如利用钌配体光催化剂将苄醇氧化成苯甲醛。反应中用到了芳基重氮盐作为氧化物,芳基重氮盐容易发生单电子还原,在接受电子后释放氮气并得到芳基自由基。处于激发态的钌配体能够给芳基重氮盐提供电子,同时自身转化为高价态的钌配体。高价态钌配体可以氧化苄醇生成苯甲醛,同时自身回到初始价态的钌配体。这样催化剂就可以循环利用,但是反应产率不高。

光催化氧化的一个主要领域就是氧化生成亚胺离子。例如,利用过渡金属光催化该类型的反应,通过加入硝基甲烷来催化生成亚胺离子,从而实现氮杂亨利反应。该反应采用的光催化剂是铱络合物 Ir(PPy)$_2$(dtbbpy)PF$_6$(PPy: 2- 苯基吡啶,dtbbpy: 4,4′- 二叔丁基 -2,2′- 联吡啶),在其光激发态能够氧化苯基四氢异喹啉到其自由基阳离子。中间体铱(Ⅱ)物质被氧气氧化从而完成催化循环周期。超氧化物可以吸收胺的 α- 位氢原子生成关键的亚胺中间体,亚胺中间体和硝基甲烷阴离子加成产生氮杂亨利反应的加合产物。

利用可见光催化氧化策略,还可合成分离得到 7- 去氢胆固醇内过氧化物及其乙酸酯和半琥珀酸酯衍生物,与广为研究的麦角固醇内过氧化物相比,7- 去氢胆固醇内过氧化物及其半琥珀酸酯对人卵巢癌细胞 SKOV-3、前列腺癌细胞 DU145、肺癌细胞 A549 和宫颈癌细胞 HeLa 表现出更好的抑制活性和选择性。光催化氧化在药物合成方面也展现出了很好应用前景,为许多氧化反应提供新的合成途径。

3. 电催化氧化　电化学氧化是氧化有机合成中一种简单而有效的方法。理论上,电化学过程通过直接操纵电极表面上的电子来进行,因此不需要使用化学计量的化学氧化剂,可避免危险废物的问题,电化学氧化是一种环境友好的氧化方法。

芳香族化合物的碳氢官能化是在芳环上引入电负性元素或缺电子官能团,但由于官能团的来源通常比芳香族底物更容易氧化,以及带有富电子官能团的芳香族化合物比母体芳香族底物更容易氧化,所以引入富含电子的官能团是困难的,但可以通过电化学催化方法得以实现。例如,在吡啶存在下,富电子芳香族化合物的阳极氧化产生 N- 芳基吡啶鎓离子,正电荷引起的强吸电子效应避免了过度氧化,然后用哌啶处理 N- 芳基吡啶鎓离子,得到所需的具有—NH_2 基团的芳香族化合物,此方法已成功用于 1,4- 苯并噁嗪 -3- 酮的合成。

氧化碳氢 / 碳氢交叉偶联是连接两个芳环最经济的方式。电化学氧化是其中一种强有力的方法。在这种方法中,在温和条件下芳香族底物在分开的电池中被阳极氧化,以积累自由基阳离子。例如,通过电化学再生 DDQ 实现邻三联苯的高效氧化偶联。

以四氯 -N- 羟基邻苯二甲酰亚胺(Cl_4NHPI)为介体的电化学催化氧化可实现烯丙基碳氢氧化。例如,在甾体类化合物的合成过程中,t-BuOOH 被用作亲核试剂,最终产物为 α,β- 不饱和酮。

一、简答题

1. 常用的脱氢芳构化试剂有哪些？试比较其活性大小。

2. 简述 DMSO 醇氧化中不同活化试剂的使用特点。

3. 简述 Baeyer-Villiger 氧化的反应机制。

二、完成下列合成反应

1.

$$\text{Pd(OAc)}_4$$

2.

$$\text{H}_2\text{O}_2/\text{HOAc}$$

3.

$$\text{MnO}_2$$

4.

$$\xrightarrow[\text{丙酮, 15~20℃}]{\text{CrO}_3/\text{H}_2\text{SO}_4}$$

5.

$$\xrightarrow[\text{AcOH}]{\text{CrO}_3}$$

6.

$$\xrightarrow[\text{DMSO}]{\text{PdCl}_2}$$

7.

8.

9.

10.

11.

12.

13.

14.

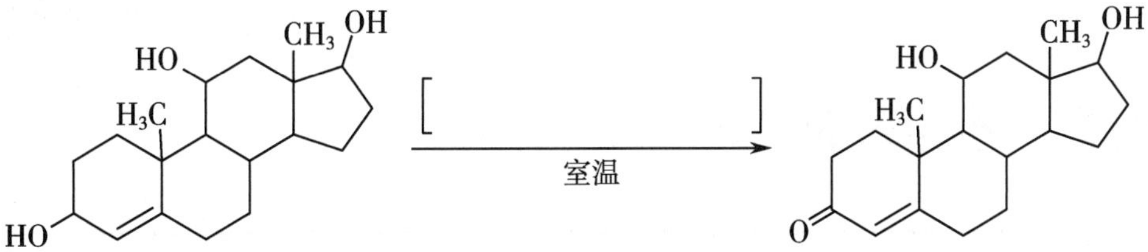

15.

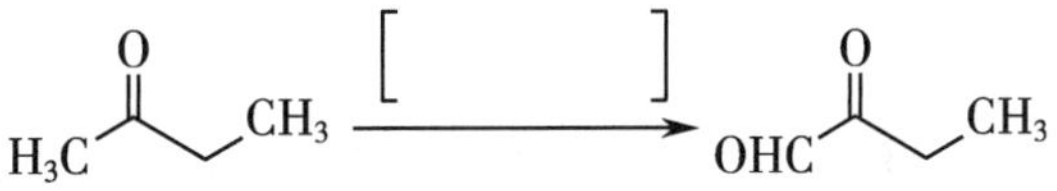

16.

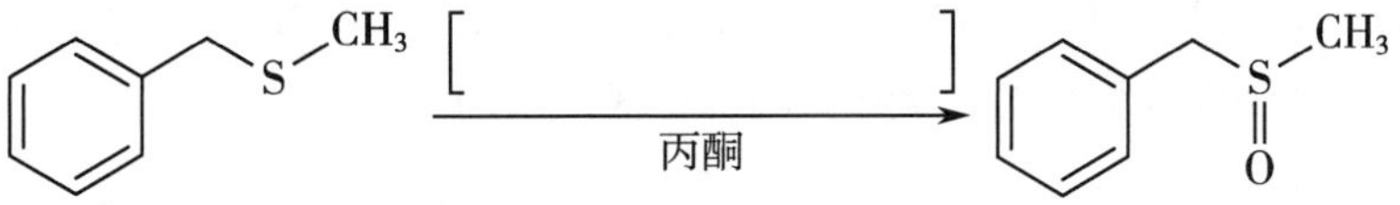

三、药物合成路线设计

1. 以异丁基苯为原料合成镇痛药布洛芬（ibuprofen）。

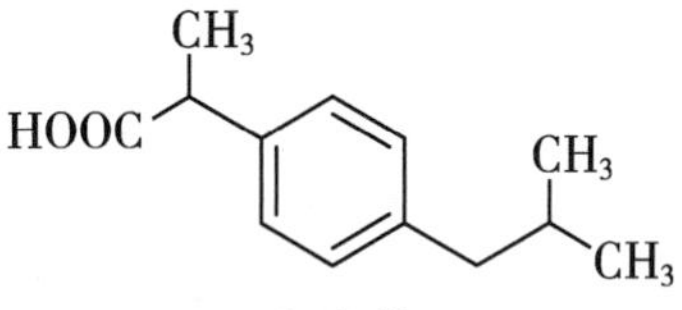

布洛芬

2. 以3,5-二甲基-2-羟甲基-4-甲氧基吡啶和2-巯基-5-甲氧基苯并咪唑为主要原料，合成质子泵抑制剂奥美拉唑（omeprazole）。

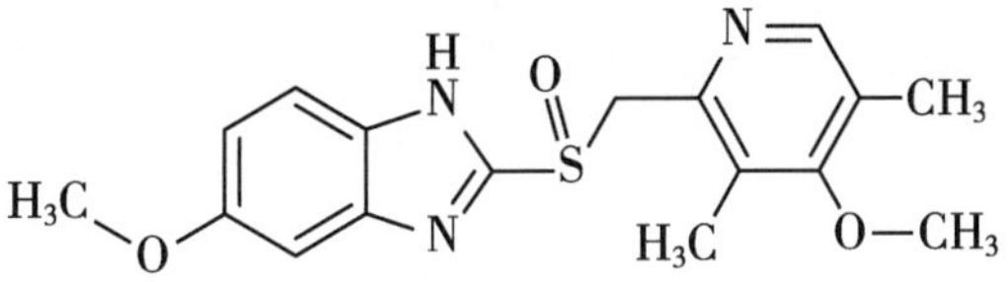

奥美拉唑

3. 以二苯基甲醇、巯基乙酸为主要原料合成觉醒促进剂莫达非尼（modafinil）。

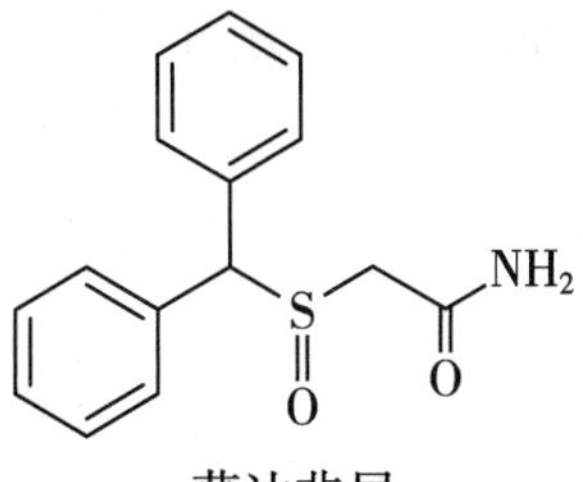

莫达非尼

（周志旭）

第七章 还原反应

【本章要点】

掌握　催化氢化反应的分类、催化剂种类、影响因素及官能团选择性；金属复氢化物、醇铝、硼烷、金属及肼还原剂介导的还原反应特点、底物适用范围、影响因素及应用；Birch还原反应、Meerwein-Ponndorf-Verley 还原反应、Clemmensen 还原反应、Wolff-Kishner- 黄鸣龙还原反应、Rosenmund 还原反应。

熟悉　各类还原反应的机制；催化氢解反应、Bouveault-Blanc 还原反应；甲酸及其衍生物等还原剂介导的还原反应特点及应用。

了解　新型还原剂、新催化剂及还原反应的新进展。

在化学反应中，使有机物分子总氧化数降低的反应称为还原反应（reduction reaction），即在还原剂的作用下，可使有机物分子得到电子或使参加反应的碳原子上电子云密度增加的反应。还原反应是有机合成中最重要的反应之一，在药物及其中间体的合成中应用十分广泛，是药物合成中官能团转换的重要手段。

第一节　概述

一、反应分类

根据还原剂及方法的不同，还原反应主要分为 4 类：①在催化剂存在下借助氢气或供氢体进行的催化氢化还原反应；②使用化学物质（元素、化合物等）作为还原剂的化学还原反应；③利用微生物或活性酶进行的生物还原反应；④在电解槽阴极室发生的电化学还原（生物还原反应及电化学还原本教材不做讨论）。

（一）催化氢化反应

催化氢化反应是指有机化合物在催化剂的作用下，与氢发生氢化或氢解的还原反应。氢化是指有机化合物分子中的不饱和键在催化剂的存在下，全部或部分加氢还原；氢解是指有机化合物分子中某些化学键因加氢而断裂。

按催化剂的存在状态，可将催化氢化分为非均相催化氢化和均相催化氢化两大类。催化剂以固体状态存在于反应体系中，以氢气为氢源的反应称为非均相氢化（heterogeneous hydrogenation）；催化剂呈配合分子状态溶于反应介质中称为均相氢化（homogeneous hydrogenation）；用某种化合物（主要是有机物）作为氢源进行的还原反应称为催化转移氢化（catalytic transfer hydrogenation）。

1. 非均相氢化　目前工业生产上应用最多的还原方法，操作简单，只须在适当的溶剂（若被还原物是液体可不加溶剂）及一定压力氢气条件下，将反应物与催化剂一起搅拌或振荡即可进行，其优点是产品纯度及收率较高，催化剂可直接过滤除去或回收套用，污染少，符合绿色化学要求。

2. 均相氢化　催化剂与反应物同处一相，氢原子被添加到不饱和部分，没有相界存在而进行的还原反应，主要用于碳-碳、碳-氧不饱和键及硝基、氰基等的还原。均相催化剂多为过渡金属配合物［如（Ph_3P）$_3$RhCl 等］，可在反应介质中分散均匀，具有反应选择性高、条件温和、不易中毒等优点，一般不伴随氢解反应和双键异构化。不足之处是催化剂价格高、热稳定性差、不易回收、处理不当会对产品及环境造成污染。

3. 催化转移氢化　主要用于碳-碳不饱和键、硝基、羰基、氰基等的还原，还可用于苄基、烯丙基及碳-卤键的氢解反应。由于供氢体可定量加入，氢化程度易于控制，该类反应选择性较好。

（二）化学还原反应

1. 负氢离子转移试剂还原　常见的负氢离子转移试剂主要有金属复氢化物、硼烷和烷氧基铝。其中，金属复氢化物适用于多种不饱和官能团的还原；硼烷是一种高效的还原剂，主要用于羧酸的还原和烯烃的硼氢化反应；烷氧基铝类还原剂主要用于 Meerwein-Ponndorf-Verley 还原反应，可使醛、酮还原成醇。

2. 金属还原剂还原　常见的金属还原剂主要有碱金属（锂、钠、钾）、铁、锌和锡还原剂。其中，金属钠主要用于羧酸酯和芳烃的还原；铁、锌和锡主要用于硝基等含氮化合物的还原；锌汞齐主要用于将羰基还原成亚甲基。

3. 非金属还原剂还原　除硼烷外，其他非金属还原剂如含硫化合物（硫化钠、连二亚硫酸钠等）、甲酸及其衍生物（甲酸铵、甲酰胺）、肼等亦可实现不饱和官能团的还原，多用于碳-碳不饱和键、羰基、硝基等的还原。

（三）氢解反应

氢解反应主要包括脱卤氢解、脱苄氢解、脱硫氢解和开环氢解4类，是用于制备烃基和脱保护基的重要方法之一，催化氢化和某些条件下的化学还原法均可实现氢解反应。

二、还原剂的种类

（一）催化氢化还原剂

催化氢化还原剂主要为氢气；催化转移氢化还原剂为可代替氢气的氢源（供氢体），常用的供氢体主要有氢化芳烃、不饱和萜类、醇类、肼、二氮烯、甲酸盐和磷酸盐等，如环己烯、环己二烯、四氢化萘、α-蒎烯、乙醇、异丙醇、甲酸（铵）和次磷酸钠等。

（二）化学还原剂

1. 金属复氢化物还原剂　第三主族元素硼、铝的电负性均低于氢元素，易以氢负离子的形式形成金属复氢化物。常见的金属复氢化物还原剂主要有氢化铝锂（$LiAlH_4$）、硼氢化锂（$LiBH_4$）、硼氢化钠（钾）（$NaBH_4$、KBH_4）等，其中氢化铝锂的还原活性最强，硼氢化锂次之，硼氢化钠（钾）的活性较小，但是选择性最好。金属复氢化物能够还原的基团众多，表 7-1 列出了各类还原剂的适用范围。

表 7-1　主要金属复氢化物的还原性能

原料官能团	产物官能团	$LiAlH_4$	$LiBH_4$	$NaBH_4$	KBH_4
$\diagdown$C=O	$\diagdown$C—OH	+	+	+	+
—CHO	—CH$_2$OH	+	+	+	+
—COCl	—CH$_2$OH	+	+	+	+
环氧	H—C—C—OH	+	+	+	+
—COOR（或内酯）	—CH$_2$OH + ROH	+	+	−	−
—COOH 或 —COOLi	—CH$_2$OH	+	−	−	−
—CONR^{1}R^2	—CH$_2$NR^{1}R^2 或 —CHNR^{1}R^2／OH ⟶ —CHO + HNR^{1}R^2	+	−	−	−
—CONHR	—CH$_2$NHR	+	−	−	−
—C≡N	—CH$_2$NH$_2$ 或 —CH=NH ⟶ —CHO	+	−	−	−
$\diagdown$C=N—OH	$\diagdown$C—NH$_2$	+	+	+	+
—C—NO$_2$（脂肪族）	—C—NH$_2$	+	−	−	−
—COSO$_2$Ph 或 —CH$_2$Br	—CH$_3$	+	−	−	−
(RCO)$_2$O	RCH$_2$OH	+	+	−	−
—C(=S)—NR^{1}R^2	—CH$_2$—NR^{1}R^2	+	+	+	+
—N=C=S	—NHCH$_3$	+	+	+	+
—PhNO$_2$	PhN=NPh	+	+	+	+
—N→O	—N$\diagup$	+	+	+	+
RSSR 或 RSO$_2$Cl	RSH	+	+	+	+

氢化铝锂性质非常活泼,遇水、酸等质子性溶剂或含羟基、巯基化合物会放出氢气而形成相应的铝盐。因此,反应通常选用无水乙醚或四氢呋喃为溶剂,须在无水条件下进行。反应结束后,可加入乙醇、含水乙醚或 10% 氯化铵溶液来分解未反应的氢化铝锂和还原底物,加入水量应接近计算量,以便于分离。氢化铝锂还原活性最强,对除孤立的碳 - 碳不饱和键以外的其他官能团均具有较高的还原活性,但选择性较差,用醇或氯化铝等处理氢化铝锂可以降低其还原活性,得到选择性还原试剂,如二异丁基氢化铝(DIBAL-H)、三(叔丁氧基)氢化铝锂(LTBA)及氢化铝锂 - 氯化铝混合试剂等。

硼氢化钠(钾)在常温下较稳定,能溶于水、甲醇、乙醇,而不溶于四氢呋喃。因此,可选用质子性溶剂进行反应,反应液中加入少量碱可起到催化作用。硼氢化钠(钾)的反应活性低于氢化铝锂,是还原醛、酮成醇的首选试剂。单独使用硼氢化钠(钾)很难还原羧基、酯基、酰胺等官能团,但是在 Lewis 酸的催化下,其还原能力将大大提高,可顺利地还原酯、酰胺甚至某些羧酸,常见的还原体系包括 $NaBH_4$-BF_3 和 $NaBH_4$-$AlCl_3$ 体系,其中,采用 $NaBH_4$-$AlCl_3$ 可将酮羰基进一步还原为亚甲基。某些取代的金属复氢化物,如硫代硼氢化钠($NaBH_2S_3$)、三仲丁基硼氢化锂[$LiBH(CH_3CH_2CH(CH_3)_3)$]、氰基硼氢化钠($NaBH_3CN$)和三乙酰氧基硼氢化钠[$NaBH(CH_3COO)_3$]等具有较好的官能团和立体选择性。

2. 硼烷及其衍生物为还原剂 硼烷的二聚体称为乙硼烷(diborane),是一种有毒气体,一般溶于醚类溶剂(如乙醚、四氢呋喃)中使用,可离解成硼烷的醚络合物($R_2O\cdot BH_3$),用于还原反应。乙硼烷会自燃且与水迅速反应,应避免直接使用,一般将 $NaBH_4$ 和 BF_3 混合生成乙硼烷用于还原反应。

$$H_2B \overset{H}{\underset{H}{\cdots}} BH_2 \ + \ 2\,R_2O \ \rightleftharpoons \ 2\,\overset{\oplus}{R_2O}-\overset{\ominus}{BH_3}$$

$$3NaBH_4 \ + \ 4BF_3 \ \xrightarrow{THF} \ 2B_2H_6 \ + \ 3NaBF_4$$

硼烷与烯烃加成可生成多种取代硼烷,如二异丁基硼烷、9- 硼代双环[3.3.1]壬烷(9-BBN)和光学活性的二异蒎基硼烷(Ipc_2BH)等,具有更好的选择性。二异丁基硼烷与不对称烯烃加成时,以反马氏规则加成的产物为主;9-BBN 可将 α,β- 不饱和醛、酮选择性地还原为 α,β- 不饱和醇,而分子中的其他基团不受影响。

二异丁基硼烷   9–BBN Ipc_2BH

3. 烷氧基铝还原剂 常用的有乙醇铝和异丙醇铝,分别用于醛和酮的还原,须在无水条件下进行。异丙醇铝可在三氯化铝或氯化汞催化下,由金属铝和异丙醇在无水条件下反应制得。

4. 金属还原剂 包括活泼金属及其合金或盐类,常见的金属还原剂主要有碱金属(钠、钾、锂）、锌、铁、锡、镁、铝等，合金主要有钠汞齐、锌汞齐、镁汞齐、铝汞齐等，金属盐主要有 $FeSO_4$、$SnCl_2$ 等，它们都具有向吸电基团或不饱和基团提供电子的能力。金属还原剂应用范围较广，除了可用于羧酸酯、醛、酮、腈、肟、硝基化合物的还原之外，还可用于氢解反应和芳烃的还原。

（1）碱金属还原剂：常用的如金属钠，其在醇溶剂中可用于羧酸酯的还原，金属锂、钠、钾在液氨中可用于芳烃的还原。

（2）锌还原剂：金属锌的还原能力与介质的酸碱度有关，在酸性介质中还原能力强，可还原硝基、亚硝基、肟等基团成氨基，还原碳-碳双键为饱和键，还原羰基及硫代羰基为亚甲基，还原氯磺酰基和二硫键为巯基，还原芳香重氮基为芳肼，还原醌为酚；在中性介质中，还原能力稍弱，可将硝基苯还原为苯基羟胺；在碱性介质中，可将酮还原成仲醇，把硝基苯还原成几种双分子产物-偶氮苯、氧化偶氮苯、二苯肼。锌汞齐是将锌粒与氯化汞在稀盐酸中反应制得的锌汞合金，主要用于在酸性条件下还原羰基为亚甲基。

（3）铁、锡还原剂：铁粉在盐类电解质的水溶液中或酸性条件下为强还原剂，可将硝基或其他含氮氧功能基（如亚硝基、羟氨基等）还原成相应的氨基，一般对卤素、双键和羰基无影响，在酸性介质中还可还原醛、磺酰氯、偶氮、叠氮化合物和醌类化合物。低价铁盐如 $FeSO_4$、$FeCl_2$ 等也可作为还原剂选择性还原硝基。锡-盐酸还原剂主要用于将硝基还原为氨基，还可用于双键、磺酰氯、偶氮化合物等的还原。

5. 其他还原剂　包括硫化物及含硫氧化物、肼、甲酸及其衍生物等。

（1）含硫化合物还原剂：常用的硫化物有硫化钠、硫氢化钠、多硫化钠、硫化铵等；含硫氧化物如连二亚硫酸钠（$Na_2S_2O_4$，俗称保险粉）、亚硫酸盐、亚硫酸氢盐等，在特定环境下可用于硝基、亚硝基、偶氮和叠氮化合物的还原。

（2）肼还原剂：又称联氨，具有强腐蚀性和还原性，它的水合物（水合肼）常用于羰基、硝基等含氮化合物的还原，也可作为催化转移氢化反应的供氢体。

（3）甲酸及其衍生物还原剂：甲酸在伯（仲）胺存在下可还原醛或酮以制备伯胺、仲胺或叔胺，甲酸铵和甲酰胺也可用于该反应，其中甲酸铵是催化转移氢化反应的常用供氢体。

三、反应机制

催化氢化反应按机制可分为非均相氢化、均相氢化和催化转移氢化。化学还原反应按机制主要分为亲核加成（金属复氢化物、醇铝、甲酸及肼对羰基、含氮化合物等的还原）、亲电加成（硼烷对烯烃、羰基的还原）和自由基反应（钠、铁、锌等的电子转移反应，有机锡氢解碳-卤键的自由基取代反应）。

（一）催化氢化反应

催化氢化一般包含以下 3 个基本过程：反应物扩散到催化剂表面进行物理吸附和化学吸附；被吸附的络合物之间发生化学反应；产物解吸附并扩散到反应介质中。其中，吸附和解吸是决定总反应速率的主要步骤。在催化剂表面晶格上有一些活性很高的特定部位，可为原子、离子或是由若干原子规则排列而组成的小区域，这种特定部位称为活性中心。只有当反应物与催化剂活性中心之间有一定的几何因素和电性因素时,才可能发生化学吸附,从而表现出催化活性。其中,电性因素起主导作用。

1. 非均相氢化机制 通常为催化剂加氢机制,首先氢分子在催化剂表面的活性中心上进行化学吸附,还原底物(如烯烃)也与催化剂的活性中心发生化学吸附使 π 键打开形成 σ- 络合物,然后与活化氢进行加成,最后脱吸附而生成还原产物。因反应物立体位阻较小的一侧容易吸附在催化剂的表面,故不饱和键氢化主要得到顺式加成产物。

$$H_2 + 2\ast \rightleftharpoons 2\ \underset{\ast}{\overset{|}{H}}$$

$$\begin{array}{c}\diagdown \\ \diagup\end{array}C=C\begin{array}{c}\diagup \\ \diagdown\end{array} + 2\ast \rightleftharpoons \begin{array}{c}\diagdown \\ \diagup\end{array}\underset{\ast}{\overset{|}{C}}-\underset{\ast}{\overset{|}{C}}\begin{array}{c}\diagup \\ \diagdown\end{array}$$

$$\begin{array}{c}\diagdown \\ \diagup\end{array}\underset{\ast}{\overset{|}{C}}-\underset{\ast}{\overset{|}{C}}\begin{array}{c}\diagup \\ \diagdown\end{array} + \underset{\ast}{\overset{|}{H}} \rightleftharpoons \begin{array}{c}\diagdown \\ \diagup\end{array}\underset{\ast}{\overset{|}{C}}-CH\begin{array}{c}\diagup \\ \diagdown\end{array}$$

$$\begin{array}{c}\diagdown \\ \diagup\end{array}\underset{\ast}{\overset{|}{C}}-CH\begin{array}{c}\diagup \\ \diagdown\end{array} + \underset{\ast}{\overset{|}{H}} \rightleftharpoons \begin{array}{c}\diagdown \\ \diagup\end{array}CH-CH\begin{array}{c}\diagup \\ \diagdown\end{array}$$

2. 均相氢化机制 一般包括氢活化、底物活化、氢转移和产物生成 4 个基本过程。以均相催化剂 M 催化烯烃的加氢反应为例,过程如下:①催化剂 M 在溶剂(S)中离解并与溶剂(S)生成复合物,活化氢与催化剂中的过渡金属生成活泼二氢络合物;②被还原底物中碳 - 碳双键置换溶剂分子,以配价键与中心金属原子相结合形成配合物(**3**);③氢进行分子内转移发生顺式加成;④经异裂或均裂氢解得到氢化产物,离解的复合物循环参加催化反应。

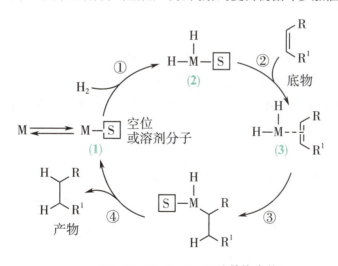

(M = Rh, Ru, Ir, Co, Pt及其络合物)

3. 催化转移氢化机制 类似于气态氢作为氢源的多相催化氢化机制,首先,供氢体 H_2D 与催化剂的表面活性中心结合形成络合物,进而在催化剂表面发生氢的转移生成产物 H_2A。需要指出的是,第二个氢的加成是通过形成五元环或六元环的过渡态实现的。

$$H_2D + Pd \longrightarrow H-Pd-DH$$

$$H-Pd-DH + A \longrightarrow \underset{\underline{\underline{A}}}{H-Pd-DH} \longrightarrow HA-Pd-DH \longrightarrow H_2A + Pd + D$$

4. 氢解反应机制　各类催化氢解反应具有相似的反应机制。以脱卤氢解反应为例，卤代烃通过氧化加成机制与活性金属催化剂形成有机金属络合物，再按催化氢化机制反应得氢解产物。

$$R—X \ + \ Pd^0 \longrightarrow R—PdX \xrightarrow{H_2} \overset{\overset{H}{|}}{\underset{\underset{H}{|}}{R—PdX}} \longrightarrow R—H \ + \ HX \ + \ Pd^0$$

（二）电子反应机制

1. 亲核反应

（1）亲核加成：以金属复氢化物、烷氧基铝、甲酸及其衍生物、水合肼等为还原剂，对羰基化合物及其衍生物、硝基化合物、肟和环氧化物等进行的化学还原及还原胺化反应均属于氢负离子的亲核加成反应。

1）金属复氢化物还原：金属复氢化物的结构中具有四氢铝离子（$AlH_4^{\ominus}$）或四氢硼离子（$BH_4^{\ominus}$）等亲核性复合负离子，可进攻极性不饱和键（如羰基、氰基）带正电荷的碳原子，氢负离子转移至碳原子形成金属络合物负离子，与质子结合后完成加氢还原过程。由于四氢铝（或硼）离子有 4 个可供转移的氢负离子，理论上 1mol 氢化铝锂可还原 4mol 极性不饱和键。

2）烷氧基铝还原：以 Meerwein-Ponndorf-Verley 还原反应为例，异丙醇铝还原羰基化合物时，首先，铝原子与羰基氧原子以配位键结合形成六元环状过渡态；然后，异丙基的氢以氢负离子的形式转移到羰基碳原子上，铝 - 氧键断裂，生成新的烷氧基铝盐和丙酮；铝盐经醇解后可得到还原产物醇，该步为限速步骤。

3）甲酸及其衍生物的还原胺化：羰基化合物可与氨或胺发生还原胺化反应（详见第三章），其机制为羰基与氨或胺作用生成中间体 Schiff 碱，然后经六元环过渡态将来源于甲酸的氢负离子转移至亚胺碳上，得还原胺化产物。甲酸在反应中提供氢而发挥还原剂的作用。

4）水合肼还原：在强碱条件下，水合肼进攻羰基成腙，形成氮负离子，电子转移后形成碳负离子，经质子转移而放氮分解，最后与质子结合转变为甲基或亚甲基化合物。

（2）亲核取代：以金属复氢化物进行的脱卤（硫）氢解一般属于 S_N2 亲核取代反应，具有亲核性的复合负离子与碳原子形成络合物后，氢负离子可进攻缺电的碳原子，最终脱去一分子硼烷或氢化铝及卤负离子得到氢解产物。

（M=Al, B）　　　　　　（X=F, Cl, Br, I, 等）

2. 亲电反应

（1）硼烷对羰基化合物的还原：硼烷可将羰基化合物及其衍生物（醛、酮、羧酸及其衍生物）还原为醇或胺，为氢负离子的亲电加成反应。首先，缺电子的硼原子与羰基氧原子上的未共用电子对结合；然后，硼烷上的氢以氢负离子形式转到羰基碳原子上，经水解后得醇或胺。酰卤因卤素的吸电子效应使羰基氧原子上的电子云密度降低，因此，酰卤不能被硼烷还原。

（R^1=H, alkyl, OR, NR′R″; X=O, N, NOH, 等）

（2）硼烷对碳-碳不饱和键的还原：以硼烷对烯烃的还原为例，硼原子因极化带部分正电荷，当与富电子烯烃反应时，硼原子与氢在双键同侧经顺式亲电加成得到烷基取代硼烷，经酸水解使碳-硼键断裂而得烷烃。反应中不经过碳正离子中间体过程，因此，分子构型保持不变。硼原子主要加成到取代基较少的碳原子上，符合反马氏规则。

$$2 \ \underset{H_3C}{\overset{H_3C}{\diagdown}}C=C\underset{CH_3}{\overset{CH_3}{\diagup}} \xrightarrow{\quad} (H_3C-\underset{\underset{H}{|}}{\overset{\overset{CH_3CH_3}{|}}{C}}-\underset{\underset{CH_3}{|}}{\overset{|}{C}})_3B \xrightarrow{\overset{\oplus}{H_3O}} 3\ H_3C-\underset{\underset{H}{|}}{\overset{\overset{CH_3CH_3}{|}}{C}}-\underset{\underset{H}{|}}{\overset{|}{C}}-CH_2 \ + \ B(OH)_3$$

（三）自由基反应机制

以活性金属（如锂、钠、钾、铁、锡、汞齐、碱金属的液氨溶液）、硫化物或含氧硫化物对含有不饱和键或硝基的化合物、羧酸、酯、酰胺的还原反应，以及对含有碳 - 杂键化合物的氢解反应，均属于电子转移的自由基反应。

1. Birch 还原反应　芳香族化合物可在液氨或胺中用钠（锂或钾）还原生成非共轭二烯，还原历程属于单电子转移的自由基反应机制。芳香族化合物首先从活泼金属表面获得一个电子形成负离子自由基，为不稳定强碱，易从液氨（或胺）中获得质子而成为自由基；自由基再从活泼金属表面获得一个电子形成负离子后，从液氨（或胺）中再获得质子而还原为非共轭二烯。

$$R\text{—}\langle\text{苯环}\rangle \xrightarrow{+e} R\text{—}\langle\text{苯环}\rangle^{\cdot-} \xrightarrow{NH_3} R\text{—}\langle\rangle \xrightarrow{+e} R\text{—}\langle\rangle^{\ominus} \xrightarrow{NH_3} R\text{—}\langle\rangle$$

2. 活泼金属还原剂的还原　活泼金属（钠、铁、锌等）对羰基（如 Clemmensen 还原反应）、硝基等含氮化合物以及硫化物或含硫氧化物的还原，均为底物在活泼金属表面进行电子得失的转移过程。其中，活泼金属为电子供体。以铁 / 供质子体还原硝基化合物为例，电子从铁粉表面转移到被还原的硝基上，形成阴离子自由基，经获得质子后脱水，得到还原产物。酸、醇、水均可作为质子供体。

$$Ph\text{—}N \xrightarrow{Fe(+e)} Ph\text{—}N \xrightarrow{H^{\oplus}} Ph\text{—}N \xrightarrow{Fe(+e)} Ph\text{—}N$$

$$\xrightarrow[-H_2O]{H^{\oplus}} Ph\text{—}N{=}\ddot{O} \xrightarrow{Fe(+e)} Ph\text{—}\dot{N}\text{—}\ddot{O}^{\ominus} \xrightarrow{H^{\oplus}} Ph\text{—}\dot{N}\text{—}OH \xrightarrow{H^{\oplus}}$$

$$Ph\ \ddot{N}H\text{—}OH \xrightarrow[-H_2O]{Fe(+e)/H^{\oplus}} Ph\ \ddot{N}H \xrightarrow{Fe(+e)} Ph\ \ddot{N}H \xrightarrow{H^{\oplus}} Ph\ddot{N}H_2$$

3. 活泼金属作用下的氢解反应　在活泼金属（如锂、钠）等作用下脱卤或脱硫氢解反应历程为：首先发生电子转移，形成自由基负离子，然后分子裂解为卤离子和自由基，再转移一个电子形成碳负离子，最后经质子化得烃。

第二节　碳-碳不饱和键的还原

含有碳-碳不饱和键的底物(如烯烃、炔烃和芳烃)均可被还原为饱和烃。其中,烯烃和炔烃多用催化氢化法还原,芳烃常选用化学还原法。

一、烯、炔的还原反应

(一)催化氢化反应

催化氢化是将碳-碳不饱和键还原为碳-碳单键的首选方法,烯烃和炔烃易于催化氢化,且具有较好的官能团选择性。

1. 非均相氢化

(1)反应通式及机制

烯烃、炔烃的氢化还原反应多为非均相氢化机制。

(2)反应影响因素及应用实例:可用于氢化反应的催化剂种类繁多,常用的有镍、钯、铂。一般来说,催化剂活性越大,选择性越差。催化剂中加入适量助催化剂,可增加其活性,加快反应速率;加入适量抑制剂,可使催化活性降低,但会提高反应选择性。反应原料中含有的微量杂质使催化剂的活性或选择性明显下降或丧失的现象称为催化剂中毒。如果仅使催化剂的活性受到抑制,经过适当的活化处理可以再生,这种现象称为阻化。使催化剂中毒的物质称催化毒剂,包括硫、磷、砷、铋、碘等离子以及某些有机硫化物和有机胺类,使催化剂阻化的物质称催化抑制剂,二者之间并无严格界限。

镍催化剂主要有 Raney-Ni(活性镍)和硼化镍。Raney-Ni 是将含镍 40%～50% 的镍铝合金加入至一定浓度的氢氧化钠溶液中得到的具有多孔状骨架镍,分为 W_1～W_8 等不同型号,活性大小次序为 $W_6 > W_7 > W_3$、W_4、$W_5 > W_2 > W_1 > W_8$。干燥的 Raney-Ni 在空气中会剧烈氧化而燃烧,因此应浸没于乙醇或蒸馏水中贮存。向 Raney-Ni 中加入少量的氯化铂、二氯化镍、硝酸铜或二氯化锰等,可提高其催化活性。在中性或弱碱性条件下,可用于烯键、炔键、硝基、氰基、羰基、芳杂环和芳稠环的氢化以及碳-卤键、碳-硫键的氢解,对苯环和羧基的催化活性弱,对酯、酰胺无活性。在酸性条件下活性下降或消失,含硫、磷、砷等催化毒剂可导致 Raney-Ni 中毒。

硼化镍可由乙酸镍在水(P-1 型)或醇(P-2 型)中经硼氢化钠还原,或者用氯化镍在乙醇中经硼氢化钠还原制得。硼化镍活性高且选择性好,还原双键不产生异构化,对顺式烯烃的还原活性大于反式烯烃,随烯烃双键取代基数目增加催化活性下降。

钯催化剂主要有钯黑、钯碳（Pd-C）和 Lindlar 催化剂。钯黑是钯的水溶性盐经还原制得的极细黑色金属粉末。将钯黑吸附在载体活性炭上称为钯碳，其中钯的含量通常为 5%～10%。5% 的钯碳可有效还原烯键和炔键，还可在温和条件下还原硝基、氰基、肟、希夫碱、二硫键等官能团；在高压条件下可催化氢化含有酚羟基、醚键的芳环，还可用于氢解反应。

Lindlar 催化剂是将钯吸附在催化毒剂（如碳酸钙或硫酸钡）上，并加入少量抑制剂（乙酸铅或喹啉）得到的部分中毒的催化剂，常用的有 Pd-CaCO$_3$/PbO 与 Pd-BaSO$_4$/喹啉两种，其中，钯的含量为 5%～10%。Lindlar 催化剂可选择性地还原炔键为烯键、还原酰卤为醛。

铂催化剂主要有铂黑、铂碳（Pt-C）和二氧化铂（PtO$_2$）。铂黑是铂的水溶性盐经还原制得的极细黑色金属粉末。将铂黑吸附在载体活性炭上称为铂碳，可增强催化活性并减少催化剂用量。二氧化铂也称 Adams 催化剂，被还原为铂而产生催化作用。铂催化剂活性高，应用范围十分广泛，除可用于 Raney-Ni 催化的底物外，还可用于酯和酰胺的还原，对苯环及共轭双键的还原能力较钯催化剂强。碱性物质可使其钝化而失活，因此铂催化剂应在酸性介质中使用。

除了酰卤和硝基外，催化氢化反应可优先还原分子中的碳 - 碳不饱和键，而其他官能团不受影响。例如，失眠症治疗药雷美替胺（ramelteon）中间体的制备。

烯烃、炔烃的催化氢化反应为同面加成，一般是在分子中空间位阻较小的一面发生氢化，产物以顺式为主。但因存在向更稳定的反式体转化的动力，仍有一定量的反式产物。例如，抗雄性激素药戊双氟酚（bifluranol）中间体是通过反式烯烃中间体经钯催化氢化发生顺式加成反应得到的。

Lindlar 催化剂可选择性还原炔烃为顺式烯烃。例如，在抗血栓药沃拉帕沙（vorapaxar）中间体的合成过程中，结构中的酯基不受影响。压力升高时，可加速反应并提高反应收率，但会使反应的选择性降低而得烷烃。

P-2 型硼化镍能选择性还原炔键和末端烯键，而不影响其他双键，效果优于 Lindlar 催化剂。例如，4- 乙烯基环己 -1- 烯在 P-2 型硼化镍催化下，结构中的末端烯键可被优先还原，而环内双键不受影响。

不对称多烯可被选择性还原，反应取决于双键的位置和取代基的空间位阻，位阻小的双键易于还原。当分子中同时存在共轭双键及非共轭双键时，共轭双键可被优先还原。例如，抗疟疾药青蒿素关键中间体香茅醛（citronellal）的合成。

升高温度可加速氢化反应，若催化剂活性较高时，会导致反应选择性降低，并增加副反应。例如，Raney-Ni 催化下的 6- 苯基 -3,5- 二烯 -2- 酮的加氢还原，随着温度升高，对官能团的选择性变差。

溶剂的极性、沸点、对反应物的溶解度等因素均可影响氢化反应的速率和选择性。选用溶剂的沸点应高于反应温度，并对产物有较大的溶解度，以利于产物从催化剂表面解吸。低压氢化常用的溶剂及活性顺序为乙酸>甲醇>水>乙醇>丙酮>乙酸乙酯>醚>烷烃；高压氢化常用溶剂有水、甲基环己烷和二氧六环等。溶剂的酸碱度可影响反应速率和选择性，对产物构型也有较大影响。一般来说，有机胺或含氮芳杂环的氢化通常选用乙酸作溶剂，可使碱性氮原子质子化而防止催化剂中毒；二氧六环用于活性镍氢化，反应温度应控制在 150℃以下，防止引发事故；醇在高温下可与伯胺、仲胺发生 N- 烃化反应，还可引起酯和酰胺的醇解。

2. 均相氢化 是指催化剂呈配合分子状态溶于反应介质中的氢化反应，可实现碳 - 碳不饱和键的选择性还原，反应活性高、条件温和且选择性好，一般不伴随氢解反应和双键异构化。

（1）反应通式及机制

$$R^1R^3C=CR^2R^4 \xrightarrow{\text{H}_2/\text{均相催化剂}} \text{H}-CR^1R^3-CR^2R^4-\text{H} \qquad R^1, R^2, R^3, R^4 = \text{H或alkyl}$$

烯键的氢化还原反应为均相氢化机制。

（2）反应影响因素及应用实例：均相催化剂多数为能溶于有机溶剂的过渡金属配合物，最常用的是铑、钌、铱、钴、铁。常见的配位基有 $Cl^{\ominus}$、$OH^{\ominus}$、$CN^{\ominus}$ 和 $H^{\ominus}$ 等离子，手性配体主要包括手性膦、手性胺与手性硫等化合物，如（1R,2R）- 二 [（2- 甲氧基苯基）苯基磷] 乙烷（DIPAMP）、1,1'- 联萘 -2,2'- 双二苯膦（BINAP）、（S）-1,1''- 联 -2- 萘胺（BINAM）、（R）- 叔丁基甲基膦 - 二叔丁基膦甲烷（TCFP）等，可实现了高立体选择性和高催化活性。

DIPAMP　　　　　　　BINAP　　　　　　　BINAM　　　　　　　TCFP

由三氯化铑和三苯基膦作用而得的氯化三（三苯基膦）铑（Ⅰ）[（Ph_3P）$_3$RhCl] 称为 Wilkinson 催化剂（TTC），其他常见的催化剂还有羰基氯氢三（三苯基膦）钌（Ⅱ）[（Ph_3P）$_3$Ru（CO）ClH]、羰基氯氢二（三苯基膦）铱（Ⅱ）[（Ph_3P）$_2$Ir（CO）ClH] 等。

均相氢化反应可实现碳 - 碳不饱和键的选择性还原。例如，在 α- 山道年（α-santonin）双键的还原中，如采用非均相氢化，则生成四氢山道年；如使用 Wilkinson 催化剂还原，可实现选择性氢化生成驱虫剂二氢山道年。

（α-山道年）

均相氢化反应对位阻小或端基烯、炔优先还原，对末端双键和环外双键的氢化速率较环内双键大 10～10^4 倍。例如，天然产物 Pavidolide B 中间体的合成中，双烯底物在 Wilkinson

催化剂的作用下,仅末端烯烃被还原。

均相氢化反应可选择性还原非共轭烯键和炔键,生成顺式加成产物,底物分子中的羰基、氰基、酯基、芳烃、硝基和氯取代基不被还原。例如,在神经痛治疗药物普瑞巴林(pregabalin)中间体的合成中,采用 Rh(TCFP)(COD)BF$_4$ 催化剂可选择性还原双键,而氰基等其他基团不受影响。

通常情况下,炔烃在 Wilkinson 催化下的加氢还原产物是饱和烷烃。但含有硫原子官能团的炔烃底物因能与 Wilkinson 催化剂配位使催化剂活性降低,最终高选择性地得到烯烃产物。

BINAP 与金属铑和钌形成的配合物可催化前手性反应底物生成高立体选择性产物。例如,(S)-萘普生(naproxen)中间体的合成中,通过 BINAP 氢化实现了烯键的高立体选择性,还原得 S-构型产物(对映体过量 $e.e.>98\%$)。

3. 催化转移氢化　在金属催化剂的存在下,用某种化合物(主要是有机物)作为供氢体代替气态氢为氢源而进行的还原反应,属于非均相氢化反应。

(1)反应通式及机制

烯烃的催化转移氢化为催化转移氢化机制。

(2)反应影响因素及应用实例:常用的催化剂为钯黑和钯碳,铂、铑等催化剂的活性较低。由于供氢体可定量地加入,使催化转移氢化程度易于控制,选择性好。常用的供氢体有不饱和环脂肪烃、不饱和萜类和醇类,如环己烯、环己二烯、四氢化萘、2-蒈烯、乙醇、异丙醇和环己醇等,其中环己烯和四氢化萘应用最为普遍。此外,无水甲酸铵、肼、二氮烯、次磷酸钠也可作为供氢体。例如,β_1 受体拮抗剂艾司洛尔(esmolol)中间体 3- 对羟基苯丙酸为在 Raney-Ni 催化下,以肼为供氢体对双键还原得到的。

$$\text{HO-C}_6\text{H}_4\text{-CH=CHCOOH} \xrightarrow[\text{(85\%)}]{\text{Raney Ni/NH}_2\text{NH}_2} \text{HO-C}_6\text{H}_4\text{-CH}_2\text{CH}_2\text{COOH}$$

催化转移氢化可用于烯键、炔键等非极性不饱和键的氢化。分子中含有共轭双键和孤立双键时,共轭双键更容易被还原,羰基、酯基等不受影响。例如,茶螺烷(theaspirane)中间体的合成。

$$\xrightarrow[\substack{\text{CH}_3\text{OH, 5min} \\ \text{(95\%)}}]{\text{HCO}_2\text{NH}_4/\text{Pd}}$$

对炔类化合物的转移氢化反应,如控制加氢的量,可得顺式烯烃。甾体化合物可以选择性地还原环外双键,而不影响分子中其他易还原的基团。例如,皮质激素甲泼尼龙(methylprednisolone)中间体的合成。

$$\xrightarrow[\text{(83\%)}]{\text{5\% Pd-C/}\bigcirc}$$

二氮烯可有效还原非极性不饱和键,而对分子中的极性不饱和键(如硝基、氰基、羰基、亚氨基等)无影响。还原烯键和炔键时得顺式同面加成产物,对末端双键及反式双键的活性较高,可用于选择性还原,且不会引起二硫键的氢解。还原烯键时,随着双键上取代基位阻的增加,氢化速率和产率明显下降。二氮烯不稳定,通常在反应中以肼为原料,临时加入适当的催化剂(如 Cu^{2+})和氧化剂(空气、过氧化氢、氧化汞等)来制备,不经分离直接参加反应。

$$\xrightarrow[\text{(80\%)}]{\text{NH}_2\text{NH}_2/\text{K}_3\text{Fe(CN)}_6}$$

(二)硼氢化反应

乙硼烷在醚类溶液中以硼氢键与烯烃、炔烃进行加成,生成有机硼化合物的反应称为硼氢化反应。

1. 反应通式及机制

$$\underset{\substack{R \\ }}{\overset{R^2}{C}}=\underset{\substack{R^1}}{\overset{R^3}{C}} \xrightarrow{\text{BH}_3} (H-\underset{R^2}{\overset{R}{C}}-\underset{R^3}{\overset{R^1}{C}})_3 B \xrightarrow{\overset{\oplus}{H_3O}} 3\ R^2-\underset{H}{\overset{R}{C}}-\underset{H}{\overset{R^1}{C}}-R^3$$

硼烷对烯烃的硼氢化反应为硼烷的亲电反应机制。

2. 反应影响因素及应用实例 乙硼烷是有毒气体,一般溶于醚类溶剂中使用,可将氟化硼的醚溶液加到硼氢化钠与烯烃的混合物中,一经生成乙硼烷即与烯烃反应。硼氢化反应为顺式加成反应,符合反马氏规则。烃基取代后形成的取代硼烷(例如 9-BBN)可增加反应的立体选择性。例如,使用二异丁基硼烷还原(E)-4- 甲基戊 -2- 烯得到符合反马氏规则的选择性还原产物,收率高达 95%。

还原剂	$[i\text{–}PrCH_2CH(CH_3)]_3B$	$[CH_3CH_2CH(i\text{–}Pr)]_3B$
$2BH_3$	57%	43%
$[(Me)_2CHCH_2]_2BH$	95%	5%

硼烷与不对称烯烃加成时,硼原子主要加成到取代基较少的碳原子上,若烯烃碳原子上的取代基数目相等,硼原子主要加成到空间位阻较小的碳原子上。例如,在具有解热止痛作用的天然产物三脉马钱碱(trinervine)中间体的合成中,硼原子加成在位阻小的甲基一侧。

对于芳基乙烯来说,烯烃的硼氢化反应受芳基上取代基性质的影响较大。当取代基为供电基时,更有利于优势产物的生成。

$X=OCH_3$	91%	9%
$X=H$	82%	18%

利用硼烷与烯烃加成生成烃基硼烷,在酸性条件下水解可得到饱和烷烃,称为烯烃的硼氢化 - 还原反应。例如,具有抗病毒作用的芳樟醇(linalool)中间体蒎烷的合成。

烃基硼烷在碱性条件下不经分离直接氧化,可得到相应的醇或酮,氧的位置与硼原子的位置一致,称为烯烃的硼氢化 - 氧化反应。例如,中枢神经系统兴奋剂右哌醋甲酯(dexmethylphenidate)中间体的合成。

$$\xrightarrow[\substack{(2)\ \text{H}_2\text{O}_2/\text{NaOH, 室温} \\ (64\%)}]{(1)\ \text{BH}_3 \cdot \text{THF}}$$

二、芳烃的还原反应

芳烃可采用催化氢化和化学还原法进行还原,其中催化氢化还原反应条件较为苛刻,化学还原在芳烃的还原中应用较为广泛。

(一)催化氢化反应

1. 反应通式及机制

芳烃的催化氢化还原为非均相氢化机制。

2. 反应影响因素及应用实例 常用的催化剂有镍、钯、铂、钌和铑,其中 Raney-Ni、钯和钌需要高温、高压的反应条件。苯环一般难于氢化,芳稠环如萘、蒽、菲等较苯环易氢化。若要实现苯环的氢化,须采用高活性催化剂及较高的压力。例如,抗胆碱药安胃灵(antrenyl)中间体的合成。

取代苯(如苯酚、苯胺等)由于取代基的引入,使苯环极性增加,比苯易于发生氢化反应。取代苯在乙酸中用铂作催化剂时,取代基的活性顺序为 ArOH>ArNH$_2$>ArH>ArCOOH>ArCH$_3$。例如,对乙酰氨基酚在 Raney-Ni 催化下可被还原,得镇咳祛痰药氨溴索(ambroxol)的关键中间体。

酚类化合物经催化氢化反应可得到环己酮类化合物,该方法是制备取代环己酮的简捷方法。例如,镇吐药昂丹司琼(ondansetron)中间体 1,3-环己二酮的制备。

含氮、氧、硫等原子的芳杂环较芳环易于氢化,当芳环与芳杂环同时存在时,控制氢化条件可实现选择性还原。例如,在抗胃溃疡药曲昔派特(troxipide)的制备过程中,在钯碳催化下控制氢气的量,吡啶环会被优先还原而苯环不变。

(troxipide)

含氮杂环的氢化通常在强酸性条件下进行;含氧、硫的芳杂环在酸性条件下可发生开环反应,因此,应选用活性较高的催化剂如 Raney-Ni 等,在中性条件下顺利完成还原反应。例如,抗高血压药特拉唑嗪(terazosin)中间体的合成。

(二)Birch 还原反应

芳香族化合物在液氨-醇体系中,用碱金属钠(锂或钾)还原,生成非共轭二烯的反应称为 Birch 还原反应。

1. 反应通式及机制

Birch 还原反应历程属于单电子转移,为自由基反应机制。

2. 反应影响因素及应用实例

碱金属钠、锂、钾都可用于 Birch 还原反应,反应速率为 Li>Na>K。当芳环被吸电基取代时有利于反应进行,生成 1-取代-2,5-环己二烯。例如,在抗菌药平板霉素(platensimycin)中间体的合成过程中,苯甲酸经钠、液氨还原得 2,5-环己二烯-1-甲酸。

当芳环被供电基取代时,不利于反应进行,生成 1-取代-1,4-环己二烯。例如,脑动脉硬化症治疗药溴长春胺(brovincamine)中间体的制备。

苯甲醚和苯胺的 Birch 反应可用于合成环己烯酮衍生物。例如,口服孕激素类药物诺美孕酮(nomegestrol)中间体的合成。

三、药物合成实例分析

萘丁美酮（nabumetone）是一种长效消炎镇痛药，用于治疗多种风湿性关节炎、肌腱炎、脊椎炎以及炎性疼痛发热。萘丁美酮是以 α,β- 不饱和羰基化合物 **A** 为原料，四氢呋喃为溶剂，经非均相氢化还原碳 - 碳双键制得。

其中涉及 α,β- 不饱和羰基化合物的非均相氢化反应。

1. 反应式

2. 反应操作　将 3.0g（0.013mol）原料 **A**、30.0ml 四氢呋喃、0.3g 10%Pd-C 加入高压釜中，升温至 40℃，充入氢气保持压力在 0.4MPa，反应 4 小时。将反应液冷却至室温后过滤，滤饼用 30.0ml 乙酸乙酯洗涤一次（Pd-C 可回收套用），合并滤液和洗涤液，减压蒸馏除去溶剂，得到的粗品经 10ml 乙醇重结晶，抽滤，洗涤滤饼，干燥，得到白色晶状产物萘丁美酮 2.67g，收率为 88%，纯度为 99.1%。

3. 反应影响因素　该反应可选择的催化剂包括 Pd-C、Pd-Al$_2$O$_3$、Rh-C、Pt-C、Raney Ni，当选用 Pd-C 催化时，原料可完全转化，对主产物萘丁美酮的选择性高达 99%，为最佳催化剂。反应速率和产率随 Pd-C 用量的增大而增加，Pd-C 最佳用量为 10%。可选择的溶剂主要有 1,4- 二氧六环、N,N- 二甲基甲酰胺、四氢呋喃、冰醋酸和乙二醇二甲醚。其中，四氢呋喃具有对原料溶解度高、反应选择性好、价廉易得、沸点低且可回收套用等优点，为最佳反应溶剂。

该反应温度、压力与时间对萘丁美酮收率有较大影响，随着温度、压力的增大和反应时间的延长，反应收率增加，其影响顺序为反应温度>反应压力>反应时间，且在 40℃、0.4MPa、反应时间 4 小时时，能以较高收率和纯度获得萘丁美酮产品。

第三节　醛、酮的还原反应

醛、酮经还原反应可以得到醇或烃，是合成醇及烃类化合物的常用方法。

一、还原成醇

催化氢化和金属复氢化物还原是将羰基还原为羟基的最常用方法,因可能涉及不对称还原,这两种还原方法在手性药物的合成中具有重要应用。此外,醛、酮还可被醇铝、活泼金属、含硫氧化物等试剂还原。

(一)催化氢化还原

1. 反应通式及机制

醛、酮的催化氢化反应机制为非均相氢化机制。

2. 反应影响因素及应用实例　醛、酮的催化氢化活性通常强于芳烃,但弱于烯烃、炔烃。常用的催化剂有 Raney-Ni、铂、钯等过渡金属。

芳香族醛、酮用催化氢化还原时,若以钯为催化剂,生成的醇可进一步氢解为烃;若以 Raney-Ni 为催化剂可在温和条件下得到醇。例如,抗帕金森病治疗药左旋多巴(levodopa)中间体的合成。

脂肪族醛、酮的还原活性较芳香族醛、酮低,通常用 Raney-Ni 或铂催化,若以钯催化,一般须在较高的温度和压力下还原。例如,抗过敏药氯雷他定(loratadine)中间体的合成。

以无水甲酸铵作为供氢体,钯碳催化下可选择性地还原羰基为醇。例如,在选择性 β_2 受体激动剂沙丁胺醇(salbutamol)的合成过程中,醛、酮羰基均被还原为醇。

(二)金属复氢化物还原

金属复氢化物是还原羰基化合物为醇的首选试剂,具有反应条件温和、副反应少、产率高等优点,常用的为氢化铝锂($LiAlH_4$)和硼氢化钠(锂、钾)($NaBH_4/LiBH_4/KBH_4$)。某些取代的金属复氢化物,如硫代硼氢化钠($NaBH_2S_3$)、三仲丁基硼氢化锂($[CH_3CH_2CH(CH_3)]_3BHLi$)等,具有较好的官能团选择性及立体选择性。

1. 反应通式及机制

$$\underset{R\underset{O}{\overset{\parallel}{}}R^1(H)}{} \xrightarrow{\text{LiAlH}_4\text{或MBH}_4} \underset{R\underset{OH}{\overset{|}{}}R^1(H)}{} \quad \text{(M=Li, Na, K, 等)}$$

反应机制为氢负离子对羰基的亲核加成机制。

2. 反应影响因素及应用实例　氢化铝锂对含有极性不饱和键的化合物具有较高的还原活性,但对孤立的碳 - 碳双键和三键一般无活性,这一特点与催化氢化反应不同。例如,在天然抗肿瘤药紫杉醇(paclitaxel)中间体的合成过程中,氢化铝锂选择性的还原羰基为羟基,而分子中孤立的碳 - 碳双键不受影响。

氢化铝锂还原脂环酮羰基成仲醇时,可生成直立键(a 键)和平伏键(e 键)两种羟基,哪一种构型占优势与产物的稳定性和立体位阻有关。例如,氢化铝锂还原樟脑时,$\text{AlH}_4^{\ominus}$ 可以从 a 或 b 面攻碳原子,a 面进攻因受甲基位阻影响反应较困难,但生成的龙脑(**1**)是热力学稳定产物;b 面进攻虽空间位阻较小,但产物异龙脑(**2**)热力学不稳定。立体因素为影响该反应的主导因素,因此,产物中异龙脑占 90%。如果改用活性较小的试剂并提高反应温度,则龙脑的比例将上升。

三(叔丁氧基)氢化铝锂(LTBA)是氢化铝锂的烃基衍生物,其还原能力比氢化铝锂弱,但强于硼氢化钠,可将醛、酮还原为相应的醇。LTBA 还原具有较强的选择性,当分子中同时存在醛基、酮羰基和内酯键时,还原顺序为醛基 > 酮羰基 > 内酯键。例如,在抗艾滋病药阿扎那韦(atazanavir)的合成过程中,酮羰基被 LTBA 还原为羟基,而分子中的酰胺键和酯键均不受影响。

(atazanavir)

硼氢化钠为还原羰基的首选试剂，能选择性地还原醛为伯醇、还原酮为仲醇，产率较高。在醛、酮羰基同时存在时，可优先还原醛基。例如，在支气管扩张药维兰特罗（vilanterol）中间体的制备过程中，采用硼氢化钠能选择性地将醛基还原为伯醇，而酮羰基不会被还原。

硼氢化钠可对具有前手性的羰基化合物进行不对称还原，将脂环酮立体选择性地还原成手性环醇类化合物。例如，青光眼治疗药多佐胺（dorzolamide）中间体的合成。

硼氢化钠（钾）对孤立醛、酮的反应活性往往大于 α,β- 不饱和醛、酮，控制硼氢化钠（钾）的用量，可实现对孤立羰基的选择性还原。例如，在天然产物石松属生物碱 magellanine 中间体的合成过程中，硼氢化钠可选择性还原孤立酮羰基，分子中的共轭羰基及硫醚键均不会受到影响。

（三）醇铝还原

醛、酮等羰基化合物与异丙醇铝在异丙醇中还原为醇的反应称为 Meerwein-Ponndorf-Verley 还原反应，该反应为 Oppenauer 氧化的逆反应。

1. 反应通式及机制

Meerwein-Ponndorf-Verley 还原反应机制为氢负离子对羰基的亲核加成机制。

2. 反应影响因素及应用实例 由于新制的醇铝以三聚体形式与醛、酮配位,因此,反应中异丙醇和异丙醇铝须过量(酮与醇铝的摩尔比应不少于 1:3)。此外,该反应为可逆反应,可通过蒸出生成的丙酮促使反应完全。在制备异丙醇铝时,在反应体系中加入少量三氯化铝使之部分生成氯化异丙醇铝,因其更容易形成六元环过渡态而促进氢负离子的转移,从而加速反应。

$$2Al[OCH(CH_3)_2]_3 \xrightarrow{AlCl_3} 3ClAl[OCH(CH_3)_2]_2$$

异丙醇铝是选择性还原醛、酮为相应醇的专门试剂,反应速率快、收率高、副反应少,尤其适合不饱和醛、酮的还原,底物分子中含有的烯键、炔键、硝基、氰基、醚键、卤素等官能团均不受影响。例如,在抗高血压药地舍平(deserpidine)中间体的合成过程中,酮羰基被异丙醇铝还原为羟基后,发生分子内酯交换反应得内酯化合物。

含酚羟基、羧基等酸性基团或 β- 二酮、β- 酮酸酯等易烯醇化基团的羰基化合物,其羟基、羧基等基团易与异丙醇铝生成铝盐而抑制还原反应,所以一般不用该法还原。含氨基的羰基化合物也易与异丙醇铝形成铝盐而影响反应进行,可改用异丙醇钠为还原剂。

(四)其他还原剂

1. 金属还原 钠或钠汞齐在乙醇溶液中或锌粉在碱性条件下均可将二芳基酮还原成仲醇。例如,抗组胺药苯海拉明(diphenhydramine)中间体二苯甲醇的合成。

ER7-2 二苯甲醇的制备(视频)

2. 含硫化合物还原 β- 酮酸酯中的酮羰基可被硫代硫酸钠(NaS_2O_3)选择性还原成羟基,如食品用香料 3- 羟基丁酸乙酯的合成。

二、还原成烃基

常见的将醛、酮羰基还原为烃基的反应有 Clemmensen 还原反应、Wolff-Kishner- 黄鸣龙还原反应，还可采用催化氢化还原和金属复氢化物还原等方法。

（一）Clemmensen 还原反应

在酸性条件下，用锌汞齐或锌粉还原醛基、酮基为甲基或亚甲基的反应称为 Clemmensen 还原反应。

1. 反应通式及机制

$$R-\underset{\underset{O}{\|}}{C}-R^1 \xrightarrow[\text{HCl}]{\text{Zn-Hg}} RCH_2R^1$$

Clemmensen 还原反应的常见机制有两种，其中自由基反应机制参见本章第一节相关内容，碳正离子中间体机制如下：

$$R-\underset{\underset{O}{\|}}{C}-R^1 \xrightarrow{\text{Zn/HCl}} \left[R-\underset{\underset{ZnCl}{|}}{\overset{\overset{OH}{|}}{C}}-R^1 \right] \xrightarrow[-H_2O]{\text{HCl}} \left[R-\underset{\underset{ZnCl}{|}}{\overset{\oplus}{C}}-R^1 \right] \xrightarrow{2Zn}$$

$$\left[R-\underset{\underset{ZnCl}{|}}{\overset{\ominus}{C}}-R^1 \right] \xrightarrow{\text{HCl}} \left[R-\underset{\underset{ZnCl}{|}}{\overset{\overset{H}{|}}{C}}-R^1 \right] \xrightarrow[-ZnCl]{\text{HCl}} R-CH_2-R^1$$

2. 反应影响因素及应用实例

Clemmensen 还原反应几乎可用于所有芳香脂肪酮的还原，反应易于进行且收率较高，反应底物的羧酸、酯、酰胺等羰基不受影响，还原醛时产率较低。该还原反应速率较慢、时间长，在反应进行一段时间后须补加盐酸以维持酸度，锌用量须过量 50%。例如，脑代谢改善药艾地苯醌（idebenone）中间体的合成。

（结构式反应）Zn-Hg/HCl 回流 (78%)

对 α- 酮酸及其酯来说，Clemmensen 反应仅能将酮羰基还原成羟基，而对 β- 酮酸或 γ- 酮酸及其酯类则可还原羰基为亚甲基。

还原不饱和酮时，一般情况下分子中的孤立双键不受影响，与羰基共轭的双键可同时被还原，与酯基、羧基共轭的双键中仅双键被还原。例如，帕金森病治疗药雷沙吉兰（rasagiline）中间体的合成。

（结构式反应）Zn-Hg/HCl (65%)

采用锌汞齐还原脂肪醛、酮或脂环酮时，容易产生双分子还原反应生成片呐醇等副产物,收率较低。一些对酸和热敏感的羰基化合物或结构复杂的甾体化合物不能用锌汞齐还原。若采用较温和的条件,如干燥的氯化氢与锌在无水有机溶剂(醚、四氢呋喃、乙酸酐)中低温反应,即可还原羰基为亚甲基,扩大该反应的应用范围。例如,5α-胆甾烷类化合物的合成。

（二）Wolff-Kishner-黄鸣龙还原反应

水合肼在碱性条件下,还原醛或酮羰基成甲基或亚甲基的反应称为 Wolff-Kishner- 黄鸣龙还原反应。

1. 反应通式及机制

Wolff-Kishner- 黄鸣龙还原反应机制为氢负离子的亲核加成机制。

2. 反应影响因素及应用实例

Wolff-Kishner- 黄鸣龙还原反应最初的方法是将羰基转变为腙或缩氨基脲后,与醇钠置封管或高压釜中,于200℃左右长时间加压分解,操作烦琐、收率低,缺少实用价值。1946 年,我国化学家黄鸣龙对 Wolff-Kishner 还原反应进行了突破性的改进,只须将醛、酮和85%(或 50%)水合肼及氢氧化钾(或氢氧化钠)混合,在二甘醇(DEG)或三甘醇(TEG)等高沸点溶剂中加热形成腙,蒸出过量的肼和生成的水,再升温至 180～200℃,常压反应 2～3 小时,经常规方法处理即得高收率的烃。黄鸣龙还原法操作简便,原料价廉易得,收率高(一般为 60%～95%),可放大生产,因此,该还原法已被广泛应用。

该反应条件被不断优化,采用极性非质子性溶剂 DMSO 可加速反应,加入叔丁醇钾时反应甚至可以在室温下进行;应用无水条件,在沸腾甲苯中用叔丁醇钾处理腙,亦可使反应在较低温度下进行;在相转移催化剂 PEG600 存在下,腙与固体氢氧化钾在甲苯中回流 2～4 小时,可得到高收率的产物。

条件	收率
t-BuOK/DMSO, 25℃	90%
t-BuOK/$C_6H_5CH_3$, 回流	85%
PEG600/KOH/$C_6H_5CH_3$, 回流	93%~95%

该反应应用范围广,作为还原羰基成亚甲基的方法,弥补了 Clemmensen 还原反应的不足,可用于脂肪族、芳香族及杂环羰基化合物及对酸敏感的吡啶、四氢呋喃衍生物的还原,对难溶于水、立体位阻大的甾体羰基化合物尤为适合。例如,抗抑郁药米氮平(mirtazapine)的合成。

酮酯、酮腈及含活泼卤原子的羰基化合物不宜采用该还原法。

水合肼还原羰基时,底物中的酯、酰胺等羰基将发生水解;结构中的碳碳双键、羧基等官能团不受影响;立体位阻较大的酮羰基也能被还原;还原共轭羰基时常伴随双键的位移。例如,在抗肿瘤药苯丁酸氮芥(chlorambucil)中间体的合成过程中,在强碱性条件下以85% 水合肼还原羰基的同时,酰胺水解成胺。

（三）其他还原法

1. 催化氢化还原　　钯是还原芳香醛、芳酮为烃的首选催化剂,在加压或酸性条件下,还原生成的醇羟基可进一步氢解得到烃。例如,平喘药茚达特罗(indacaterol)中间体的合成。

2. 金属复氢化物还原　　二芳基酮或烷基芳基酮可在三氯化铝存在下,用氢化铝锂或硼氢化钠将羰基还原成烃基。例如,尿失禁治疗药达非那新(darifenacin)中间体的合成。

在三氟乙酸存在下,硼氢化钠可选择性地还原羰基为烃基。例如,在抗抑郁药维拉佐酮(vilazodone)中间体的合成过程中,硼氢化钠还原羰基为亚甲基的同时,分子中的氰基、双键和卤素均未受到影响。

3. 三乙基硅烷还原 芳基烷基酮或二芳基酮结构中的羰基可被三乙基硅烷还原成烃基,分子中的硝基、酯基、氰基、卤素等不受影响。例如,前列腺增生症治疗药赛洛多辛(silodosin)中间体的合成。

4. 醛、酮衍生化后还原为亚甲基 对于有些结构复杂且含有多种敏感官能团的醛、酮,可将其衍生化后再经催化氢化或金属复氢化物还原为烃。如在 Caglioti 反应中,可将醛、酮与对甲苯磺酰肼反应制得腙,再用 DIBAL-H 或 NaBH(OAc)$_3$ 还原得到亚甲基化合物。

三、药物合成实例分析

度洛西汀(duloxetine)为强效、高特异性 5-羟色胺和去甲肾上腺素再摄取双重抑制剂,用于治疗重度抑郁症和糖尿病性外周神经疼痛。在度洛西汀的合成过程中,以中间体 **A** 为原料,硼氢化钠为还原剂,在乙醇中经羰基还原为羟基制得中间体 **B**。

1. 反应式

2. 反应操作 在反应釜中加入 109.8g(0.50mol)原料 **A**、400ml 95% 乙醇,滴加质量分数为 40% 的氢氧化钠水溶液,直至体系 pH 为 11～12。缓慢加入 20.8g(0.55mol)硼氢化钠,室温搅拌反应 2 小时,滴加 110ml 丙酮继续搅拌 30 分钟,减压蒸除溶剂,加入 220ml 水搅拌,用乙酸乙酯(250ml×2)萃取,合并有机层,用饱和氯化钠溶液及水洗涤,以无水硫酸镁干燥。过滤,母液减压浓缩,得到白色固体(**B**)88.0g,收率为 95.0%。

3. 反应影响因素　该反应可采用硼氢化钠或硼氢化钾还原,其中硼氢化钾价格相对较低,但原料转化率较低,故宜选用硼氢化钠来还原。理论上,0.25mol 硼氢化钠可还原 1mol 酮羰基,但因硼氢化钠遇水易分解,故常使用过量的硼氢化钠,硼氢化钠用量为摩尔比 1.1∶1 时,产率最高。该类反应多为室温反应,为避免反应放热导致的硼氢化钠分解,须控制反应条件,分批投料。

第四节　羧酸及其衍生物的还原反应

羧酸及其衍生物(酰卤、酸酐、酯、酰胺)具有较高的氧化态,易被还原成醛或醇,当采用选择性还原剂并控制反应条件时,可制得相应的醛。

一、羧酸、酸酐的还原

(一)硼烷还原
1. 反应通式及机制

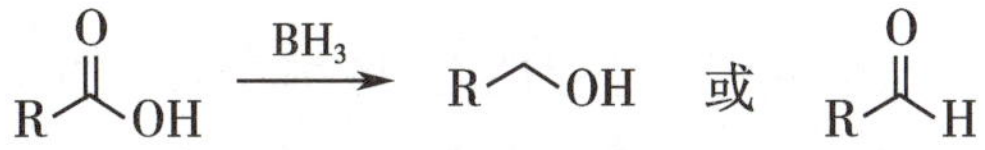

硼烷可选择性的将羧酸还原成醇或醛,羧酸在硼烷作用下首先生成三酰氧基硼烷,然后氧原子上的未共用电子对与缺电子的硼作用,硼原子上的氢以氢负离子形式转移到羰基碳原子上,经水解得醛,醛进一步经硼烷还原得醇,反应机制如下:

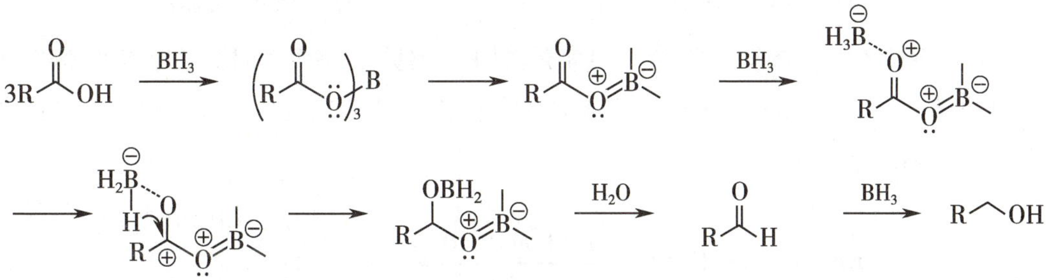

2. 反应影响因素及应用实例　硼烷是还原羧酸的优良试剂,还原羧基的速率较其他基团快,控制硼烷的用量和反应温度(主要在低温)可选择性地还原羧基成醇,分子中其他基团(如羰基、硝基、氰基、酯基、卤素、醚键等)均不受影响。硼烷对脂肪酸的还原速率大于芳香酸,对位阻较小的酸还原能力更强,羧酸盐不能被还原。例如,在抗肿瘤药曲贝替定(trabectedin)中间体的合成过程中,硼烷可选择性地还原羧酸为伯醇。

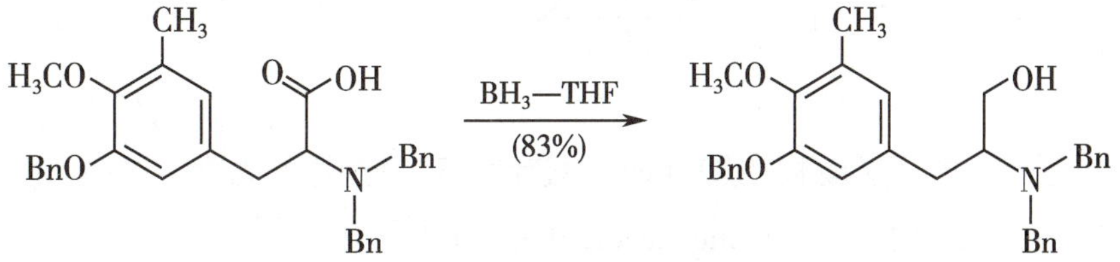

在硼氢化钠还原体系中加入适量的碘单质可生成乙硼烷,可用于脂肪羧酸的还原。例如,镇痛药布托啡诺(butorphanol)中间体环丁甲醇的合成。

$$\square\text{—COOH} \xrightarrow[\text{(87%)}]{\text{NaBH}_4/\text{I}_2/\text{THF}} \square\text{—CH}_2\text{OH}$$

(二)金属复氢化物还原

1. 反应通式及机制

$$\underset{R}{\overset{O}{\|}}\underset{O}{\overset{O}{\|}}R^1 \quad \text{或} \quad \underset{R}{\overset{O}{\|}}\text{OH} \xrightarrow{\text{LiAlH}_4} R\diagup\text{OH}$$

用金属复氢化物可还原羧酸、酸酐为相应的醇,反应机制为氢负离子对羰基的亲核加成机制。

2. **反应影响因素及应用实例**　氢化铝锂是还原羧酸为伯醇的常用试剂,可在温和条件下进行,一般不会生成相应的醛。例如,镇痛药舒芬太尼(sufentanil)中间体噻吩-2-乙醇的合成。

$$\xrightarrow[\text{(56%)}]{\text{LiAlH}_4/(\text{C}_2\text{H}_5)_2\text{O}}$$

氢化铝锂对位阻较大的羧酸亦有强还原能力,收率较高。例如,具有抗肿瘤活性的天然产物白藜芦醇(resveratrol)中间体3,5-二甲氧基苄醇的合成。

$$\xrightarrow[\text{(92%)}]{\text{LiAlH}_4/(\text{C}_2\text{H}_5)_2\text{O}}$$

用氢化铝锂还原含有碳-碳三键的共轭羧酸时,三键与羧基可同时被还原得到烯醇。例如,在利尿药西氯他宁(cicletanine)中间体的合成过程中,丁炔二酸在室温下被氢化铝锂还原成反(*E*)-丁烯二醇。

$$\text{HOOC—C}\equiv\text{C—COOH} \xrightarrow[\text{(84%)}]{\text{LiAlH}_4/(\text{C}_2\text{H}_5)_2\text{O}}$$

氢化铝锂可还原链状酸酐为两分子醇,还原环状酸酐为二醇。例如,在抗高血压药普拉地平(pranidipine)中间体的合成过程中,α,β-不饱和酸酐经四氢铝锂还原得到肉桂醇,分子中碳-碳双键不受影响。

$$\xrightarrow[\text{(86%)}]{\text{LiAlH}_4/\text{THF}} \quad + \quad \text{CH}_3\text{CH}_2\text{OH}$$

硼氢化钠通常不能还原羧酸,但在 Lewis 酸存在下,其还原能力大大提高,可还原羧酸为醇。例如,广谱抗菌药芬替康唑(fenticonazole)中间体的合成。

硼氢化钠不能还原链状酸酐,但能还原环状酸酐为内酯。例如,新型免疫抑制剂麦考酚钠(mycophenolate sodium)中间体的合成。

二、酰卤的还原

(一)催化氢化还原

在 Lindlar 催化剂的作用下,酰卤被氢气选择性还原为醛的反应称为 Rosenmund 还原反应。

1. 反应通式及机制

Rosenmund 还原反应机制为非均相氢化机制。

2. 反应影响因素及应用实例
Lindlar 催化剂为具有活性抑制剂(如喹啉-硫、硫脲等),且负载于硫酸钡(或碳酸钡)的钯催化剂。Rosenmund 还原反应常用于制备一元脂肪醛或芳香醛,反应条件温和,适用于敏感酰氯的还原,底物结构中的卤素、硝基、酯基等基团均不受影响,羟基则需要保护。例如,抗菌药溴莫普林(brodimoprim)中间体的合成。

该方法可实现从不饱和酰氯到不饱和醛的转化,碳-碳双键不被还原,但有时会发生双键的移位。有些酰氯不用抑制剂,通过控制通入氢气量也可得到醛。例如,具有抑菌作用的天然产物肉桂醛(cinnamaldehyde)的合成。

(cinnamaldehyde)

（二）金属氢化物还原

1. 反应通式及机制

$$\underset{R}{\overset{O}{\underset{X}{\parallel}}} \quad \xrightarrow{[H]} \quad \underset{R}{\overset{O}{\underset{H}{\parallel}}}$$

酰卤可被金属氢化物还原成醛，反应机制为氢负离子转移的亲核加成机制。

2. 反应影响因素及应用实例 酰卤还原成醛一般用只含一个氢的金属氢化物作还原剂，否则生成的醛易被继续还原，当用氢化铝锂或 DIBAL-H 还原酰氯时，会生成相应的伯醇。三丁基锡氢（Bu_3SnH）、三（叔丁氧基）氢化铝锂（$LiAlH[OC(CH_3)_3]$）、LTBA 是还原酰氯为醛的优良试剂，分子中的硝基、氰基、酯基、烯键、醚键不受影响。例如，抗生素氯霉素（chloramphenicol）中间体 4- 硝基肉桂醛的合成。

$$\xrightarrow[\substack{-50\text{℃} \\ (84\%)}]{LTBA/(CH_3OCH_2CH_2)_2O}$$

三、酯的还原

（一）还原成醇

酯还原成醇的方法有很多，常见的还原剂有金属钠和金属复氢化物。

1. 反应通式及机制

$$\underset{R}{\overset{O}{\underset{OR^1}{\parallel}}} \quad \xrightarrow{[H]} \quad R\diagup OH \quad + \quad R^1OH$$

碱金属钠在醇溶液中将羧酸酯还原成醇的反应称为 Bouveault-Blanc 还原反应，该反应为自由基加成机制；以金属复氢化物为还原剂的反应机制为氢负离子转移的亲核加成机制。

2. 反应影响因素及应用实例 Bouveault-Blanc 还原反应中钠提供电子，醇或酸作为供质子剂，主要用于高级脂肪羧酸酯的还原，对芳酸酯和甲酸酯的还原效果不好。反应须完全无水，且醇、钠均须过量。醇过量可降低体系中酯的浓度，亦可加入尿素或氯化铵以分解生成的醇钠，从而减少酯自身缩合副反应的发生。例如，抗癫痫药非尔氨酯（felbamate）中间体的合成。

$$\xrightarrow[(68\%)]{Na/C_2H_5OH}$$

金属钠亦可在液氨 - 醇体系中还原羧酸酯为伯醇。例如，抗胃溃疡药西咪替丁（cimetidine）中间体的合成。

$$\xrightarrow[(89\%)]{Na/NH_3(l)/CH_3OH}$$

当采用 0.5 倍量的氢化铝锂还原羧酸酯时,可得到伯醇,分子中的卤素、烯键、羟基、烷氧基、硝基、氰基、杂环等均不受影响,且反应收率较高。例如,镇静药阿芬太尼(alfentanil)中间体的合成。

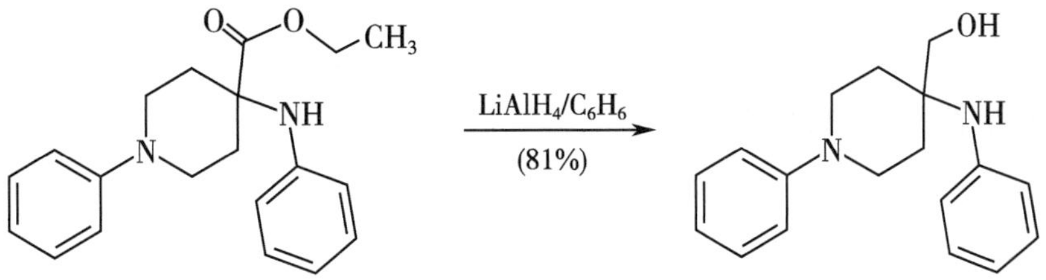

DIBAL-H 可在较温和的条件下还原羧酸酯为醇,收率较高,且分子中卤素、碳 - 碳双键等不受影响。例如,在肺结核治疗药贝达喹啉(bedaquiline)中间体的合成过程中,仅酯基被还原。

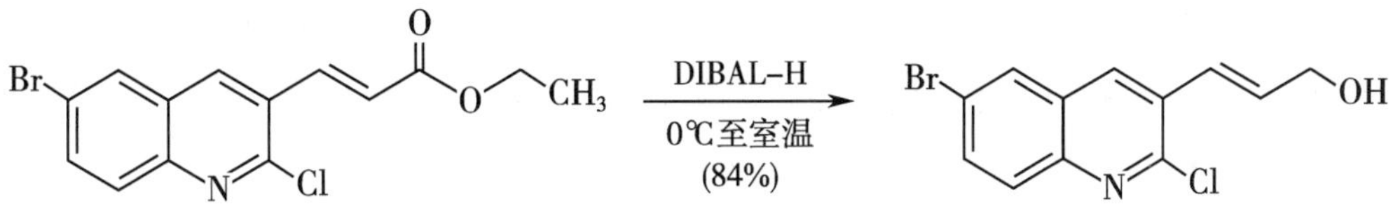

单独使用硼氢化钠(钾)很难还原羧基、酯基、酰胺等官能团,但在 Lewis 酸的催化下,其还原能力大大提高,可顺利地还原酯为醇,常见的还原体系包括 $NaBH_4$-BF_3 和 $NaBH_4$-$AlCl_3$ 体系。例如,在降血脂药匹伐他汀钙(pitavastatin calcium)中间体的合成过程中,酯基可采用 $NaBH_4$-$AlCl_3$ 体系还原。

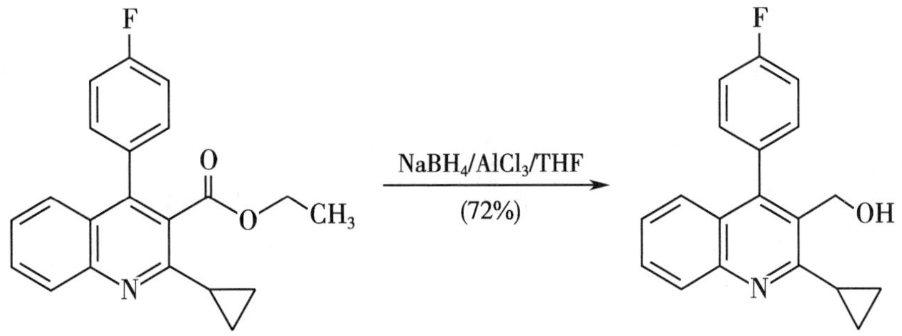

（二）还原成醛

1. 反应通式及机制

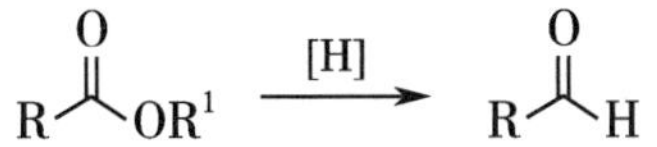

用金属复氢化物可还原酯为醛,反应机制为氢负离子转移的亲核加成机制。

2. 反应影响因素及应用实例　采用 0.25 倍量的氢化铝锂在低温下反应,或加入适当比例的无水 $AlCl_3$ 或氢化二乙氧基铝锂[$LiAlH_2(OC_2H_5)_2$]以降低氢化铝锂的还原能力,可使酯的还原反应停留在醛阶段。LTBA 一般用于羧酸苯酯和丙二酸酯的还原。

控制 DIBAL-H 的量,可在低温条件下选择性地将羧酸酯还原为醛,对分子中的卤素、硝基、碳 - 碳双键等均无影响,反应收率较高,为羧酸酯还原为醛的最佳方法。例如,抗精神病药物丁苯那嗪(tetrabenazine)中间体的合成。

（三）双分子还原偶联反应

羧酸酯在非质子溶剂中与金属钠发生还原偶联，生成 α-羟基酮的反应称为偶姻缩合（acyloin condensation）。

1. 反应通式及机制

偶姻缩合的反应机制为电子转移性的自由基加成机制，还原生成的负离子自由基经二聚形成双负离子，再与供质子剂作用形成偶姻缩合产物。

2. 反应影响因素及应用实例

偶姻缩合是制备 α-羟基酮的重要反应，常用的还原剂有金属钠、锂、镁-碘化镁等；反应需要在非质子性溶剂（如乙醚、甲苯、二甲苯）中进行，如在质子性溶剂中反应，则会得到单分子还原产物（Bouveault-Blanc 还原反应）。甾族 α-羟基酮可采用钠-液氨-乙醚还原体系来合成，一般效果较好。例如，前列腺增生治疗药奥生多龙（oxendolone）中间体的合成。

利用二元羧酸酯进行分子内的还原偶联反应，可有效合成五元以上的 α-羟基环酮，对于大环化合物的合成具有重要意义。例如，具有扩张冠状动脉作用的天然产物麝香酮（muscone）中间体的合成。

$$CH_3OOC(CH_2)_{13}COOCH_3 \xrightarrow[\text{(92\%)}]{\text{Na/二甲苯}}$$

四、酰胺的还原

酰胺可被还原成伯、仲、叔胺，也可发生碳-氮键断裂生成醛。

（一）还原成胺

1. 反应通式及机制

酰胺可由金属复氢化物或硼烷还原制备胺，前者为氢负离子对羰基的亲核加成机制，后者为氢负离子的亲电加成机制。

2. 反应影响因素及应用实例　金属复氢化物是还原酰胺为胺的主要试剂，氢化铝锂最为常用，可在温和条件下进行反应。例如，帕金森病治疗药罗替高汀（rotigotine）中间体的合成。

硼氢化钠单独使用时不能还原酰胺，但在 Lewis 酸存在下其还原能力增强，可将酰胺还原为胺，此外，其衍生物三乙酰氧基硼氢化钠（STAB）等也可用于酰胺的还原。例如，利尿药吡咯他尼（piretanide）中间体的合成。

硼烷是将酰胺还原为胺的优良试剂，不伴随成醛的副反应，且不影响底物中烷氧羰基、卤素等基团，但碳-碳双键会同时被还原。对于不同结构酰胺的还原速率顺序为 *N,N*-二取代酰胺>*N*-单取代酰胺>未取代酰胺；对脂肪族酰胺的还原能力强于芳香族酰胺。例如，抗抑郁药地文拉法辛（venlafaxin）中间体的合成。

（二）还原成醛

1. 反应通式及机制

$$R\text{—}\underset{\underset{R^2}{\underset{|}{N}}\text{—}R^1}{\overset{O}{\overset{||}{C}}} \xrightarrow{[H]} R\text{—}\overset{O}{\overset{||}{C}}\text{—}H$$

控制反应条件，金属复氢化物及其衍生物可还原酰胺为醛，反应机制为氢负离子对羰基的亲核加成机制。

2. 反应影响因素及应用实例

酰胺难于还原成醛，采用氢化铝锂、二/三乙氧基氢化铝锂、双（2-甲氧基乙氧基）氢化铝锂等强还原剂，控制较低温度并减少还原剂用量，可高收率地将酰胺还原为相应的醛，其中二/三乙氧基氢化铝锂的还原效果最佳。例如，抗高血压药福辛普利（fosinopril）中间体环己甲醛即可由三乙氧基氢化铝锂还原酰胺制得。

$$\text{（环己基）}\overset{O}{\overset{||}{C}}\text{—}\underset{\underset{CH_3}{\underset{|}{N}}\text{—}CH_3}{} \xrightarrow[\substack{(C_2H_5)_2O \\ (78\%)}]{LiAlH(OC_2H_5)_3} \text{（环己基）—CHO}$$

五、药物合成实例分析

尼非卡兰（nifekalant）是一种新型Ⅲ类抗心律失常药物，用于治疗其他药物无效的室性心动过速、心室颤动。在尼非卡兰的合成过程中，酰胺中间体 **A** 在乙醇中以三氟乙酸催化，经硼氢化铝还原可制得胺类中间体 **B**。

1. 反应式

A $\xrightarrow[C_2H_5OH]{Al(BH_4)_3/CF_3COOH,}$ **B**

2. 反应操作

在 1L 的三颈瓶中加入 23.8g（0.05mol）N-（2-羟乙基）-3-（4-硝基苯基）丙酰胺（**A**）、21.5g（0.30mol）硼氢化铝、250ml 质量分数为 45% 的三氟乙酸的乙醇溶液，升温至 65℃，于 40 分钟至 1 小时内缓慢加入 100g 乙酸乙酯溶液，升温至 80℃反应 1.5 小时。降温至 30℃，先后加入 300ml 丁酮与 150ml 乙酸乙酯，升温至 80℃反应 1.5 小时。加入碳酸氢钾溶液调节溶液 pH 至 9，析出晶体，抽滤，脱水剂脱水，三乙胺洗涤，加热至 75℃，趁热抽滤，冷却析晶，抽滤，减压干燥，得到淡黄色固体（**B**）27.4g，收率为 94%。

3. 反应影响因素

反应如采用 $NaBH_4$ 还原，则需要用大量的四氢呋喃溶剂；若改用 KBH_4 还原，在水中即可进行，但反应时间需在 4 小时以上，且收率较低。使用 $Al(BH_4)_3/CF_3COOH$ 体系还原，当使用 3 倍量的还原剂时，反应时间缩短至 3 小时，产率最高可达 94%。

CF_3COOH 浓度对反应有较大影响，质量分数为 40%～55% 时收率最高。此外，乙酸乙酯、丁酮、三乙胺的质量分数过高或过低也会延长反应时间，还会导致反应收率有不同程度的下降。

第五节　含氮化合物的还原

一、硝基、亚硝基化合物的还原

硝基化合物可还原成胺,通常经过亚硝基、羟胺、偶氮化合物等中间过程,因而还原硝基的方法均适用于上述中间体的还原。还原硝基常用的方法有催化氢化还原反应、金属/供质子体还原、含硫化合物还原及金属复氢化物还原等。

（一）催化氢化还原

催化氢化法是还原含氮不饱和键的常用方法,可将硝基或亚硝基化合物还原为相应的伯胺。

1. 反应通式及机制

$$R-NO_2 \text{ 或 } R-NO \xrightarrow{\text{H}_2/\text{催化剂}} R-NH_2$$

反应机制为非均相氢化机制。

2. 反应影响因素及应用实例　催化氢化反应还原硝基具有反应速率快、反应条件温和、后处理简便的优点,常用的催化剂有 Raney-Ni、钯、铂等。使用镍催化时,需要较高的压力和温度,而钯和铂可在温和条件下加氢还原,分子中酯基、酰胺及醚键基均不受影响。例如,抗凝血药达比加群酯(dabigatran etexilate)中间体的合成。

催化氢化亦可还原亚硝基化合物,收率较高。例如,解热镇痛药氨基比林(aminophenazone)中间体的合成。

以供氢体代替氢气,经催化转移氢化也可实现对硝基的还原。例如,在抗肿瘤药卡博替尼(cabozantinib)中间体的合成过程中,以甲酸为供氢体,在钯催化下可将硝基苯还原为苯胺。

（二）金属还原

1. 反应通式及机制

$$R—NO_2 \quad 或 \quad R—NO \xrightarrow[\text{}]{\text{活泼金属/供质子体}} R—NH_2$$

酸性条件下,活泼金属(铁、锌、锡等)可将硝基或亚硝基还原为胺,反应机制为电子转移的自由基机制。

2. 反应影响因素及应用实例

常见的用于硝基还原的活泼金属有铁、锌、锡或氯化亚锡。铁还原剂一般以含硅、锰的铸铁粉较好,铁粉的硅含量应在30%以上,硅与碱生成硅酸钠能溶于水,从而增大铁粉的表面积,使反应顺利进行。铁粉的细度越小反应越快,一般为60～100目,使用前应用稀盐酸活化以去除表面的氧化铁。常加入少量稀酸或电解质(氯化铵、氯化亚铁、硫酸铵)使铁粉活化,促进还原反应的进行。

铁-酸还原体系是还原硝基的优选方法,铁粉在盐类电解质的水溶液中具有强还原能力,可将芳硝基、脂肪硝基或其他含氮氧功能基(如亚硝基、羟氨基等)还原成相应的胺,一般对卤素、碳-碳双键、羰基、酯基或醚键无影响。还原芳硝基化合物时,芳环上有吸电基时易于还原且收率高。例如,白血病治疗药伯舒替尼(bosutinib)中间体的合成。

锌粉可在酸性、中性或碱性条件下还原硝基化合物,反应介质的酸碱度不同,还原能力也不同。在酸性介质中,锌粉可将硝基或亚硝基还原成氨基,酸一般须过量,否则反应不完全。同时,还可以还原碳-碳双键为饱和键、还原羰基及硫代羰基为亚甲基、还原氯磺酰基和二硫键为巯基、还原芳香重氮基为芳肼、还原醌为酚。例如,强心药多巴胺(dopamine)中间体的合成。

锌粉在醇溶液或氯化铵、氯化镁水溶液等中性介质中,可将硝基还原为氨基或苯基羟胺;在碱性条件下,可将硝基还原为氨基、偶氮苯、氧化偶氮苯或二苯肼。例如,局部麻醉药苯佐卡因(benzocaine)的合成。

锡-盐酸及氯化亚锡也可将硝基还原为氨基。氯化亚锡更为常用,通常在醇溶液中进行还原反应,分子中的酰胺基、酯基、氰基及碳-碳双键均不受影响。例如,抗高血压药坎地沙坦酯(candesartan cilexetil)中间体的合成。

在还原多硝基化合物时,通过加入定量的锡或氯化亚锡,可进行硝基的选择性还原。例如,在阿尔茨海默病治疗药物马赛替尼(masitinib)中间体的合成过程中,2-位硝基被优先还原。

(三)含硫化合物还原

可用于硝基还原的含硫化合物主要有硫化钠(Na_2S)、多硫化钠(Na_2S_2)以及含氧硫化物如连二亚硫酸钠($Na_2S_2O_4$,保险粉)、亚硫酸(氢)盐等。

1. 反应通式及机制

$$R-NO_2 \quad \text{或} \quad R-NO \xrightarrow{\text{含硫化合物}} R-NH_2$$

硫化物或含硫氧化物可还原硝基为相应的氨基,反应机制为电子转移的自由基反应机制。

2. 反应影响因素及应用实例

以硫化物为还原剂可进行多硝基化合物的选择性还原,一般二硝基苯衍生物只还原1个硝基得到单硝基苯胺。芳基底物带有吸电子基时有利于还原反应,且对位优先还原;带有羟基、氨基等供电子基时对还原反应不利,邻位硝基优先被还原。还原硝基偶氮化合物时,偶氮基不被还原。例如,在抗心绞痛药物醋丁洛尔(acebutolol)中间体的合成过程中,仅羟基邻位的硝基被还原。

硫化钠还原含有活泼甲基或次甲基的芳硝基化合物时,硝基被还原成氨基的同时,甲基或次甲基被氧化成醛或酮。例如,结核病治疗药氨硫脲(thioacetazone)中间体的合成。

连二亚硫酸钠还原性较强,主要用于将硝基、亚硝基、重氮基等还原成氨基,因其性质不稳定,在受热或在水、酸性溶液中往往迅速分解,故须在碱性条件下临时配制。例如,2型糖尿病治疗药利格列汀（linagliptin）中间体的合成，即采用保险粉在氨水中进行亚硝基的还原。

（四）肼类还原

1. 反应通式及机制

$$R\text{—}NO_2 \ \ or \ \ R\text{—}NO \xrightarrow{H_2NNH_2 \cdot H_2O} R\text{—}NH_2 + N_2\uparrow$$

水合肼能还原硝基、亚硝基化合物成相应的胺，反应机制为氢负离子的亲核加成机制。

2. 反应影响因素及应用实例　水合肼可在常压下还原硝基，操作简便，选择性高，底物中所含的羰基、氰基等基团均不受影响。水合肼具有碱性，适用于碱性条件下硝基化合物的还原。

反应中加入少量钯碳、活性镍或三氯化铁/活性炭等催化剂，可增加反应活性，反应快且收率高。例如，抗丙肝病毒药西美瑞韦（simeprevir）中间体的合成。

对于二硝基化合物，可采用不同的反应温度进行选择性还原。例如，阿尔茨海默病治疗药物马赛替尼（masitinib）中间体的合成。

二、腈的还原

（一）还原成伯胺

1. 反应通式及机制

$$R\text{—}CN \xrightarrow{[H]} R^1\!\diagup\!\diagdown NH_2$$

腈可采用催化氢化或金属氢化物还原，前者为非均相氢化加氢机制；后者为氢负离子的亲核加成反应机制。

2. 反应影响因素及应用实例　腈的催化氢化常用来制备伯胺，可用钯、铂为催化剂，在常温、常压下反应，也可在 Raney-Ni 催化下加压完成。除伯胺外，通常还含有较多的仲胺产物,这是所生成的伯胺与中间体亚胺发生缩合的结果。镍催化腈类化合物还原时,通常加入过量的氨水,阻止脱氨反应从而减少仲胺副产物的生成。底物中如有其他活性官能团,则一同被还原。例如,在止血药氨甲环酸(tranexamic acid)中间体的合成过程中,在催化氢化条件下,分子中的氰基与碳-碳双键同时被还原。

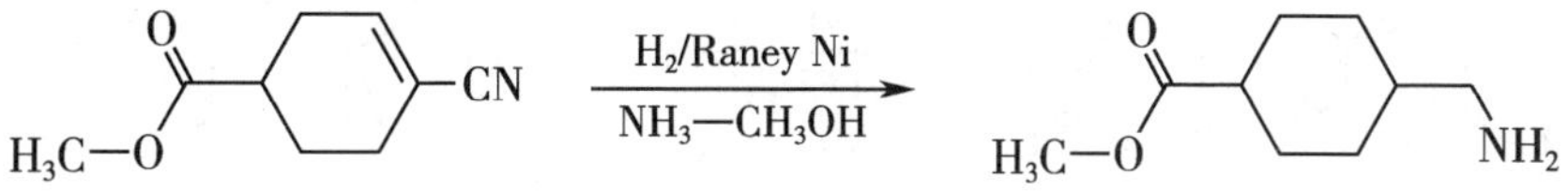

氢化铝锂可将腈还原为伯胺,通常加入过量的氢化铝锂促使反应完全。例如,抗肿瘤药长春花碱(vinblastine)中间体的合成。

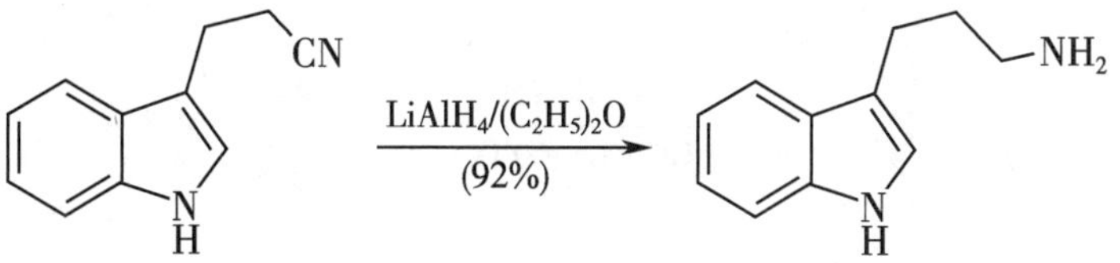

腈和硝基化合物在活性镍、氯化钯、氯化锆、碘等的催化下才能被硼氢化钠还原。例如,降血糖药苯乙双胍(phenformin)中间体苯乙胺的合成。

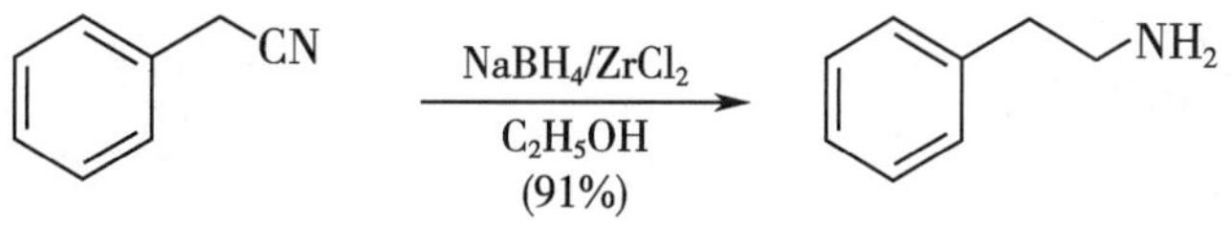

硼烷可在温和条件下还原腈为胺,分子中硝基、卤素等不受影响。例如,抗心绞痛药伊伐布雷定(ivabradine)中间体的合成。

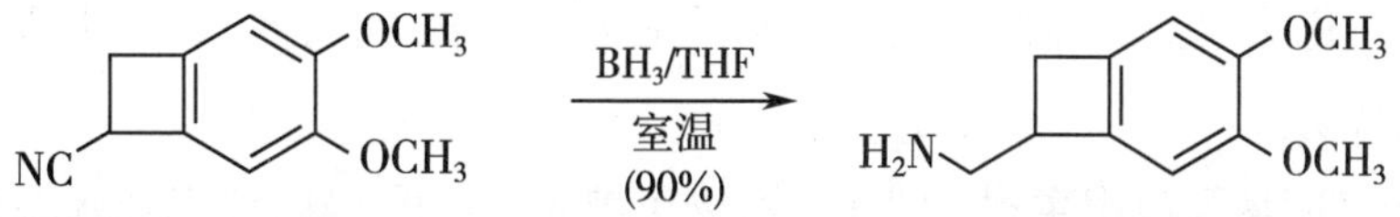

（二）还原成醛

1. 反应通式及机制

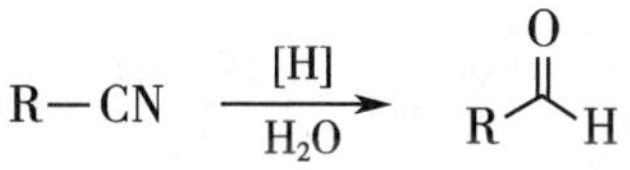

$$R-CN \xrightarrow[H_2O]{[H]} R-CHO$$

控制反应条件,腈可经催化氢化还原制备亚胺,经水解得醛,反应机制为非均相氢化机制。

2. 反应影响因素及应用实例　　在钯碳或 Raney-Ni 催化下,控制氢的用量及反应条件,腈可被还原成亚胺,进一步水解可制备醛。例如,抗心绞痛药奈必洛尔(nebivolol)中间体的合成。

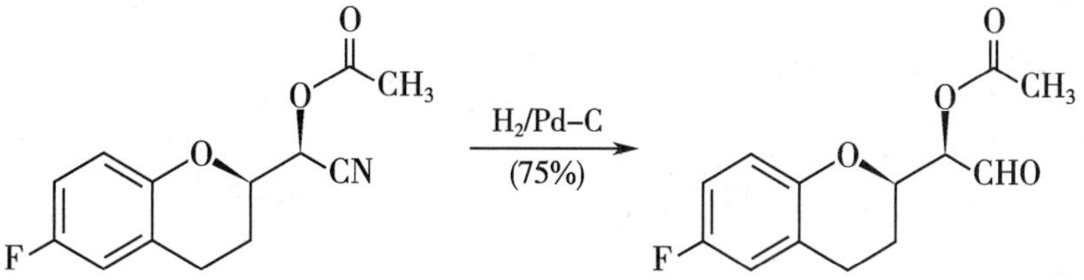

将干燥的氯化氢通入腈和无水氯化亚锡的干燥乙醚(或三氯甲烷)溶液中,经加成、还原、水解得到相应的醛,称为 Stephen 法。该法适用于高级腈的还原,收率高。例如,甲状腺素(thyroxine)中间体的合成。

DIBAL-H 也可将腈还原为醛,分子中易被还原基团不受影响。例如,抗癌药长春碱(vinblastine)中间体的合成。

三、其他含氮化合物的还原

(一)偶氮化合物的还原

1. 反应通式及机制

采用催化氢化法或金属、硼烷、连二亚硫酸钠等还原剂,可将偶氮、氧化偶氮及其衍生物还原为氨基化合物。

2. 反应影响因素及应用实例　偶氮化合物可被氯化亚锡/酸、连二亚硫酸钠等还原为伯胺,还可以用催化氢化法进行还原。例如,胆囊炎治疗药利胆酚(oxophenamide)中间体对氨基苯酚的合成。

偶氮化合物的催化氢化还原提供了一个间接定位引入氨基至活泼芳香族化合物的方法,常用 Raney-Ni 和钯催化,不易产生位置异构体。例如,抗高血压药利奥西呱(riociguat)中间体的合成。

作为供氢体，水合肼可用于偶氮化合物的氢化反应，不易产生异构体。例如，溃疡性结肠炎治疗药美沙拉秦（mesalazine）中间体的制备。

偶氮、氧化偶氮化合物可被锌粉在碱性介质中选择性还原，严格控制反应条件可制得二苯肼衍生物。例如，消炎镇痛药地夫美多（difmedol）中间体的合成。

（二）叠氮基的还原

1. 反应通式及机制

$$R-N_3 \xrightarrow{\quad [H] \quad} R-NH_2$$

叠氮化合物可采用金属复氢化物、金属还原剂及催化氢化法还原制得相应的伯胺。

2. 反应影响因素及应用实例　叠氮化合物可经催化氢化或被氢化铝锂、硼氢化钠等金属复氢化物还原为伯胺，收率较高，化学选择性较好。例如，抗丙肝病毒药物替拉瑞韦（telaprevir）中间体的合成。

有机叠氮化物可与三烷基膦或三芳基膦反应得到相应的氮杂膦叶立德（膦亚胺），进一步经水解可得到相应的胺和氧化磷，该反应被称作 Staudinger 还原反应。例如，抗肿瘤药伊沙匹隆（ixabepilone）中间体的合成。

（三）肟的还原

1. 反应通式及机制

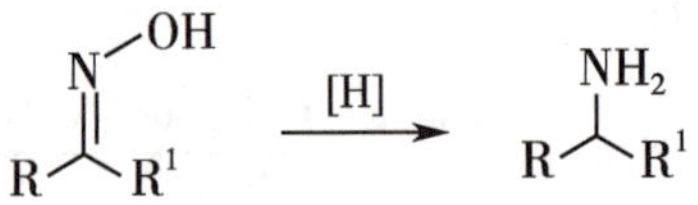

肟可被金属还原剂、金属复氢化物还原成胺，也可采用催化氢化法还原。

2. 反应影响因素及应用实例　金属钠、锌粉可在酸性介质中将肟还原为胺，效果较好，反应中酸一般须过量。例如，抗肿瘤药福莫司汀（fotemustine）中间体的合成。

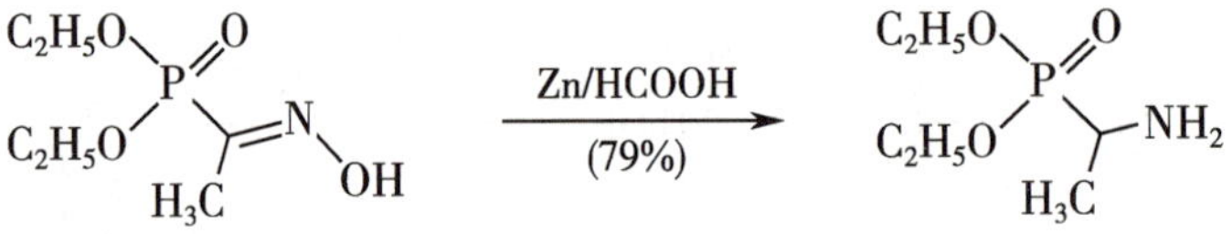

肟经催化氢化还原可得到相应的伯胺或烯胺。肟在酸性溶液中以钯或铂催化，或者在加压条件下用 Raney-Ni 催化还原可制得伯胺；在常温、低压条件下还原可制得烯胺。

氢化铝锂或硼烷也可将肟还原为伯胺。例如，瘙痒症治疗药盐酸纳呋拉啡（nalfurafine hydrochloride）中间体的合成。

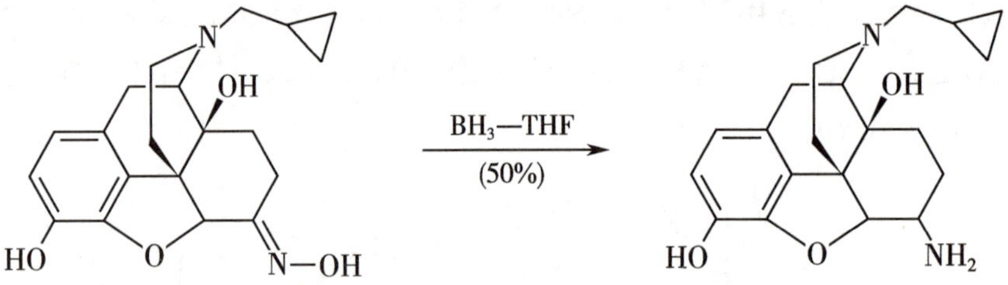

四、药物合成实例分析

雷沙吉兰（rasagiline）是第二代单胺氧化酶抑制剂，用于治疗帕金森病。在甲磺酸雷沙吉兰的合成过程中，以肟中间体 **A** 为原料，在乙醇中控制碱性条件，肟经镍铝合金还原可制得伯胺中间体 **B**。

1. 反应式

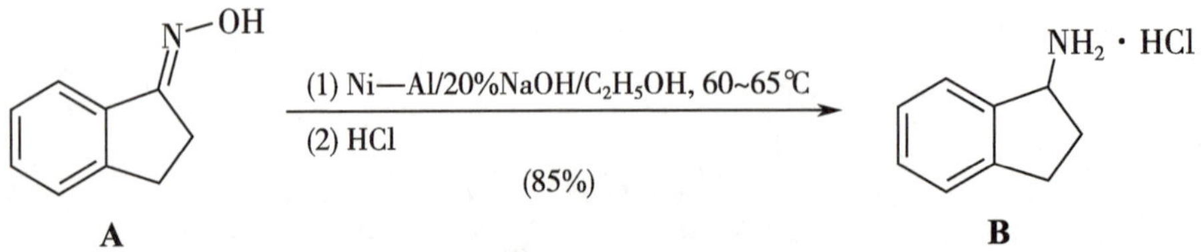

2. 反应操作　向 1L 三颈瓶中加入 50.0g（0.34mol）2,3- 二氢 -1H- 茚 -1- 酮肟（**A**）、250ml 乙醇、150g 的 20%　NaOH 水溶液。升温至 60～65℃，分批于 2 小时内加入 100g 铝镍合金；加毕，继续反应 6 小时。抽滤，所得滤液用二氯甲烷（250ml×3）萃取，合并有机相，再用水洗涤有机相（250ml×5）；浓缩有机相至剩余体积的 1/2，用 4mol/L 盐酸溶液提取（150ml×2），合

并提取液，减压浓缩至干。所得固体用 125ml 乙醇重结晶，控温在 10～20℃，析晶 2 小时。抽滤，干燥，得白色固体 2,3- 二氢 -1*H*- 茚 -1- 胺盐酸盐（**B**），收率为 85%，m.p.207～208℃。

3. 反应影响因素　该反应是在碱性条件下以镍 - 铝合金为催化剂，乙醇为供氢体进行的催化转移氢化还原。反应可采用的非均相催化剂还有 Pd-C、Raney-Ni 等，均相催化剂也可进行催化。此外，亦可采用金属复氢化物 -Lewis 酸体系（如 TiCl$_4$-NaBH$_4$ 体系），利用化学还原法进行肟的还原。常用甲醇、乙醇、异丙醇为溶剂，其中以乙醇为溶剂、铝镍合金为 2 倍量时产品收率及纯度最高，经济性好，为最佳反应条件，避免了加氢加压及无水操作，操作及后处理简单，工业可行性强。

第六节　氢解反应

氢解反应通常是指在还原反应中碳 - 杂键（或碳 - 碳键）断裂，由氢取代杂（或碳）原子或基团生成相应烃的反应。氢解反应常以钯作催化剂，采用催化氢化法完成，某些条件下也可用化学还原法完成。氢解反应主要包括脱卤氢解、脱苄氢解、脱硫氢解和开环氢解。

一、脱卤氢解

1. 反应通式及机制

$$R^2-\underset{\underset{R^3}{|}}{\overset{\overset{R^1}{|}}{C}}-X \xrightarrow{\text{催化氢化或化学还原}} R^2-\underset{\underset{R^3}{|}}{\overset{\overset{R^1}{|}}{C}}-H \ + \ HX \qquad (X=Cl, Br, I)$$

采用催化氢化法，卤代烃首先通过氧化加成机制与金属催化剂形成有机金属络合物，再按催化氢化机制得到脱卤氢解产物；采用化学还原法的脱卤氢解为电子转移性的自由基反应机制。

2. 反应影响因素及应用实例　卤原子活性对氢解反应有较大影响，氢解活性顺序为碘代烃>溴代烃>氯代烃 >> 氟代烃。钯为脱卤氢解的首选催化剂，在温和条件下可催化芳卤、烷基卤的氢解，收率较高。镍由于易受卤原子毒化，一般须增大用量。例如，抗生素舒他西林（sultamicillin）的合成。

$$\xrightarrow[\text{(82%)}]{\text{H}_2/\text{Pd}-\text{C/CH}_3\text{COOC}_2\text{H}_5}$$

(sultamicillin)

酰卤、苄卤、烯丙基卤、芳环上电子云密度较低的卤原子和 α- 位有吸电子基团（如酮、腈、硝基、羧基、酯基、磺酰基等）的活泼卤原子更易发生氢解反应。一般来说，卤代烷较难氢解。

反应中通常加入碱以中和生成的卤化氢,否则会减慢反应速率,甚至终止反应。例如,低血压治疗药甲硫阿美铵(amezinium metilsulfate)中间体的合成。

金属复氢化物在非质子溶剂中也可用于卤代烃的氢解。氟易使催化剂中毒,故碳-氟键的氢解一般不采用催化氢化法,而采用还原能力更强的氢化铝锂。例如,镇咳祛痰药氨溴索(ambroxol)中间体的合成。

活泼金属(如锌、锡、镍-铝合金等)、含硫化合物在一定条件下也可催化脱卤氢解,并具有选择性。例如,质子泵抑制剂奥美拉唑(omeprazole)中间体的合成。

在芳杂环化合物中,卤原子的选择性氢解与其位置有关,电子云密度低的卤原子更易发生氢解反应。例如,2-羟基-4,7-二氯喹啉分子中的两个氯原子中,4-位氯原子由于氮原子的吸电作用而电子云密度降低,优先被氢解。

二、脱苄氢解

苄基或取代苄基可作为保护基与氧、氮、硫原子连接而形成醇、醚、酯、苄胺和硫醚,可通过氢解反应脱除苄基而生成相应的烃、醇、酸、胺等化合物,称为脱苄氢解。

1. 反应通式及机制

(X=O, N, S; R, R_1 = H, CH_3, CH_3COO等)

脱苄氢解与脱卤氢解反应机制相似。

2. 反应影响因素及应用实例
底物结构对氢解速率有较大的影响,当苄基与氧、氮相连时,脱苄活性按下列顺序递减,可据此进行选择性脱苄反应。

$$Ph-CH_2-\overset{R^1}{\underset{R}{\overset{\oplus}{N}}}-R^2 \ > \ PhCH_2O- \ > \ PhCH_2N\overset{R}{\underset{R^1}{}} \ > \ PhCH_2NHR$$

在钯催化下,氢解脱苄基的速率与脱除基团的离去能力有关。脱 O-苄基时,氢解速率为 OR<OAr<OCOR,因此,苄酯的反应速率最快。利用脱苄活性的差异,可进行选择性脱苄。例如,在白血病治疗药高三尖杉酯碱(homoharringtonine)的合成过程中,可选择性氢解脱除 O-苄基,而 O-甲基保留。

（高三尖杉酯碱）

当结构中存在卤素或烯烃等其他易被还原的基团时,可选择氢氧化钯-碳(Pearlman 催化剂)催化氢解反应,收率高。该试剂还可用于 N-苄氧羰基、N-苄基和 O-苄基的氢解,特点是当存在其他官能团时,优先脱去 N-苄基。

脱苄反应可在中性条件下氢解脱除苄基保护基,且不易引起肽键或其他对酸、碱水解敏感结构的变化,在多肽及复杂天然产物的合成中具有重要意义。例如,抗病毒药更昔洛韦(ganciclovir)中间体的合成。

有机锡化合物如 $(C_6H_5)_3SnH$、$(n\text{-}C_4H_9)_3SnH$ 可在较温和条件下选择性氢解苄基和卤素,而不影响分子中其他易还原的基团。例如,抗凝血药依前列醇(epoprostenol)中间体的合成中,O-苄基与碘原子被同时氢解,而底物中的酯键不受影响。

三、脱硫氢解

硫醇、硫醚、二硫化物、亚砜、砜以及某些含硫杂环可在 Raney-Ni 或硼化镍催化下发生脱硫氢解，从分子中除去硫原子。脱硫氢解常用方法有催化氢化法和化学还原法。

1. 反应通式及机制

脱硫氢解与脱卤氢解反应机制相似。

2. 反应影响因素及应用实例

二硫化物可经氢解还原为两分子硫醇，是制备硫醇最常用的方法。例如，降血脂药普罗布考（probucol）中间体的合成。

硫醚可发生催化氢解，用来合成烃类化合物。例如，喹诺酮类抗菌药格帕沙星（grepafloxacin）中间体的合成。

在硼化镍的催化下，硫代酯类化合物可氢解得到伯醇；硫杂环可氢解，脱硫开环。例如，抗艾滋病药达芦那韦（darunavir）中间体的合成。

硫代缩酮(醛)经催化氢化法或在活泼金属作用下可氢解脱硫,是间接将羰基转变为次甲基的有效方法,特别适用于 α,β- 不饱和酮及 α- 杂原子取代酮的选择性还原,条件温和、收率较好。例如,避孕药去氧孕烯(desogestrel)的合成。

四、开环氢解

1. 反应通式及机制

碳环及含氮、氧的杂环化合物均可被氢解开环,分别生成烷烃、伯胺及仲醇。开环氢解与脱卤氢解反应机制相似。

2. **反应影响因素及应用实例**　开环氢解可采用催化氢化法及金属复氢化物、硼烷等化学还原法进行。碳环类化合物开环反应的难易程度受底物结构影响,环丙烷易于开环,环丁烷也可反应,但较三元环稳定,五元环以上的脂环烃一般不发生开环氢解。

环氧乙烷衍生物常以钯或铂催化剂进行氢解开环,易于反应。例如,降血糖药恩格列酮(englitazone)中间体的合成。

值得注意的是,当底物结构中存在其他易被还原的基团时,可伴随氢解反应同时被还原。例如,在多发性硬化症治疗药芬戈莫德(fingolimod)的合成过程中,采用钯碳催化,除发生开环氢解外,羰基、硝基也被同时还原。

氢化铝锂等金属复氢化物在 Lewis 酸存在下,可实现缩酮的开环氢解。硼烷可实现含氧杂环的氢解,如慢性丙型肝炎治疗药波普瑞韦(boceprevir)中间体的合成。

五、药物合成实例分析

莫西沙星(moxifloxacin)是第四代超广谱喹诺酮类抗菌药物。在莫西沙星的合成过程中,以中间体 **A** 为原料,在甲醇中经非均相氢化发生脱苄氢解制得中间体 **B**。

1. 反应式

2. 反应操作

在 250ml 烧瓶中加入 6.5g(0.03mol)中间体 **A**、1.4g 质量分数为 5% 的钯碳和 50ml 无水甲醇,通入氢气,于 90℃、9MPa 条件下反应 16 小时。硅藻土过滤,甲醇洗涤钯碳,减压蒸馏除去溶剂,向混合物中加入 20ml 水,用环己烷(20ml×3)萃取,合并水层。加入 2g 氢氧化钠,用二氯甲烷(30ml×3)萃取,合并有机层,无水硫酸钠干燥。过滤,滤液减压蒸馏后得浅黄色油状物(**B**)3.4g,收率为 89.9%。

3. 反应影响因素

随着反应温度的升高,反应收率增加,当温度超过 90℃时会加速催化剂失活,并降低选择性,导致收率下降,故 90℃为最佳反应温度。延长反应时间可提高收率,反应 16 小时最佳。钯金属价格昂贵,当催化剂用量为原料质量的 0.20～0.23 倍(1.35g)时,反应速度快,且节约成本,经济性好。

第七节 还原反应新进展

随着化学合成技术的飞速发展,新的还原试剂和方法被不断发现,微波、超声等物理辅助技术与生物催化技术也被广泛应用于还原反应中。应用新试剂或新技术的还原反应普遍具有反应效率高、环境友好、节约能源等优点,是对经典还原反应的有利补充。

一、新型还原反应

(一)Meerwein-Ponndorf-Verley(MPV)还原反应

经典的 MPV 还原反应速率相对较慢,通常需要加入过量的异丙醇铝。近年来,许多新型的铝催化剂或辅助技术被应用于 MPV 还原反应,在提升反应效率的同时大大拓展了反应的应用范围。

1. 铝配合物为催化剂 由三甲基铝和 7,7′- 二环己基取代的多齿配体 VANOL 作用得到的高效手性铝催化剂 R-precatalyst,其底物适用范围广,可用于各种脂肪酮或芳香酮的立体选择性还原。例如,在拟钙剂西那卡塞(cinacalcet)中间体的合成过程中,先将 VANOL 配体与三甲基铝于正戊烷中反应形成预催化剂,后将其用于 α- 萘乙酮的 MPV 反应中,实现酮羰基立体选择性还原,得(R)-α- 甲基 -1- 萘甲醇,对映体过量($e.e.$)值为 98%,收率为 95%。

2. γ- 氧化铝(γ-Al$_2$O$_3$)为催化剂 γ-Al$_2$O$_3$ 作为一种性质稳定且廉价易得的催化剂,被用于微波加热辅助的 MPV 反应。该方法可提高醛还原成醇的选择性和收率,无须过渡金属参与,可用于芳香醛及不饱和醛的还原。例如,在抗抑郁药瑞波西汀(reboxetine)中间体的合成过程中,利用微波加热仅需 40 分钟即可完成醛基的选择性还原,可大大缩短反应时间且反应收率较高。

（二）羧酸及羧酸衍生物的还原

1. 羧酸的还原胺化　苯硅烷/乙酸锌可介导羧酸的还原胺化反应,大大拓展了还原胺化反应的应用范围,广泛适用于羧酸和胺类底物,且具有较好的官能团选择性,不会影响底物结构中的硝基、卤素等。该反应利用了苯硅烷的双重反应性,首先是苯硅烷介导的酰化反应,然后进行乙酸锌催化的还原反应。例如,在抗艾滋病药马拉韦罗(maraviroc)的合成过程中,在苯硅烷/乙酸锌的还原条件下可顺利实现羧酸的还原胺化,极大地缩短了工艺路线,产率明显提高。

2. 酰胺的选择性还原　三[*N,N*-双(三甲基硅基)氨基]镧(La[N(SiMe$_3$)$_2$]$_3$,La^{NTMS})是一种高效的选择性均相催化剂,可在温和条件下催化以片呐醇硼烷(pinacolborane,HBpin)为还原剂的酰胺的还原,产物为胺。该反应具有较强的官能团选择性,分子中硝基、氰基、卤素均不受影响,且不会发生烯键的硼氢化反应。例如,冠状动脉扩张药维拉帕米(verapamil)的合成。

(verapamil)

3. 氢化二卤化铟用于酰氯的还原　　氢化二卤化铟（X_2InH）是由有机锡 Bu_3SnH 为氢源，经与 InX_3 作用得到的一种新型还原剂，可以还原醛、酮、酰氯、烯酮、亚胺等多种不饱和化合物。以 X_2InH 为还原剂、有机膦（如三苯基膦）为催化剂可还原酰氯为醛。例如，抗肿瘤药丙卡巴肼（procarbazine）中间体 4-甲基苯甲醛的合成过程中，使用 X_2InH 作还原剂可高收率制得醛。因无须使用过渡金属催化剂，可避免酰基-过渡金属络合物的脱羧基副产物的生成，因而收率较高。

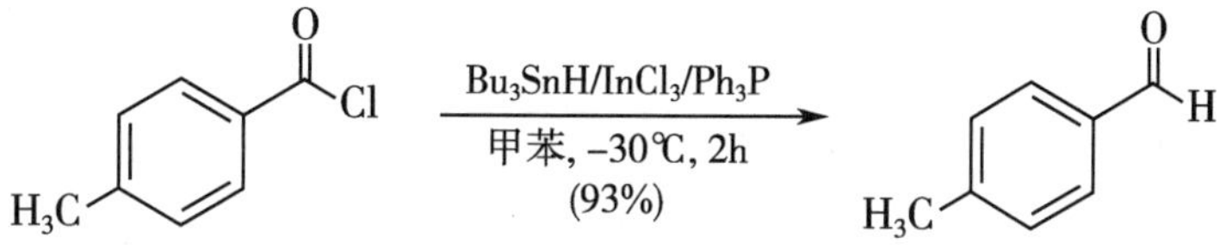

（三）以硼烷为还原剂的还原反应

1. Corey-Bakshi-Shibata（CBS）还原反应　　CBS 反应是酮在手性硼杂噁唑烷（CBS 催化剂）和乙硼烷的醚溶液催化下被立体选择性还原为醇的反应，具有反应快、操作简便、产率高、对映选择性好等优点。例如，在阿尔茨海默症治疗药卡巴拉汀（rivastigmine）中间体的合成过程中，在 CBS 催化下可以高收率获得手性醇，其中 CBS 催化剂为临时制备。

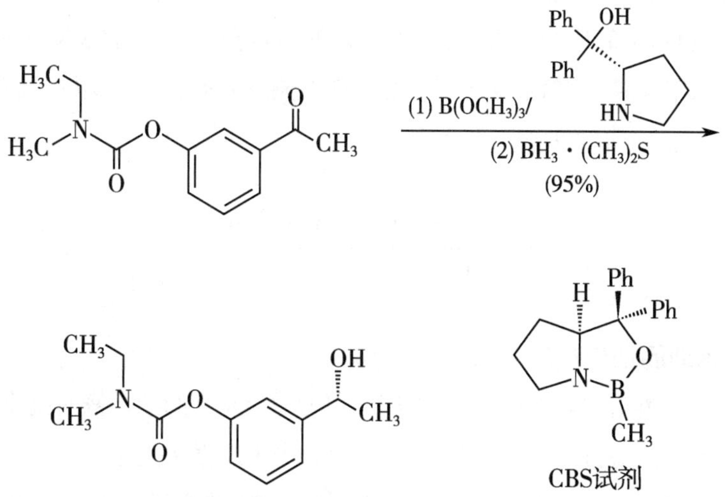

CBS试剂

2. Midland 还原反应　　利用 $α$-蒎烷-硼烷（alpine-borane）还原不对称酮的反应称为 Midland 还原反应，可立体选择性地还原潜手性酮，并以高收率、高 *e.e.* 值得到产物。例如，具有抗疟活性的常山碱（febrifugine）中间体的合成。

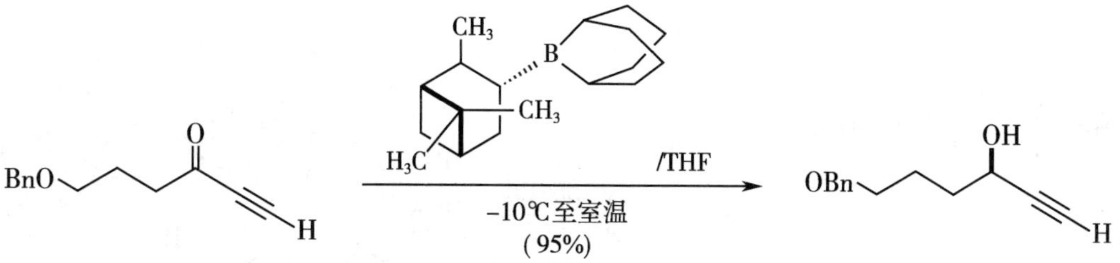

3. 氨基硼烷钠还原　　氨基硼烷钠[$NaNH_2(BH_3)_2$、NaADBH]的还原能力介于硼氢化钠和氢化铝锂之间，可将醛、酮、羧酸及羧酸酯直接还原为醇，具有较好的官能团选择性，分

子中的酰胺键及其他不饱和键（如碳碳双键、硝基、氰基等）均不受影响。例如，在抗真菌药 fosmanogepix 中间体的合成过程中，醛基和羧基可同时被 NaADBH 还原成羟基，收率较高。

二、新型还原技术

（一）微波辅助的还原反应

微波技术辅助的化学反应具有体系受热快速均匀、反应速率快、操作简便、收率高、产品易纯化等优点，可用于多种不饱和官能团（如羰基、碳 - 碳不饱和键、碳 - 氮不饱和键等）的还原反应。

微波辅助技术可提高醛、酮还原为相应醇的选择性和收率，大大缩短反应时间，可用于 Wolff-Kishner- 黄鸣龙还原反应、Meerwein-Ponndorf-Verley 还原反应等。例如，在广谱抗菌药联苯苄唑（bifonazole）中间体的合成过程中，二苯酮与水合肼于微波（MW）条件下反应 20 分钟后即可得到二苯甲酮腙，与氢氧化钾微波条件下反应 30 分钟，即可以 90% 的总收率得到二苯甲烷，否则该反应总时间将长达 6 小时。

（二）超声辅助的还原反应

超声因具有方向性好、穿透能力强的特点，可改善反应条件，显著加速反应进行，甚至引发某些传统条件下无法进行的反应，被广泛应用于非均相还原反应。

超声辅助技术可用于硝基、肟、酯等多种不饱和化合物的还原。例如，在抗生素地红霉素（dirithromycin）中间体 9(S)- 红霉素胺的合成过程中，如在室温下采用 NaBH$_4$/ZrCl$_4$ 对 9(E)- 红霉素 A 肟进行还原，反应时间长达 48 小时，且产物转化率不到 1%；若在超声促进下仅需 1 小时即可以 69% 的收率获得产物，可极大地缩短反应时间，提高反应产率。

（三）生物催化还原

生物催化技术是利用酶、微生物细胞或动植物细胞作为生物催化剂进行催化反应的技术，具有官能团及立体选择性强、反应专一等优点，可用于不对称还原反应，极大地促进了"绿色化学"的发展。

生物催化技术多应用于醛、酮、硝基化合物、烯烃等多种不饱和化合物的还原。生物催化酮的不对称还原是制备手性醇最经济、环保的方法之一。例如，在抗高血压药依那普利（enalapril）中间体的合成过程中，采用来源于光滑念珠菌的 Cg26 酮还原酶与葡萄糖脱氢酶（glucose dehydrogenase，GDH）构建的辅因子 NADPH 循环催化系统，可实现酮羰基的立体选择性还原，反应条件温和、产率高（～100%），*e.e.* 值大于 99.9%，且分子中的酯基未受到影响。

硝基还原历经亚硝基、羟胺、偶氮化合物等中间过程，采用生物催化法还原硝基可有效控制反应停留在某一中间状态。例如，在抗肿瘤药甲氨蝶呤（methotrexate）中间体的合成过程中，以烯烃还原酶 ERED-103 催化，经葡萄糖、葡萄糖脱氢酶、还原型辅酶Ⅱ（nicotinamide adenine dinucleotide phosphate，NADPH）、NADP⁺ 循环系统处理，底物中的硝基可转化为羟胺基团，并停留在该阶段，转化率高达 95%。若在该还原体系中加入羰基还原酶，则可得到氨基化合物。

练习题

一、简答题

1．简述催化转移氢化的定义，并列举 5 种催化转移氢化中常用的供氢体。

2．比较 Clemmensen 还原反应与 Wolff-Kishner- 黄鸣龙还原反应用于羰基还原时在反应条件、反应特点及适用范围方面的异同。

3．根据所学知识，列举 3 种以不同机制进行硝基的还原方法，以实现消炎镇痛药苯噁洛芬（benoxaprofen）中间体由 **A** 到 **B** 转化。

4. 简述 Birch 还原反应的定义及产物结构的特点。

5. 简述催化氢解反应的定义及常见反应类型，并各举 1 例。

二、完成下列合成反应

1.

$$\xrightarrow[\text{C}_6\text{H}_6]{[(\text{Ph}_3\text{P})_3\text{RhCl}]/\text{H}_2}$$

2.

$$\xrightarrow{/\text{Pd–C}}$$

3.

$$\xrightarrow{\text{H}_2/\text{Raney Ni}}$$

4.

$$\xrightarrow{\text{AlH(Bu}-i)_2}$$

5.

$$\xrightarrow{\text{NH}_2\text{NH}_2 \cdot \text{H}_2\text{O/KOH}}$$

6.

7.

$$\xrightarrow{\text{NaBH}_4(0.25\text{mol})}$$

8.

$$(CH_2)_{32}\begin{array}{c}\diagup COOC_2H_5\\\diagdown COOC_2H_5\end{array} \xrightarrow[\text{(2) AcOH}]{\text{(1) Na/二甲苯}}$$

9.

$$\xrightarrow{\text{BH}_3/\text{THF}}$$

10.

$$\xrightarrow{\text{Na}_2\text{S}_2\text{O}_4}$$

11.

$$\xrightarrow{\text{Fe/HCl}}$$

12.

$$\xrightarrow{\text{NH}_2\text{NH}_2 \cdot \text{H}_2\text{O}}$$

13.

14.

HC≡C—CH₂—CH(NH₂)—CH₂—COOH [   ] → H₂C=CH—CH₂—CH(NH₂)—CH₂—COOH

15.

16.

17.

18.

19.

20.

21.

22.

23.

24.

25.

三、药物合成路线设计

1. 以 4-羟基苯甲醛、丙二酸、环氧氯丙烷、异丙胺为主要原料，合成 β₁ 受体拮抗剂艾司洛尔（esmolol）。

艾司洛尔

2．以乙酰苯胺、丁二酸酐及环氧乙烷为原料合成抗肿瘤药苯丁酸氮芥（chlorambucil）。

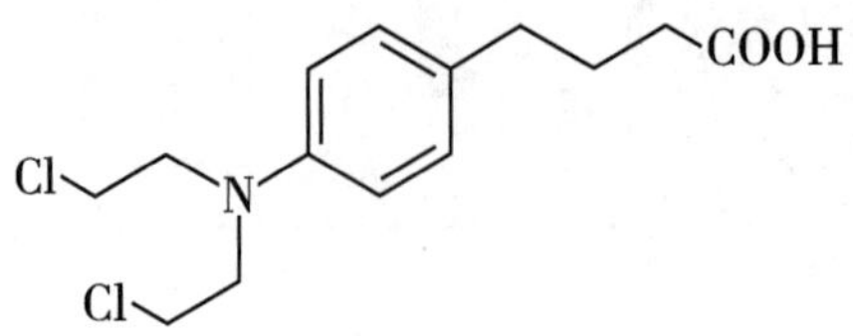

苯丁酸氮芥

3．以苯硫酚、4-溴苯甲酸、1,3-二氯苯、氯乙酰氯和咪唑为原料合成抗真菌药物芬替康唑（fenticonazole）。

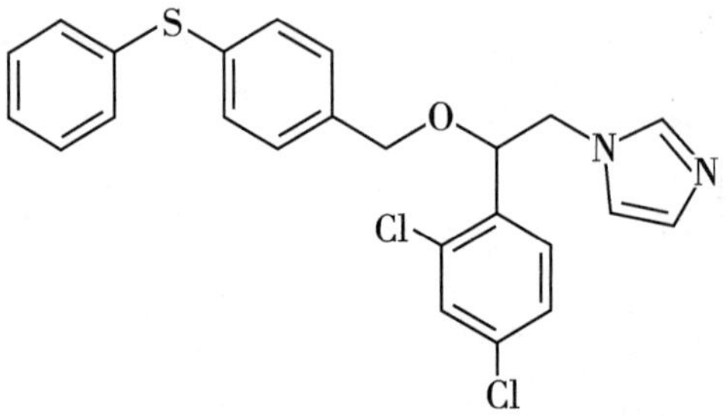

芬替康唑

4．以2-氯-6-硝基甲苯和盐酸胍为主要原料合成抗高血压药盐酸胍法辛（guanfacine hydrochloride）。

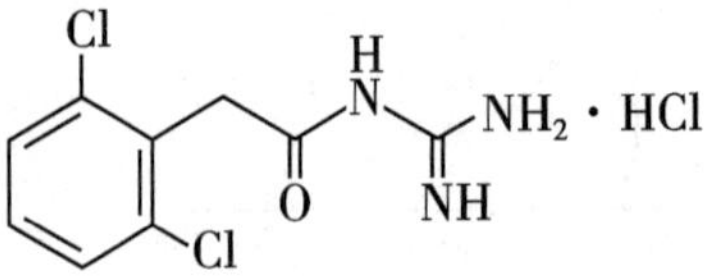

盐酸胍法辛

（翟　鑫）

第八章　重排反应

ER8-1　第八章
重排反应（课件）

【本章要点】

掌握　Wagner-Meerwein 重排、Pinacol 重排、Beckmann 重排、Hofmann 重排、Curtius 重排、Schmidt 重排、Favorskii 重排和 Claisen 重排等人名反应及其应用。

熟悉　Benzil 重排、Wolff 重排、Baeyer-Villiger 重排、Wittig 重排、Sommelet-Hauser 重排和 Cope 重排等。各类重排反应的机制和影响因素。

了解　不同机制的重排反应中基团的迁移能力，各类重排反应中新型催化剂的应用。

重排反应（rearrangement reaction）多为人名反应，在药物及普通化学品合成中具有十分重要的应用。通过重排反应，可以合成出按照常规合成路线难以得到的药物或中间体；而采用一般合成方法时，或是原料难以获得，或是产物较复杂。例如，尼龙 -6（环己内酰胺）的合成，除了环己酮肟经 Beckmann 重排制备外，使用其他原料或方法难以高收率或低成本地进行制备；γ,δ- 不饱和羰基化合物的合成，按照一般的合成路线很难得到，但是烯丙基乙烯基醚型原料经过 Claisen 重排却很容易制备。总之，重排反应在化学合成中占有重要的地位。

第一节　概述

一、反应分类

重排反应按照反应机制可以分为亲核重排、亲电重排、游离基重排和协同重排等；按照参与重排的原子及键类型，可以分为碳烯重排、氮烯重排、游离基重排、芳基重排等。由于篇幅限制，所涉及的部分重排反应将在本章中进行阐述。

二、反应机制

按照重排反应中过渡态的特点，可以将重排反应分为亲核重排、亲电重排、游离基重排和协同重排 4 种机制。

（一）亲核重排机制

在重排过程中，过渡态为碳正离子或氮正离子的重排反应称为亲核重排，其中以碳正离子为主,将涉及氮离子对中间体的 Hofmann 重排反应也列入亲核重排中。在重排过程中,首先在一定反应条件下将底物中容易离去的基团如羟基、羟基磺酸酯、氨基或卤素等脱除,形成缺电子的电正性中间体,也可以是烯烃与质子加成得到的碳正离子,然后发生基团的迁移,得到新的带电荷中间体,进而发生一系列后续反应。如果得到的产物不稳定,会进一步分解,最终得到稳定的产物,如在 Schmidt 重排和 Curtius 重排中,首先得到异氰酸酯,由于其不稳定,会进一步分解为氨基化合物。重排中,由于发生迁移的基团是向缺电子的正离子中心转移,迁移基团特别是迁移原子所带电荷的密度决定了其迁移能力。

(X=OH, NH₂, Cl, Br, I; Z=C, N)　(Y=OH, OR′)

(二)亲电重排机制

带有吸电子取代基的底物在强碱作用下失去氢形成碳负离子,有时通过三元环过渡态进行重排,这类反应称为亲电重排。如季铵盐或醚中,由于氮或氧的吸电子作用使得其邻位烷基在强碱作用下失去质子,进而发生基团迁移,形成叔胺或醇。

Z=羰基、氧、季铵盐等

(三)游离基重排机制

游离基重排反应的研究较少,主要集中在含芳基化合物中的重排。底物在游离基引发剂的作用下产生游离基,然后迁移基团带着单电子转移到原有单电子原子上产生新的游离基,进一步转化为产物。

有些重排反应虽然被列在亲核重排或亲电重排中,但实际上是按照游离基机制完成的。例如,[1,2]-Wittig 重排和[1,4]-Wittig 重排都可以看作为游离基重排。

（四）协同重排机制

重排过程中不存在离子型或游离基中间体，而是通过环状中间体，旧的 σ 键断裂的同时形成新的 σ 键，这种重排称为 σ- 迁移重排，也称为协同重排，Cope 重排和 Claisen 重排就属于协同重排。原则上，这种重排反应只受温度的影响，而不受催化剂的影响。

ER8-2　苯甲酰苯胺的制备
（视频）

第二节　亲核重排

一、Wagner-Meerwein 重排

各种醇在质子酸作用下失去水分子生成碳正离子，然后邻位碳原子上的芳基、烷基，甚至氢向该碳正离子迁移的反应称为 Wagner-Meerwein 重排反应。以伯氨经重氮化反应产生碳正离子的 Wagner-Meerwein 重排称为 Demyanov 重排，这两种重排反应均属于碳正离子的亲核重排。

（一）反应通式及机制

Wagner-Meerwein 重排反应按照 S_N1 反应机制进行，即首先形成碳正离子，然后发生基团迁移，亲核试剂再进攻正碳离子形成新的化合物或失去质子形成烯烃。但当反应物中迁移基团可以通过与离去基所在的碳产生邻基效应时，还能经邻基参与的方式促进离去基团的离去，重排反应的速度较快，这时重排反应按照 S_N2 机制进行。另外，在碳正离子发生重排前，也可能与亲核试剂反应，形成类似于 S_N1 或 S_N2 的亲核取代反应产物，使反应产物变得复杂。

（二）反应影响因素及应用实例

能发生 Wagner-Meerwein 重排的底物包括醇及其磺酸酯、卤代烃、烯烃、伯胺化合物等。

如果底物为环状，同时侧链 α- 位能形成碳正离子，则重排后得到环上增加一个碳原子的化合物。

(X=OH, Cl, Br, NH₂)

根据反应底物中活性基团的不同，所使用的催化剂也不同。当底物为醇或烯烃时，催化剂使用各种质子酸；当底物为卤代烃（氯、溴、碘）时，可以使用如银离子（通常使用 $AgBF_4$）或 $AgNO_3$ 与卤代烃反应形成碳正离子，或使用 $AlCl_3$ 与氯代烃反应先生成 $R^{\oplus}AlCl_4^{\ominus}$ 离子对；当

卤素为 F 时，可以使用 SbF₅ 使卤代烃生成 R⊕SbF₆⊖；如果为伯胺化合物，可以使用亚硝酸产生重氮离子，进一步失去氮气形成碳正离子。

α-蒎烯在质子酸催化下经 Wagner-Meerwein 重排得到 α-萜品烯。

亚环丙基烯烃与正离子加成后形成的碳正离子经 Wagner-Meerwein 重排得到四元环化合物：

桦木醇（betulin）衍生物经 Wagner-Meerwein 重排为别桦木醇（allobutulin）

Demyanov 重排是由氨基经重氮化反应脱除氮气，生成碳正离子进行重排的反应。

Wagner-Meerwein 重排和 Demyanov 重排中，基团的迁移能力按照下列顺序排列：

就苯基而言,其对位取代基供电子能力越强,则迁移能力也越强。如果重排基团为手性碳原子,则反应按 S_N1 机制进行,得到消旋体化的产物。

下文例子中,羟基碳原子上带有的环状烯烃,在 N-溴代丁二酰亚胺(NBS)作用下,首先形成溴正离子加成的碳正离子中间体,经 Wagner-Meerwein 重排得到环扩大的中间体,再在 $AgBF_4$ 催化下使苯并螺环 β-溴代酮生成 n,7,6-三环体系的重排反应产物。两次重排反应中都是苯环发生的迁移。

由于在重排过程中,涉及重排前后的正离子为高活性过渡态,故反应条件,特别是溶液中存在的阴离子类型和数量就显得非常重要,它们会与正离子结合形成分子,使产物复杂化。因此,一般在 Wagner-Meerwein 重排中选择亲核能力较弱的阴离子,如硫酸根、硝酸根、四氟化硼酸根、对甲苯磺酸根等,从而减少与溶剂中阴离子结合的可能性。

二、Pinacol 重排

取代乙二醇或等价物在质子酸或 Lewis 酸作用下形成碳正离子,然后发生基团迁移得到醛或不对称酮的反应称为片呐醇重排(Pinacol rearrangement)。这个名称来源于典型的化合物——片呐醇(2,3-二甲基-2,3-丁二醇,Pinacol)重排成片呐酮(3,3-二甲基-2-丁酮,Pinacolone)的反应。

(一)反应通式与机制

邻二醇在质子酸作用下经羟基质子化后失去一分子水形成碳正离子,然后邻位碳上的烷基或芳基迁移到该碳正离子上,得到带有羟基碳的正离子,最后失去质子得到酮类。

(二)反应影响因素及应用实例

当片呐醇中的一个羟基变为其他易离去基团(氯、溴、碘、MsO、TsO、SH、NH_2)时,重排反应能够达到很好的区域选择性,这类反应被称为半片呐醇重排(semi-Pinacol rearrangement)。这种反应的反应条件温和、产物结构可以预测,使得该反应在复杂的有机分子合成中被广泛应用。

反应物可以为 1,1,2- 三取代乙二醇或 1,1,2,2- 四取代乙二醇，重排后都能得到酮；若为 1,2- 二取代乙二醇，其 Pinacol 重排的产物为醛。除了邻二醇能发生 Pinacol 重排外，α- 氨基醇经重氮化反应，继而失去氮气，产生的碳正离子也可发生 Pinacol 重排。

如果邻二醇中一个羟基连接在脂环上，另一个羟基在环外，经过 Pinacol 重排可以得到扩环酮类产物。

如果相连的两个环上各带有一个羟基，且为邻二醇或 α- 氨基醇结构，则重排后会得到螺环酮产物，这在天然产物全合成中具有较大的应用价值。

当片呐醇中乙基连接的四个取代基完全相同时，经 Pinacol 重排反应后产物较单一；如果这些取代基不同时，优先生成稳定性高的碳正离子。

由于在半片呐醇重排中，总是需要将非羟基易离去基团除去，使其位置转变为碳正离子，故碳正离子的位置是确定的，重排产物结构只受含羟基碳上所连接基团迁移能力的影响。

反应物的构型也会影响基团的迁移。例如，在下文的重排反应中，当反应物为苏型异构体（ *threo* isomer ）时，主要是苯基迁移；而当其为赤型异构体（ *erythro* isomer ）时，则主要为对甲氧苯基迁移。

顺、反式邻二醇在进行 Pinacol 重排时，顺式结构重排速度比反式重排速度快，这说明在重排过程中，形成碳正离子与基团的迁移有可能是通过正碳离子桥式过渡态，重排基团与离去基团处于反式共平面位置。例如，顺 -1,2- 二甲基 -1,2- 环己二醇在稀硫酸作用下，迅速重排，甲基迁移，得到 2,2- 二甲基环己酮；而反式二醇在相同条件下，重排为缩环的酮。这说明无论亲核性大小，与离去的羟基呈顺式的基团不能发生迁移。

Pinacol 重排的底物为邻二醇时,所使用的催化剂一般为无机酸或有机酸,常用的有硫酸、盐酸、碘 - 乙酸等;如果底物为 α- 氨基醇时则使用亚硝酸;底物为 α- 卤代醇时一般使用 $AgNO_3$ 或 $AgBF_4$;底物为甲烷磺酸酯或对甲苯磺酸酯时,需要使用强碱如醇钠、氨基钠等。

在片呐醇重排中,基团的迁移能力与 Wagner-Meerwein 重排反应中基团迁移能力一致。但也有例外,如下文重排反应中发生迁移的是 H,而不是苯环,因为苯基迁移后,形成的三苯甲基具有较大的位阻,限制了其迁移。

环氧化合物在 BF_3 催化下,开环形成碳正离子,然后发生类似的 Pinacol 重排。

三、Benzil 重排(苯偶姻重排)

邻二酮在强碱作用下,重排生成 α- 羟基乙酸的反应称为 Benzil 重排或苯偶姻重排。

(一)反应通式与机制

当使用乙醇钠、叔丁醇钾等有机碱时,产物为酯;另外,如果其中一个芳基带有吸电子基团,则带有吸电子基的芳基发生迁移,这与其亲核重排机制和产生中间体氧负离子有关。

(二)反应影响因素及应用实例

Benzil 重排反应物一般为二苯基乙二酮,其他二芳香族邻二酮也可以进行 Benzil 重排。

含有 α- 氢的脂肪族邻二酮在强碱作用下发生该重排与缩合反应的竞争,有时甚至只生成缩合产物。

环状邻二酮进行重排时,生成缩环的羟基酸。

除了使用无机碱 KOH 外,也可以使用醇钠,此时生成酯而不是羧酸盐。醇钠的烷氧基部分不能含有 α- 氢,否则得不到重排产物,而是发生氧化还原反应,烷氧部分被氧化为酮或醛。

不对称二苯基乙二酮进行重排时,当苯环上取代基为吸电子基团时,则含有取代基的苯环发生迁移;反之,如果取代基为给电子的,则无取代基苯环发生迁移。这可以用中间体二醇负离子的电荷被吸电子基团分散而稳定加以解释。

在苯妥英钠（phenytoin sodium）的合成过程中，利用 Benzil 重排可得到二苯基羟基乙酸，然后与尿素环合制得。

四、Beckmann 重排

酮类和醛类化合物与羟胺形成的羟亚胺（称为"肟"）在酸性条件下发生重排生成酰胺，该反应称为 Beckmann 重排，酰胺可以进一步水解得到羧酸，这也是一种合成羧酸和胺的方法。

（一）反应通式与机制

酮肟在质子酸作用下进行质子化，然后失去一分子水，同时与原来肟羟基处于反位的基团迁移到 N 原子上，得到亚胺正离子，与水结合再失去质子得到烯醇化酰胺，进一步转化为酰胺。

在迁移过程中，脱水和基团的迁移是同时发生的，如迁移基为手性时，迁移后其构型保持不变，这也说明了 Beckmann 重排属于分子内反应。

（二）反应影响因素及应用实例

在 Beckmann 重排反应中，反应物中 R^1、R^2 可以是烷基，也可以是芳基或氢。但一般情况下，氢不发生迁移，因此，通常不能用醛来制备酰胺。脂 - 芳酮肟的重排中，通常是芳基发生迁移，得到芳胺的酰胺。

常用的催化剂有浓硫酸、PCl_5、多聚磷酸（PPA）、三氟醋酸酐（trifluoroacetic anhydride，TFAA）、含 HCl 的 $AcOH$-Ac_2O 溶液、对甲苯磺酰氯（tosyl chloride，TsCl）等。通常情况下，使用 PPA 作催化剂时可得到很高的收率；如果产物为水溶性酰胺，则用 TFAA。另外，硅胶、HCOOH、$SOCl_2$、P_2O_5-CH_3SO_3H 等也可以用作 Beckmann 重排的催化剂，还可以使用 H_2NOSO_3H-HCOOH 与酮反应一步得到 Beckmann 重排产物。

醛肟重排常用 Cu、Raney Ni、$Ni(OAc)_2$、BF_3、三氟乙酸（trifluoroacetic acid，TFA）、磷酸等为催化剂。

Vilsmeier 试剂也可以作为 Beckmann 重排的催化剂。

发生迁移的是与肟羟基处于反位的基团。由于大多数情况下在形成肟时，羟基都与酮的大基团处于反式，故主要发生体积大的基团迁移。有时候处于顺位的基团也会发生迁移，这可能与肟在质子酸催化下发生质子化先进行了互变异构有关。

例如，齐墩果酸内酯（oleanolic acid lactone）的肟在 $POCl_3$ 的催化下发生重排。

利用手性环己酮羟肟的重排可以制备具有特殊结构的化合物。

五、Hofmann 重排

氮原子上无取代基的酰胺在次卤酸（HClO、HBrO）或 Br_2 与碱（NaOH）作用下，重排成比原来酰胺少一个碳原子的胺的反应称为 Hofmann 重排，也称为 Hofmann 降解反应。重排过程中先得到异氰酸酯，由于其不稳定，进一步转化为氨基甲酸，最后失去二氧化碳得到伯胺。

（一）反应通式与机制

酰胺在次卤酸或卤素作用下发生取代，进一步在碱作用下脱去质子，形成 N- 溴代酰胺负离子，失去卤素后，烷基或芳基迁移到 N 原子上得到异氰酸酯，由于异氰酸酯不稳定，进一步分解得到胺类化合物。

（二）反应影响因素及应用实例

Hofmann 重排反应是制备各种伯胺的重要方法，反应物可以是脂肪酰胺、芳香酰胺，也可以是脂环酰胺、杂环酰胺，其中短链脂肪族酰胺的重排收率最高。

如果与酰胺相连的碳为手性的，经过 Hofmann 重排后，所得产物的构型保持不变。

一般情况下是将酰胺溶解于 NaOX（X=Cl、Br）的水溶液中，然后加热进行重排，生成的异氰酸酯中间体直接水解成胺。对于长链酰胺而言，由于其水溶性差，所以收率较低，此时采用醇钠代替 NaOH 可以增加收率。

$$C_{16}H_{33}CONH_2 \xrightarrow[(90\%)]{Br_2/NaOCH_3} C_{16}H_{33}NHCOOCH_3 \xrightarrow{OH^{\ominus}/H_2O} C_{16}H_{33}NH_2$$

在重排过程中所产生的异氰酸酯的水解速度决定了产物与副产物的比例。当采用 Br_2 和 NaOH 进行重排时，异氰酸酯可与生成的胺、原料酰胺进行反应，生成脲或酰脲。因此，加快异氰酸酯分解的速度可提高胺的收率。

NaOBr 具有氧化性，可以将生成的胺氧化成腈。此外，若酰胺羰基的 α- 位含有卤素、羟基时会有醛生成。

脲类化合物可通过 Hofmann 重排反应合成肼。

9- 氧代 -1- 芴甲酸通过酰氯化形成的酰胺，可经 Hofmann 重排反应在 NBS 和 DBU 作用下重排为氨基甲酸甲酯，再在四丁基氟化铵（TBAF）下得到 1- 氨基 -9- 氧代芴。

六、Curtius 重排

酰氯经过酰基叠氮中间体在光照或加热条件下重排为较原来酰氯少一个碳原子的胺的反应称为 Curtius 重排。

（一）反应通式与机制

该反应可以由酰氯直接与 NaN_3 反应得到酰基叠氮化物，也可以由酰氯与肼生成酰肼，再用重氮化法生成酰基叠氮化物，酰基叠氮化物失去氮气，另一侧烷基或芳基迁移到氮上，形成异氰酸酯，再水解脱除 CO_2 得到胺。

（二）反应影响因素及应用实例

各种脂肪酸、脂环酸、芳香酸、杂环酸和不饱和酸都可以进行 Curtius 重排。长碳链酸，由于其酯生成酰肼的反应速度较慢，宜选择其酰氯与叠氮化钠反应制备酰基叠氮；不饱和酸，由于双键可能与肼反应，产生副产物，也宜选择此法。

不易形成酰氯的酸可以先酯化后进行肼解，再重氮化进行 Curtius 重排。

$$CH_3CH_2COOCH_2CH_3 \xrightarrow{NH_2NH_2} CH_3CH_2CONHNH_2 \xrightarrow{HNO_2} CH_3CH_2CON_3 \xrightarrow[(94\%)]{加热}$$

$$H_3CH_2C{-}N{=}C{=}O \xrightarrow{H_2O} CH_2CH_3NH_2$$

如果羧基连接的碳为手性碳，那么经 Curtius 重排后，产物构型保持不变。如 (S)-N- 苄氧羰基哌啶 -3- 甲酸先用 SOCl₂ 转化为酰氯，然后与叠氮基三甲基硅烷（trimethylsilyl azide，TMSN₃）形成酰基叠氮的重排。

$$\text{(哌啶-COOH, N-Cbz)} \xrightarrow[\text{(2) TMSN}_3 \text{ (91\%)}]{\text{(1) SOCl}_2} \text{(哌啶-NH}_2\text{, N-Cbz)}$$

酰基叠氮化物在加热到 100℃时即可发生重排，但许多情况下都是在 Lewis 酸或质子酸的催化下进行。重排反应可以在各种溶剂中进行，当在苯、三氯甲烷等非质子溶剂中反应时，产物为异氰酸酯；如果在水、醇或胺中反应时，产物分别为胺、氨基甲酸酯或取代脲，这些化合物都可水解为胺。

保护的氨基酸经过 Curtius 重排反应可以合成 1,1- 二氨基化合物。首先氨基酸与 NaN₃ 生成酰基叠氮物，然后在苯或三氯甲烷中经 Curtius 重排为异氰酸酯。

$$\text{Fmoc-NH-CHR-COOH} \xrightarrow{\text{NaN}_3} \text{Fmoc-NH-CHR-CON}_3 \xrightarrow[\text{(93\%)}]{\text{回流}} \text{Fmoc-NH-CHR-NCO}$$

6- 氮杂嘌呤（6-azapurine）衍生物的合成也可以采用 Curtius 重排反应。

$$\text{(三嗪-COOEt)} \xrightarrow[\text{(83\%)}]{\text{NH}_2\text{NH}_2 \quad \text{HNO}_2 \quad \text{COCl}_2} \text{(氮杂嘌呤酮)}$$

七、Schmidt 重排

羧酸、醛和酮在酸性条件下和叠氮酸（HN₃）反应，经重排分别得到胺、腈和酰胺，称为 Schmidt 重排。该方法与 Hofmann 重排和 Curtius 重排一样，都是由羧酸制备比原来羧酸少一个碳原子的胺，这三种方法可以根据原料的不同进行选择。相比而言，Schmidt 重排反应的优点是只需要一步反应即可，操作简便，缺点是反应条件较为强烈。

（一）反应通式与机制

$$\text{羧酸} \quad R\text{-COOH} + \text{HN}_3 \xrightarrow{\text{H}^\oplus} R\text{NH}_2 + CO_2 + N_2$$

$$\text{醛} \quad R\text{-CHO} \xrightarrow{\text{HN}_3} R\text{CN} + N_2 + H_2O$$

$$\text{酮} \quad R^1\text{-CO-}R^2 \xrightarrow{\text{HN}_3} R^1\text{-CO-NH-}R^2 + N_2$$

不同羰基化合物的 Schmidt 重排产物不同。

羧酸在质子酸催化下与叠氮酸反应形成叠氮基加成的产物，然后脱水失去氮气，并发生烷基或芳基的迁移，得到异氰酸酯，进一步水解并脱除 CO_2 得到胺。

醛的 Schmidt 重排中为氢迁移而不是烷基迁移，从而得到腈。

（二）反应影响因素及应用实例

采用 Schmidt 重排合成脂肪族胺，特别是长链的脂肪族胺，收率一般都很高。芳胺的产率差异较大，具有立体位阻的酸产率较高。

$$C_{16}H_{33}COOH \xrightarrow[(89\%)]{HN_3/H_2SO_4} C_{16}H_{33}NH_2$$

各种二烷基酮、芳香族酮、烷基芳酮和环酮都能与 HN_3 反应。不对称二烷基酮，由于两个烷基都能进行迁移，生成的酰胺为混合物。但当一个烷基具有较大体积时，其优先迁移。与 HN_3 反应的速度，以二烷基酮和脂环酮为最大，脂芳酮其次，二芳基酮最慢。二烷基酮和环酮的反应速度也比羧酸和羟基快，因此，这两类酮的分子中即使存在羧基和羟基，对形成酰胺也无影响。

当底物中同时存在羰基和羧基时，羰基活性比羧基大，因此在羰基位置发生反应，生成酰胺。

醛类进行 Schmidt 反应生成腈的应用较少。除了使用叠氮化钠外，也可以使用烷基叠氮化物，此时可以直接得到 N- 取代的酰胺。

在酮的 Schmidt 重排时，哪个烷基优先发生迁移并不明确，因此产物以哪种结构为主也很难预测，这也是利用非对称性二烷基酮合成酰胺的缺陷。在脂 - 芳酮的反应中，除非脂肪烷基的体积很大，一般都是芳基优先迁移。

在重排反应中存在亚胺过渡态，亚胺具有顺反异构体，但反式异构体更稳定，由于大基团与重氮基处于反式，在进行重排时，可发生类似于 Beckmann 重排反应的反位迁移，即大的基团优先迁移。如果迁移的基团具有手性时，经过重排后，其构型保持不变。

Schmidt 重排反应是在酸催化下进行的，常用的酸为浓硫酸。但一些对酸敏感或易发生磺化的反应物则不宜使用。一种解决方法是将 NaN₃ 与浓硫酸在三氯甲烷或苯中反应，分离出有机相，再与反应物进行反应；或者使用 TFA 和 TFAA 的混合物代替硫酸。

例如，以 L-(+)- 天冬氨酸（L-aspartic acid）为原料，经 Schmidt 重排，得到 L-(+)-2,3- 二氨基丙酸[L-(+)-2,3-diaminopropionic acid]，再经环化反应得到重要的单环 β- 内酰胺（β-lactam）原料。

新的吗啡生物碱（morphine alkaloids）类似物也可以通过 Schmidt 反应制备。双环酮溶解在 TFA 之后，加入叠氮化钠（NaN₃）水溶液，反应液加热到 65℃，反应 4 小时，得到七元内酰胺环（88%）。稍微过量的 HN₃ 会形成少量的四氮唑副产物。

例如，以分子内的 Schmidt 反应作为关键步合成了箭毒蛙碱（dendrobatid alkaloid 251F）。

(dendrobatid alkaloid 251F)

八、Wolff 重排

酰氯与重氮甲烷反应生成 α- 重氮甲基酮，进而重排为乙烯酮，再与亲核试剂反应生成羧酸、酯、酰胺等。其中，由 α- 重氮甲基酮重排为乙烯酮的过程称为 Wolff 重排，以 Wolff 重排合成比原有羧酸多一个碳的羧酸或其衍生物的反应称为 Arndt-Fistert 反应。

（一）反应通式与机制

$$RCOCl \xrightarrow{CH_2N_2} R-\overset{O}{\overset{||}{C}}-\overset{H}{\underset{|}{\overset{\ominus}{C}}}-\overset{\oplus}{N}\equiv N \xrightarrow{\text{光照}} R-\overset{H}{\underset{|}{C}}=C=O \xrightarrow{HX} RCH_2COX$$

$$(X=OH, NH_2, NHR', OR')$$

$$RCOCl \xrightarrow{R'CHN_2} R-\overset{O}{\overset{||}{C}}-\overset{\ominus}{\underset{R'}{\overset{|}{C}}}-\overset{\oplus}{N}\equiv N \xrightarrow{\text{光照}} \overset{R}{\underset{R'}{>}}C=C=O$$

Wolff 重排反应可以在光、加热或过渡金属催化下进行。在 Wolff 重排中，羰基另一侧的基团迁移到亚甲基上形成羧酸。反应介质可以是惰性非质子溶剂、水、胺（氨水）或醇，α- 重氮甲基酮首先重排为烯酮中间体，最终产物为羧酸、酯、酰胺或取代酰胺。

（二）反应影响因素及应用实例

Wolff 重排的反应物为各种脂肪酸、环烷酸、芳香酸等，只要其结构中不含有能与重氮烷或乙烯酮反应的基团都适合用于 Wolff 重排反应。

$$H_3C-\overset{O}{\overset{||}{C}}-Cl \xrightarrow{CH_2N_2} H_3C-\overset{O}{\overset{||}{C}}-CH_2N_2 \xrightarrow[\text{(89%)}]{\text{光照 } H_2O} H_3C-CH_2-\overset{O}{\overset{||}{C}}-OH$$

Wolff 重排反应的结果是在原有酸的基础上增加一个碳原子。采用取代的重氮烷，也可以进行 Wolff 重排，生成含有更多碳原子的羧酸。

(*S*)-4- 苯基 -3- 氨基丁酸衍生物也可以通过 Wolff 重排制得。

Wolff 重排在螺[4,5]癸 -2,7- 二酮的合成中也有应用。

九、Baeyer-Villiger 重排

酮在酸的催化下与过氧酸反应生成酯称为 Baeyer-Villiger 氧化，在反应过程中，酮的一个基团迁移到氧原子上，该反应也称为 Baeyer-Villiger 重排反应。

（一）反应通式与机制

过氧酸对酮羰基进行加成，然后失去羧酸负离子，得到质子化酯，进一步失去质子得到酯。

（二）反应影响因素及应用实例

各种酮（链状酮和环状酮），包括 α- 二酮和醛，都可以进行 Baeyer-Villiger 重排反应，但是

能形成烯醇的 β- 二酮不易进行 Baeyer-Villiger 重排。不对称酮在进行 Baeyer-Villiger 重排反应时，产物结构取决于羰基两端连接基团的迁移能力，如果迁移基团为手性的，则迁移后基团的构型不变。醛进行 Baeyer-Villiger 重排反应后的产物为羧酸而不是甲酸酯，即发生氢的迁移，相当于醛直接氧化为羧酸。

利用甲基酮的 Baeyer-Villiger 重排反应，其产物乙酸酯经水解可以得到所需的醇或酚，这也是一种制备乙酸酯、醇和酚的方法。

在 Baeyer-Villiger 重排反应中，不对称酮的重排产物结构取决于基团的迁移能力。在重排中，基团的迁移能力顺序为叔烃基>仲烃基>苄基、苯基>伯烷基>环丙基>甲基

就苯环而言，当对位带有取代基时，取代基对苯环迁移能力的影响顺序为$-OCH_3$>$-CH_3$>$-H$>$-Cl$>$-NO_2$，这与取代基的供电子能力一致。

上文中基团迁移顺序并非一成不变，如果两个基团的迁移能力相差不大，使用强氧化剂有时会得到两个基团都重排的混合产物，为了避免这种情况的发生，可以选择氧化能力弱的过氧化物，如过氧乙酸进行氧化。

在 Baeyer-Villiger 重排反应中，常用的氧化剂有过氧化乙酸、过氧化苯甲酸、过氧化三氟乙酸、间氯过氧化苯甲酸（m-CPBA），其中过氧化三氟乙酸因氧化能力较强、后处理较简便而最优。如果反应在磷酸氢二钠缓冲溶液中进行，可以避免过氧化三氟乙酸与产物进行酯交

换,产率可以达到 80%～90%。但是使用有机过氧酸会对环境造成污染,因此,在工业化生产中,几乎不用有机过氧酸。

此外,酮用间氯过氧化苯甲酸氧化时,可以引入两个氧原子,形成碳酸酯。

$$\text{R}\overset{O}{\underset{}{\|}}\text{R} \xrightarrow{m\text{-CPBA}} \text{RO}\overset{O}{\underset{}{\|}}\text{OR}$$

环高柠檬醛具有红浆果样香气和花香香气,并具有青苹果样的青涩香气,广泛用于日用化学品和食品等行业,可以使用 β- 紫罗兰酮经 Baeyer-Villiger 重排反应制备。

$$\xrightarrow{\text{AcOOH}} (95\%)$$ 氢氧化钠溶液

γ- 丁内酯可以通过环丁酮的 Baeyer-Villiger 重排反应制备。

$$\xrightarrow{\text{CF}_3\text{CO}_3\text{H}} (67.5\%)$$

十、药物合成实例分析

加巴喷丁(gabapentin)是一种 γ- 氨基酸类药物,主要用于治疗癫痫及多种神经性疼痛。有多种合成方法被开发,例如以环己酮为原料经三步反应制得中间体环己基取代的戊二酸酐,再分别经 Lossen 重排、Hofmann 重排或 Curtius 重排反应制得加巴喷丁,但这条路线步骤多,而且反应过程中会生成稳定性差、易爆炸的中间体异氰酸酯或需要用容易爆炸的叠氮化物,存在一定的安全隐患。但以环丁酮类为原料经 Beckmann 重排形成螺环内酰胺,再经水解即可获得加巴喷丁。

1. 反应式

$$\xrightarrow[\text{HCO}_2\text{H, 回流}]{\text{H}_2\text{NOSO}_3\text{H}} (52\%) \xrightarrow[(83\%)]{\text{6N HCl}} \cdot \text{HCl}$$

2. 反应操作　在室温下,把羟胺 -O- 磺酸(0.992g,7.5mmol)慢慢加到螺[3,5]-2- 壬酮(765mg,5mmol)的甲酸溶液(10ml)中,搅拌至透明后,加热回流 4.5 小时,冷却至室温。将反应混合物倒入饱和碳酸氢钠溶液(50ml)中,三氯甲烷(15ml×3)萃取,有机相用饱和食盐水洗涤,无水硫酸镁干燥,蒸除溶剂得黄色油状物,再经柱层析(洗脱剂:正己烷:乙酸乙酯 =4：1～2：1,V/V),得浅黄色固体 0.4g,收率为 52%。

将 2- 氮杂 - 螺［4,5］-3- 癸酮（153mg，1mmol）置于 6mol/L 的盐酸（10ml）中回流 9 小时，减压蒸馏以除去溶剂得白色固体，用异丙醇洗涤，得加巴喷丁盐酸盐 172.8mg，收率为 83%。

3. 反应影响因素　该反应使用羟胺 -O- 磺酸和螺酮为原料，在室温下形成肟后，在甲酸中回流进行 Beckmann 重排得到内酰胺，最后水解得到其盐酸盐。本反应中羟胺的用量为 1.5 当量时，产率最高。

第三节　亲电重排

一、Favorskii 重排

α- 卤代酮在碱性条件下，经重排生成羧酸或其衍生物的反应称为 Favorskii 重排。

（一）反应通式与机制

α- 卤代酮在碱作用下失去另一侧的 α- 氢形成碳负离子，该碳负离子进攻卤素碳形成三元环过渡态，进一步在碱的作用下开环形成 β- 位负离子的酯，从溶剂中捕获质子得到酯。

（二）反应影响因素及应用实例

Favorskii 重排的反应物可以是含有 α- 氢的直链 α- 卤代酮、α,α′- 二卤代酮、α- 卤代环酮；也可以是 α′- 无氢的各种 α- 卤代酮，此时，反应将按照另一种机制进行，称为半二苯乙醇酸机制。

按照这种机制进行的重排称为拟 Favorskii 重排，两种重排反应的产物相同。

如果反应物是 α- 卤代环酮，则会发生缩环反应，生成环上少一个碳原子的环状羧酸或其衍生物,这在合成具有张力的环状羧酸类化合物中具有较大的应用价值。

如反应物为具有 α- 氢的 α,α′- 二卤代酮或 α,α- 二卤代酮,则进行重排时,重排产物会进一步失去卤化氢,生成 α,β- 不饱和羧酸衍生物。

在形成环丙酮中间体后,如果两端结构不相同,从哪一端断键决定了产物的结构。如果一端为苯环、苄基,那么断开生成苯丙酸型产物比较稳定;假如两种断裂方式的产物稳定性相差不大,那么将生成两种产物。

在 Favorskii 重排反应中,可以使用醇钠、氨基钠、碱金属氢氧化物等,因此产物可以是酯、酰胺、羧酸等。

哌嗪羧酸是一些重要药物的基本骨架结构,如镇静药盐酸羟嗪等。在 2- 哌嗪羧酸的合成路线中,4- 哌啶酮衍生物由叠氮化钠所参与的 Curtius 重排反应得到七元环中间体,再经溴代、还原得到单溴中间体,最后在强碱催化下发生 Favorskii 重排形成吡嗪甲酸。

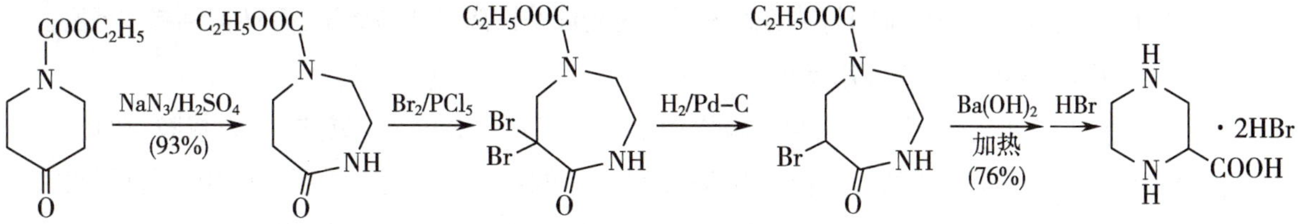

在反-1,2-环戊二甲酸的合成中，也可应用 Favorskii 重排反应。

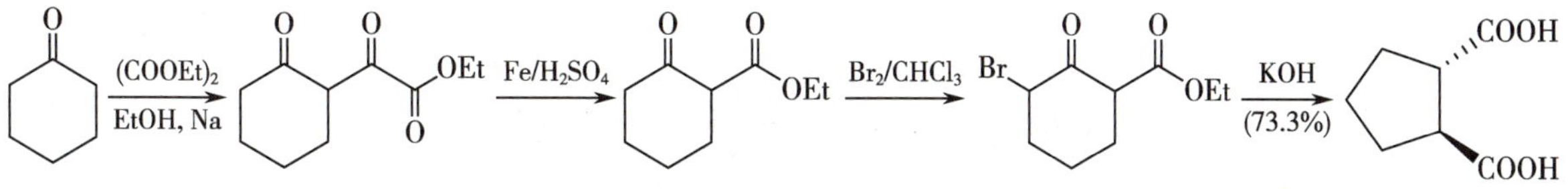

2-(2'-氯吡啶-5'-基)-7-氮杂双环[2,2,1]庚烷是一种生物碱，其是一种至少比吗啡强200倍的止痛药。其中间体的合成可以通过 Favorskii 重排得到。

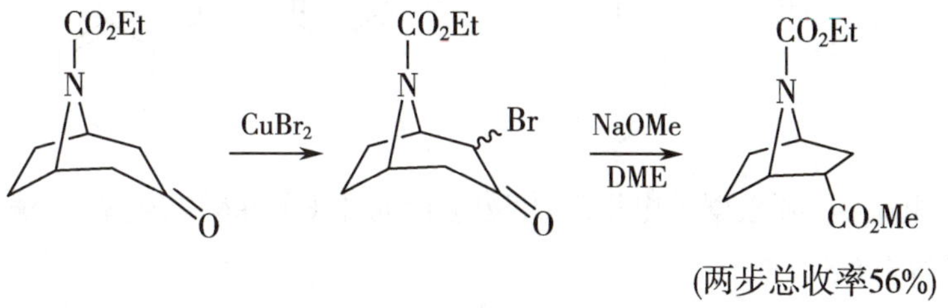

（两步总收率56%）

苯基环己基酮经卤代后进行拟 Favorskii 重排为1-苯基-1-环己基甲酸衍生物。

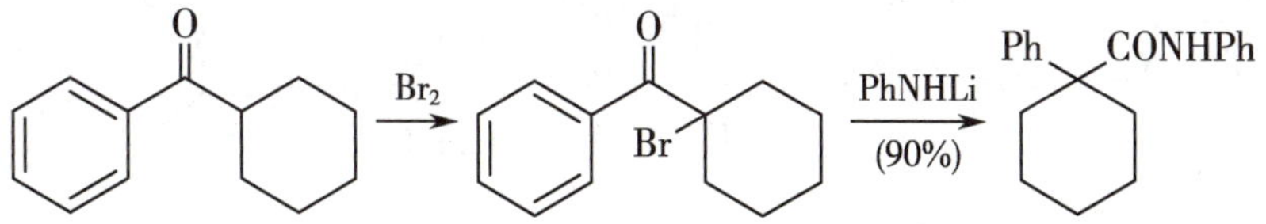

二、Stevens 重排

α-位带有吸电子基团的季铵盐或锍盐在强碱催化下，重排为叔胺或硫醚的反应称为 Stevens 重排。

（一）反应通式与机制

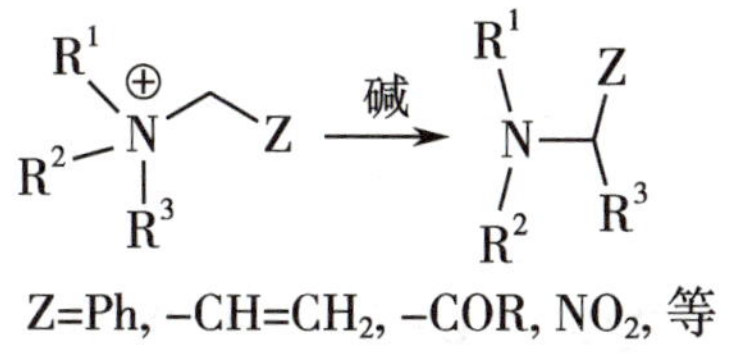

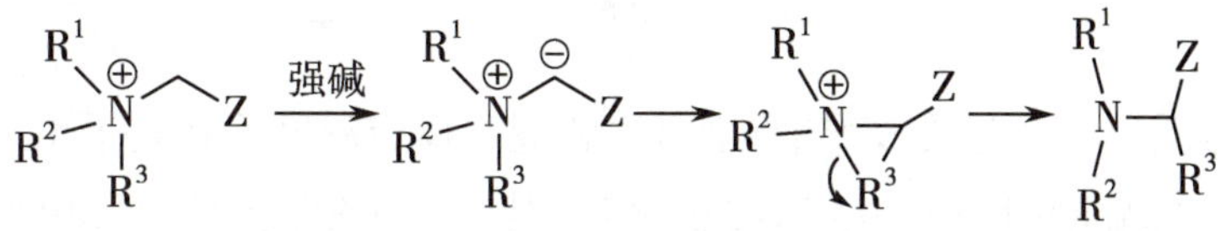

Z=Ph，–CH=CH₂，–COR，NO₂，等

当叔胺或硫醚的 *α*-位带有吸电子基团时，容易在碱作用下失去 *α*-碳上的氢形成分子内离

子对,继而氮或氧上另一端基团与碳负离子形成三元环季铵离子或锍离子,开环得到叔胺或醇。

（二）反应影响因素及应用实例

各类含有 α-吸电子基的季铵盐在碱作用下都可以发生 Stevens 重排,生成叔胺,吸电子基团可以是酰基、酯基、芳基、乙烯基、炔基、硝基等;如果没有吸电子基团或吸电子基的能力较弱,也可以进行类似重排反应,但此时需要使用更强的碱。锍盐也可以进行 Stevens 重排,生成硫醚。

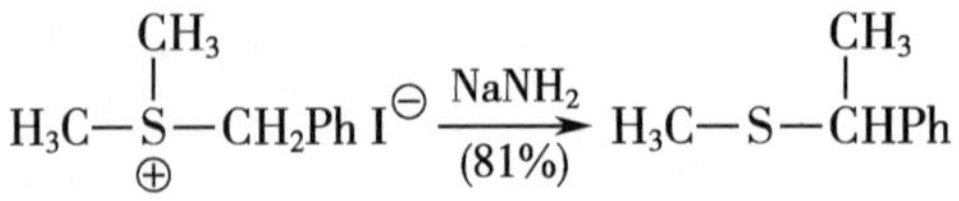

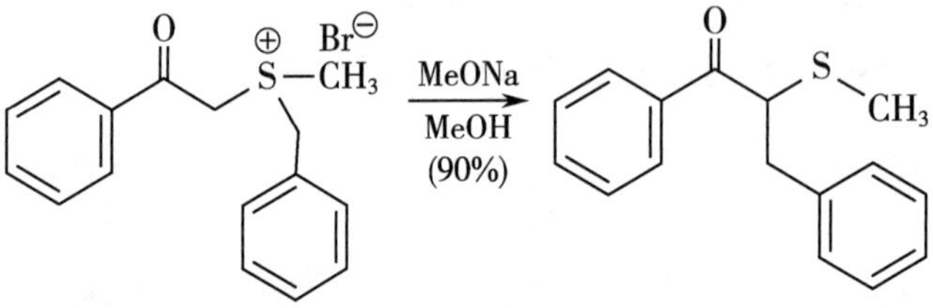

在 Stevens 重排中,须根据吸电子基的吸电子强弱来选择碱的类型,一般可以使用醇钠、氢氧化钠、碳酸钾、胺等。

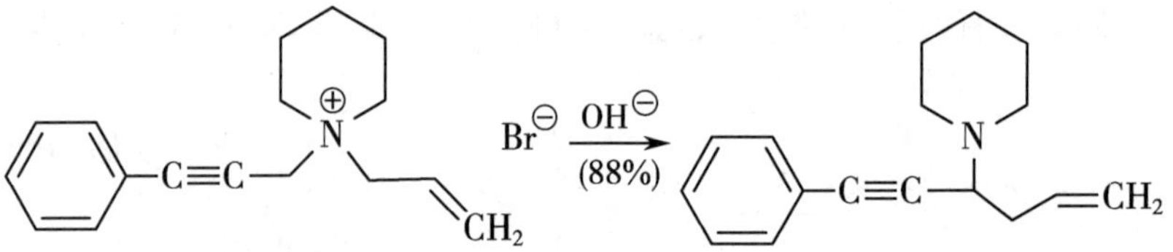

在 Stevens 重排中,发生迁移的主要为以下基团,其迁移能力的大小按照下列顺序:烯丙基>苄基>二甲苯基>3-苯基炔基>苯甲酰甲基

带有乙烯基的季铵盐重排时,重排产物将不止一种,可分别得到 1,2-迁移和 1,4-迁移产物,例如:

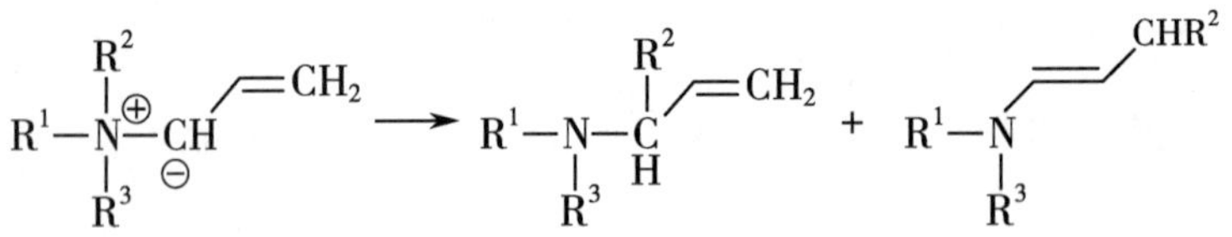

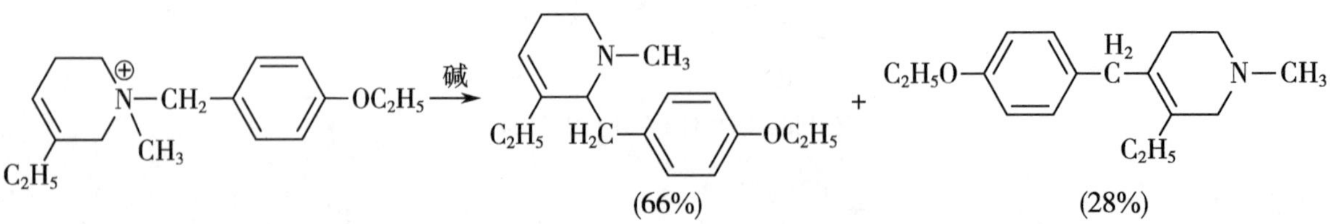

产物比例与反应条件有关,增加溶剂极性和提高反应温度将有利于 1,4-迁移。当底物既存在叔胺也存在硫醚时,氨基经季铵盐化后,其吸电子能力大于氧,因此发生季铵盐的Stevens 重排。

Stevens 重排属于分子内的重排反应，如果迁移的基团为手性碳原子时，迁移后其构型不发生变化。这也说明 Stevens 重排中，基团发生同面 δ 烷基迁移。

如季铵盐为环状的，在进行重排时，可能发生环的扩大或缩小。螺型季铵盐经 Stevens 重排后形成双环化合物，如娃儿藤碱（tylophorine）的合成。

(tylophorine)

哌啶衍生物与氯丙烯或苄氯反应形成季铵盐，然后在稀氢氧化钠溶液中加热回流实现 Stevens 重排。由于羰基和季铵的双重吸电子效应，使得羰基 α- 位形成碳负离子，因此苄基或烯丙基重排到 2- 位。

以 1- 苄基 -3- 哌啶酮为原料，采用 2,3- 二氯丙烯与 NaI 原位生成烯丙基碘代物的方法，通过 Stevens 重排反应实现了天然生物碱常山碱的重要中间体 1- 苄基 -2-（2- 氯代烯丙基）-3- 哌啶酮的合成，使用碳酸钾为碱。

多氨基化合物控制季铵盐化试剂，可以实现单 Stevens 重排。

三、Sommelet-Hauser 重排

某些苄基季铵盐用氨基钠或其他碱金属氨基盐处理进行重排,一个烃基迁移至芳环上的邻位,得到相应的 N-二烃基苄基胺类,称为 Sommelet-Hauser 重排反应。

(一)反应通式与机制

带有苄基的季铵盐在强碱作用下形成碳负离子,进攻苯环邻位碳,然后苄基从氮上脱除,形成邻甲基苄基叔胺。

(二)反应影响因素及应用实例

一般使用苄基三甲基季铵盐作为原料,苄基的芳环上可以有各种取代基。当氮上的甲基为其他基团时,常常产生竞争性迁移,产物较复杂。

三甲基苄基季铵盐经重排后,所得到的胺可经进一步季铵化,再次重排,可以得到多甲基苄胺,后经去氨基化,制备多甲基苯。

当季铵盐的氮在环上时,可以形成扩环产物。

但是，季铵盐处于环上时，容易在多个位置即在环内或环外形成碳负离子，这取决于各个位置取代基的电负性差异，甚至在 β- 位夺去质子发生 Hofmann 消除反应形成双键。

除了苄基季铵盐能进行 Sommelet-Hause 重排外，苄基锍盐也能进行类似的重排反应生成苄基硫醚。

杂环的季铵盐也可以进行 Sommelet-Hause 重排。

在 Sommelet-Hause 重排中，一般采用 $NaNH_2$、KNH_2 作为碱、液氨作为溶剂；也可以使用烷基锂（如 n-BuLi、异丁基锂）在惰性溶剂如己烷、四氢呋喃、1,4- 二氧六环等中进行反应。

季铵盐的 Sommelet-Hause 重排时会发生 Stevens 重排竞争性反应，高温有利于 Stevens 重排，低温有利于 Sommelet-Hause 重排。

另外，如果 N 原子的 β- 位带有氢，则产生烯烃产物，同时失去叔胺。例如，酮经过 Mannich 反应形成 β- 氨基酮，经季铵盐化后，在强碱作用下原位生成 α,β- 不饱和酮，即可进行后续的 Michael 加成反应。

四、Wittig 重排

醚类化合物在氨基钠或烃基锂等强碱作用下,醚分子的一个烷基发生迁移生成醇的反应称为 Wittig 重排,包括[1,2]、[2,3]和[1,4]-Wittig 重排等,后两种是以游离基机制进行的。

(一)反应通式与机制

反应中既有分子内迁移([2,3]迁移),又有分子间迁移([1,2]迁移和[1,4]迁移),因此,如果 R^1 或 R^2 为手性基团时,进行重排后仅有 30% 的构型保持,而 70% 将发生消旋化。

(二)反应影响因素及应用实例

能进行 Wittig 重排的反应物为醚类,主要包括苄基醚、烯丙基醚或烯丙基苄醚等。基团的迁移顺序为:烯丙基>苄基>乙基>甲基>对硝基苯基>苯基。

该顺序与游离基的稳定性大小一致,而与碳正离子的稳定性大小不一致,说明了 Wittig 重排反应时是按照游离基机制进行的。下文反应产物中有醛产生,说明该重排也可能按游离基历程进行。

虽然大部分 Wittig 重排反应是按照游离基机制进行的，但当反应物为烯丙基醚时，按照协同机制进行重排。

由于醚中氧的吸电子能力较弱，因此 Wittig 重排中使用的催化剂一般为超强碱，如 *n*-BuLi、*t*-BuLi、二异丙基氨基锂（LDA）等，六亚甲基二胺（HMEDA）等添加剂的加入也能促进反应的进行。利用 Wittig[1,2]重排可以制得一些有生物活性的喹啉衍生物。

烯丙基苄醚经[2,3]-Wittig 重排可以得到 β- 羟基烯烃。

炔丙基苄醚经 Wittig 重排后生成 α- 羟基丙二烯衍生物。

五、Neber 重排

酮用羟胺处理生成肟，肟转化为对甲苯磺酸酯，再经碱（如乙醇钠或吡啶）处理，发生重排得到 α- 氨基酮，该反应称为 Neber 重排反应。

（一）反应通式与机制

首先，酮与羟胺反应得到肟，使用 TsCl 对羟基进行磺酰化，然后在碱作用下，肟碳 α-位失去氢，碳负离子进攻磺酰基脱除磺酸，形成三元环亚胺过渡态，与水加成后开环形成

α-氨基酮。

（二）反应影响因素及应用实例

Neber 重排的反应物一般为脂肪酮、脂-芳酮。但是醛肟的对甲苯磺酸酯一般不能进行重排反应。Neber 重排不是立体专一性反应，顺式和反式酮肟的对甲苯磺酸酯生成相同的产物。

如果酮羰基两侧均有 α-氢时，形成碳负离子的位置取决于其酸性，如果 α-氢的酸性相差不大，则得混合重排产物。

由于 Neber 重排的中间体为肟的对甲苯磺酸酯，当仅存在该吸电子官能团时需要使用乙醇钠类的强碱；如果相邻位置还有吸电子基团，催化剂碱的强度可以适当降低，如使用氢氧化钠、碳酸钾之类的碱。

一般来说，Neber 重排的产物结构比较单一，即氨基转移到形成碳负离子的那个碳上，原来的肟基碳转化为羰基。

下文中缩醛的酰腙季铵盐在异丙醇钠作用下也能进行 Neber 重排，生成亚胺原酸酯。

六、药物合成实例分析

多巴胺 $-D_3$ 受体（dopamine receptor-D_3）选择性激动剂 PD128907 对 D_3 受体的选择性是 D_2 受体的 1 000 倍，是 D_4 受体的 1 万倍，它对 σ 受体、5-HT_{1A} 受体和其他受体无影响，其中间体的合成中采用了 Neber 重排。

1. 反应式

2. 反应操作 在 1L 茄形瓶中加入乙醇 280ml 和金属钠 11g（0.48mol），在钠完全消失后加上冰浴，缓慢滴加溶有肟的对甲苯磺酸酯（42g,0.12mol）原料的 400ml 甲苯溶液。0℃反应后 4 小时后撤去冰浴，25℃反应 2 小时，然后 35℃反应 0.5 小时，停止反应，抽滤弃去固体，向滤液中滴加稀盐酸至溶液弱呈酸性。用分液漏斗分出水层，有机层用稀盐酸萃取 1 次，合并水层，然后用乙醚洗涤 2 次，得到的水层减压浓缩至干，得到褐色固体，乙醇重结晶得到棕黄色固体 21.9g，收率 78.9%。

3. 反应影响因素 在制备乙醇钠时需要使用绝对无水乙醇，因此需要对乙醇进行无水处理；重排过程中，产物可能会进行分子间亚胺化反应，反应温度不宜太高；反应结束后使用稀盐酸，使产物成为盐酸盐，因此需要保持水相为酸性，同时也可以使生成的亚胺分解为氨基酮。

第四节 σ-迁移重排

一、Claisen 重排

烯醇或酚的烯丙基醚在加热条件下，经[3,3]-σ迁移，重排成 γ,δ-不饱和醛、酮或邻烯丙基酚的反应，称为 Claisen 重排反应。

（一）反应通式与机制

该重排反应是通过分子内的六元环过渡态中间体进行的，属于协同反应。

（二）反应影响因素及应用实例

对于酚的烯丙基醚而言，只要苯基的两个邻位和对位没有完全被取代基占据，这类酚的烯丙基醚都可以发生 Claisen 重排。不过, Claisen 重排中无须 Lewis 酸催化。如果两个邻位被占据, 则生成对位烯丙基苯酚; 如果苯基没有其他取代基, 则生成的 2- 烯丙基苯酚占优势, 但也会生成少量的 4- 烯丙基苯酚。

炔丙基的乙烯基醚在加热条件下也可以进行 Claisen 重排, 得到丙二烯基醛或酮。

烯丙基苯基硫醚也可以进行 Claisen 重排, 得到硫酚。

N- 炔丙基 -α- 萘胺同样也可以进行 Claisen 重排, 得到丙二烯基取代的 α- 萘胺。继而发生双键移位, 最后进行 Diels-Alder 反应。

N- 烯丙基季铵盐同样可以进行 Claisen 重排, 得到叔胺。

酚的烯丙基醚重排到对位时, 实际上是经过两次 [3,3]-σ 迁移, 如果以同位素标记的烯丙基为例, 重排到邻位时, 烯丙基发生反转; 而重排到对位时, 烯丙基没有发生反转, 实际上是经过两次 Claisen 重排得到的, 即首先重排到邻位, 形成烯丙基反转的苯酚, 进一步重排到对位上, 烯丙基再一次反转。

将肉桂基苯基醚和烯丙基 β- 萘醚混合加热, 发现酯会产生各自的重排产物, 而未发现交叉反应产物, 说明 Claisen 重排属于分子内进行的协同反应。

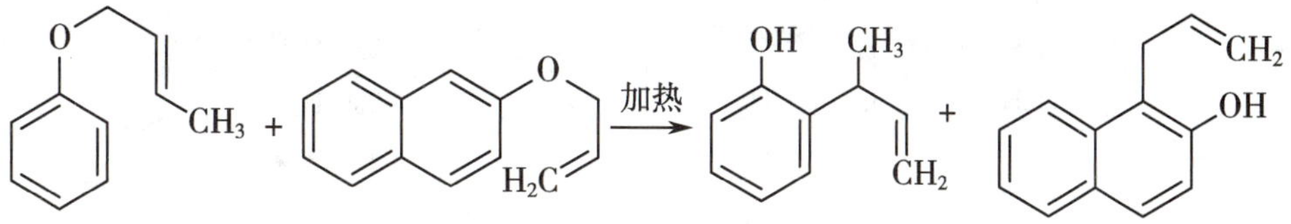

Claisen 重排反应通常可以在无溶剂和催化剂的条件下直接加热进行。有时可在 *N,N*- 二甲基苯胺或 *N,N*- 二乙基苯胺中进行，当有 NH_4Cl 存在时有利于反应进行。

虽然烯丙基芳基醚在加热条件下即可发生重排，但是使用 Lewis 酸，如各种三烷基铝、烷基氯化铝、BF_3、$SnCl_4$ 等催化剂，可以使反应在室温或较低温度下以较高收率进行重排。

脱氧核苷（3-dexoynucleoside）经过羟基乙烯基醚化后也可进行 Claisen 重排。

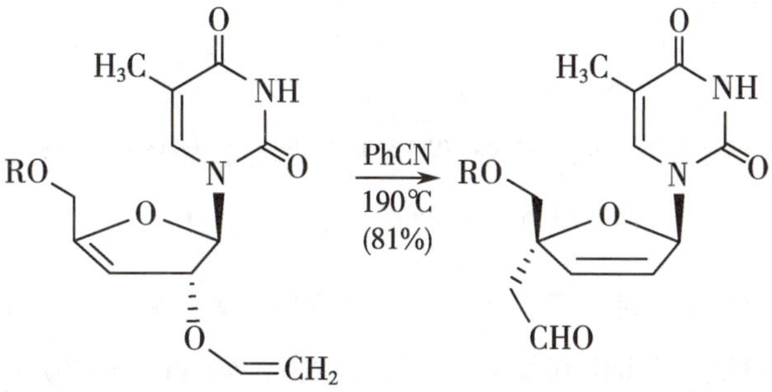

双环内酰胺中存在的烯丙基醚的双键与环上双键之间相差两个原子距离时，都可进行 Claisen 重排。

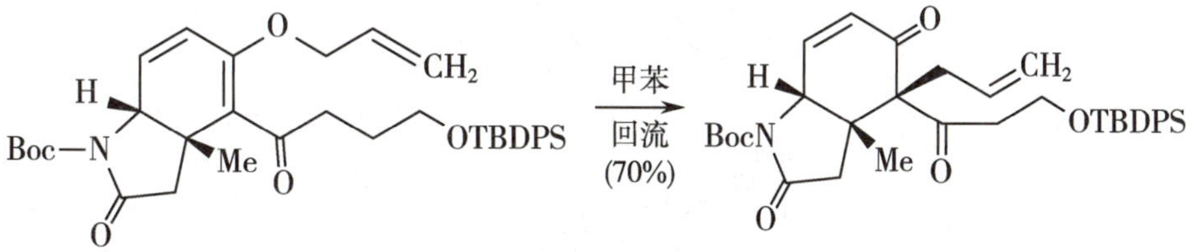

二、Cope 重排

C[1,3]迁移反应中，碳链上不含杂原子的 1,5- 二烯通过 C[3,3]*δ* 迁移，发生异构化的反应称为 Cope 重排。Cope 重排属于协同机制，具有高度的立体选择性。

（一）反应通式与机制

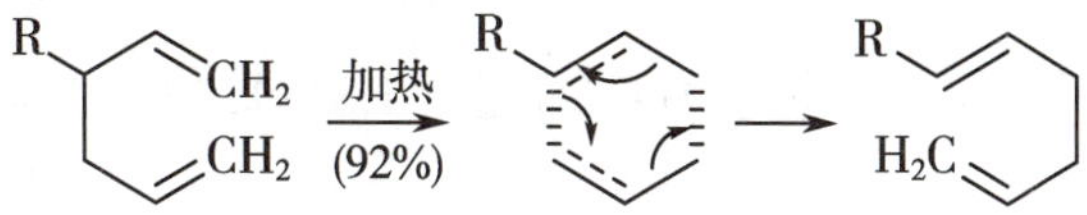

（二）反应影响因素及应用实例

链状或环状的 1,5- 二烯，都可以进行 Cope 重排。当两个乙烯基连接在一个环的邻位时，进行 Cope 重排，得到环扩大的产物。张力较大的环如 1,2- 二乙烯基环丙烷、1,2- 二乙烯基环丁烷进行重排时，由于产物更加稳定，所以收率也非常高；如果两个乙烯基处于顺式，则反应非常容易进行，所需温度较低；而两个乙烯基处于反式时，需较高的温度才能进行，因为需要在较高温度下实现顺反结构的转化。

如果在 1,5- 二烯的 3- 位带有能与烯烃共轭的基团时, 重排反应进行的温度可以大大降低, 这可能与产物含有共轭双键更加稳定有关, 同时, 含有这些基团的反应物进行重排时, 收率也非常高(90%～100%)。

(R=COOR′, COR′, CN, CH=CH₂, Ph)

如果在 1,5- 二烯的 3- 位有羟基, 由于产物为烯醇(醛), 酮的稳定性远远大于烯醇, 因而重排产物的收率也非常高。此时, 在反应介质中加入碱(如 KH、NaH), 能显著增加反应速度, 重排生成的烯醇盐水解后变为醛或酮。

Cope 重排一般在加热条件下进行, 但是很多化合物需要非常高的温度才能进行重排, 此时可以加入过渡金属化合物或强碱作为催化剂, 此方法可显著降低重排温度, 甚至室温下即可进行。

由 3- 甲基 -2- 环己烯酮与 3- 甲基丁烯 -2- 锂进行 1,2 加成, 再经 Cope 重排得到倍半萜。

Cope 重排在天然产物的合成中具有较大的应用价值。β- 乙烯基取代的双环烯通过 Cope 重排得到扩环的顺式二烯烃。

三、药物合成实例分析

奈多罗米钠(nedocromil sodium)是全球哮喘防治创议推荐的 4 种哮喘控制性药物之一,适用于各年龄阶段的轻、中度哮喘患者。其中,在中间体的合成过程中使用了 Claisen 重排反应。

1. 反应式

2. 反应操作 在 2L 三颈瓶中加入 3- 烯丙基氧基 -4,6- 二乙酰基 -N- 乙基苯胺 100g (0.383mol),氩气保护下,加入 N- 甲基吡咯烷酮 740ml,升温至 200℃左右反应 1 小时。冷却至 30℃,转化为 4,6- 二乙酰基 -3- 乙氨基 -2- 烯丙基苯酚。再在上述溶液中加入乙醇 850ml 和 10% 钯碳 5g,30℃常压搅拌催化氢化 12 小时。反应毕,过滤回收催化剂,滤液倾入 4L 水中,有大量固体析出。过滤,烘干,得黄色固体 4,6- 二乙酰基 -3- 乙氨基 -2- 丙基苯酚 88g,收率 87%,熔点为 111～115℃。

3. 反应影响因素 在重排过程中,产物为取代苯酚,在氧气存在下容易氧化。因此,反应要在惰性气体条件下进行;反应温度是关键点,影响重排反应速度。在还原过程中,激烈搅拌会使催化剂悬浮于整个反应体系,氢气压力过高会引起酮的还原。另外,在还原中需要使用氮气置换空气 2～3 次,再用氢气置换氮气 2 次,再通入氢气到需要的压力。

第五节　重排反应新进展

一、反应底物的扩展

与传统重排反应中的底物相比,有些重排反应的底物也会得到扩展。如在 Wagner-Meerwein 重排中的底物由单纯的醇扩展到伯胺、卤代烃、磺酸酯、烯烃等;Pinacol 重排中的邻二醇扩展到 α- 氨基醇、α- 氯代醇、邻二醇单磺酸酯,这样的底物在形成碳正离子时位置是固定的,从而达到区域选择性的目的,增加反应收率。

在 Cope 重排中,当 3- 位碳上带有卤素取代基时,也能得到重排产物,同时消除卤素。

邻二胺形成的双亚胺也可以进行 Cope 重排，也称为双氮杂 -Cope 重排（Diaza-Cope rearrangement）。这样可以方便地从易得的邻二胺制备手性邻二胺。

当 3,4- 位存在环丙化的 1,5- 双烯，在进行 Cope 重排时，环丙基打开形成七元环产物。

将 Cope 重排的底物中一个饱和碳原子换成氮原子时，重排后得到氨基烯烃。

环状烯丙基乙炔基胺，经 Cope 重排得到扩环产物。

β- 羟基酮经活化后可以进行所谓 Homo-Favorskii 重排。

1:1

亚胺烯丙基醚在加热条件下可以重排为酰胺。

β- 位带有强吸电子基的 α- 重氮基酮在加热条件下发生烷基或芳基重排形成烯酮，进而在氨基或醇类化合物存在下得到酰胺或酯。

(Nu=芳胺、脂肪族伯胺和仲胺，醇等)

酮经 α,α′- 二卤代后进行 Favorskii 重排，再脱除卤化氢得到 α,β- 不饱和羧酸衍生物。

二、重排反应中的催化剂

1. Lewis 酸催化剂   一般 Baeyer-Villiger 重排反应都是在酸性条件下进行的，酸起催化剂作用。另外，也可以用 Lewis 酸类如 $SnCl_4$ 等，它们能够与酮羰基之间发生络合作用，进而活化酮羰基，使 H_2O_2 或 O_2 容易进攻酮羰基，促进重排反应的进行。

传统的 Sommelet-Hauser 重排中需要使用强碱条件，但是在 KF 催化下可以温和的实现重排，添加 18- 冠 -6（18-crown-6，18-C-6）进行催化，可以进一步缩短反应时间和提高收率。

EWG=吸电子基团   (38%~74%)

2. 固体酸 / 碱催化剂   固体酸 / 碱催化剂在反应中具有可以循环利用的特点。固体碱性水滑石及类水滑石对 Baeyer–Villiger 重排反应具有比较高的催化活性，不仅反应的产率较高，而且催化剂在反应后可以很好地分离回收再利用。由于 Fe^{3+}、Cu^{2+} 等变价金属离子可以和水滑石类的碱性中心发生协同作用，所以 Fe^{3+}、Cu^{2+} 等变价金属离子的加入能明显提高 Baeyer–Villiger 重排反应的转化率和产率。

添加能产生 CO_2 气体的物质制备出的介孔硅酸盐型分子筛，在环己酮肟的 Beckmann 重排中显示出较高的选择性和转化率；掺杂硒的碳对肟的 Beckmann 重排也有较好的效果。

3. 离子液体　离子液体在许多重排反应中也有应用，其中离子液体 1-丁基-3-甲基咪唑四氟硼酸盐（[bmim]BF_4）和 1-己基-3-甲基咪唑醋酸盐（HmimOAc），应用于其他内酯和酯的合成中，都获得了较高的产率（65%～95%）。且这两种离子液体被循环使用 3 次后，催化活性无较大的损失。

采用无水三氯化铝和盐酸三乙胺组成的离子液体催化环己酮肟 Beckmann 重排合成尼龙-6。

4. 配合物催化剂　在 $Rh_2(OAc)_4$ 催化下，3-硫醚或硒化物取代 2-氧代吲哚可以通过[2,3]-Wittig 重排生成 4-位取代产物。苯乙酸酯-2-硫醚也可以进行类似重排反应。

在手性催化剂的作用下，烯丙基乙烯基醚在进行 Claisen 重排时生成手性酮。

同样，可以使用过渡金属络合物为催化剂，如以手性铂作催化剂催化不对称的 Baeyer-

Villiger 重排反应；或以 Co（Ⅲ）（salen）作催化剂催化手性的 3- 取代的环丁酮生成相应的内酯，同样取得了较好的产率和较高的 *e.e.* 值。

Cope 重排在手性催化剂的作用下，能高收率高光学纯度地得到重排产物。

5. **微生物酶催化剂**　自然界中氧化还原酶也有许多应用于化学合成中。最早被应用于催化氧化 Baeyer-Villiger 重排反应的微生物酶为环己酮单氧酶（cyclohexanone monooxygenase，CHMO），应用于 Baeyer-Villiger 重排反应的单酶有 20 多种。常见的微生物酶催化剂有 *E. coli* Top 10［pQR 239］、NCIMB9871、环戊酮单过氧化酶（cyclopentanone monooxygenase，CPMO）以及 4- 羟基苯己酮单过氧化酶（4′-hydroxyacetophenone monooxygenase，HAPMO）等催化活性较高的微生物酶类。从反应的立体选择性角度来讲，微生物酶催化的 Baeyer-Villiger 重排反应较化学法更高。目前，该方法由于在反应中有代谢副产物的生成，所以应用于工业化生产还有一定的局限性。

练习题

一、简答题

1. Hofmann 重排中酰胺的氨基部分有何要求？

2. 碳正离子重排和碳负离子重排中，基团的迁移能力或顺序有所不同，试以 Pinacol 重排和 Stevens 重排中取代芳基的迁移顺序加以说明。

3. 怎样利用重排反应由羧酸得到多一个碳原子的羧酸及其衍生物，请写出重排反应机制。

4. Stevens 重排和 Sommelet-Hause 重排的底物具有怎样的特点？这两种重排有时会产生竞争，通过什么方式可以实现以其中一种重排为主？

5. *α*- 氨基酮的制备可以采用什么重排反应？该重排反应中一般使用什么样的碱？

二、完成下列合成反应

1.

2.

3.

4.

5.

6.

7.

8.

9.

10.

$$\overset{\oplus}{N}(CH_3)_3 \quad Cl^{\ominus} \quad \xrightarrow[\text{液氨}]{NaNH_2} \quad \left[\qquad \right]$$

（2,4-二甲基苄基三甲基铵氯化物）

11.

$$\xrightarrow{NaOCl} \quad \left[\qquad \right]$$

12.

$$\xrightarrow{H_2SO_4} \quad \left[\qquad \right]$$

13.

$$\xrightarrow{\text{加热}} \quad \left[\qquad \right]$$

14.

$$Br^{\ominus} \quad \xrightarrow{n-BuLi} \quad \left[\qquad \right]$$

15.

$$O_2N- \cdots -C(=O)-C_6H_{11} \quad \xrightarrow{Br_2} \quad O_2N- \cdots -C(=O)-\underset{Br}{C}_6H_{10} \quad \xrightarrow[EtOH]{EtONa} \quad \left[\qquad \right]$$

16.

$$Ac-NH- \cdots -C(=O)CH_3 \quad \xrightarrow[TFA/TFAA]{NaN_3} \quad Ac-NH- \cdots -NH-C(=O)CH_3 \quad \xrightarrow[H_2O]{NaOH} \quad \left[\qquad \right]$$

17.

18.

19.

20.

21.

22.

23.

24.

25.

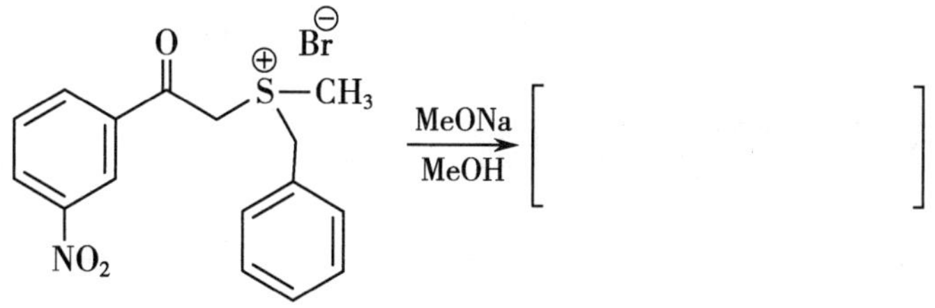

三、药物合成路线设计

1. 磷酸奥司他韦(oseltamivir phosphate)是治疗甲型和乙型流感病毒的药物,根据所学知识和查阅文献,以 3- 硝基丙烯酸叔丁酯和 3- 戊氧基乙醛为原料,设计奥司他韦的合成路线设计。

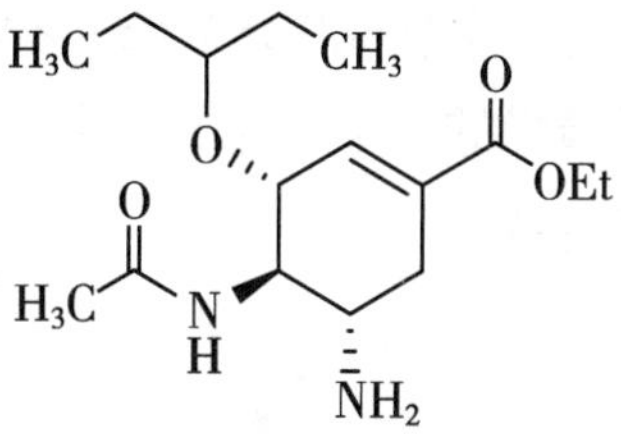

奥司他韦

2. 前列腺素是一类由五元碳环带上下侧链构成的药物,仔细观察下面的原料和产物(中间体)的结构,怎样利用已学的重排反应知识实现其转化? 写出反应机制。

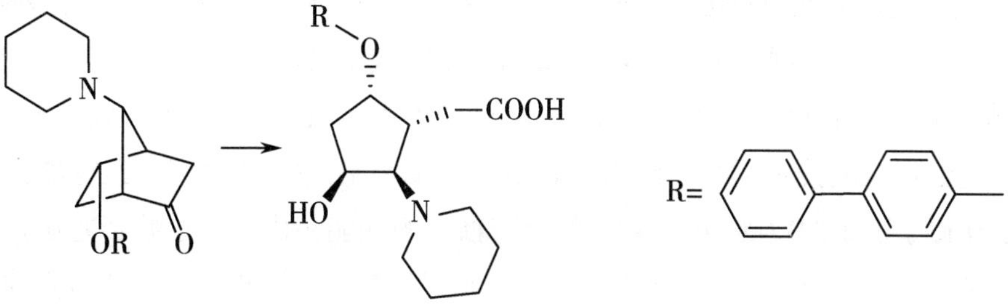

（李子成）

第九章　现代药物合成技术

【本章要点】

掌握　组合化学、固相合成技术、光化学合成技术、流动化学技术、微波促进合成技术、绿色合成技术、相转移催化技术、生物催化合成技术的概念及应用。

熟悉　组合化学、固相合成技术、光化学合成技术、流动化学技术、微波促进合成技术、相转移催化技术、生物催化合成技术的基本原理。

了解　机械化学合成、DNA编码化合物库技术。

现代药物合成技术（modern technology for drug synthesis）着重关注在药物合成领域发展的具有重要应用价值的有机合成新技术。近年来，随着有机化学、药物化学、生物等学科的飞速发展，一些新概念、新方法、新反应不断被提出，并得到快速发展。现代药物合成的发展趋势包括寻找高效高选择性的催化剂、简化反应步骤、开发和应用环境友好的绿色反应介质、减少三废排放等，尤其是发展绿色、高效、经济的合成路线及合成工艺。近年来，组合化学、固相合成技术、光化学合成技术、流动化学技术、微波促进合成技术、绿色合成技术、相转移催化技术、生物催化合成技术、机械化学合成、DNA编码化合物库技术、人工智能合成等新技术、新方法获得了迅猛的发展，每种方法都具有独特的性能和优势。这些新方法和新技术是对经典药物合成方法的补充和发展。因此，本章将对近年来发展较为迅速和成熟的几种新合成技术及其在药物合成中的应用进行简要介绍。

第一节　组合化学

一、概述

组合化学（combinatorial chemistry）是一门将化学合成、组合理论、计算机辅助设计、自动化及高通量筛选技术融合为一体的综合性技术。它根据组合原理在短时间内将不同的结构模块以共价键形式系统地、反复地进行连接，从而产生大批的分子多样性群体，形成化合物库（compound-library）。

组合化学最早在1988年由Furk等首先提出。组合化学起源于多样性药物合成，继而发展到有机小分子合成、分子构造分析、分子识别研究、受体和抗体的研究及材料科学等领域。

它是一项新型的化学技术,是集分子生物学、药物化学、有机化学、分析化学、组合数学和计算机辅助设计等学科交叉而形成的一门前沿学科,在药学、有机合成化学、生命科学和材料科学中扮演着愈来愈重要的角色。

传统的药物合成中,科研工作者的目标是合成成千上万个纯的单一化合物,再从中筛选一个或几个具有生物活性的化合物作为候选药物,进行药物开发。这使得大量的时间被浪费在合成无用的化合物上,也必然使药物开发的成本提高,周期延长。组合化学的出现恰好弥补了传统合成的不足。由于组合化学能够快速地合成出成千上万个具有结构多样性的化合物,故组合化学能够加快新的先导化合物的发现。另外,在对先导化合物进行优化时,组合化学在没有任何结合模型时通过平行地合成大量化合物来达到优化先导化合物类药性的目的。即使药物化学家已经了解了先导化合物与靶标的作用模式,组合化学仍然有助于加速对构效关系的理解和验证。该方法与传统的先导化合物类似物合成和筛选的比较如图 9-1 所示。

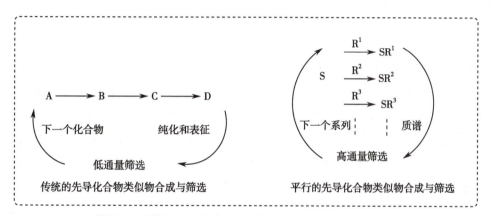

图 9-1　传统与平行的先导化合物类似物合成与筛选的比较

(一)组合化学的特点

传统合成方法专注于合成一个化合物,通常一个合成步骤只发生一步反应。例如,化合物 A 和化合物 B 反应得到化合物 AB,之后通过柱层析、重结晶、蒸馏或其他方法进行分离纯化得到单一化合物 AB。与传统的"一次合成一个产物"相比,组合化学通过一次同步合成,可以得到多种产物。因此,反应时需要使用分子结构不同但反应基团相同的化合物以平行或交叉的方式进行同一步反应。在组合化学合成中,系列化合物 A_1 到 A_l 的每一个组分(共计 l 个)都能够与系列化合物 B_1 到 B_m 的组分(共计 m 个)发生反应,相应的得到 $l×m$ 个化合物。若总共进行 n 步反应,则得到 $l×m×n$ 个化合物(图 9-2)。经统计,一个化学家用组合化学方法 2~6 周的工作量,十个化学家用传统合成方法要花费一年的时间才能完成。所以,组合化学可以快速得到大量化合物,从而大幅提高新化合物的合成和筛选效率,减少时间和资金的消耗,加快药物研发的进度。

(二)组合化学的构成

组合化学主要由三部分组成:组合库的合成、库的分析表征和库的筛选。

组合库的合成包括固相合成和液相合成两种技术,一般模块的制备以液相合成为主,而库的建立以固相合成为主,其特点如表 9-1 所示。

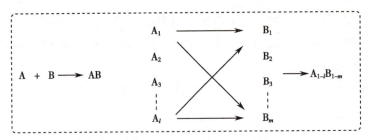

图 9-2　传统合成与组合化学合成

表 9-1　化合物库中固相技术与液相技术的比较

技术类型	优点	缺点
固相技术	纯化简单，过滤即达到纯化目的；反应物可过量，以促使反应完全；操作过程易实现自动化	发展不完善；反应中连接和切断链接是多余步骤；载体与链接的范围有限
液相技术	反应条件成熟；无多余步骤；适用范围宽	反应可能不完全；纯化困难；不易实现自动化

组合化学可以一次合成大量结构类似的化合物，通常不需要纯化，随之通过高通量筛选的方法进行活性筛选。如果筛选中发现活性化合物，则可以通过重新合成、纯化、表征，用传统的方法进行筛选验证。如果生物活性得到证实，新发现的先导化合物和构效关系（structure-acitivity relationships，SAR）可用来设计新底物模板，合成新的相关化合物用于进一步筛选。在随机筛选法中，任意一种新化合物表现出生物活性的机会是很小的，但是具备组合化学和高通量筛选能力之后，找到一种有价值化合物的机会就大大增加了。以组合化学为基础，人们进一步开发了 DNA 编码化合物库技术。

二、组合化学在药物发现中的应用

组合化学在药物发现中被广泛使用，成功的例子很多。例如有研究发现，对位取代的肉桂酸衍生物具有中等的蛋白酪氨酸磷酸酶 1B（protein tyrosine phosphatase-1B，PTP-1B）抑制活性。基于此，Armstrong 等利用组合化学的概念，采用固相合成的方法，合成了 125 个肉桂酸对位取代的类似物化合物库。他们利用亮氨酸代表亲脂性氨基酸、酪氨酸代表芳香性氨基酸、谷氨酸代表含阴离子的氨基酸、赖氨酸代表含阳离子的氨基酸，以及甘氨酸代表构象灵活的氨基酸。每个 R^1、R^2 和 R^3 都可以是以上五种氨基酸，从而构建了含 125 个化合物的组合库。

随后的活性筛选发现了两个活性最高的化合物，如下文所示，其 IC_{50} 分别为 1.3μmol/L 和 44nmol/L，其 K_i 活性为 490nmol/L 和 79nmol/L。

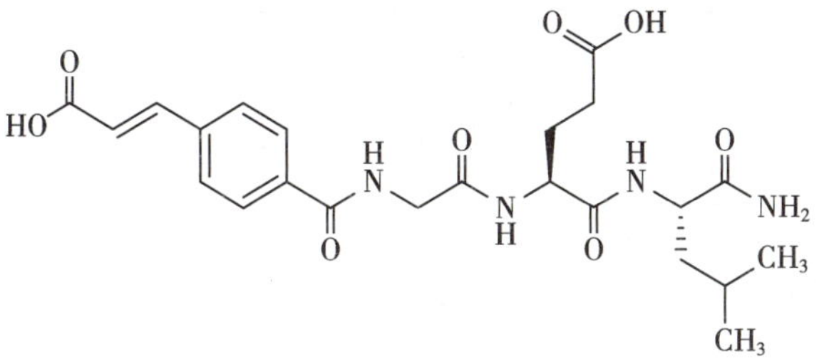

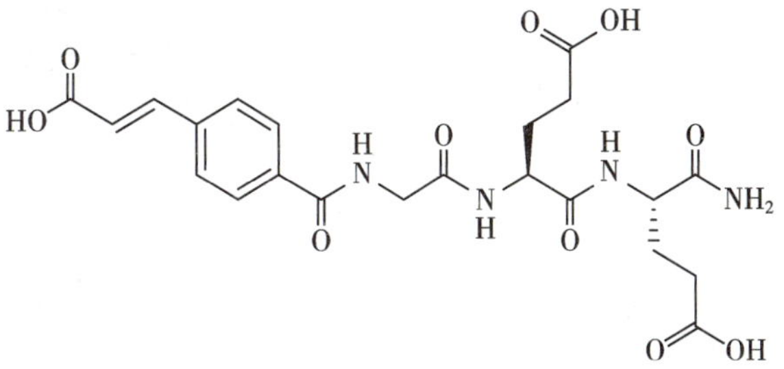

第二节　固相合成技术

一、概述

固相合成法（solid phase synthesis）通常是指利用连接在固相载体上的活性官能团与溶解在有机溶剂中的不同试剂之间进行连续多步反应，得到的合成产物最终与固相载体之间通过水解进行分离的合成方法。固相肽合成法（solid phase peptide synthesis，SPPS）是一种在固相载体上快速大量合成肽链的技术，于 20 世纪 60 年代由 Merrifield 等人发展而来。例如，采用常规的液相合成法合成缓激肽（bradykinin）的九肽化合物，一般需要 1 年时间才能完成，而 Merrifield 用固相合成法合成同样的化合物仅仅用了 8 天的时间。固相肽合成法以其特有的快速、简便、收率高特点而引起人们的极大兴趣和关注，获得了飞速发展，目前在多肽及蛋白的合成中得到广泛应用。

（一）多肽固相合成的原理

多肽固相合成以固相载体为基础，这些固相载体包含反应位点（或反应基团），以使肽链连在这些位点上，并在合成结束后方便除去，其中最常用的载体是氯甲基苯乙烯和二乙烯基苯的共聚物树脂。固相多肽合成的基本步骤如图 9-3 所示。为了防止副反应的发生，参加反应的氨基酸的侧链都是被保护的，而羧基端是游离的，并且在反应之前需要活化。图 9-3 所示的是一种叔丁氧羰基（t-butyloxy carbonyl，Boc）多肽合成法，即以 Boc 作为氨基酸 α- 氨基的保护基用于多肽固相合成的方法。另外，还有一种常用的方法是 9- 芴基甲氧基羰基（9-fluorenylmethyloxycarbonyl，Fmoc）多肽合成法，即采用 Fmoc 作为氨基酸 α- 氨基的保护基。反应步骤 1 是在碱性条件下分子间脱去 HCl，用于将氨基酸与固相载体树脂相连接，在载体上构成一个反应增长点；步骤 2 是在酸性条件下将 Boc 保护基脱除以得到伯氨基；步骤 3 是酸胺缩合反应，常用缩合试剂或者酸酐的方法将羧基活化，然后与步骤 2 中游离的氨基反应形成肽键；之后重复步骤 2 和步骤 3 可以得到肽链延长的产物；步骤 4 在脱掉氨基保护基的同时将多肽从柱上切割下来，从而得到游离的多肽。实际操作时，一般在密闭的反应器中按照已知顺序（序列，一般从 C 端—羧基端向 N 端—氨基端进行）不断添加氨基酸，经反应、合成而最终得到多肽。整个合成过程也可以使用多肽合成仪进行。

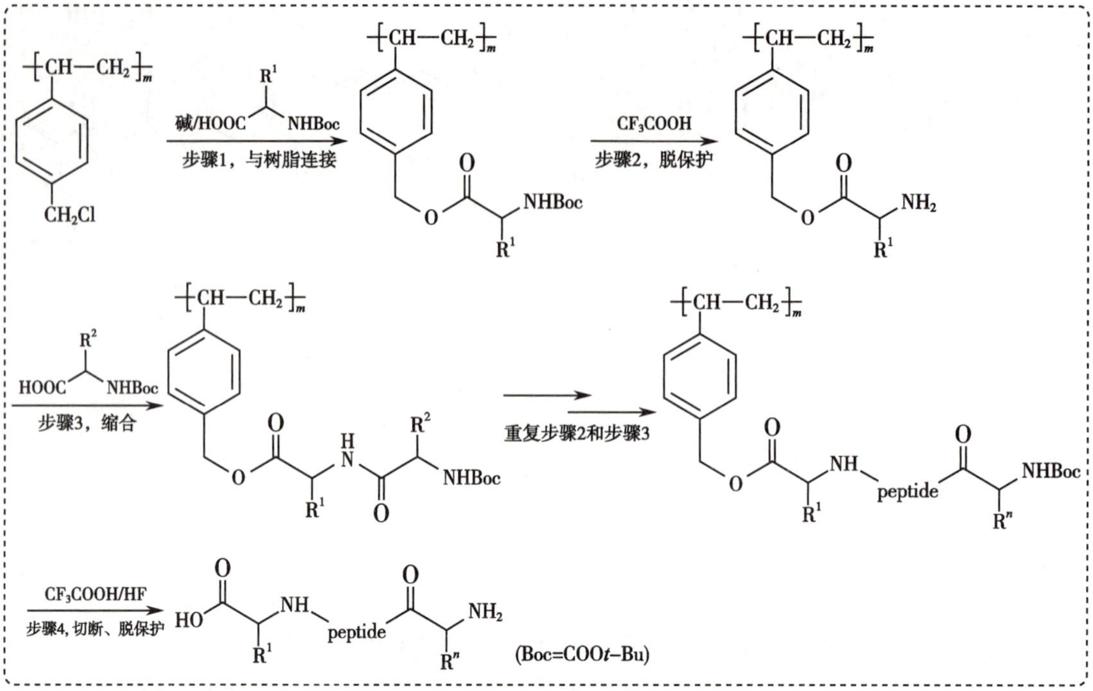

图 9-3　Boc 多肽固相合成法

（二）多肽固相合成的特点

相比传统液相合成多肽的方法，多肽固相合成法具有以下显著优点。

1. 操作简单。固相合成可通过快速的抽滤、洗涤进行反应的后处理，避免液相的多肽合成中复杂冗长的重结晶或柱层析等步骤，减少了中间体分离纯化时的损失，同时极大地提高了效率。

2. 通过使用大大过量的液体反应试剂，促进反应完全，减少副产物，提高了产率和纯度。

3. 由于反应可以在玻璃容器中进行，便于控制反应条件，还可避免因物质的多次转移而造成的损失。

二、多肽固相合成在药物合成中的应用

多肽固相合成因其合成方便、迅速，成为多肽合成的首选方法，对化学、生物、医药、材料等学科和领域的发展起到了巨大的推动作用。例如，亮丙瑞林（leuprorelin）是一个促性腺素释放素（GnRH）的多肽类似物，包含 9 个氨基酸片段，其合成可以使用固相合成技术方便地实现。其中一种方法是使用 Merrifield 树脂，采用 Boc 法固相合成全保护九肽片段，在低温下用乙胺氨解树脂，再经 HF 脱除侧链保护基，从而得到目标产物；另一种方法是先采用 Fmoc 固相合成法合成全保护的九肽，从树脂上切割之后，再在液相反应中接乙胺修饰得到产物。

(leuprorelin)

第三节　光化学合成技术

一、概述

光化学（photochemistry）主要研究光与物质相互作用所引起的化学效应。光化学反应则是指物质由于光的作用而引起的化学反应，即物质在激发光照射下吸收光能而发生的化学反应。激发光会使电子从基态跃迁到激发态，然后这一激发态再进行其他的光物理和光化学过程。光化学反应中的激发光通常使用紫外光和可见光。

由于分子中某些基团能吸收特定波长的光子，光化学提供了使分子中某特定位置发生反应的最佳手段。对于那些使用传统热化学反应缺乏选择性，或反应物因稳定性差可能被破坏的反应体系，光化学反应更具优势。光化学反应广泛用于药物分子合成，已成为有机合成中的一个热点，有机光合成的一些新方法不断出现。许多有机光合成反应已在工业上，特别是在流动化学合成中得到了应用。

（一）光化学反应的原理

当一个反应体系被光照射，光可以透过、散过、反射或被吸收。光化学反应第一定律指出，只有当激发态分子的能量足够使分子内的化学键断裂时，亦即光子的能量大于化学键能时，才能引起光解反应；其次，为使分子产生有效的光化学反应，光还必须被所作用的分子吸收，即分子对某特定波长的光要有特征吸收光谱，才能产生光化学反应。光化学过程可分为初级过程和次级过程。初级过程是分子吸收光子使电子激发，分子由基态提升到激发态，激发态分子的寿命一般较短。光化学主要与低激发态有关，激发态分子可能发生解离或与相邻的分子反应，也可能过渡到一个新的激发态上去，这些都属于初级过程，其后发生的任何过程均称为次级过程。

有机物键能一般在 200～500kJ/mol, 所以当有机分子在吸收波长为 700～239nm 之间的光之后可能发生化学键的断裂, 进而发生化学反应 (表 9-2)。

表 9-2　不同波长光子的能量与不同化学键断键所需的能量

波长 /nm	能量 /kJ•mol^{-1}	单键	键能 /kJ•mol^{-1}
200	598	H—OH	498
250	479	H—Cl	432
300	399	H—Br	366
350	342	Ph—Br	332
400	299	H—I	299
450	266	Cl—Cl	240
500	239	CH$_3$—I	235
600	199	HO—OH	193
650	184	Br—Br	180
700	171	(CH$_3$)$_2$N—N(CH$_3$)$_2$	151
		I—I	151

光源波长的选择由反应物的吸收波长来定, 光源的波长要与反应物的吸收波长相匹配。常见有机化合物的吸收波长见表 9-3。

表 9-3　常见有机化合物的吸收波长

有机化合物	波长 /nm	有机化合物	波长 /nm
烯	190～200	苯乙烯	270～300
共轭脂环二烯	220～250	酮	270～280
共轭环状二烯	250～270	共轭芳香醛、酮	280～300
苯及芳香体系	250～280	α,β- 不饱和酮	310～330

（二）光化学反应的特点

1. 光是一种非常特殊的生态学上清洁 "试剂"。

2. 光化学反应条件一般比热化学温和。

3. 光化学反应能提供较为安全的工业生产环境, 反应基本上在室温或低于室温下进行。

4. 光化学反应经常涉及激发态和自由基。

（三）光化学反应类型

1. **光氧化反应**　即分子氧对有机分子的光加成反应。光氧化过程有以下两种途径:

（1）I 型光敏氧化: 有机分子 M 的光激发态 M• 和氧分子的加成反应。通过激发三线态的敏化剂(sensitizer)从反应分子 M 中提取氢, 使 M 生成自由基, 自由基将 O$_2$ 活化成激发态后, 激发态氧分子与反应分子 M 反应。

$$M \xrightarrow[\text{sensitizer}]{\text{光照}} M\cdot \xrightarrow{O_2} MO_2$$

（2）II 型光敏氧化: 基态分子 M 与氧分子激发态 O$_2$• 的加成反应。通过激发三线态的敏化剂将激发能转移给基态氧, 使氧生成激发单线态 $^1O_2$, $^1O_2$ 与反应分子生成过氧化物, 对于不稳定的过氧化物可进一步分解。

$$O_2 \xrightarrow[\text{sensitizer}]{\text{光照}} {}^1O_2 \xrightarrow{M} MO_2$$

常用的光氧化敏化剂主要是氧杂蒽酮染料,如玫瑰红、亚甲蓝和芳香酮等。

2. 光还原反应 一般指光促进的还原反应。比如,有机染料 UBA 在二氧化钛催化下,在紫外照射时会发生光还原反应,夺取溶剂中的氢生成还原产物,这个过程中溶液颜色会由蓝色变成黄色。

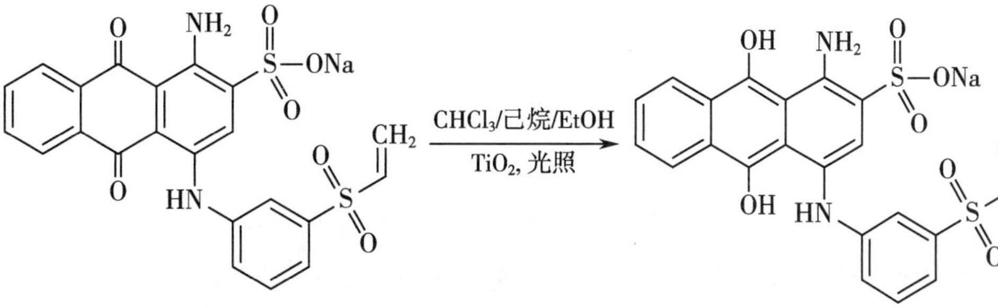

UBA

3. 光消除反应 即光激发引起分子中一种或多种碎片损失的光反应。光消除反应可导致叠氮、偶氮化合物失去氮分子或氧化氮,羰基化合物失去一氧化碳,砜类化合物失去二氧化硫等。

例如,在 Norrish Ⅰ型反应中,激发态的酮类化合物中,临近羰基的碳-碳键容易断裂,生成酰基自由基和烷基自由基,之后会发生进一步反应生成烯烃及烷基二聚产物。

Norrish Type 1

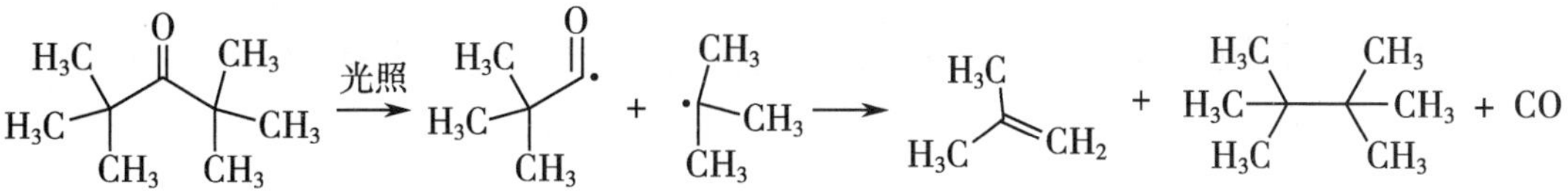

激发态的羰基化合物失去一氧化碳,属于光消除反应。

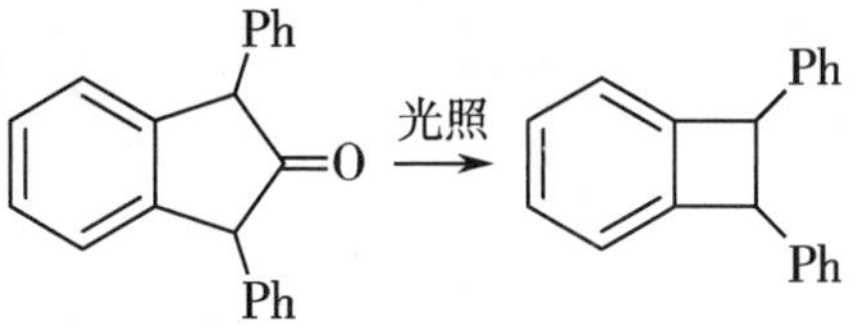

铱光催化剂及钯试剂联合催化下的二氧化碳挤出反应,也是消除反应。

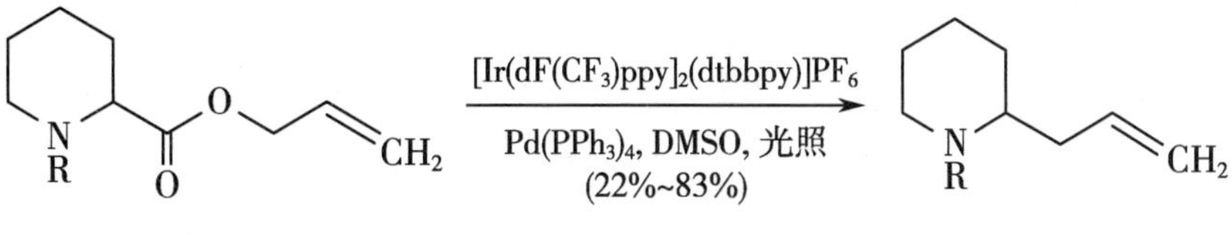

4. 光重排反应 在光照下,芳香族化合物侧链可发生重排,产物与热反应重排相同,但反应历程不同。光重排反应是指基态分子吸收光能后,发生结构片段重排生成另一个化合物的过程。例如,光催化的 Fries 重排、Claisen 重排反应、Arbuzov 重排反应等。

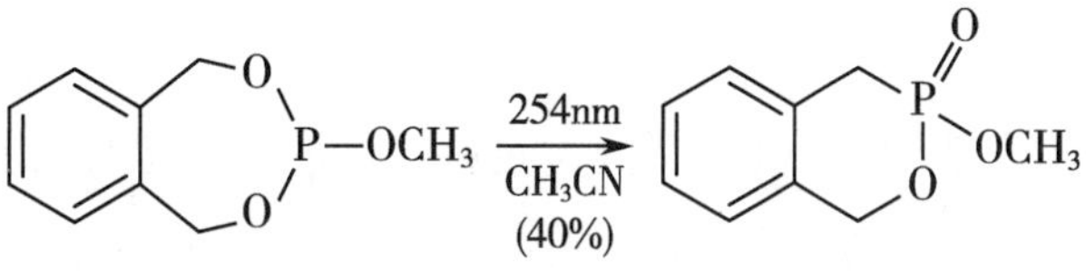

5. 光催化的加成反应　在光催化条件下产生的自由基会对双键进行加成反应。例如，光催化下 Umemoto 试剂会产生三氟甲基自由基，随后对烯烃进行加成反应。

二、光化学合成在药物合成中的应用

光化学反应已成为有机合成中的一个热点，广泛用于药物分子合成。维生素 D_3（vitamin D_3）的合成就是一个成功例子。如下文所示，从 7- 脱氢胆固醇开始，利用光开环反应，通过控制光的波长和反应进度，可以得到以二烯 vitamin D_3 前体为主的开环产物，再进一步通过 1,7- 氢迁移而获得 vitamin D_3。

再如，性激素中的孕酮（progesterone）可由相应的烯胺与单线态氧（$^1O_2$）发生氧化反应获得。

第四节　流动化学技术

一、概述

流动化学是指发生在连续流动相中的化学过程。与传统的间歇工艺不同，流动化学通过泵等进料系统连续地将原料、试剂 / 催化剂等输送至反应器中发生反应，从反应器连续流出的产品经过在线淬灭后进入连续或间歇的后处理单元完成整个工艺过程。

流动化学技术具有在线物料体积小、传热传质高效、工艺控制精确等特点,可以从安全、质量、效率等角度全面的提升原料药生产的绿色水平。近年来,流动化学技术在原料药工艺研发与生产中的应用不断增加,并因其经济和社会效益显著而得到越来越多制药公司的青睐和推崇,2019 年入选了 IUPAC 化学领域十大新兴技术。

（一）流动化学的原理

在流动化学中,经常使用泵将两种或两种以上的起始反应物以设定流速打入内部体积为毫升至升级别的反应器中反应。物料在流动的程中可以接受反应器输入的热能、光能、电能、微波能等能量形式,从而推动反应在适合的条件下快速高效进行。根据反应动力学,通过调节物料流速,保证反应物料在反应器中达到所需的停留时间,从而获得预期的反应转换率。之后,从反应器连续流出的产品经过在线淬灭后进入连续或间歇的后处理单元完成整个工艺过程（图 9-4）。

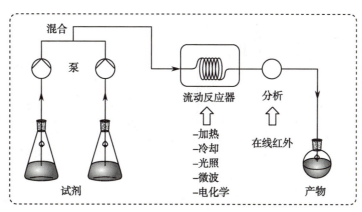

图 9-4　流动化学示意图

由于反应是在连续流动的流体中进行,为了实时监控反应的条件状况,包括稳定状态、扩散特性、反应中间体的存在等状况,通常使用在线傅里叶变换红外光谱仪（fourier transform infrared spectrometer, FTIR）技术。FTIR 技术能通过监测化合物的特定红外波长从而在流动的流体中分辨不同反应组分。

（二）流动化学的特点

与传统间歇工艺相比,流动化学反应工艺具有以下特点。

1. 工艺安全性高。连续流反应器因在线体积小,反应过程中处于高危风险的物料量小,事故危害程度相应降低。一些危险性高而无法以间歇方式进行的反应可以使用流动化学工艺,比如使用有毒气体的反应、重氮化反应、硝化反应、臭氧化反应等。

2. 传质、传热快。微反应器比表面极大,扩散距离短,传质传热效率高。

3. 收率高、重现性好。通过精确控制混合、加热、停留时间等关键反应参数,可减少副产物,提高产品质量和收率。

4. 流动化学仪器设备自动化程度较高,占地面积小,节能环保。

二、流动化学在药物合成中的应用

由于流动化学所具有的优点，其在精细化工和活性药物中间体的合成中应用越来越广泛。

Verubecestat 是一种用于治疗阿尔茨海默病的Ⅲ期候选药物。2018 年，化学家使用流动化学的方法成功实现了 100kg 的 Verubecestat 前体合成。通过对流速、反应温度、混合条件等因素的精细控制，化学家成功合成了有机锂化合物中间体，并用于后续对手性亚胺中间体的加成反应，之后通过一系列转化得到 Verubecestat，如图 9-5 所示。与传统方法相比，流动化学方法提高了收率，并且无须使用专门的冷却装置，降低了能耗。

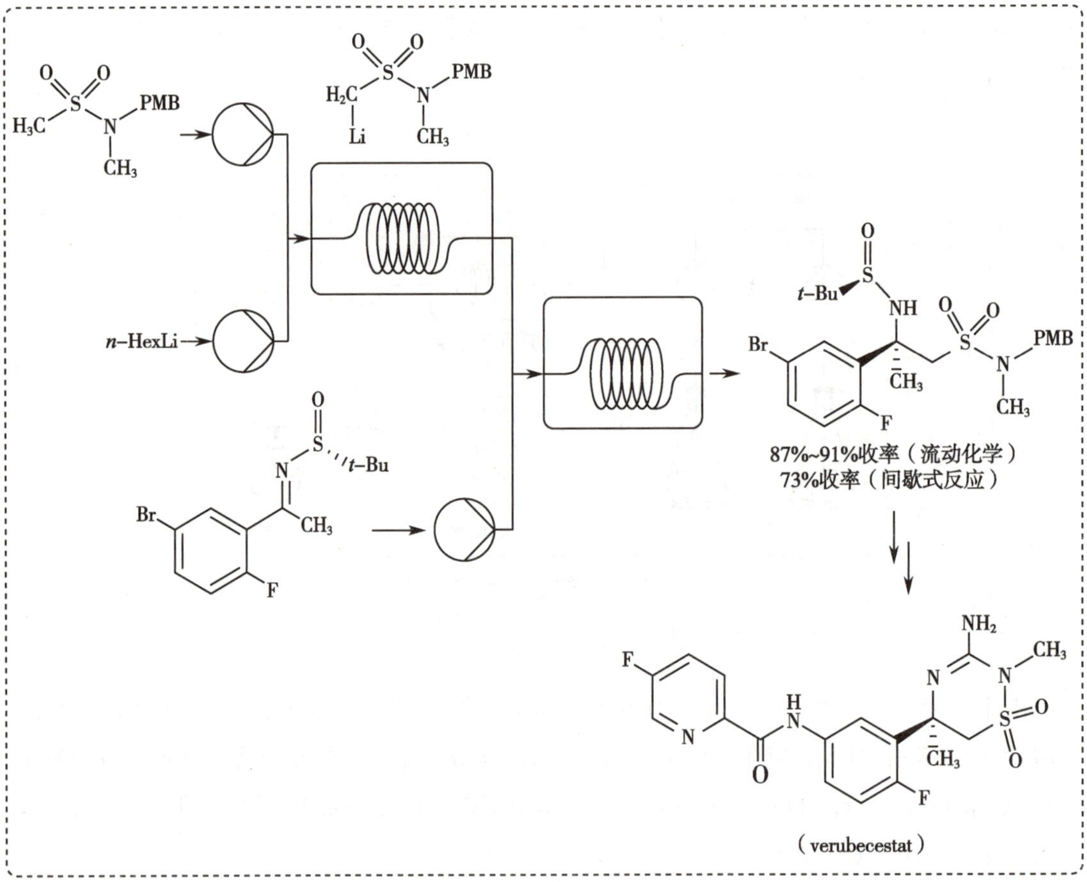

图 9-5　流动化学技术用于 Verubecestat 合成的流程图

硝化反应是工业中十分重要的单元反应之一。硝化反应往往是水和油两相，大多属于强放热反应，对换热和搅拌要求很高。传统的硝化生产工艺为间歇生产，混酸滴加时间长，效率低下。如果换热不及时，容易造成反应失控，甚至爆炸。而且混酸使用量大，后期处理困难。而使用流动化学技术能够较好地解决硝化反应存在的问题，具有明显的优势。连续流反应器因在线体积小，所以反应过程中处于高危风险的物料量小。同时换热效率高，反应失控的风险降低。另外，反应温度能够精确控制，通过升温和直接混合的方式可以极大缩短反应时间，降低物料使用量。

第五节 微波促进合成技术

一、概述

微波(microware,MW)是指波长在 1mm～0.1m 范围内的电磁波,频率范围是 300MHz～3 000GHz。微波促进合成技术是指在微波条件下,利用其加热快速、均质与选择性高等优点,广泛应用于现代有机合成研究中的一种技术。

1986 年,Lauventian 大学的 Gedye 教授及其同事发现在微波中进行的 4-氰基酚盐与氯苄的反应比传统加热回流要快 240 倍,这一发现引起了人们对微波加速有机反应这一科学问题的广泛注意。自 1986 年以来的几十年里,微波促进有机反应中的研究已成为有机化学领域中的一个热点。大量的实验研究表明,借助微波技术进行有机反应,反应速率较传统的加热方法快数十倍甚至上千倍,且具有操作简便、产率高及产品易纯化、安全卫生等特点。目前实验规模的专业微波合成仪已有商品供应,但是由于现有技术的限制,目前微波促进反应尚难放大,工业化仍有待研发。

(一)微波促进反应的原理

微波本身并不会产热,但是微波能实现微波场内物体的快速均匀加热。微波发生器一般由直流电源提供能量,之后微波发生器的磁控管产生交变电场,该电场作用在处于微波场的物体上。物体中的极性分子由于电荷分布不平衡而迅速吸收电磁波,使极性分子产生 25 亿次 /s 以上的转动和碰撞,使得极性分子随外电场变化而摆动并产生热效应。又因为分子本身的热运动和相邻分子之间的相互作用,使分子随电场变化而摆动的规则受到了阻碍,这样就产生了类似于摩擦的效应,一部分能量转化为分子热能,造成分子运动的加剧,分子的高速旋转和振动使分子处于亚稳态,这有利于分子进一步电离或处于反应的准备状态,因此被加热物质的温度在很短时间内得以迅速升高。

(二)微波促进反应的特点

1. **加热速度快** 由于微波能够深入物质的内部,而不依靠物质本身的热传导,因此只需要常规方法 1/100～1/10 的时间就可完成整个加热过程。

2. **热能利用率高** 节省能源,无公害,有利于改善反应条件。

3. 反应灵敏 常规的加热方法,无论是电热、蒸汽、热空气等,要达到一定的温度都需要一段时间,而利用微波加热,调整微波输出功率,物质加热情况立即无惰性地随着改变,便于自动化控制。

4. 产品质量高 微波加热温度均匀,表里一致,对于外形复杂的物体,其加热均匀性也比其他加热方法好。对于有的些物质还可以产生一些有利的物理或化学作用。

二、微波促进合成在药物合成中的应用

目前,微波已应用于有机合成反应中,如环合反应、重排反应、酯化反应、缩合反应、烃化反应、脱保护反应及有机金属反应等。

罗格列酮(rosiglitazone)属于噻唑烷二酮类胰岛素增敏剂,用于其他降血糖药无法达到血糖控制目标的 2 型糖尿病患者。在合成罗格列酮的过程中引入微波能够大大缩短反应时间,只需要10～20 分钟就能以大于90% 的收率得到产物。

作为对比,传统方法需要反应多个小时,且反应收率低。微波法与传统方法的比较如表9-4 所示。

表9-4　微波法及传统方法合成罗格列酮比较

反应步骤	微波法			传统方法		
	反应条件	时间 /min	收率 /%	反应条件	时间 /h	收率 /%
a	水,140℃	10	90	水,100℃	12	82
b	无溶剂,140℃	20	92	无溶剂,140℃	15	85
c	氢氧化钾、四丁基硫酸氢铵、水、甲苯,85℃	20	90	N,N- 二甲基甲酰胺、氢化钠,80℃	8	80
d	甲苯、哌啶、乙酸、二氧化硅,回流	10	93	甲苯、哌啶、乙酸,回流	15	85

化学家利用微波技术完成了多种胆汁酸与牛磺酸和甘氨酸的缩合反应,整个过程只需要 4～10 分钟,收率可高达 90%,而传统合成方法需要加热回流 16～40 小时,且收率更低。

在合成新型抗结核分枝杆菌的药物时,使用微波反应能够大大提高合成效率。对于 Claisen-Schmidt 缩合反应,应用微波方法可以在 8 分钟获得 81% 的收率。而用传统的加热方法,反应 24 小时收率只有 67%。

吡啶是常见的药物骨架结构。通过微波催化的三组分反应,可以一步得到吡啶衍生物。而且这个反应可以在水中高效率地进行,绿色环保。

非甾体抗炎药奥沙普秦(oxprozin)的合成过程可采用微波来实现,可使反应时间由 5 小时缩短至 10 分钟,收率由 63% 提高至 72%。

第六节　绿色合成技术

一、概述

绿色化学（green chemistry）又称环境无害化学、环境友好化学或清洁化学，是以"原子经济性"为原则，研究如何在生产过程中充分利用原料及能源、减少有害物质释放的新兴学科，是一门从源头上减少或消除污染的化学学科。

1991 年，美国著名的有机化学家 Trost 提出了"原子经济性"的概念。随后几年，"绿色化学"的概念被正式提出，其核心内涵是从源头上尽量减少，甚至消除在化学反应过程和化工生产中产生的污染。由于传统化学更关注如何通过化学的方法得到更多的目标产物，而此过程中对环境的影响则考虑较少，即使考虑也着眼于事后的治理而不是事前的预防。绿色化学是对传统化学和化学工业的革命，是以生态环境意识为指导，研究对环境没有（或尽可能小）副作用，在技术上和经济上可行的化学和化工生产过程。但是，绿色化学又不同于环境治理，是通过科学研究发展从源头上不使用产生污染物的化学方法来协调经济可持续发展与环境保护之间的关系。

绿色化学的目标是要求任何有关化学的活动，包括使用的化学原料、化学和化工过程以及最终的产品，都不会对人类的健康和环境造成不良影响，这与药物研发的宗旨一致。因此，药物合成中应贯彻"绿色化学"的思想与策略。

（一）绿色合成的原子经济性和环境因子

原子经济性（atom economy）考虑的是在化学反应中究竟有多少原料的原子进入了产品之中。它通常由原子利用率来表示。原子利用率 =（目标产物的相对分子质量 / 反应物质的相对原子质量之和）×100%。

例如在下列类型的反应中：

$$A+B \rightarrow C+D$$

其中，C 为目标产物，D 为副产物。

对于理想的原子经济性反应，则 D=0，即 A+B → C，原子利用率为 100%。

原子经济性仅衡量原料中的原子转化为目标产物的情况，并不考虑产率（均假定为100%）、原料之间的摩尔比（均假定为 1:1）和选择性等情况，也不计算合成过程中使用的各类催化剂、助剂及溶剂等。

但是据分析，反应原料仅占药物生产过程中使用量的 7%，而水和溶剂的使用量分别占 32% 和 56%。为了考查化学品制造全过程对环境造成的影响，Sheldon 提出了环境因子（environmental factor，E 因子）的概念。环境因子定义为产品生产全过程中所有废物质量与目标产物质量的比值。

$$E 因子 =（废物质量之和 / 目标产物质量）×100\%。$$

环境因子不仅针对副产物、反应溶剂和助剂，还包括了在产品纯化过程中所产生的各类废物，例如中和反应时产生的无机盐、重结晶时使用的溶剂等。对于制药行业而言，由于药物结构相对复杂、合成路线长，通常环境因子也较高。比如石油化工产品环境因子一般为0.1，大宗化学品为1～5，精细化学品大约在5～50，而药品的环境因子可高达100以上。因此，如何减少废物中比例较高的溶剂使用量对于绿色制药显得尤为重要。

（二）绿色化学12项原则

绿色化学12项原则是由Anastas和Warner于1998年提出的，包含以下内容。

1. 预防　尽量不要产生废物，这样就不需要处理废物。

2. 原子经济性　最终产品应包含加工过程中使用的所有原子。

3. 危害性较小的化学合成　只要有可能，生产方法应该设计为制造对人体或环境毒性更小的物质。

4. 设计更安全的化学品　化学产品的设计应确保在实现其功能的同时尽可能减少对人类或环境的危害。

5. 更安全的溶剂　生产材料时应尽量不要使用溶剂或其他不必要的化学物质。如果确实需要溶剂，则使用的溶剂不应以任何方式对环境造成危害。

6. 能效设计　应尽量减少进行反应所需的能源，以减少环境和经济影响。如果可能，加工过程应在环境温度和压力下进行。

7. 使用可再生原料　原材料应尽可能可再生。

8. 减少衍生物　反应过程尽量不要包含太多步骤，因为这意味着需要更多试剂，并且会产生更多废物。

9. 催化　催化的反应比未催化的反应更有效。

10. 降解设计　化学产品使用寿命终结以后应能分解成无毒且不会在环境中残留的物质。

11. 旨在防止污染的实时分析　需要制订方法，确保有害产品在生产出来之前就被检测到。

12. 本质上更安全的化学　化学工艺中所用物质的选择应尽量降低发生化学事故（包括爆炸和火灾）的风险，预防事故发生。

（三）绿色合成途径

对于一个有机合成反应，从原料到产品，要使之绿色化，首先是要有绿色的原料，要能设计出绿色的新产品替代原来的产品；其次要有更为合理、更加绿色的设计流程。从反应效率和速率方面考虑，还涉及催化剂、溶剂、反应方法和反应手段等诸多方面的绿色化。

1. 改变反应的原料　以环己酮的Baeyer-Villiger反应为例，如果采用传统的工艺，比如使用间氯过氧苯甲酸为氧化剂，则产生间氯苯甲酸这一副产物，原子利用率仅有42%。而采用过氧化氢作为氧化剂，在Lewis酸催化剂作用下同样可以得到目标产物，原子利用率为86%，且副产物为水。

$$\text{环己酮} + H_2O_2 \xrightarrow{\text{Lewis酸}} \text{内酯} + H_2O$$

甲基丙烯酸甲酯（MMA）的传统合成法主要是以丙酮和氢氰酸为原料，经三步反应合成，原子利用率仅有47%，并且第二步反应的副产物也是氢氰酸，因此对环境不友好。

$$CH_3COCH_3 \xrightarrow[40℃]{HCN/OH^{\ominus}} \xrightarrow[80\sim140℃]{98\% \ H_2SO_4} \xrightarrow[H_2SO_4, 80℃]{CH_3OH} CH_3\overset{\underset{||}{CH_2}}{C}COOCH_3 + NH_4HSO_4$$

而新开发的绿色合成方法，采用金属钯催化剂体系，将丙炔在甲醇存在下羰基化，一步制得甲基丙烯酸甲酯。新合成路线避免使用氢氰酸和浓硫酸，且原子利用率可达到100%，环境友好。

$$H_3CC\equiv CH + CO + CH_3OH \xrightarrow[6MPa, 60℃]{Pd} CH_3\overset{\underset{||}{CH_2}}{C}COOCH_3$$

2. 改变反应方式和试剂　硫酸二甲酯是一种常用的甲基化试剂，但有剧毒且具有致癌性。目前，在甲基化反应中，可用非毒性的碳酸二甲酯（dimethyl carbonate，DMC）代替硫酸二甲酯。

$$\text{苯胺}(NH_2) + H_3CO-\overset{\underset{||}{O}}{C}-OCH_3 \longrightarrow \text{N-甲基苯胺}(NHCH_3) + CH_3OH + CO_2$$

$$\text{苯酚}(OH) + H_3CO-\overset{\underset{||}{O}}{C}-OCH_3 \longrightarrow \text{苯甲醚}(OCH_3) + CH_3OH + CO_2$$

而碳酸二甲酯也曾用剧毒的光气来合成，现在可以用甲醇的氧化羰基化反应来合成。

$$2CH_3OH + CO_2 \longrightarrow H_3CO-\overset{\underset{||}{O}}{C}-OCH_3 + H_2O$$

$$4CH_3OH + O_2 + 2CO \longrightarrow 2H_3CO-\overset{\underset{||}{O}}{C}-OCH_3 + 2H_2O$$

3. 改变反应条件　由于有机反应大部分以有机溶剂为介质，尤其是挥发性有机溶剂，这成为环境污染的主要原因之一。因而，不使用溶剂，用含水的溶剂或以离子液体为溶剂代替有机溶剂作为反应介质，成为发展绿色合成的重要途径和有效方法。

（1）不使用溶剂：理论上，不使用溶剂能够减少废物产生，降低环境污染。有报道，从1,3-二羰基化合物出发，与醛以及脲反应，在无溶剂及无催化剂条件下，加热反应1小时，通过三组分的 Biginelli 反应可以高收率得到二氢嘧啶酮骨架产物。

（2）以水为反应介质：由于大多数有机化合物在水中的溶解度差，且许多试剂在水中会分解，一般避免用水作为反应介质。但水相反应的确有许多优点：①水是与环境友好的绿色溶剂；②水反应处理和分离容易；③水不会着火，安全可靠；④水来源丰富、价格便宜。研究结果表明，在某些反应中，用水作溶剂比在有机相中反应可得到更高的产率或立体选择性。Grieco 发现在 Diels-Alder 环加成反应中，以水为溶剂可以在 4 小时内以定量的收率、3∶1 的选择性得到产物；用苯作溶剂，则需要 288 小时，收率仅为 52%，选择性也很低（1∶1.2）。两相比较，水为溶剂会使反应时间大大缩短，且产率和选择性也会提高。

齐拉西酮（ziprasidone）是一种非典型抗精神病药，其化学合成可以在碳酸钠水溶液中进行，以 90%～94% 的收率得到目标产物。

达氟沙星（danofloxacin）是一类喹诺酮类广谱杀菌药。从二氟代喹诺酮类原料出发，通过一步胺化反应，在碱性条件下高压水相中反应，即可以 91% 的收率得到产物。

（3）以离子液体为介质：离子液体是指全部由离子组成的液体，如高温下的 KCl 和 KOH 呈液体状态。它是一类独特的反应介质，可用于过渡金属催化反应，利用其不挥发的优点，可方便地进行产物的蒸馏分离。因其具有物理性质可调节性的特点，可在许多场合减少溶剂用量和催化剂的使用，是一种绿色溶剂。新开发的在离子液体 1- 丁基 -3- 甲基咪唑四氟硼酸盐（1-butyl-3-methylimidazolium tetrafluoroborate，［Bmim］BF₄）和异丙醇两相体系中不对称催化氢化合成手性萘普生的方法，产物的对映体过量可达 80%，且催化剂可循环使用。

二、绿色合成在药物合成中的应用

随着环保意识的提高，人们在药物合成中越来越多地践行绿色化学的理念。

西格列汀（sitagliptin）传统的合成工艺如下文所示。从原料出发，须与 (S)- 苯甘氨酰胺反应得到烯胺中间体，之后经二氧化铂氢化，再经氢氧化钯脱除，最终得到西格列汀。该路线须使用 (S)- 苯甘氨酰胺作为辅基来实现手性诱导，反应步骤多，且需要使用贵重金属试剂及高压反应条件。

之后，化学家开发了第二代工艺——原料与乙酸胺反应，生成烯胺中间体，之后经过 Rh 催化的不对称氢化直接得到西格列汀。与原始路线相比，不使用辅基 (S)- 苯甘氨酰胺，路线缩短，大大降低了成本。

$$\xrightarrow[\substack{R,S\text{-}t\text{-Bu-Josiphos} \\ (81\%,\ 99.9\%\ e.e.)}]{[Rh(cod)Cl]_2}$$

(sitagliptin)

随后，化学家对此工艺进行了进一步的改进和优化。通过 Ru(OAc)$_2$ 催化的还原胺化反应，可以直接以 91% 的收率和 99.5% 的对映选择性得到目标产物，且减少了反应步骤。而最新的第三代工艺路线则使用生物催化的方法替代贵重金属催化剂。

$$\xrightarrow[\substack{NH_4H_2PO_4,\ H_2 \\ (91\%,\ 99.5\%\ e.e.)}]{Ru(OAc)_2,\ 磷配体}$$

(sitagliptin)

布洛芬（ibuprofen）是一种非甾体抗炎药。传统生产工艺由 6 步化学反应组成，原料消耗大、成本高，原子利用率为 40%。而新的合成方法路线短，只需 3 步，其中两步未使用任何溶剂，原子利用率为 77.4%，第一步反应中的乙酸酐还可以回收利用，符合绿色化学的思想。

(ibuprofen)

正丁醛及异丁醛是重要的医药中间体。工业上用于大量合成正丁醛及异丁醛的 Ruhrchemie/Rhône-Poulenc 工艺是一个典型的绿色工艺。丙烯跟高压合成气（一氧化碳和氢气）在水溶性铑的催化下，在水中反应就可以得到正丁醛及异丁醛的混合物。此过程原子利用率达到 100%，而且采用水作为反应介质，绿色环保。

$$H_3C\!\!-\!\!CH_2 + CO + H_2 \xrightarrow{Rh(I),\ H_2O} H_3C \qquad H + H_3C \qquad H$$

舍曲林（sertraline）用于治疗抑郁症的相关症状。旧的舍曲林合成工艺需要使用正己烷、甲苯、四氢呋喃、乙酸乙酯和乙醇 5 种溶剂，每生产 1 吨的舍曲林需要使用 10 万 L 的溶剂，污染严重,且会对操作工人的健康造成影响。而随后开发的工艺则只使用乙酸乙酯和乙醇这两种相对绿色的溶剂,同时每生产1吨的舍曲林只需要使用2.4万L的溶剂,大大减少了污染。

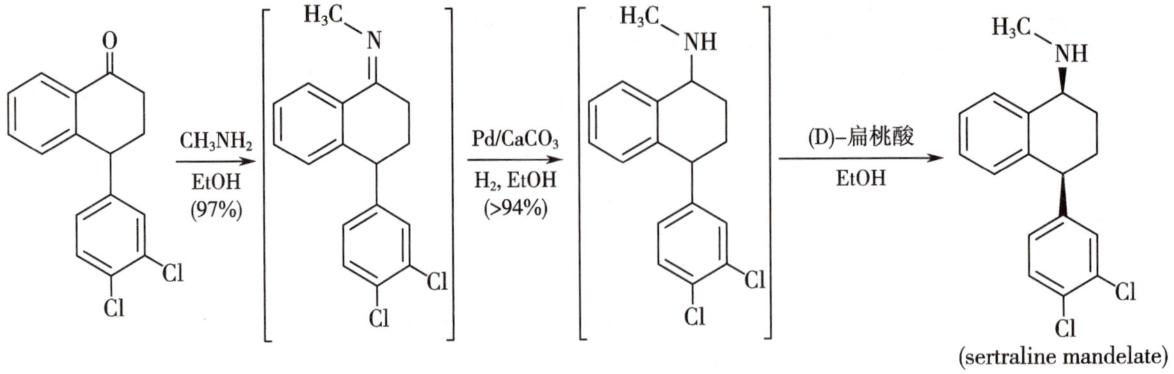

(sertraline mandelate)

第七节 相转移催化技术

一、概述

相转移催化(phase transfer catalysis, PTC)是20世纪70年后代发展起来的一种新型催化技术,是有机合成中应用日趋广泛的一种新合成技术。在药物合成中,经常遇到非均相反应,由于反应物之间接触面积小,所以反应速率慢,甚至不反应。传统解决方法是加入另外一种溶剂,使整个体系混溶,从而加快反应速率,但这种方法不仅会增加成本,也可能引入新的杂质,不是一种理想的方法,而采用相转移催化技术就能很好地解决这一问题。相转移催化剂可以帮助反应物从一相转移到能够发生反应的另一相当中,使两种反应物转移到同一相中,从而加快异相系统反应的速率,使反应能顺利进行。相转移催化技术使许多用传统方法很难进行的反应或者不能发生的反应能顺利进行,而且具有选择性好、条件温和、操作简单和反应速率快等优点,具有很强的实用性。目前相转移催化技术已广泛应用于有机合成的绝大多数领域,如卡宾反应、取代反应、氧化反应、还原反应、重氮化反应、置换反应、烷基化反应、酰基化反应、聚合反应,甚至高聚物修饰等。

(一)相转移催化的原理

相转移催化剂能加速或能使分别处于互不相溶的两种溶剂(液-液两相体系或固-液两相体系)中的物质发生反应。反应时,催化剂把一种实际参加反应的实体(如负离子)从一相转移到另一相中,以便使它与底物相遇而发生反应。相转移催化作用能使离子型化合物与不溶于水的有机物质在低极性溶剂中进行反应,从而加速这些反应。

以季铵盐型相转移催化剂催化的亲核取代反应为例,其机制如图9-6所示,此反应是只溶于水相的亲核试剂二元盐 $M^{\oplus}Nu^{\ominus}$ 与只溶于有机相的反应物 R-X 作用,由于两者在不同的相中而不能互相接近,反应难以进行。$Q^{\oplus}X^{\ominus}$ 为季铵盐型相转移催化剂,由于季铵盐既溶于水又溶于有机溶剂,能够在有机相与水相中自由移动。在水相中,$M^{\oplus}Nu^{\ominus}$ 与 $Q^{\oplus}X^{\ominus}$ 接触时,可发生 $X^{\ominus}$ 与 $Nu^{\ominus}$ 的交换反应生成 $Q^{\oplus}Nu^{\ominus}$ 离子对。$Q^{\oplus}Nu^{\ominus}$ 由于含有季铵部分,可以转移到有机相中。随后在有机相 $Q^{\oplus}Nu^{\ominus}$ 与 R-X 发生亲核反应,生成目标产物 R-Nu,同时再生 $Q^{\oplus}X^{\ominus}$。之后 $Q^{\oplus}X^{\ominus}$ 回到水相,完成催化循环。从上述循环可以看到,相转移催化剂加快了相间传质速率,而本身不发生变化。

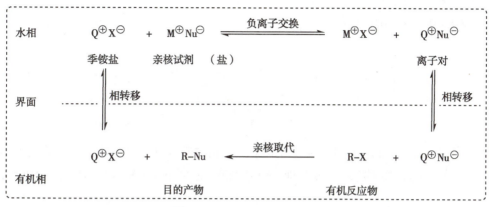

图 9-6　相转移催化反应过程

（二）相转移催化剂

相转移催化剂是指能够把一种实际参加反应的化合物从一相转移到另一相中,以便使它与底物相互接触而发生反应的物质。常用的相转移催化剂主要有以下几类。

1. 季铵盐类　主要由中心原子、中心原子上的取代基和负离子三部分组成,具有价格低廉、毒性小的特点,应用广泛。常用的季铵盐相转移催化剂有苄基三乙基氯化铵(benzyl triethyl ammonium chloride,BTEAC)、四丁基溴化铵(tetrabutyl ammonium bromide,TBAB)、四丁基氯化铵(tetrabutyl ammonium chloride,TBAC)等。

2. 冠醚类　又称非离子型相转移催化剂,冠醚的特殊结构使其有与电解质阳离子络合的能力,而将阴离子 OH^- 自离子对中分开而单独"暴露"出来,使电解质在有机溶剂中能够溶解,"暴露"出来的负离子具有更强的亲核性。因其具有特殊的复合性能,对阳离子选择性高。常用的有 18- 冠醚 -6(18-C-6)、15- 冠醚 -5(15-C-5)和环糊精(cyclodextrin,CD)等。

$$1\text{-}C_8H_{17}Cl \quad + \quad KCN \xrightarrow{\ 18\text{-}C\text{-}6\ } 1\text{-}C_8H_{17}CN \quad + \quad KCl$$

有机相　　　水相或固相　　　　有机相　　　水相或固相

3. 聚醚类　属于非离子型表面活性剂,是一种中性配体,具有价格低、稳定性好、合成方便等优点。聚乙二醇(PEG)是一种常用的聚醚类催化剂,它可用于杂环化学反应、过渡金属配合物催化的反应及其他许多催化反应中。根据 PEG 的平均分子量不同,可分为 PEG 200、PEG 400、PEG 600、PEG 800 等。

二、相转移催化技术在药物合成中的应用

相转移催化技术广泛应用于药物合成中。酮洛芬（ketoprofen）是一类非甾体抗炎药，合成报道较多。但是最后一步合成为非均相体系，大多存在反应时间长、收率低等缺点。若采用季铵盐度米芬（domiphen bromide）为相转移催化剂，则可以 69% 的收率、99.5% 的纯度获得产品，不经重结晶即可达到质量要求。

贝凡洛尔（bevantolol）是一种选择性肾上腺素受体拮抗剂。其关键中间体环氧丙烷的合成可以采用 BTEAC 作为相转移催化剂来实现，反应时间可由 24 小时缩短到 3 小时，收率超过 70%。

二氢苯并呋喃是药物分子中常见的骨架结构，从氯代烃出发，使用四丁基羟胺作为相转移催化剂，在氢氧化钠水溶液中反应，可以大于 90% 的收率得到烯烃产物。

扁桃酸可以由苯甲醛和三氯甲烷在氢氧化钠水溶液中反应获得，加入 BTEAC 作为相转移催化剂，能够大大缩短反应时间，提高反应收率。

使用手性相转移催化剂还可以在反应中引入手性，如下文所示。在水和甲苯混合溶液中，使用 10% 的手性季铵盐催化剂，可以在底物中引入甲基，获得 98% 的收率以及 92% 的对映选择性。

第八节 生物催化合成技术

一、概述

生物催化(biocatalysis)是指以酶或有机体(细胞、细胞器)作为催化剂催化完成化学反应的过程,又称生物转化(biotransformation)。

有机化合物的生物合成和生物转化是一门以有机合成化学为主,与生物学密切联系的交叉学科,它是当今药物合成化学的研究热点和重要发展方向。酶及其他生物催化剂不仅在生物体内可以催化天然有机物质的生物转化,也能在体外促进天然或人工合成的有机化合物的各种转化反应。酶催化具有反应条件温和、催化效率高和专一性强的优点,利用生物催化或生物转化等生物方法来合成药物组分已成为当今生物技术研究的热点。

(一)生物催化的原理

生物催化的本质是酶催化。酶是一种具有高度专一性和高催化效率的蛋白质。酶催化机制与一般化学催化剂基本相同,也是先与反应物(酶的底物)结合成络合物,通过降低反应的活化能来提高化学反应的速率。酶与其他催化剂一样,仅能加快反应的速率,不影响反应的热力学平衡,酶催化的反应是可逆的。

Koshland 在 1958 年提出,酶的活性中心在结构上具柔性,当底物接近活性中心时,可诱导酶与底物契合结合成中间产物,引起催化反应进行(图9-7)。

酶　　底物　　酶和底物结合　　酶　　产物

图9-7　酶催化反应原理

(二)生物催化剂

生物催化剂是指生物反应过程中起催化作用的游离或固定化的酶或活细胞的总称,包括从生物体主要是微生物细胞中提取出的游离酶或经固定化技术加工后的酶;也包括游离的、以整体微生物为主的活细胞及固定化活细胞。两者的实质都是酶,但前者酶已从细胞中分离纯化,后者酶则保留在细胞中。对于需要利用一种以上的酶和辅酶的复杂反应或酶不能游离使用的反应,通常采用全细胞的生物转化,否则为了简单起见则选择游离酶。两者在实际应用中各有千秋。酶催化剂具有反应步骤少、催化效率高、副产物少和产物易分离、纯化等优点,而整体细胞催化剂具有不需要辅酶再生和制备简单等特点。生物催化过程具有高效性和高选择性,不仅有化学选择性和非对映异构体选择性,一般也具有区域选择性、面选择性和对映异构体选择性。生物催化易于得到相对较纯的产品,反应条件温和,且可以完成很多传统过程所不能达到的立体专一性。

酶是生物催化剂,酶催化的反应速率比非酶催化的反应速率一般要快 $10^6 \sim 10^{12}$ 倍。而且酶催化剂用量少,一般化学催化剂的用量为催化底物的 0.1%～1%(摩尔分数),而酶催化反应中酶的用量仅为催化底物的 0.000 1%～0.001%(摩尔分数)。据推测,自然界中约有 25 000种酶,其中已被认定的有 300 多种。根据酶所催化反应的性质不同,可将酶分成以下六大类。

1. 氧化还原酶类(oxidoreductases) 氧化还原酶是一类促进底物进行氧化或还原反应的酶类。被氧化的底物就是氢或电子供体,这类酶都需要辅助因子参与。据估计所有的生物转化过程涉及的生物催化剂有 25% 为氧化还原酶。根据受氢体的物质种类可将其分为 4类:脱氢酶、氧化酶、过氧化物酶和加氧酶。

2. 转移酶类(transferases) 转移酶是指能促进不同物质分子间某种化学基团的交换或转移的酶类。转移酶能催化一种底物分子上的特定基团(例如酰基、糖基、氨基、磷酰基、甲基、醛基和羧基等)转移到另一种底物分子上。在很多场合供体是一种辅助因子(辅酶),它是被转移基团的携带者,所以大部分转移酶需有辅酶的参与。在转移酶中,转氨酶是应用较多的一类酶。

3. 水解酶类(hydrolases) 水解酶指在有水参加下促进水解反应,把大分子物质底物水解为小分子物质的酶。催化过程大多不可逆,一般不需要辅助因子。此类酶发现和应用数量日增,是目前应用最广的一种酶。据估计,生物转化利用的酶约 2/3 为水解酶。水解酶中,使用最多的是脂肪酶,其他还包括酯酶、蛋白酶、酰胺酶、腈水解酶、磷脂酶和环氧化物水解酶。

4. 异构酶类(isomerases) 异构酶又称异构化酶,是指在生物体内催化底物分子内部基团重新排列,使各种同分异构化合物之间相互转化的一类酶。按催化反应分子异构化的类型,又分为消旋和差向异构、顺反异构、醛酮异构,以及使某些基团(如磷酸基、甲基、氨基等)在分子内改变位置的变位酶等几个亚类。

5. 合成酶类(ligases) 合成酶又称连接酶,是指促进两分子化合物互相结合,并伴随有腺苷三磷酸(adenosine triphosphate,ATP)分子中的高能磷酸键断裂的一类酶。在酶反应中必须有 ATP 或鸟苷三磷酸(guanosine triphosphate,GTP)等参与,此类反应多数不可逆。常见的合成酶有丙酮酸羧化酶(pyruvate carboxylase)、谷氨酰胺合成酶(glutamine synthetase)、谷胱甘肽合成酶(glutathione synthetase)等。

6. 裂合酶类(lyases) 裂合酶是催化从底物(非水解)移去一个基团并留下双键的反应或其逆反应的酶类。裂合酶可以催化小分子在不饱和键(C=C、C≡N 和 C=O)上的加成或消除。裂合酶中的醛缩酶、转羟乙醛酶和氧腈酶在形成 C—C 时具有高度的立体选择性,因而日渐引起关注。

二、生物催化在药物合成中的应用

西格列汀(sitagliptin)最新的第三代合成方法就是采用生物催化。通过转氨酶(transaminase)可以一步将羰基酰胺化合物转化为手性胺产物,之后通过进一步的磷酸化即可得到西格列汀。该项工艺改进也获得了美国总统绿色化学挑战奖。

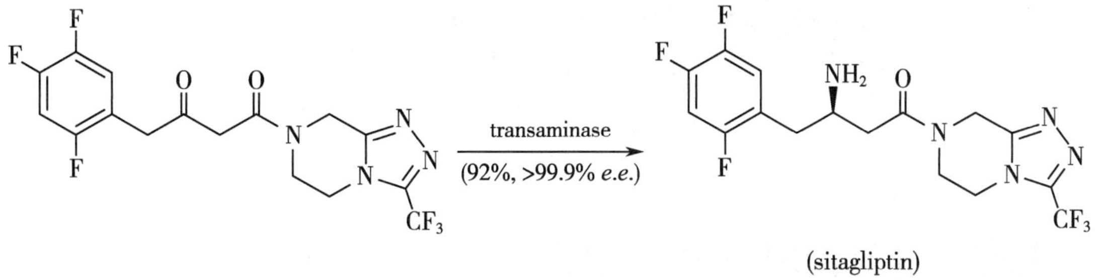

(sitagliptin)

阿托伐他汀（atorvastatin）是一种降血脂药，其中手性羟基氰基片段是合成阿托伐他汀的关键中间体。一种有效的合成方法就是使用酮还原酶（ketoreductase）将4-氯乙酰乙酸乙酯中的酮羰基还原，之后通过进一步转化得到手性羟基氰基片段。

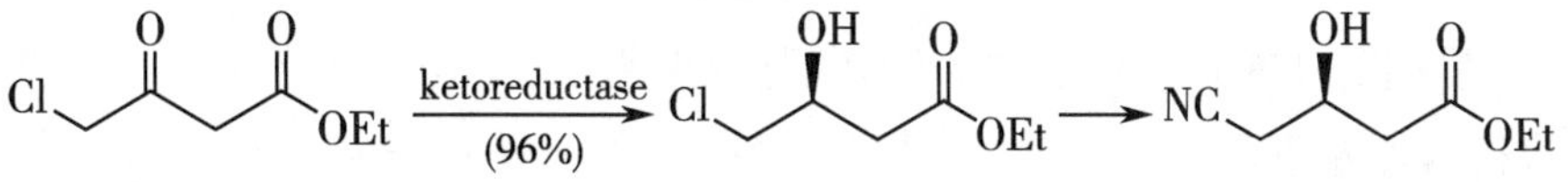

辛伐他汀（simvastatin）是一种口服降血脂药，其合成的最后一步可以通过酰基转移酶（acylase）催化来高效率地实现。

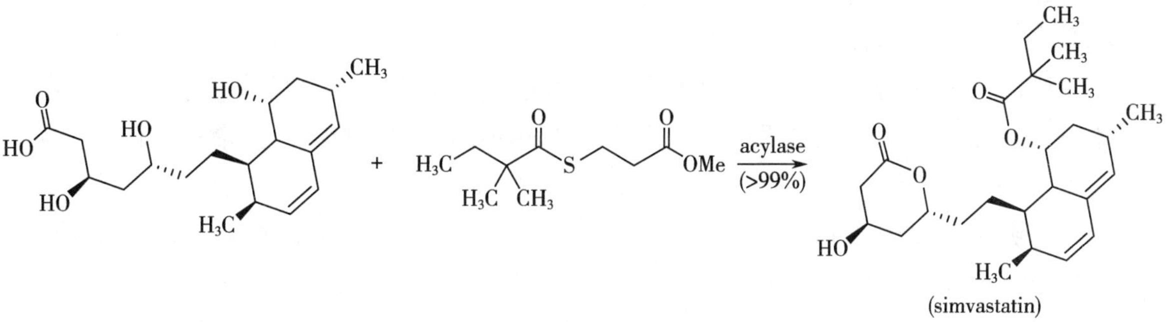

(simvastatin)

左乙拉西坦（levetiracetam）是一种抗癫痫药，其最新的合成工艺采用腈水合酶（nitrile hydratase）来实现，这一步涉及酶催化的动态动力学拆分过程。

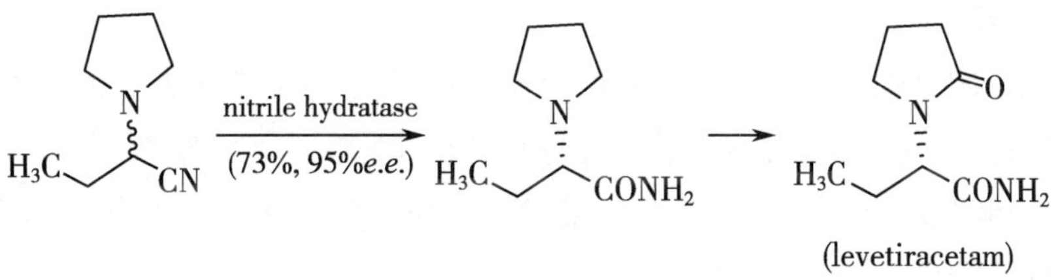

(levetiracetam)

(R)-3-(4-氟苯)-2-羟基丙酸是合成抗病毒药芦平曲韦（rupintrivir）的关键中间体，其合成可以通过乳酸脱氢酶（lactate dehydrogenase）来实现。

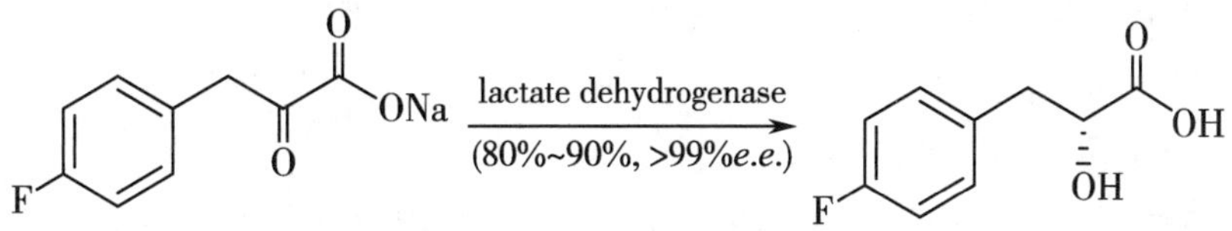

手性的2-硝基苯丙烷是合成司来吉兰（selegiline）和坦洛新（tamsulosin）的关键中间体，其高效合成可以通过烯烃还原酶（ene-reductase）实现。

第九节　现代合成技术新进展

一、机械化学合成概述

机械化学（mechanochemistry）亦称机械力化学或力化学，是机械加工和化学反应在分子水平的结合，是利用机械能诱发化学反应和诱导材料组织、结构和性能的变化，来制备新材料或对材料进行改性处理。

机械力作用于固体物质时，不仅引发劈裂、折断、变形、体积细化等物理变化，而且随颗粒的尺寸逐渐变小，比表面积不断增大，产生能量转换，其内部结构、物理化学性质以及化学反应活性也会相应地产生变化。与普通热化学反应不同，机械化反应的动力是机械能而非热能，因而反应无须高温、高压等苛刻条件即可完成。

尽管目前对机械能的作用和耗散机制还不清楚，对众多的机械化学现象还不能定量和合理地解释，也无法明确界定其发生的临界条件，但对物料在研磨过程中的机械化学作用已达成如下较一致的看法。

1. 粉体表面结构变化　粉体在研磨过程所产生的剧烈碰撞、摩擦等机械力作用下，晶粒尺寸减小，比表面积增大，同时不断形成表面缺陷，导致表面电子受力被激发产生等离子，表面键断裂引起表面能量变化，表面结构趋于无定形化。

2. 粉体晶体结构变化　随着研磨的进一步进行，在机械力的强烈作用下，粉体颗粒表面无定形化层加厚，晶格产生位错、变形、畸变等体相缺陷，导致晶体结构发生整体改变，如晶粒非晶化和晶型转变等。

3. 粉体物理化学性质变化　由于机械力作用使粉体比表面积和晶体结构发生较大的变化，相应其物理、化学性质也发生明显的改变，包括密度减小、熔点降低、分解和烧结温度降低、溶解度和溶解速率升高、离子交换能力提高、表面能增加、表面吸附及反应活性增大和导电性能提高等。

4. 粉体机械力化学反应　粉体在机械力作用下诱发化学反应，即机械化学反应，从而导致其化学组成发生改变。已经被研究证实能够发生的化学反应有分解反应、氧化还原反应、合成反应、晶型转化、溶解反应、金属和有机化合物的聚合反应、固溶化和固相反应等。

机械化学合成具有如下特点。

1. 提高反应效率　机械力作用可以诱发产生一些利用热能难于或无法进行的化学反应。机械化学反应条件下进行的合成反应体系的微环境不同于溶液，会造成反应部位的局部高浓度，提高反应效率，可使产物的分离提纯过程变得较容易进行。有些反应完成后用少量水或有机溶剂将原料洗净即可,有的反应当加入计量比的反应物,且转化率达到 100% 时得到的是单一的纯净产物,不必进行分离提纯。

2. 控制分子构型　机械化学反应与热化学反应有不同的反应机制。在机械力作用下,反应物分子处于受限状态,分子构象相对固定,而且可利用形成包结物、混晶、分子晶体等手段控制反应物的分子构型,尤其是通过与光学活性的主体化合物形成包结物控制反应物分子构型,实现对映选择性的固态不对称合成。

3. 低污染、低能耗、操作简单　机械化学反应可沿常规条件下热力学不可能发生的方向进行,通过摩擦、搅拌或研磨等机械操作,不需要对反应物质进行加热,节能方便;在机械化学合成中减少了溶剂的挥发和废液的排放,也就降低了污染。

4. 较高的选择性　与热化学相比,机械化学受周围环境的影响较小。机械化学合成为反应提供了与传统溶液反应不同的新分子环境,有可能使反应的选择性、转化率得到提高。

研磨反应是较为常见的一种机械化学合成反应,实际上是在无溶剂或极少量溶剂作用下的新颖化学环境下进行的反应,有时比溶液反应更为有效且有更好的选择性。研磨反应机制与溶液中的反应一样,反应的发生起源于两个反应物分子的扩散接触,从而生成产物分子。此时生成的产物分子作为一种杂质和缺陷分散在母体反应物中,当产物分子聚集到一定大小,出现产物的晶核,从而完成成核过程,随着晶核的长大,出现产物的独立晶相。以下列举其在药物合成中的应用实例。

叠氮跟炔的 1,3- 偶极环加成反应(Huisgen 反应)是一种常用的点击化学(click chemistry),在化学生物学及药物化学中广泛使用。Huisgen 反应一般由铜试剂催化完成,比如 CuI。而使用铜做成的研磨装置,则可以在不使用催化剂的情况下高效完成 Huisgen 反应,这表明反应可以在研磨装置表面的铜催化下发生。

$$Ph\text{---}\equiv\text{CH} + \text{(苄溴)} \xrightarrow[(>95\%)]{NaN_3, 铜, 研磨} \text{(产物)}$$

类似地,在研磨装置中加入银箔,可以催化重氮跟烯烃的加成反应,得到环丙烷产物。

$$\underset{Ph}{\text{CH}_2} + N_2\underset{CO_2Me}{\overset{Ph}{|}} \xrightarrow[(96\%)]{Ag, 研磨} \underset{Ph\quad Ph}{\triangle CO_2Me}$$

使用简单的球磨技术,可以在空气中实现格氏试剂的机械化学合成。而且这些亲核试剂可在无溶剂条件下直接与各种亲电试剂进行一锅法亲核加成反应,比如格氏试剂跟醛的加成反应。

$$Ph\text{---}Br \xrightarrow{Mg}{球磨} PhMgBr + \underset{H}{\overset{O}{\|}}Ph \xrightarrow[THF]{球磨} \underset{Ph}{\overset{OH}{|}}Ph$$

芳基硼酸酯是常用的药物合成中间体。从芳基重氮盐出发,以钛酸钡($BaTiO_3$)作压电催化剂,通过球磨的方式可以实现芳基呋喃类化合物和芳基硼酸酯的合成。该方法具有条件温和、操作简单、底物兼容性较好等优点。

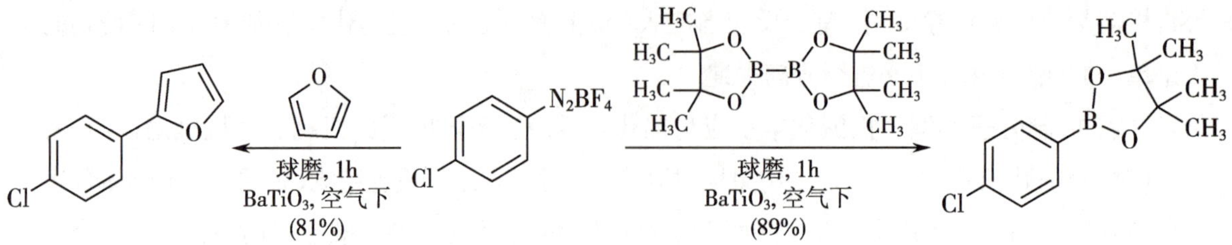

球磨, 1h
BaTiO$_3$, 空气下
(81%)

球磨, 1h
BaTiO$_3$, 空气下
(89%)

二、DNA 编码化合物库技术概述

DNA 编码化合物库（DNA Encoded compound Library, DEL）合成与筛选的概念最早是由美国 Scripps 研究所的 Sydney Brenner 和 Richard Lerner 于 20 世纪 90 年代提出。DEL 技术是组合化学和分子生物学的完美结合。近年来，随着高通量测序技术的迅速发展，DEL 在国际大型制药企业原创新药研发中得到了广泛的应用。

利用组合化学的方法可以快速合成数量巨大的化合物库，但在筛选过程中无法得知起作用的化合物的结构信息。DEL 是在组合化学的基础上，将一个具体的化合物与一段独特序列的 DNA 连接（即对小分子化合物进行 DNA 编码）。在与相应靶点进行亲和筛选后，由于化合物与 DNA 编码信息一一对应，可以通过对 DNA 序列的识别从而得到高亲和力化合物的结构信息，这有效解决了组合化学产生的巨型化合物库无法用于先导化合物筛选的问题。

DEL 通常采用 Split & Pool 的方法进行合成，其合成方法如图 9-8、彩图 9-8 所示。第一步，将 DNA 编码跟化学片段（building block, BB）连接，得到不同的 DNA 编码化合物。然后将这些 DNA 编码化合物（m 个）形成的混合物（Pool）等分（split 成 n 份）。接着将一组新的化合物片段（o 个）通过化学方法连接到 DNA 编码化合物上的化学片段部分上，然后将相应的 DNA 编码连接到 DNA 编码化合物上 DNA 片段部分。这样就形成了新的 DNA 编码化合物（共有 $m \times n \times o$ 个）。由于每个化学片段对应相应的 DNA 编码，相当于对每个小分子化合物进行了 DNA 编码。每通过一次 Split & Pool，化合物的数量便急剧增加，从而实现巨型化合物库的合成。

目前，DNA 编码化合物库作为新药筛选的一种强有力的工具已经越来越被制药公司及科研院所所重视。DNA 编码化合物库筛选技术主要基于亲和力筛选，将活性靶点蛋白和极少量的 DNA 编码化合物库共孵育，亲和力强的化合物与蛋白结合，亲和力弱或不结合的化合物被除去。留下的与靶标有吸附的 DNA 编码化合物再洗脱下来。由于化合物与 DNA 编码信息一一对应，可以通过高通量测序技术得到高亲和力化合物的结构信息。化学家重新合成不带 DNA 标签的化合物后进行活性验证及结构优化，从而得到苗头化合物。由于 DNA 编码化合物库化合物数量巨大，这种方法大幅提高了新药筛选的效率。

DNA 编码化合物库筛选技术相对于传统筛选技术有如下优势。

1. DEL 库化合物数量巨大，可达亿级以上，而传统的化合物库化合物多小于一千万。

2. DEL 库化合物可在较短时间内建成，大大缩短了周期，同时提高了筛选效率。

3. DEL 筛选技术能够对传统筛选技术较难筛选到药物的靶点进行筛选。

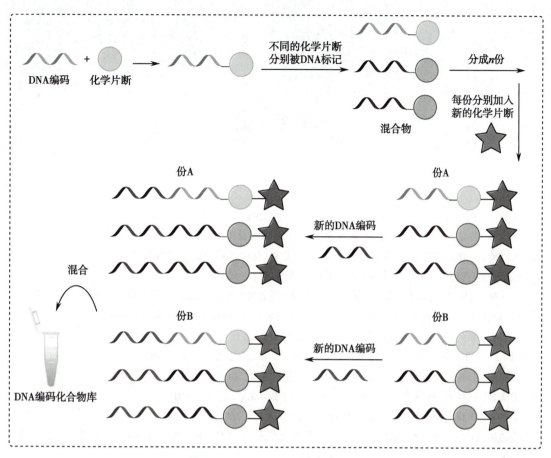

图 9-8　Split & Pool 法合成 DEL

（张　翱　孙占奎）

练习题

1. 试述组合化学的基本原理。

2. 多肽固相合成的原理是什么?

3. 光化学反应有哪些类型?

4. 流动化学技术有哪些优点?

5. 试述微波加热的原理,其加热方式与传统加热方式有何不同?

6. 概述绿色化学 12 项原则。

7. 酶分为哪 6 大类?

参考文献

[1] 闻韧. 药物合成反应. 4版. 北京: 化学工业出版社, 2017.

[2] 孙丽萍, 黄文才. 药物合成反应: 案例版. 北京: 科学出版社, 2021.

[3] 孙昌俊, 王晓云, 田胜. 药物中间体合成手册. 北京: 化学工业出版社, 2018.

[4] 陈芬儿. 有机药物合成法. 北京: 中国医药科技出版社, 1999.

[5] 刑其毅, 裴伟伟, 徐瑞秋, 等. 基础有机化学. 4版(上册). 北京: 北京大学出版社, 2016.

[6] MARCH J. Advanced Organic Chemistry. 3rd ed. New York: John Wiley & Sons, 1985.

[7] 陈清奇. 新药化学全合成路线手册. 北京: 化学工业出版社, 2018.

[8] LI J J. 有机人名反应及机理. 荣国斌, 译. 上海: 华东理工大学出版社, 2003.

[9] 吕春绪. 有机中间体制备. 3版. 北京: 化学工业出版社, 2009.

[10] 唐培堃, 冯亚青. 精细有机合成化学与工艺学. 3版. 北京: 化学工业出版社, 2009.

[11] 金寄春. 重排反应. 北京: 高等教育出版社, 1990.

[12] CARRUTHERS W, COLDHAM I. 当代有机合成方法. 王金瑞, 李志铭, 译. 上海: 华东理工大学出版社, 2006.

[13] 刑其毅, 裴伟伟, 徐瑞秋, 等. 基础有机化学. 4版(下册). 北京: 北京大学出版社, 2016.

习题答案及解析

第一章　习题答案及解析

一、简答题

1. 答案：N-卤代酰胺与烯烃的亲电加成反应，首先是质子化的 N-卤代酰胺提供卤正离子，烯烃进攻卤正离子形成卤鎓离子，然后溶剂负离子（羟基、烷氧基等）从反面进攻卤鎓离子得到 β-卤醇或 β-卤醇衍生物。

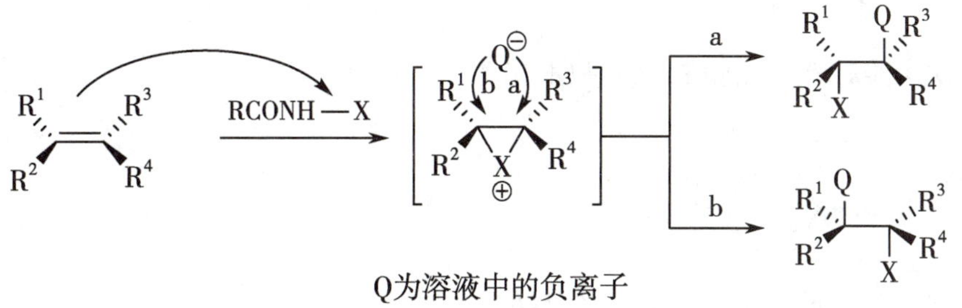

Q为溶液中的负离子

2. 答案：羰基的 α-位氢具有一定的酸性，在酸催化时，羰基氧质子化并形成烯醇；而在碱催化时直接拔掉 α-位氢，形成烯醇负离子。接着与卤化剂发生亲电取代生成 α-卤代的羰基化合物，具体如下。

（1）酸催化机制

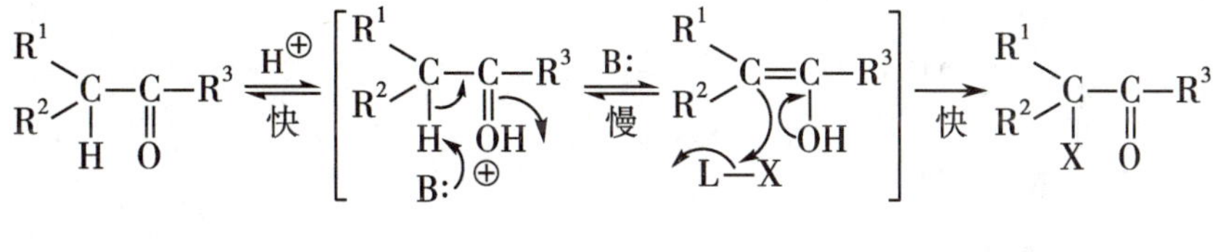

（2）碱催化机制

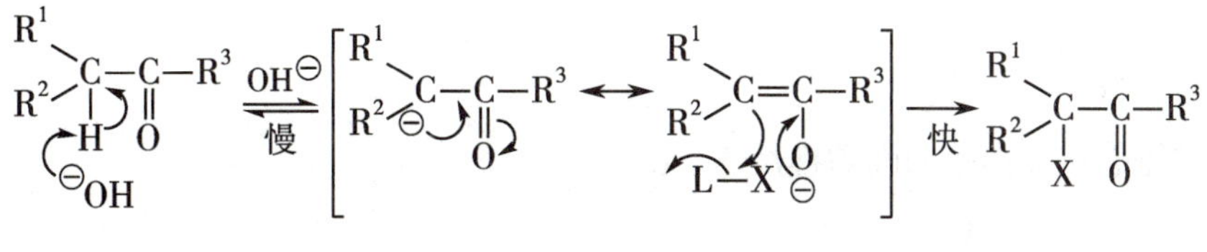

3. 答案：脂肪醇常见的卤置换试剂有氢卤酸、亚硫酰氯（氯化亚砜）、五氯化磷、三氯化磷、三氯氧磷等。羧酸常见的氯化试剂有亚硫酰氯（氯化亚砜）、五氯化磷、三氯化磷、三氯氧磷、草酰氯等。

二、完成下列合成反应

1. 答案：

解析：NIS 对烯烃的加成反应。

2. 答案：

解析：不饱和酯的卤内酯化反应。

3. 答案：

解析：次卤酸对烯烃的加成，然后脱水。

4. 答案：

解析：原位生成的溴与苄位氢的取代反应。

5. 答案：

解析：N-溴代酰胺与苄位氢的取代反应。

6. 答案：

解析：$POCl_3$ 对酚羟基的取代反应。

7. 答案：

解析：重氮盐与氟离子的卤置换反应。

8. 答案：

解析：Lewis 酸催化的卤素与芳烃的卤化反应。

9. 答案： CH₂CH₂Br

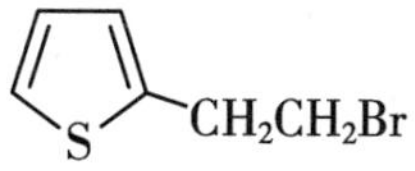

解析：PBr₃ 对醇羟基的卤置换反应。

10. 答案：BrH₂C——OCH₃

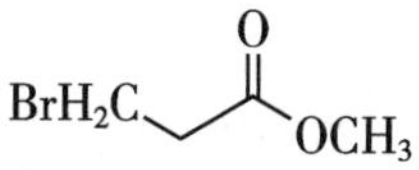

解析：不饱和烃的加成反应。

11. 答案：NC——S——Cl

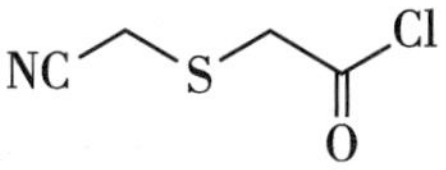

解析：羧酸的氯化反应。

12. 答案：H₃CS——Cl   H₃CS——F

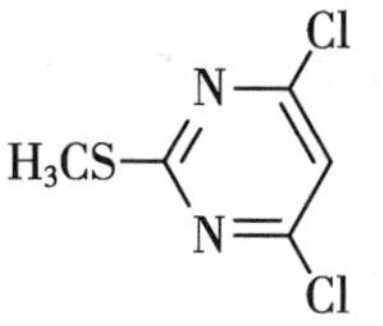

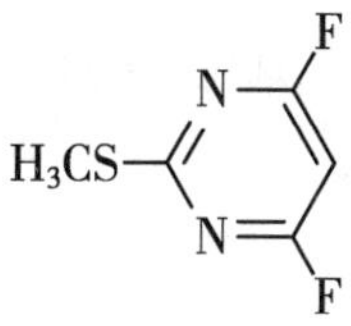

解析：酚羟基的卤代及卤置换反应。

13. 答案：

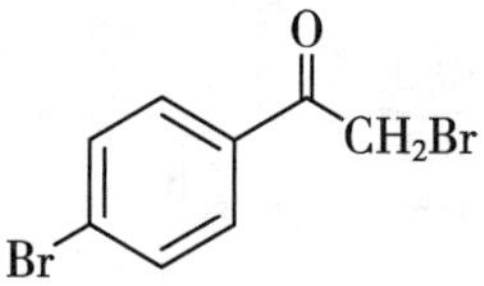

解析：羰基 α- 位氢的卤取代反应。

14. 答案：

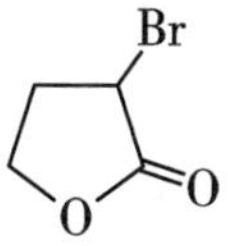

解析：羰基 α- 位氢的卤取代反应。

15. 答案：

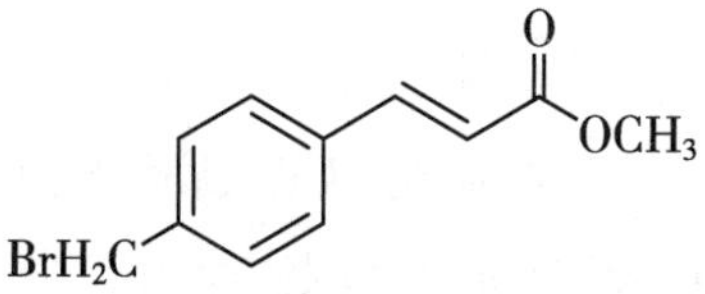

解析：苄位氢的溴取代反应。

16. 答案：Br₂/LiBr/HOAc

解析：炔烃与卤素的加成反应。

17. 答案：ICl/CaCO₃/MeOH/H₂O

解析：氯化碘作为卤化剂对芳香氢的碘代反应。

18. 答案：SOCl₂，催化量的 DMF，90℃

解析：酚羟基的氯化反应。

19. 答案：3 当量 Br₂，CCl₄，NaHCO₃

解析：溴代内酯化反应。

20. 答：NaI，丙酮

解析:卤化物的碘置换反应。

三、药物合成路线设计

1. 答案:

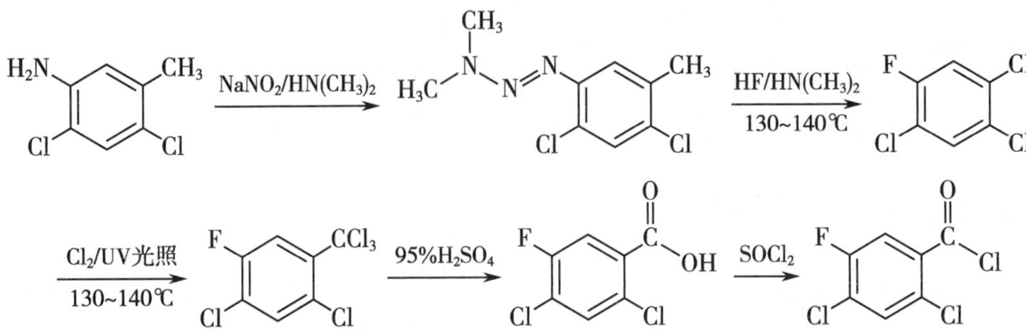

解析:以 2,4- 二氯 -5- 甲基苯胺为原料,经重氮化、氟置换、苄位氢的氯取代、酸水解及羧羟基的氯置换即得环丙沙星中间体。

2. 答案:

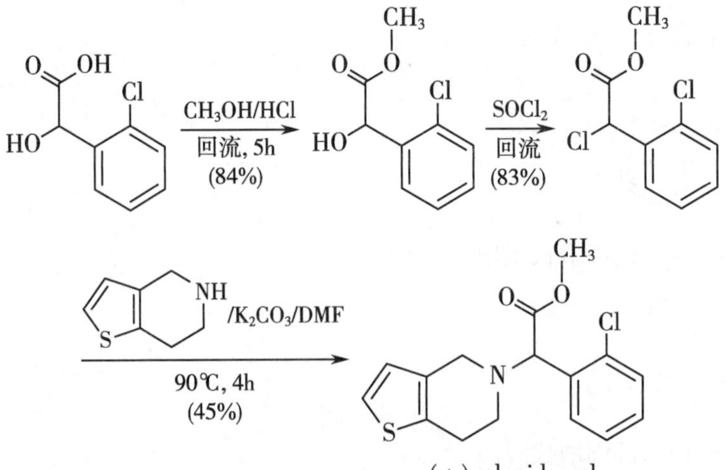

(±)–clopidogrel

解析:将氯代扁桃酸甲酯化,用氯化亚砜氯化,并在碱性条件下与 4,5,6,7- 四氢噻吩并 [3,2-c]吡啶进行取代反应即得(±)- 氯吡格雷。也可以将制得的氯代扁桃酸甲酯与对甲苯磺酰氯进行磺酰化反应,再与 4,5,6,7- 四氢噻吩并[3,2-c]吡啶进行取代反应。

3. 答案:

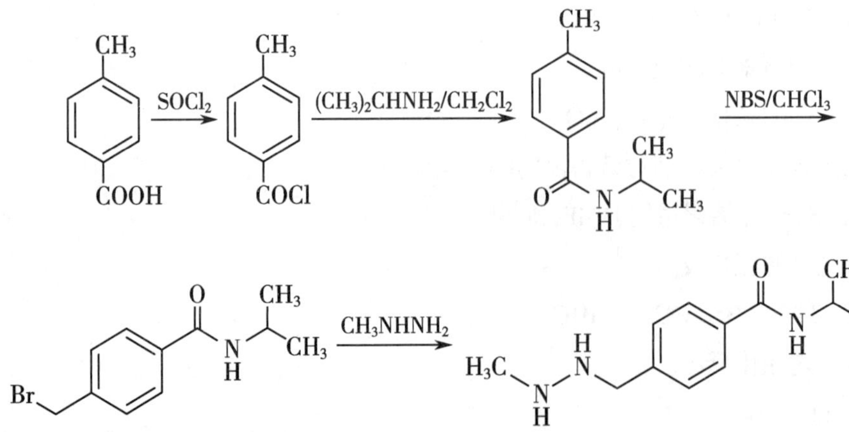

解析: 将对甲苯甲酸用氯化亚砜酰氯化、二异丙基胺 *N*- 酰化反应、苄位氢溴代,并与甲基肼进行烃化反应。

第二章　习题答案及解析

一、简答题

1. 答案: 引入硝基,可以制备硝基化合物、硝酸酯、硝胺等。硝基的强吸电子性,能增强分子极性,提高反应活性及生理活性;强化材料性能等。

常用硝化剂包括低浓度硝酸(小于 70%),适用于酚类多烷基芳烃等活泼底物;98%～100% 硝酸,强硝化剂,适用于较活泼底物;硝硫混酸,如发烟硝酸和浓硫酸的混酸,是强硝化剂,适用于不活泼底物的硝化;硝酸 / 乙酸酐,主要用于 *N*- 硝化反应,制备硝胺。

解析: 硝化剂生成硝基正离子的浓度大小,是衡量硝化剂硝化能力的关键。

2. 答案: 苯胺显碱性,在混酸中生成铵盐,会大大降低芳环的电子密度,钝化亲电硝化反应活性,在强烈混酸硝化条件下,硝化反应可以发生在间位。而 *N*- 乙酰基苯胺由于保护基乙酰基的存在,碱性弱,不与混酸发生酸碱反应生成盐,因而在混酸硝化反应中,其活性高于苯胺。

解析: 关键点在于硝化反应属于亲电取代反应以及游离苯胺的强碱性。

3. 答案: 实质上是亚硝酸对芳胺的 *N*- 硝化反应,并异构化为重氮酸,重氮酸质子化并脱水,生成重氮盐。重氮盐脱氮气,可以发生 Sandmeyer 取代反应制备官能化芳烃;被氢置换的脱氨基反应;重氮盐的亲核偶联反应制备偶氮化合物,还原反应制备芳基肼类化合物。

解析: 脱氮气是生成芳基正离子的推动力,存在亲核反应和自由基反应两种可能机制。

二、完成下列合成反应

1. 答案:

HO$_2$C—HO—〔环〕—N=N—〔环〕—CONHCH$_2$CH$_2$CO$_2$H

解析: 重氮盐与亲核试剂的偶合反应。

2. 答案:

〔环〕CHO / NO$_2$

解析: 芳环上同时存在推电子、吸电子基团,亲电硝化反应的区域选择性由降低反应活化能的推电子基团确定,并避免进入空间位阻较大的 C-2 位。

3. 答案:(1) NaNO$_2$　　(2) 〔环〕$\overset{\oplus}{N_2}\overset{\ominus}{BF_4}$　　(3) 〔环〕F

解析:(1) 芳胺盐酸盐与 NaNO$_2$ 反应可以制备重氮盐。

(2) 溶解度较高的重氮盐与氟硼酸发生复分解反应,生成氟硼酸重氮盐。

(3) Schiemann 反应。

4. 答案: ON—〔环〕—N(CH$_3$)$_2$

解析：亚硝化反应。

5. 答案：

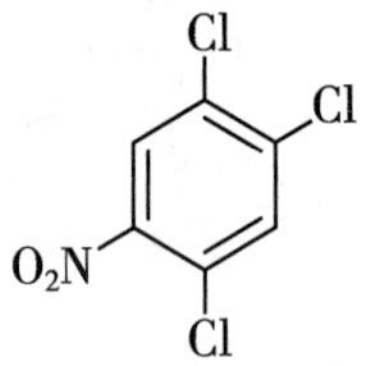

解析：多卤代芳烃中，多卤素表现为吸电子效应，但卤代表现为给电子效应。因此，亲电硝化发生在多卤素取代的对位，以及多卤代的间位。

6. 答案：

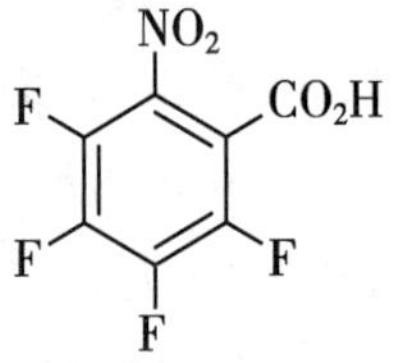

解析：强烈硝化反应条件。

7. 答案：

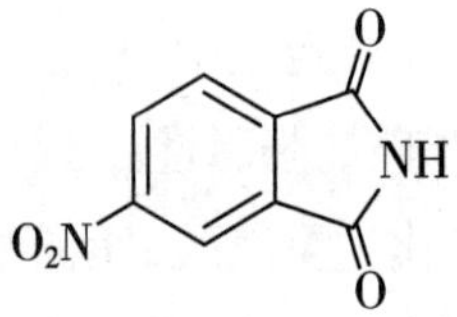

解析：酰基为吸电子基团，亲电硝化反应发生在间位。

8. 答案：

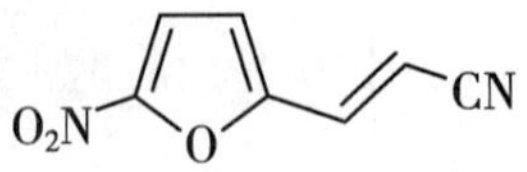

解析：亲电硝化发生在呋喃环的 C-5 位。

9. 答案：

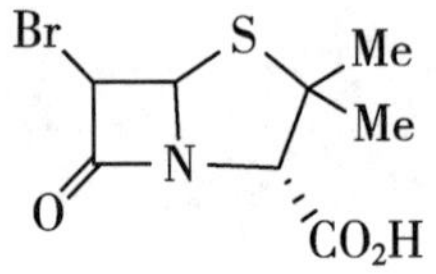

解析：Sandmeyer 反应，亲核性弱的硫酸可以避免亲核性较强的氯负离子亲核取代的副反应。

10. 答案：

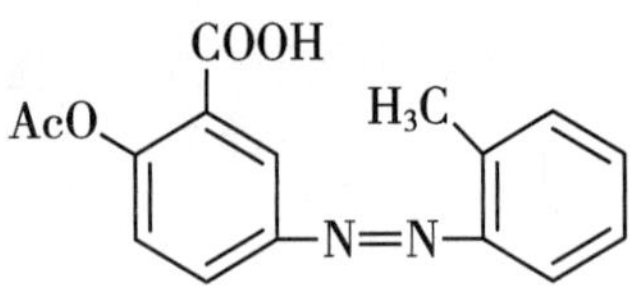

解析：重氮盐的亲核偶合反应，乙酰化水杨酸具有较强的亲核活性。

三、药物合成路线设计

1. 答案：

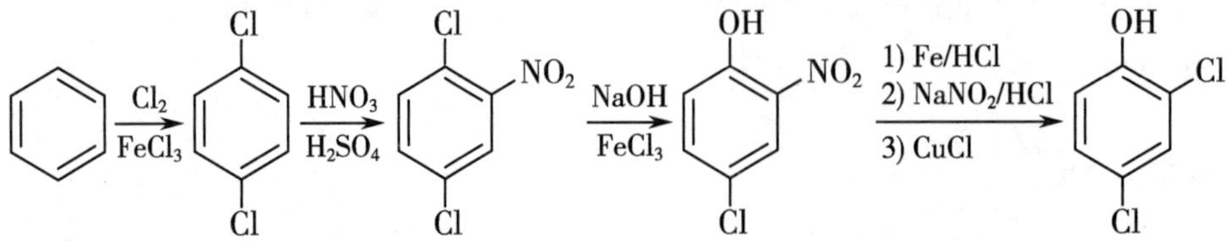

解析: 苯氯化并分离对二氯苯, 经混酸硝化制备共同中间体 2,5- 二氯硝基苯, 其水解制备 2- 硝基 -4- 氯苯酚, 再经铁酸还原硝基为氨基、重氮化以及 Sandmeyer 反应, 获得 2,4- 二氯苯酚。将其与 2,5- 二氯硝基苯亲核缩合, 制备三氯新关键中间体硝基二芳基醚。其中, 硝基经还原、重氮化、水解反应, 即可合成目标化合物。

第三章　习题答案及解析

一、简答题

1. 答案: 常用的烃化剂为卤代烃、酯类、环氧乙烷类; 常用的甲基化试剂及乙基化试剂是硫酸二甲酯和硫酸二乙酯; 引入较大烃基时可选择芳磺酸酯烃化剂。

解析: 略。详见教材第三章第二节相关内容。

2. 答案: 环氧乙烷为烃化剂时, 在被烃化的原子上引入羟乙基, 这类反应又称为羟乙基化反应。引入羟乙基后, 羟基还可以进行其他转换, 如与卤原子置换得卤代烃, 被氧化得醛或酸、被烃化得醚等。所以, 该类反应可以制备一系列非常重要的化合物。在药物合成中, 环氧乙烷为常用的羟乙基化试剂, 广泛用于氧、氮碳原子上的烃化。

3. 答案: 苄基氯与苯酚反应属于 *O*- 烃化, 主要生成苄基苯基醚。

苄基氯与苯胺反应属于 *N*- 烃化, 主要生成 *N*- 苄基苯胺或 *N,N*- 二苄基苯胺。

苄基氯与苯反应属于 *C*- 烃化, 主要生成二苯基甲烷。

二、完成下列合成反应

1. 答案:

解析: NO_2 电子效应使 *O*- 烃化反应易进行。

2. 答案:

解析: 烯烃作为 *O*- 烃化反应的烃化剂。

3. 答案:

解析: *O*- 烃化反应, 氯代烃的烃化能力比氟代烃强。

4. 答案: 叔丁醇钾、异丙醇钠、乙醇钠等。

解析: 在叔丁醇钾、异丙醇钠、乙醇钠等碱性溶液下的羰基 *α*- 位的 *C*- 烃化反应。

5. 答案：

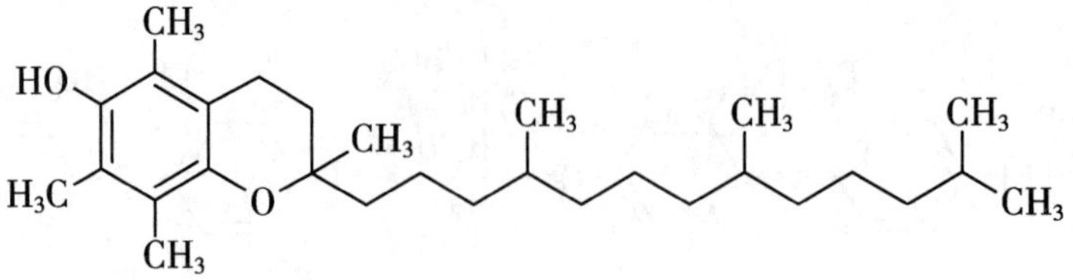

解析：F-C 反应，O- 烃化成醚反应。

6. 答案：

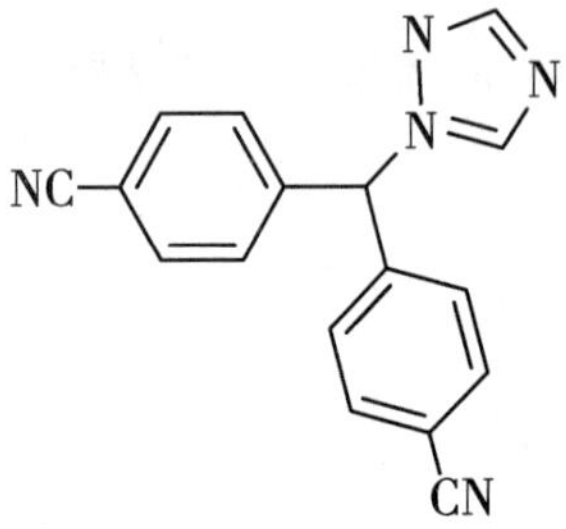

解析：C- 烃化反应，*t*-BuOK 是一个位阻很大的强碱，可夺取亚甲基的氢。

7. 答案：

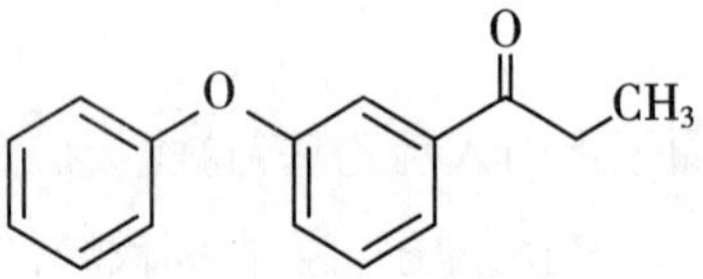

解析：相转移催化下酚的 O- 烃化反应。

8. 答案：（CH₃）₂SO₄ 或 CH₃I。

解析：酚的 O- 烃化反应，选用卤代烃、硫酸二甲酯等烃化剂进行甲基化。

9. 答案：

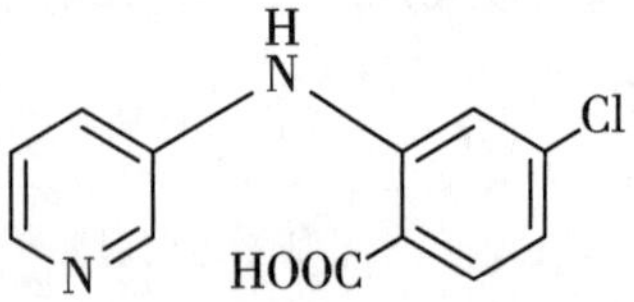

解析：氯与氢形成分子内氢键，增加与羧基邻位的氯吸收力，使邻氯正电性强，优先 N- 烃化反应。

10. 答案：

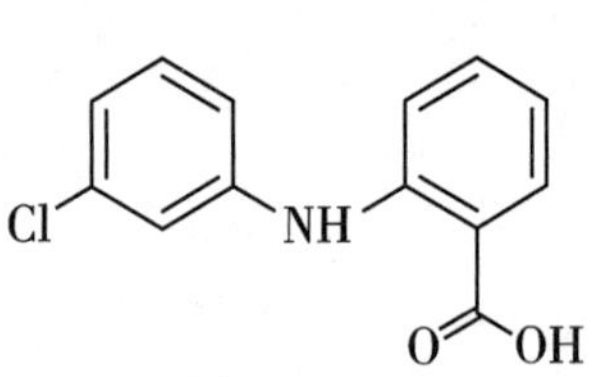

解析：在铜催化下，卤代芳香族化合物与芳胺共热产生生成联芳类化合物的 Ullmann 反应，属于 N- 烃化反应。

11. 答案：

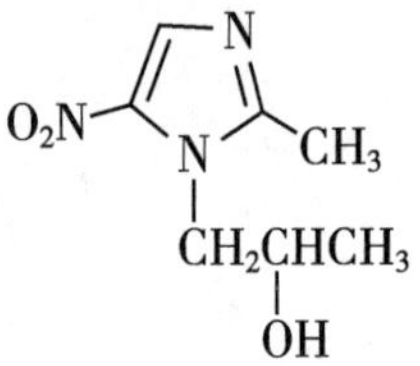

解析：环氧化合物为烃化剂的 N- 烃化反应。

12. 答案: $CH_2=CHCH_2Br$

解析: N-烃化反应。

13. 答案:

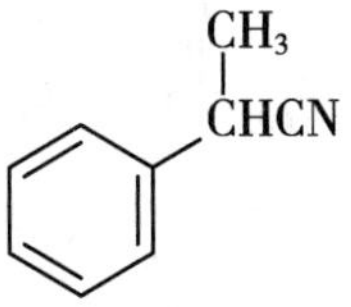

解析: 硫酸二甲酯为烃化剂的 C-烃化反应。

14. 答案:

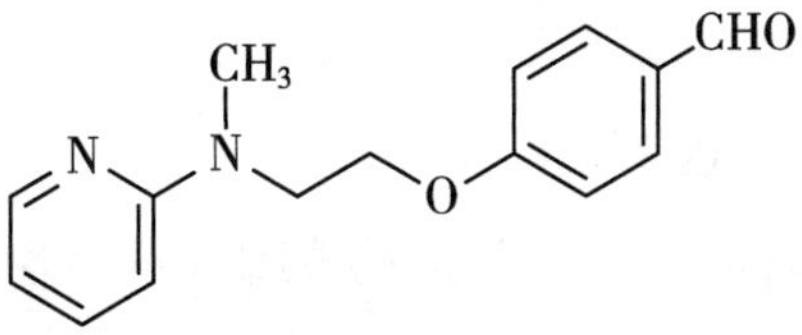

解析: 在氢化钠催化下的 Williamson 成醚反应。

15. 答案:

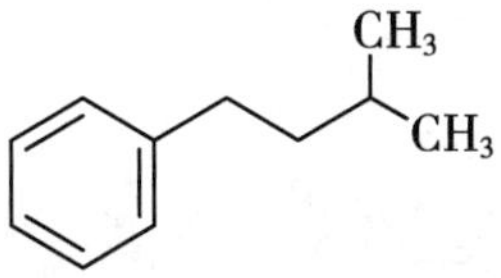

解析: 有机锂催化下苄位碳上的 C-烃化反应。

16. 答案:

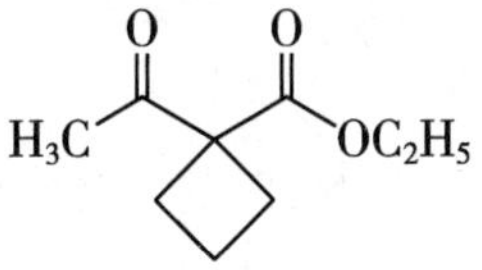

解析: 羰基 α-位的 C-烃化反应

17. 答案: 甲酸、原甲酸三酯等。

解析: Leuckart-Wallach 反应。

18. 答案:

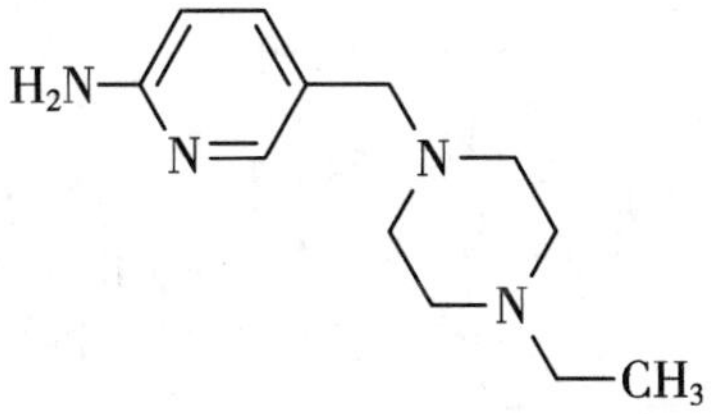

解析: 苄基上的 N 与氯发生 N-烃化反应, 成环。

19. 答案:

解析: 环氧乙烷为烃化剂。

20. 答案:

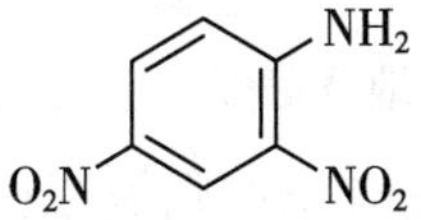

解析: 氨与卤代烃反应生成伯胺, 硝基吸电子性使氯苯的 N-烃化反应可以进行。

三、药物合成路线设计

1. 答案:

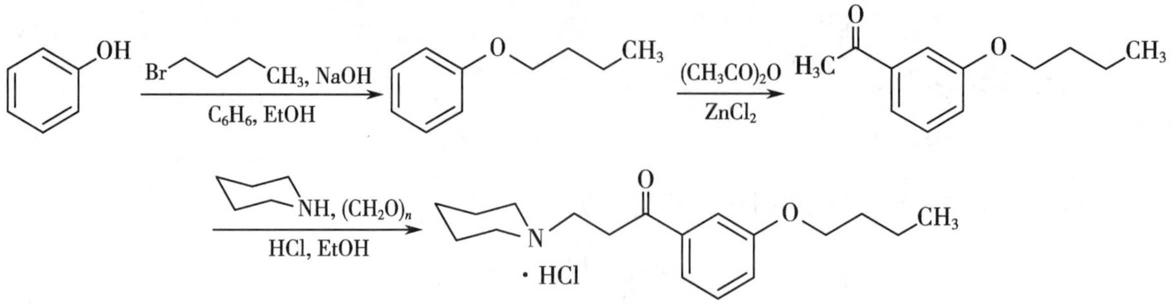

达克罗宁

解析: 以苯酚为起始原料经 O- 烃化、苯环的 F-C 酰化反应、羰基碳的甲基胺烷基化反应, 酸化得盐酸达克罗宁。

2. 答案:

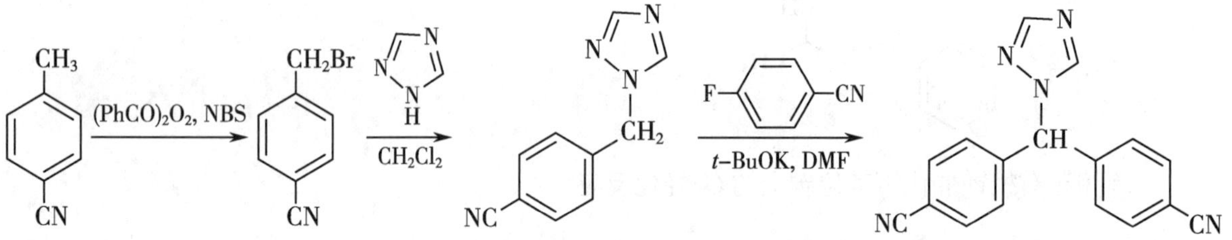

来曲唑

解析: 以对甲基苯腈为起始原料, 过氧苯甲酸酐催化下, 与 NBS 发生溴代反应, 与三氮唑 N- 烃化反应后, 与对氟苯腈 C- 烃化反应缩合得来曲唑。

3. 答案:

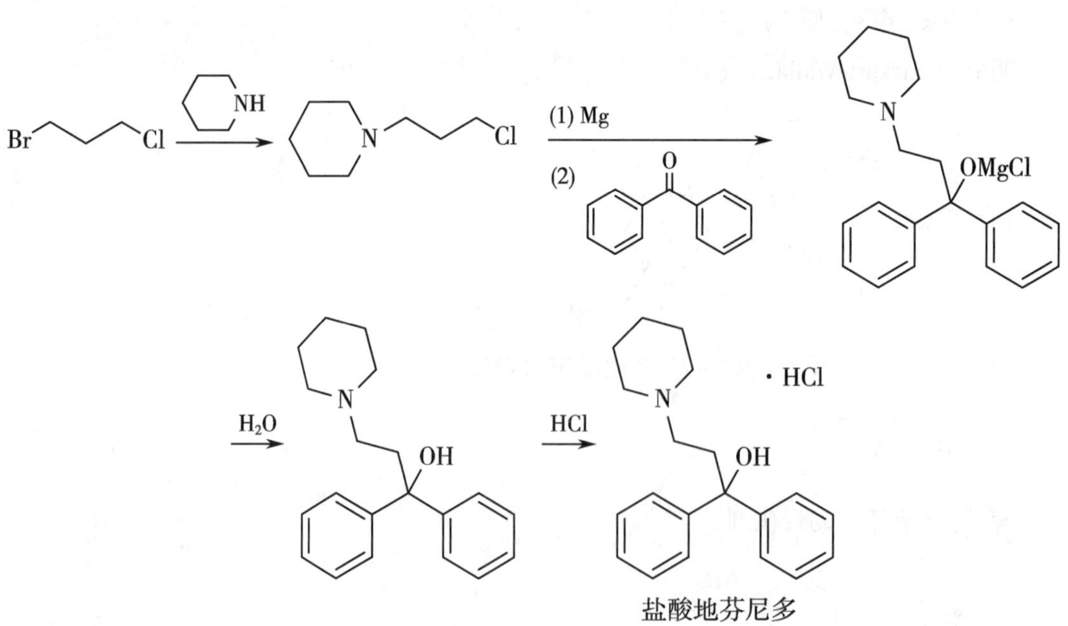

盐酸地芬尼多

解析: 以 1- 溴 -3- 氯丙烷与哌啶 N- 烃化反应的产物制备格氏试剂, 格氏试剂与二苯甲酮 C- 烃化反应生成叔醇, 酸化得盐酸地芬尼多。

第四章　习题答案及解析

一、简答题

1. 答案：DCC 主要是通过催化羧酸生成活性酯来增加羧酸的酰化能力，而 DEAD 主要是催化反应中被酰化物醇的活性，增强其亲核能力，且 DEAD 可在伯、仲、叔醇间产生一定的选择性，其中伯醇的反应活性最强。

解析：略，详见教材第四章第二节醇的 O- 酰化反应相关内容。

2. 答案：由草酸和乙醇制备草酸二乙酯的反应中，提高收率的方法有：①增加乙醇的用量（乙醇同时做反应溶剂）；②共沸法蒸出反应生成的水。

解析：略，详见教材第四章第二节醇的 O- 酰化反应相关内容。

3. 答案：

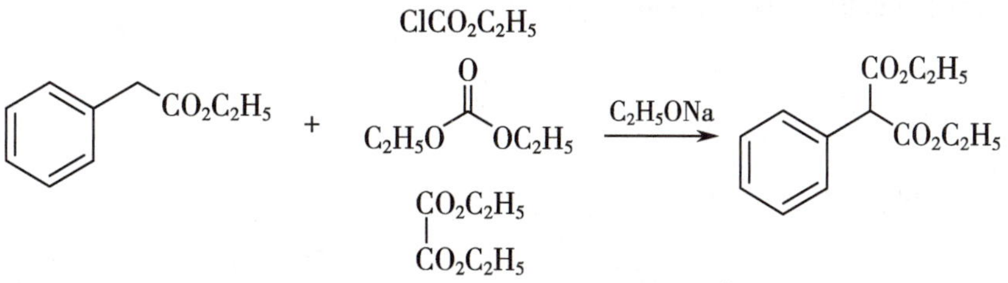

解析：略，详见教材第四章第四节羰基 α- 位的 C- 酰化反应相关内容。

4. 答案：上述实验方案①～④均不合理，理由如下：

①原料中有乙醇，沸点为 78.5℃，超过该温度乙醇为回流状态，因此选择 50～100℃的范围考查反应温度对反应的影响不合理。②该反应为可逆反应，到达一定时间反应会达到平衡状态，因此选择 2～10 小时的范围考查反应时间对反应的影响不合理。③反应产生的水会和未反应的醇形成醇水二元共沸物，因此无法通过常压蒸馏回收得到无水乙醇。④氢氧化钠的碱性过强，会将生成的酯水解成原料，因此方案④不合理。

解析：略，详见教材第四章第二节醇的 O- 酰化反应相关内容。

二、完成下列合成反应

1. 答案：

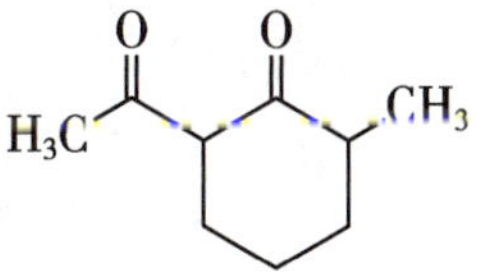

解析：吗啉先与酮羰基形成烯胺，使酮羰基取代基少的一侧 C 原子得到活化，后续发生 C- 酰化反应。

2. 答案：

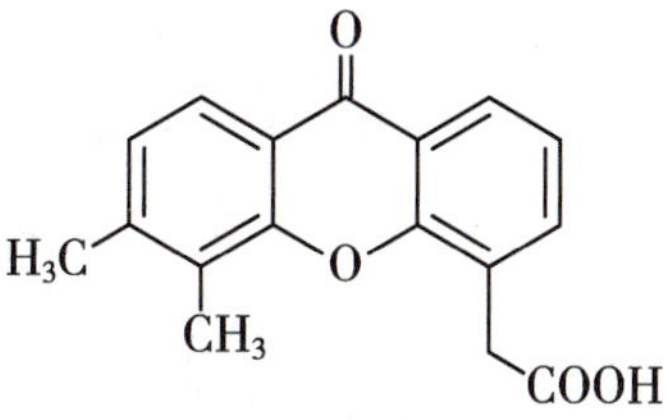

解析：羧酸为酰化剂的分子内 Friedel-Crafts 酰化反应。

3. 答案：

解析：选择性 *O*- 酰化，伯醇羟基较仲醇羟基优先反应。

4. 答案：

解析：分子内的烯烃 *C*- 酰化反应。

5. 答案：

解析：酰氯为酰化剂的 *N*- 酰化反应。

6. 答案：

解析：羧酸为酰化剂的 *N*- 酰化反应。

7. 答案：

解析：羧酸为酰化剂的 *O*- 酰化反应。

8. 答案：

解析：酰氯为酰化剂的 Friedel-Crafts 酰基化反应。

9. 答案：

解析:分子内的 Claisen 反应(Dieckmann 反应)。

10. 答案:

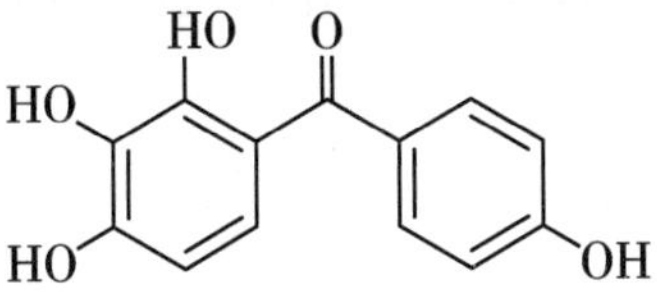

解析:Hoesch 反应。

11. 答案:

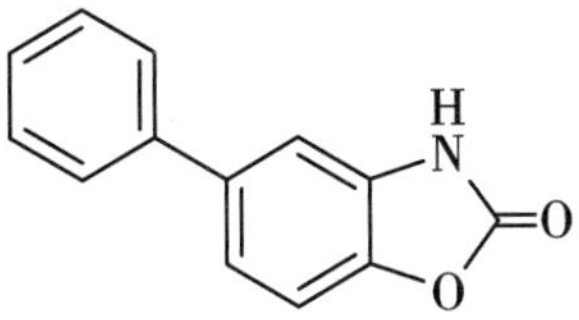

解析:活性酰胺(CDI)为酰化剂的酰化反应。

12. 答案:

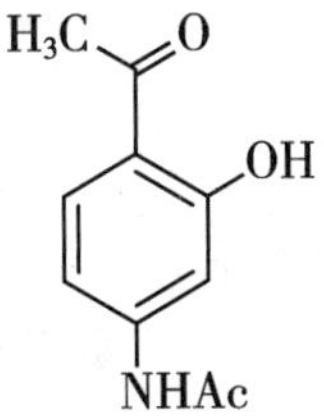

解析:选择性酰化,苯环上的氨基较羟基优先发生酰化反应。

13. 答案:(1) $POCl_3$;(2) H_2O

解析:苯甲酰胺为酰化剂的 Vilsmeier-Haack 反应。

14. 答案:a. HOAc b. Ac-TMH

解析:选择性酰化。a. 一般情况下醇羟基较酚羟基优先发生酰化反应;b. Ac-TMH 为酚羟基选择性的酰化剂。

15. 答案:(1) $HCl/ZnCl_2$;(2) H_2O

解析:Hoesch 反应。

16. 答案:$NaOCH_3$

解析:分子内的 Claisen 反应(Dieckmann 反应)。

17. 答案:$COCl_2$

解析:酰氯为酰化剂的酰化反应。

18. 答案:$ClCOOC_2H_5/C_2H_5ONa$

解析:酰氯为酰化剂的羰基 α- 位的 C- 酰化反应。

19. 答案:$CH_3(CH_2)_3COCl/Py$

解析:选择性酰化,一般情况下醇羟基较酚羟基优先发生酰化反应。

20. 答案:$AlCl_3$

解析:分子内的烯烃 C- 酰化反应。

21. 答案:$SOCl_2/CH_3OH$

解析:酰氯为酰化剂的 O- 酰化反应。

22. 答案:(1)吗啉/PhCOCl;(2)H$_2$O

解析:吗啉先与酮羰基形成烯胺,使酮羰基取代基少的一侧得到活化,后续发生 C- 酰化反应。

23. 答案:(1)POCl$_3$/DMF;(2)H$_2$O

解析:DMF 为酰化剂的 Vilsmeier-Haack 反应。

24. 答案:NaOH/PhCOCl

解析:选择性酰化,磺酰氨基与氢氧化钠生成其钠盐,反应活性增强,优先发生酰化反应。

三、药物合成路线设计

1. 答案:

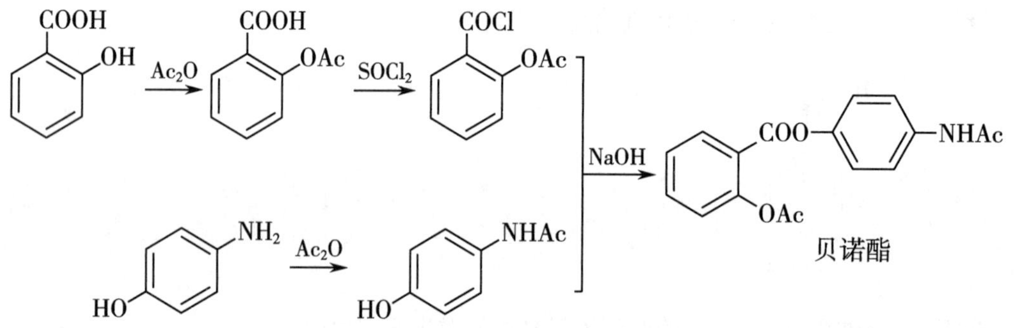

解析:以水杨酸为原料经醋酐酰化制得乙酰水杨酸,再经氯化亚砜氯代得到乙酰水杨酰氯;另以对氨基酚为原料经醋酐酰化制得对乙酰氨基酚;乙酰水杨酰氯与对乙酰氨基酚在氢氧化钠水溶液中反应制得贝诺酯。

2. 答案:

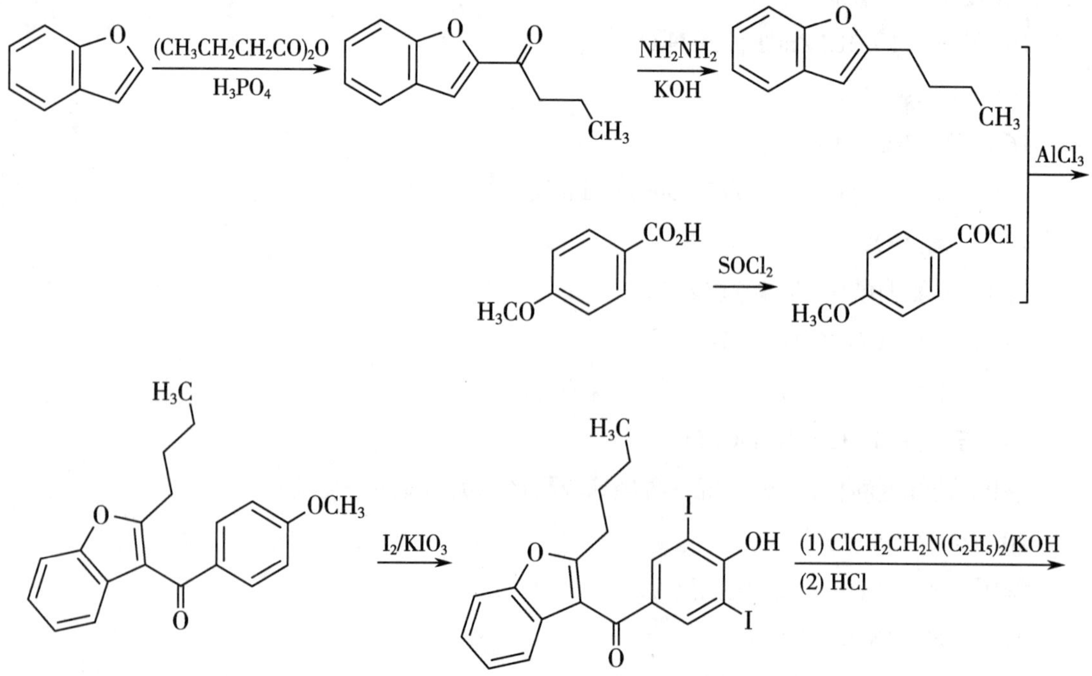

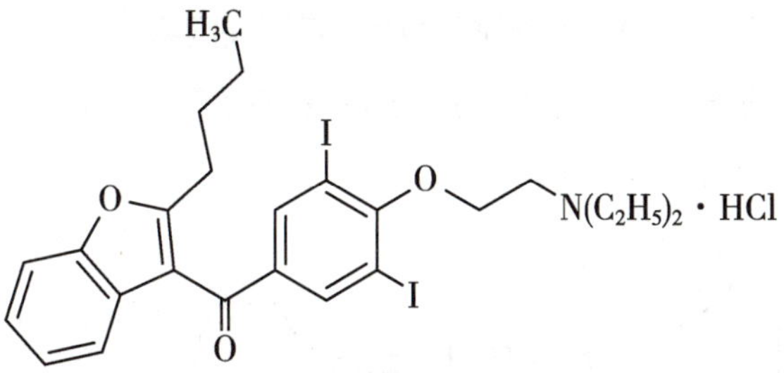

盐酸胺碘酮

解析：苯并呋喃经丁酸酐酰化、黄鸣龙还原制得 2- 丁基苯并呋喃；对甲氧基苯甲酸经氯化亚砜氯化制得其酰氯，对甲氧基苯甲酰氯与 2- 丁基苯并呋喃进行 Friedel-Crafts 酰基化反应，再经碘代、O- 烃化和成盐反应制得盐酸胺碘酮。

3. 答案：

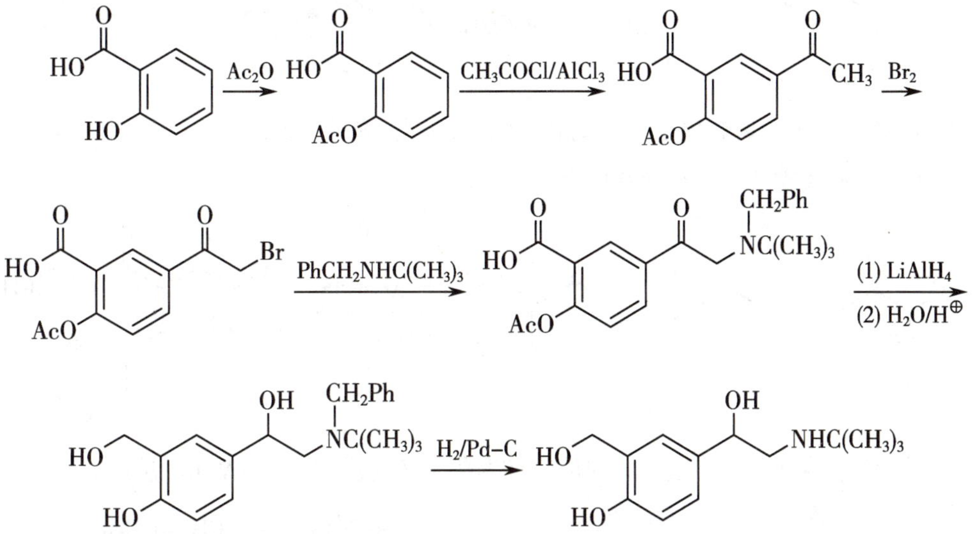

解析：以水杨酸为起始原料，依次经醋酐酰化、乙酰氯为酰化剂的 Friedel-Crafts 酰基化、溴代、N- 烃化、还原、脱乙酰基、催化氢化脱苄基等反应制得沙丁胺醇。

第五章　习题答案及解析

一、简答题

1. 答案：含 α-H 的醛、酮在碱或酸的催化下发生自身缩合，或与另一分子的醛、酮发生缩合，生成 β- 羟基醛、酮，再经脱水消除生成 α,β- 不饱和醛、酮，这类反应称为羟醛缩合反应，又称为醛醇缩合反应（Aldol 缩合反应）。

反应机制：

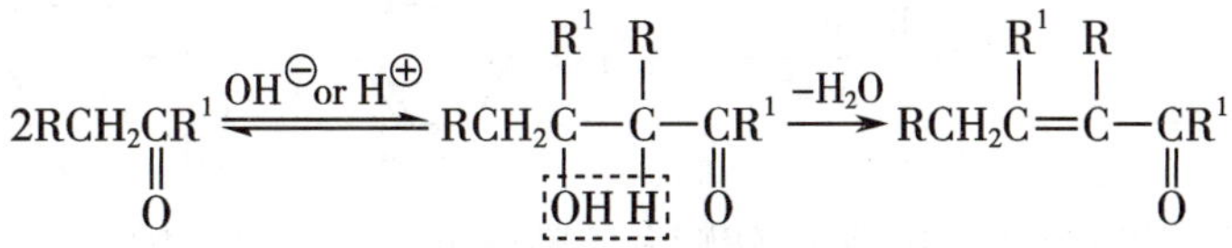

(R^1=H、脂肪基或芳烃基)

解析:略,详见教材第五章第二节醛醇缩合反应相关内容。

2.答案:(1)醛、酮与 α- 卤代酸酯在金属锌粉存在下缩合而得 β- 羟基酸酯或脱水得 α,β- 不饱和酸酯的反应称为 Reformatsky 反应。

(2)具有活性氢的化合物与甲醛(或其他醛)以及氨或胺(伯胺、仲胺)进行缩合,生成氨甲基衍生物的反应称为 Mannich 反应,亦称 α- 氨烷基化反应。

(3)具有活性亚甲基的化合物在碱的催化下,与醛、酮发生缩合,再经脱水而得 α,β- 不饱和化合物的反应,称为 Knoevenagel 反应。

(4)醛、酮与磷叶立德合成烯烃的反应称为羰基烯化反应,又称 Wittig 反应。

$$CH_3CCH_2OAc + Ph_3P=CHCH_2N(CH_3)_2 \longrightarrow$$

(5)活性亚甲基化合物和 α,β- 不饱和羰基化合物在碱性催化剂的存在下发生加成而缩合成 β- 羰烷基类化合物的反应,称为 Michael 反应。

$$C_6H_5CH=CHCOC_6H_5 + CH_2(COOC_2H_5)_2 \xrightarrow[\substack{加热\\(98\%)}]{NH/EtOH} C_6H_5COCH_2CHCH(COOC_2H_5)_2$$

(6)芳醛在含水乙醇中,以氰化钠(钾)为催化剂,加热后发生双分子缩合生成 α- 羟基酮的反应称为安息香缩合反应。

(7)芳香醛和脂肪酸酐在相应脂肪酸碱金属盐的催化下缩合,生成 β- 芳基丙烯酸类化合物的反应称为 Perkin 反应。

（8）醛或酮与 α- 卤代酸酯在碱催化下缩合生成 α,β- 环氧羧酸酯（缩水甘油酸酯）的反应称为 Darzens 反应。

$$Ph_2C=O + ClCH_2CO_2CH_3 \xrightarrow[\text{MTB}]{CH_3ONa}$$

（9）芳烃在甲醛、氯化氢及无水 $ZnCl_2$ 或质子酸等缩合剂的存在下，在芳环上引入氯甲基的反应，称为 Blanc 反应。

$$\xrightarrow[\text{(90\%)}]{CH_2O/HCl/AlCl_3}$$

（10）芳醛与含有 α- 活泼氢的醛、酮在碱催化下缩合成 α,β- 不饱和醛、酮的反应称为 Claisen-Schmidt 反应。

$$Ph-CHO + H_3C-CHO \xrightarrow[\text{34~36℃}]{NaOH}_{\text{(39\%)}}$$

解析：见教材第五章各个反应的相关内容。

3. 答案：可从反应物、催化剂、反应产物、反应机制等方面加以对比。

（1）反应物：

Knoevenagel-Doebner 缩合反应：活性亚甲基与醛、酮的反应；Perkin 缩合反应：芳香醛和脂肪酸酐的反应。

（2）催化剂：

Knoevenagel-Doebner 缩合反应：碱性条件下；Perkin 缩合反应：脂肪酸碱金属盐的催化。

（3）反应产物：

Knoevenagel-Doebner 缩合反应：生成 α,β- 不饱和化合物；Perkin 缩合反应：生成 β- 芳基丙烯酸类化合物。

（4）反应机制：

Knoevenagel-Doebner 缩合反应：

$$CH_2\begin{matrix}X\\Y\end{matrix} \overset{B}{\underset{}{\rightleftharpoons}} \overset{\ominus}{CH}\begin{matrix}X\\Y\end{matrix} + BH^{\oplus} \qquad BH^{\oplus} \rightleftharpoons B + H^{\oplus}$$

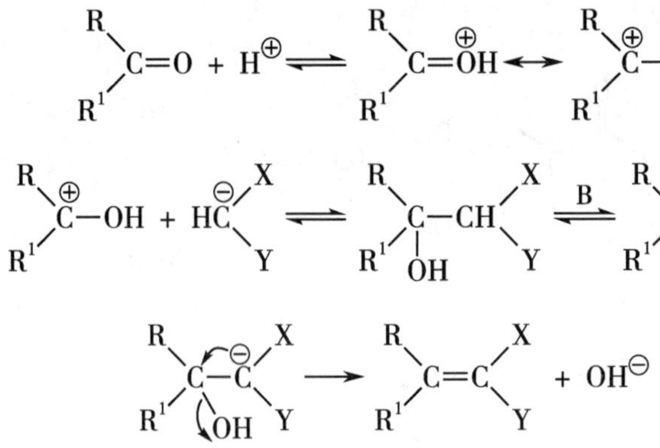

$$CH_3C(=O)OC(=O)CH_3 + CH_3COO^{\ominus} \rightleftharpoons [\ ^{\ominus}H_2CC(=O)OC(=O)CH_3 \leftrightarrow H_2C=C(O^{\ominus})OC(=O)CH_3\ ] \xrightarrow{C_6H_5CHO}$$

Perkin 缩合反应:

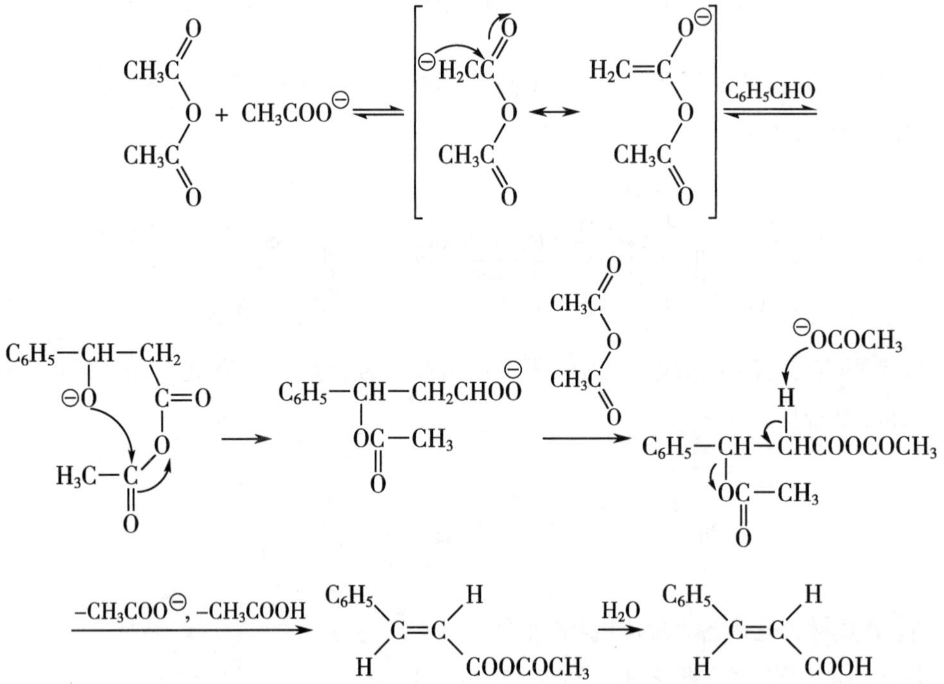

$$\xrightarrow{-CH_3COO^{\ominus},\ -CH_3COOH} \begin{array}{c}C_6H_5\\H\end{array}C=C\begin{array}{c}H\\COOCOCH_3\end{array} \xrightarrow{H_2O} \begin{array}{c}C_6H_5\\H\end{array}C=C\begin{array}{c}H\\COOH\end{array}$$

解析: 见第五章第三节 Knoevenagel 反应和 Perkin 反应的相关内容。

4. 答案:

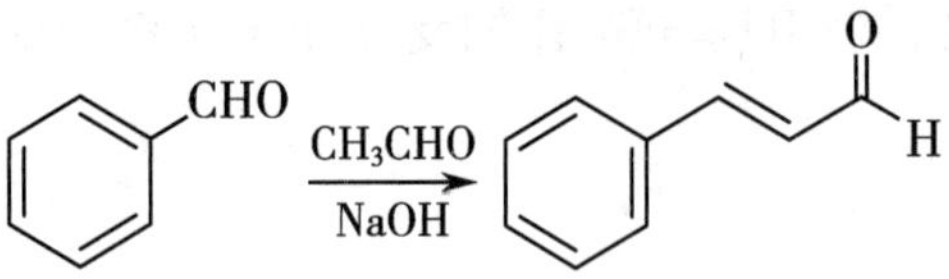

解析: 见教材第五章第二节羟醛缩合相关内容。

5. 答案:

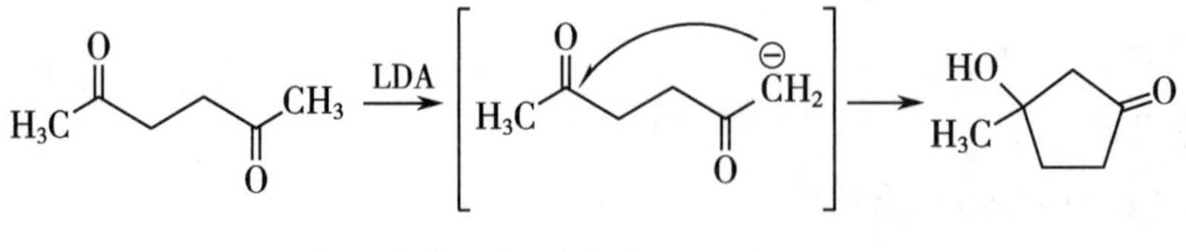

解析: 见教材第五章第二节羟醛缩合相关内容。

二、完成下列反应

1. 答案: $CH_3CH(OH)CH_2CHO$

解析：乙醛的自身缩合反应。

2. 答案： CH₃CH₂ĊCH₂Ċ(OH)CH₃ 带 O双键和 OH、CH₃

解析：2-丁酮的自身缩合反应。

3. 答案：

解析：对甲氧基苯醛的安息香缩合反应。

4. 答案：

解析：Knoevenagel 反应。

5. 答案：

解析：以 NaH 为催化剂的 Wittig 反应。

6. 答案：

解析：Knoevenagel 反应。

7. 答案：

解析：Perkin 反应。

8. 答案：

解析：Perkin 反应。

9. 答案：

解析：Michael 加成反应。

10. 答案：

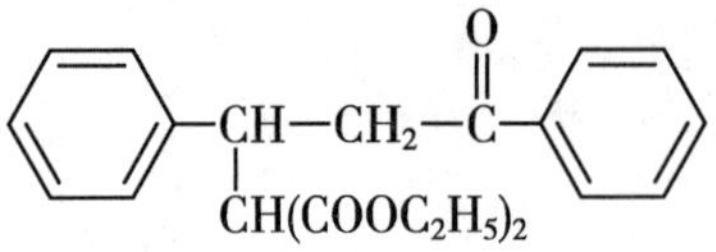

$C_6H_5-CH-CH_2-C(=O)-C_6H_5$
   |
   $CH(COOC_2H_5)_2$

解析：Michael 加成反应。

11. 答案：

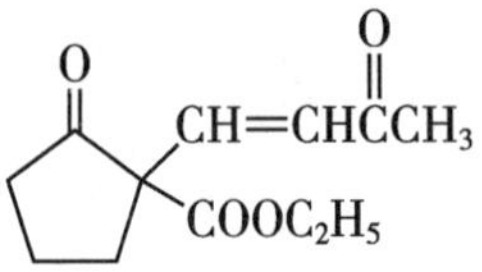

环戊酮，2位带 $CH=CHCCH_3$（$=O$）和 $COOC_2H_5$

解析：Michael 加成反应。

12. 答案：

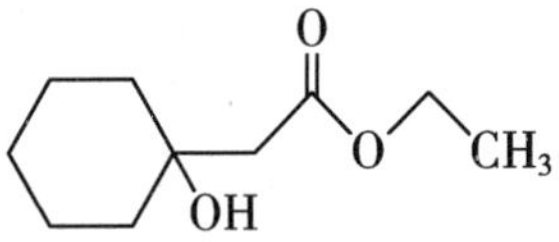

环己烷，1位带 $CH_2COOC_2H_5$ 和 OH

解析：Reformatsky 反应。

13. 答案：

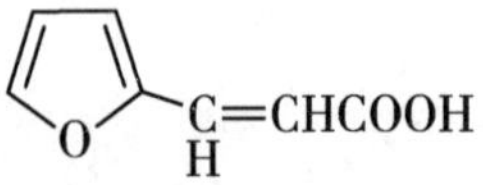

呋喃基$-C(H)=CHCOOH$

解析：Perkin 反应。

14. 答案：

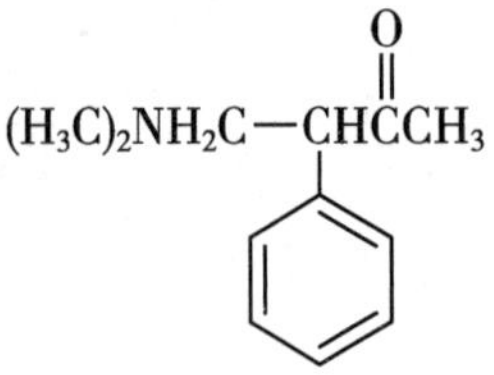

$(H_3C)_2NH_2C-CH(C_6H_5)C(=O)CH_3$

解析：Mannich 反应。

15. 答案：

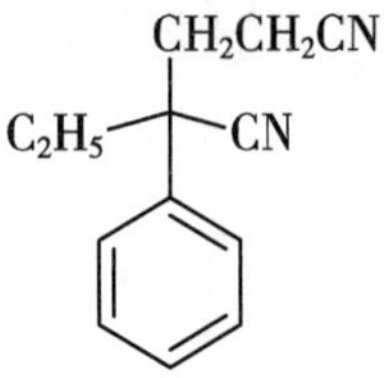

C_6H_5 碳上带 CH_2CH_2CN、CN、C_2H_5

解析：Michael 加成反应。

16. 答案：

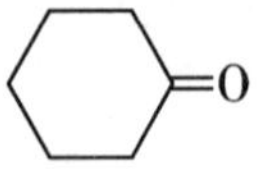

环己酮 ($=O$)

解析：Reformatsky 反应。

17. 答案：$(H_3C)_2HCH_2C-C_6H_4-C(CH_3)(环氧)CHCOOEt$

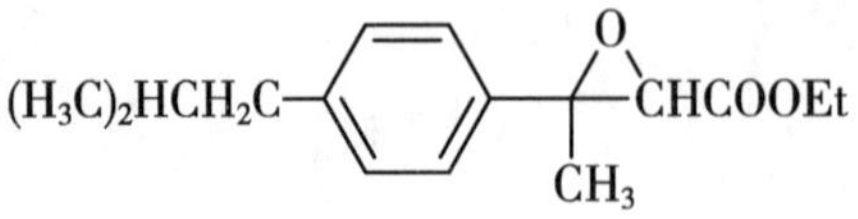

解析：Darzens 反应。

18. 答案：$NaCN/EtOH/H_2O$

解析：安息香缩合反应。

19．答案：

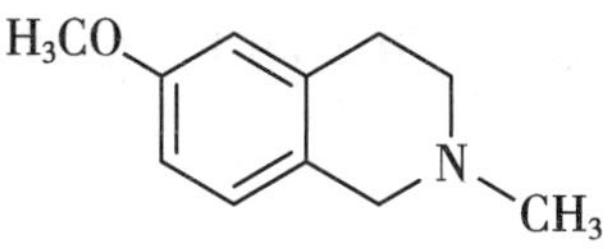

（化合物结构：H₃CO 取代的四氢异喹啉，N—CH₃）

解析：Mannich 反应。

20．答案： （苯环—CH₂Cl）

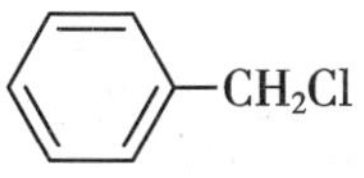

解析：Blanc 反应。

三、药物合成路线设计

1．答案：

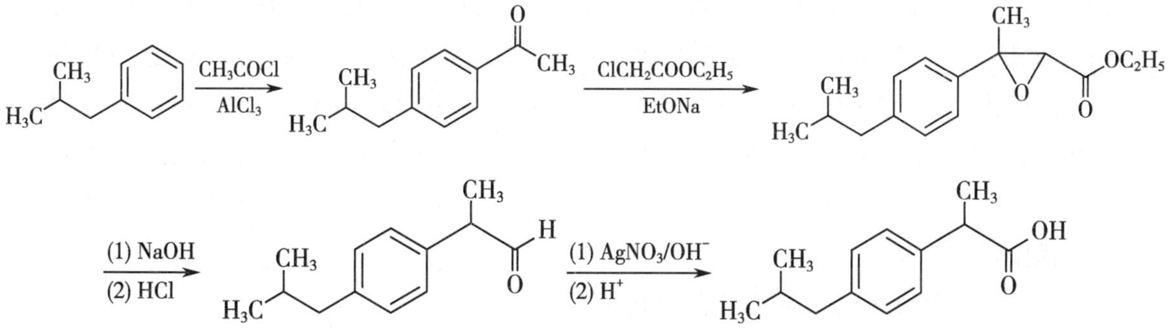

异丁基苯 $\xrightarrow[\text{AlCl}_3]{\text{CH}_3\text{COCl}}$ （4-异丁基苯乙酮） $\xrightarrow[\text{EtONa}]{\text{ClCH}_2\text{COOC}_2\text{H}_5}$ （环氧酯 Darzens 产物）

$\xrightarrow[\text{(2) HCl}]{\text{(1) NaOH}}$ （2-(4-异丁基苯基)丙醛） $\xrightarrow[\text{(2) H}^+]{\text{(1) AgNO}_3/\text{OH}^-}$ （布洛芬）

解析：异丁基苯与乙酰氯发生 Friedel-Crafts 反应，产物与氯乙酸乙酯进行 Darzens 反应，再经水解、酸化、氧化、酸化得布洛芬。

2．答案：

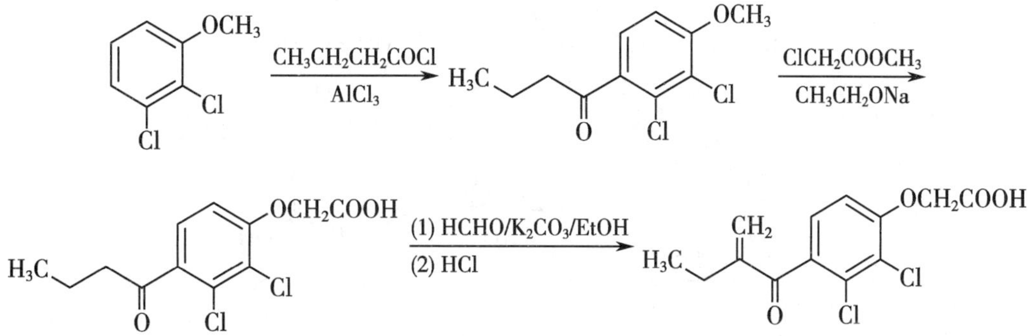

（2,3-二氯苯甲醚） $\xrightarrow[\text{AlCl}_3]{\text{CH}_3\text{CH}_2\text{CH}_2\text{COCl}}$ （酰基化产物） $\xrightarrow[\text{CH}_3\text{CH}_2\text{ONa}]{\text{ClCH}_2\text{COOCH}_3}$

（OCH₂COOH 中间体） $\xrightarrow[\text{(2) HCl}]{\text{(1) HCHO/K}_2\text{CO}_3/\text{EtOH}}$ （依他尼酸）

解析：以 2,3-二氯苯甲醚为起始原料，依次经过 Friedel-Crafts 酰基化反应、与氯乙酸甲酯发生缩合反应、羟醛缩合反应得到依他尼酸。

3．答案：

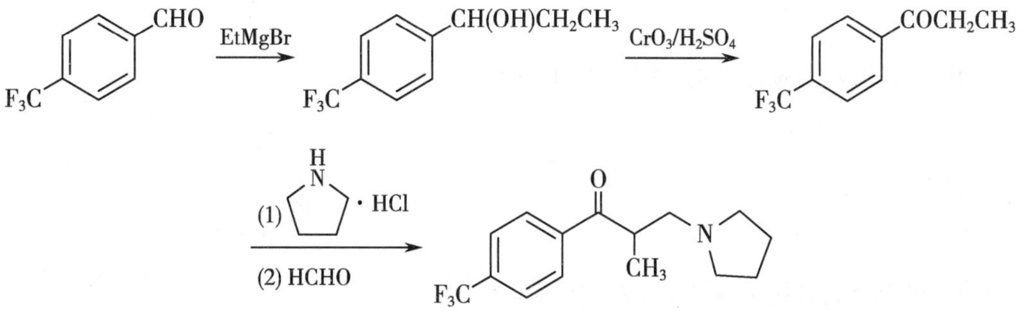

（4-三氟甲基苯甲醛） $\xrightarrow{\text{EtMgBr}}$ （CH(OH)CH₂CH₃） $\xrightarrow{\text{CrO}_3/\text{H}_2\text{SO}_4}$ （COCH₂CH₃）

$\xrightarrow[\text{(2) HCHO}]{\text{(1) 吡咯烷·HCl}}$ （产物）

解析：以对 - 三氟甲基苯甲醛为起始原料，依次经过 Grignard 反应、琼斯试剂氧化、Mannich 反应得到兰吡立松。

第六章　习题答案及解析

一、简答题

1. 答案：苯醌（BQ）、2,3,5,6- 四氯苯醌（chloranil）和 2,3- 二氯 -5,6- 二氰基 -1,4- 苯醌（DDQ）。活性依次增大。

解析：略，详见教材第六章第一节六元环芳构化相关内容。

2. 答案：三氟乙酸酐作为活化试剂可促使其与一系列含氮亲核试剂（芳香胺、酰胺、磺酰胺等）发生亲核取代反应，反应条件温和，在低温下即可进行，具有良好的官能团兼容性，底物的空间位阻对反应效果无明显影响。DCC 作为活化试剂，反应条件温和，不氧化双键，也不发生双键移位，对酸的强弱有一定的要求，使用强酸会发生 Pummerer 转位生成醇的甲硫基甲醚的副反应，无法得到氧化产物；酸的酸性太弱，也不能得到氧化产物。乙酸酐作为活化试剂，常会与羟基发生乙酰化副反应，尤其是位阻小的羟基，所以更多应用于那些位阻较大的羟基化合物的氧化反应。

解析：略，详见教材第六章第二节 DMSO 氧化。

3. 答案：如下方反应式所示，过氧酸首先加成到酮的羰基上生成过氧酸酯，然后进行重排，原羰基上的一个基团 R 迁移到氧上，过氧酸酯中弱 O—O 键断裂，生成酯和羧酸。

解析：略，详见教材第六章第三节酮的氧化。

二、完成下列合成反应

1. 答案：

解析：四乙酸铅为氧化剂氧化邻二醇的反应。

2. 答案：

解析：过氧化氢为氧化剂氧化氨基的反应。

3. 答案:

解析:二氧化锰为氧化剂氧化一级醇的反应。

4. 答案:

解析:二级醇可被 Jones(琼斯)试剂氧化成相应的酮。

5. 答案:

解析:三氧化铬为氧化剂氧化二级醇的反应。

6. 答案:

解析:双取代的炔烃被氧化为 α-二酮。

7. 答案:

解析:DMSO 为氧化剂氧化活性卤代物的反应。

8. 答案:

解析:微波技术在氧化反应中的应用。

9. 答案:

解析:Baeyer-Villiger 氧化。

10. 答案:

解析:脱氢反应。

11. 答案:

解析：硝基烷烃可氧化生成酮。

12. 答案：

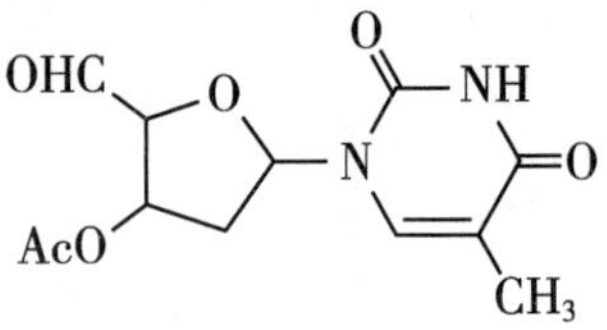

解析：DMSO 与 DCC 混合使用能将一级、二级醇氧化成相应的羰基化合物。

13. 答案：

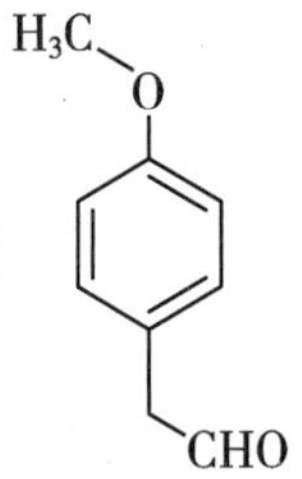

解析：硝酸铊为氧化剂氧化端基烯的反应。

14. 答案：MnO_2

解析：活性 MnO_2 可选择性氧化烯丙位羟基。

15. 答案：SeO_2

解析：SeO_2 可使羰基 α- 位上的亚甲基或甲基氧化为羰基。

16. 答案：H_2O_2

解析：硫醚可在中性介质中被 H_2O_2 氧化为亚砜。

三、药物合成路线设计

1. 答案：

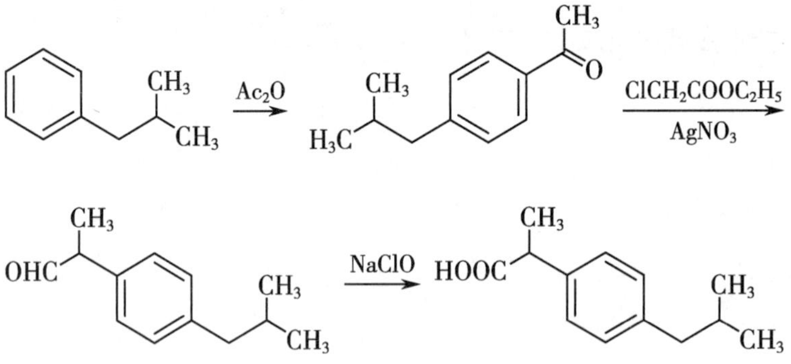

(ibuprofen)

解析：以异丁基苯为原料，依次经过傅克酰基化、Darzen 缩合以及醛基氧化制得布洛芬。

2. 答案：

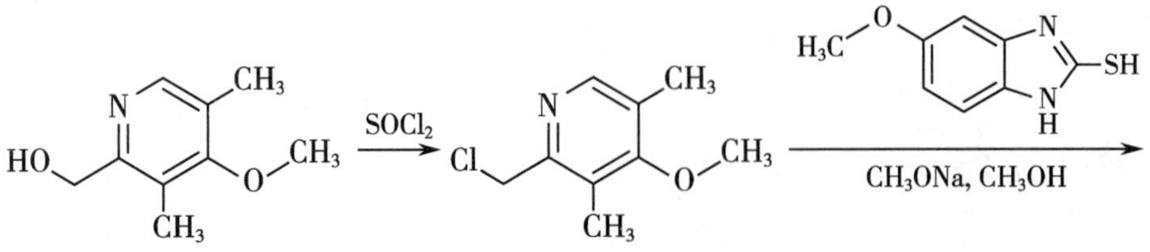

(omeprazole)

解析：以 3,5- 二甲基 -2- 羟甲基 -4- 甲氧基吡啶为起始原料，经氯化亚砜氯化，与 2- 巯基 -5- 甲氧基苯并咪唑缩合成硫醚，最后经间氯过氧苯甲酸（ *m*-CPBA ）氧化制得奥美拉唑。

3. 答案：

(modafinil)

解析：以二苯基甲醇、巯基乙酸为主要原料，依次经过各种取代以及硫醚氧化制得莫达非尼。

第七章　习题答案及解析

一、简答题

1. 答案：在非均相氢化过程中，催化剂以固体状态存在于反应体系中，以某种化合物代替氢气为氢源者称为催化转移氢化。供氢体举例：环己烯、甲酸、无水甲酸铵、水合肼、二氮烯、次磷酸钠。

解析：略，详见教材第七章第二节催化转移氢化相关内容。

2. 答案：Clemmensen 还原反应与 Wolff-Kishner- 黄鸣龙还原反应均可实现羰基的还原，前者反应条件为 $Zn\text{-}Hg/HCl$，后者反应条件为 $N_2H_4/NaOH$；对于不同结构的羰基底物，应用 Clemmensen 还原反应可得到不同类型的产物：α- 酮酸及其酯只能将酮羰基还原成烃基，β- 酮酸或 γ- 酮酸及其酯类可还原为亚甲基，不饱和酮中与羰基共轭的双键与羰基可同时被还原，与酯羰基共轭的双键仅双键被还原；Clemmensen 还原反应和 Wolff-Kishner- 黄鸣龙还原反应可用于所有芳香酮、脂肪酮的还原，对酸和热敏感的羰基化合物或结构复杂的甾体化合物可采用 Wolff-Kishner- 黄鸣龙还原反应而不能用 Clemmensen 还原反应，酮酯、酮腈、含活泼卤原子的羰基化合物不宜用 Wolff-Kishner- 黄鸣龙还原反应。

解析：羰基还原为烃基的方法，详见教材第七章第三节相关内容。

3. 答案：金属 / 酸还原；水合肼还原；催化氢化还原。

解析：由于分子中同时存在硝基和氰基，使用的还原体系须只还原硝基而不还原氰基。金属 / 酸体系还原硝基为电子转移的自由基机制；催化氢化还原硝基为非均相氢化机制；水合肼还原硝基为氢负离子的亲核加成反应机制，三类方法为不同的反应机制。

4. 答案：芳香族化合物在液氨 - 醇体系中，用碱金属钠（锂或钾）还原，生成非共轭二烯的反应称为 Birch 反应；芳环取代基为吸电子基时生成 1- 取代 -2,5- 环己二烯；芳环取代基为供电子基时生成 1- 取代 -1,4- 环己二烯。

解析：略，详见教材第七章第二节 Birch 相关内容。

5. 答案：催化氢解反应通常指在还原反应中碳 - 杂键（或碳 - 碳键）断裂，由氢取代杂原子（或碳原子）或基团而生成相应烃的反应。可作为消除反应用于制备烃，也是脱保护基的一种重要手段。常见反应类型包括脱卤氢解、脱苄氢解、脱硫氢解和开环氢解。举例：

脱卤氢解：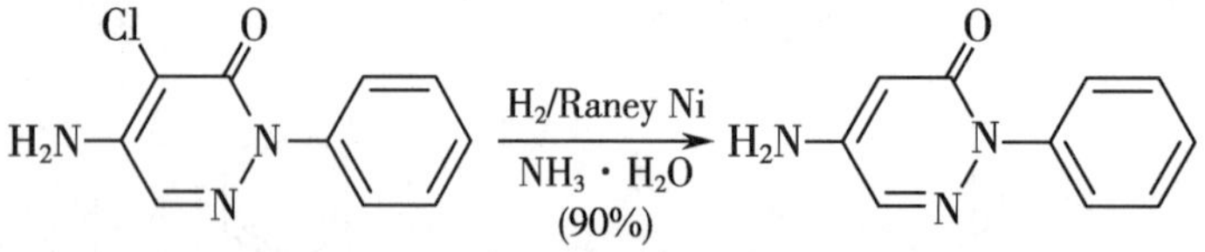

脱苄氢解：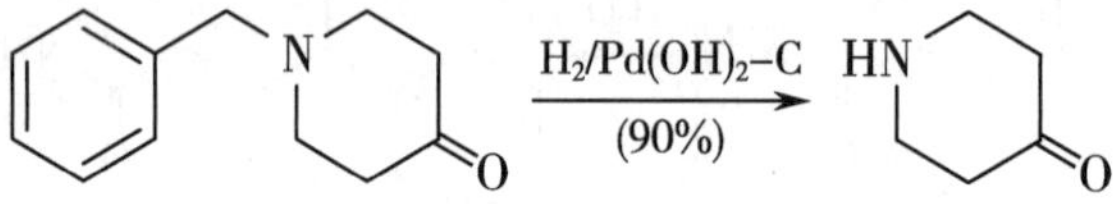

脱硫氢解：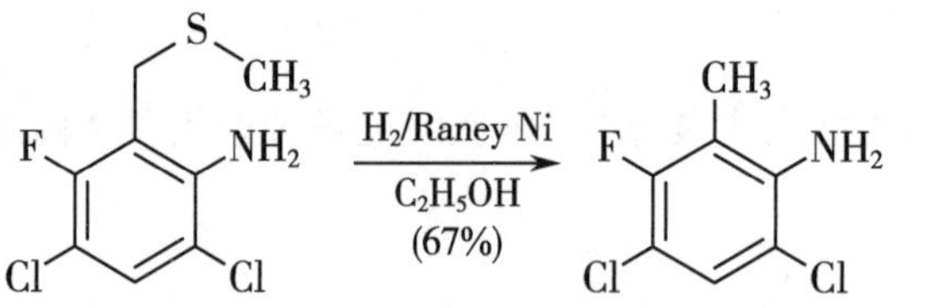

开环氢解：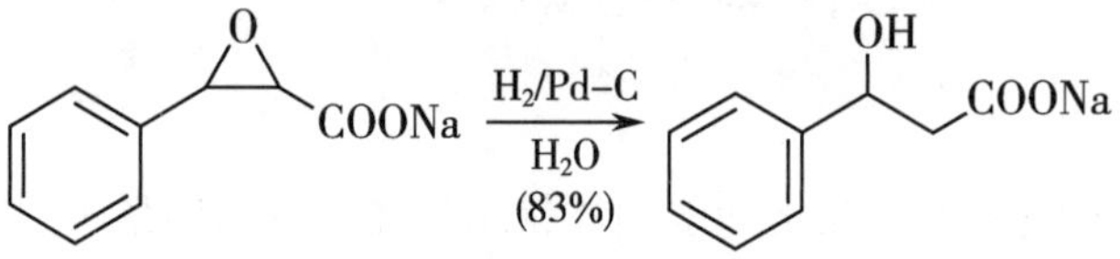

解析：略，详见第七章第六节相关内容。

二、完成下列合成反应

1. 答案：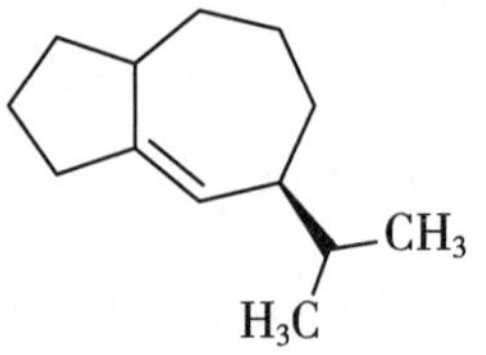

解析：均相催化剂——Wilkinson 催化剂可实现对位阻小或端基烯、炔的优先还原，结构中的环外双键优先被还原。

2. 答案：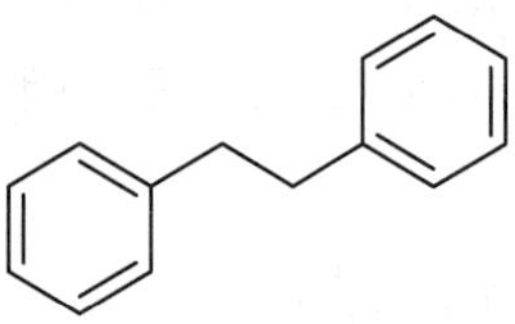

解析：以环己烯为供氢体的烯烃催化转移氢化。

3. 答案：

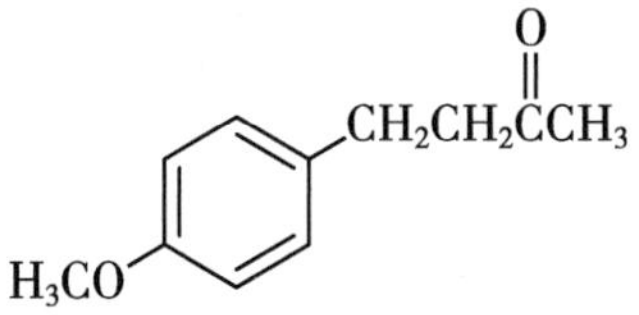

解析：采用催化氢化还原时，分子中的共轭双键优先被还原而其他基团不受影响。

4. 答案：

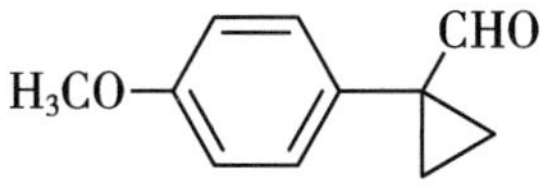

解析：二异丁基氢化铝可将氰基还原为醛基。

5. 答案：

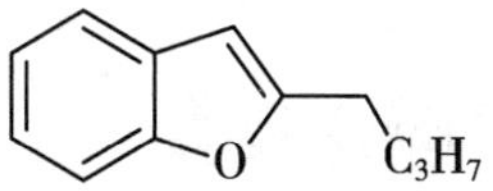

解析：Wolff-Kishner- 黄鸣龙还原反应。

6. 答案：$Pd(OH)_2$

解析：Pearlman 催化剂可脱苄氧羰基。

7. 答案：

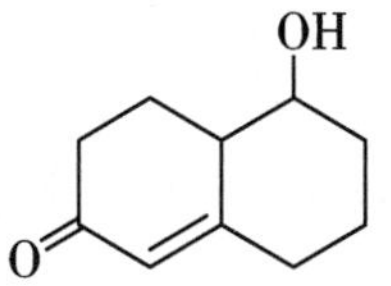

解析：硼氢化钠对饱和醛、酮的反应活性往往大于 α,β- 不饱和醛、酮，控制硼氢化钠的用量，可实现选择性还原。

8. 答案：

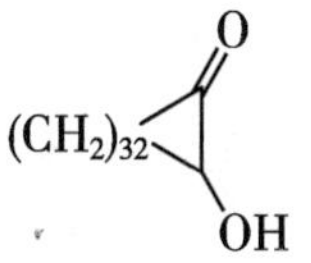

解析：酯的双分子还原偶联反应。

9. 答案：

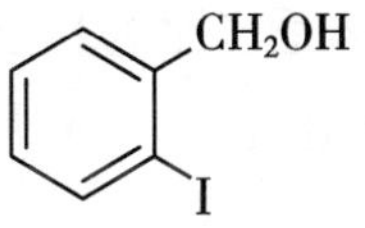

解析：以硼烷为还原剂的羧酸的还原。

10. 答案：

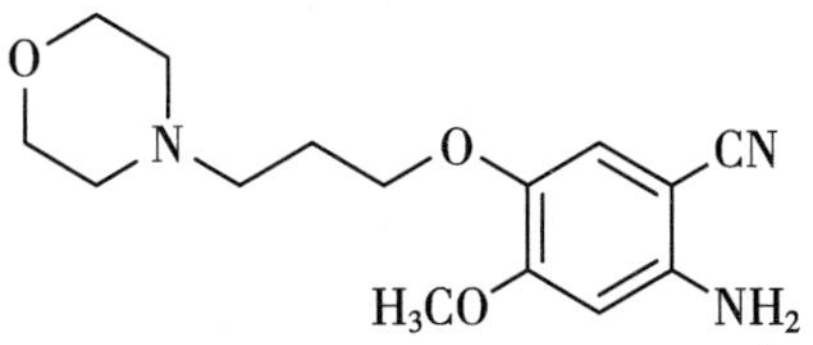

解析：以保险粉为还原剂，优先还原硝基。

11. 答案：

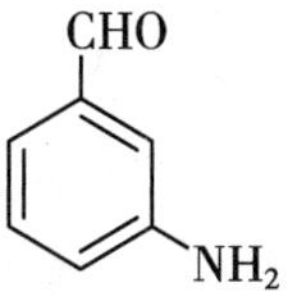

解析：金属/质子酸体系选择性还原硝基。

12. 答案：

解析：以肼为还原剂的偶氮基还原反应。

13. 答案：$Na/NH_3(1)$

解析：Birch 还原反应。

14. 答案：$H_2/Pd/PbO/CaCO_3$

解析：以 Lindlar 催化剂催化的炔烃还原，可将炔烃部分还原为烯烃。

15. 答案：（1）$(C_5H_{11})_2BH/THF$；（2）$H_2O_2/NaOH$。

解析：硼氢化氧化反应。

16. 答案：$Al[OCH(CH_3)_2]_3$

解析：Meerwein-Ponndorf-Verley 还原反应。

17. 答案：$LiAlH_4$

解析：氢化铝锂对含有极性不饱和键的化合物具有较高的还原活性，但对孤立的碳-碳双键和三键一般不具有还原活性。

18. 答案：LTBA

解析：LTBA 还原具有较强的选择性，当分子中同时存在醛基、酮羰基、内酯键时，醛基优先被还原。

19. 答案：Zn-Hg/HCl

解析：Clemmensen 还原反应

20. 答案：DIBAL-H

解析：采用 0.25 倍量的氢化铝锂，并在低温下反应，或者加入适当比例的无水 $AlCl_3$ 或乙醇[例如 $LiAlH_2(OC_2H_5)_2$]以降低氢化铝锂的还原能力，或以 DIBAL-H、LTBA 为还原剂时，可使反应停留在醛的阶段。

21. 答案：Na/C_2H_5OH

解析：Bouveault-Blanc 反应。

22. 答案：$H_2/Pd-BaSO_4/$喹啉-S

解析：Rosenmund 还原。

23. 答案：$Na_2S/NaOH/S$

解析：硫化钠还原具有活泼甲基或次甲基的硝基化合物时，硝基被还原成氨基的同时，甲基或次甲基被氧化成醛或酮。

24. 答案：$H_2/Pd-C$

解析：由于分子中氰基、硝基和脱氯氢解同时发生，故仅可选择催化氢化法。

25. 答案：

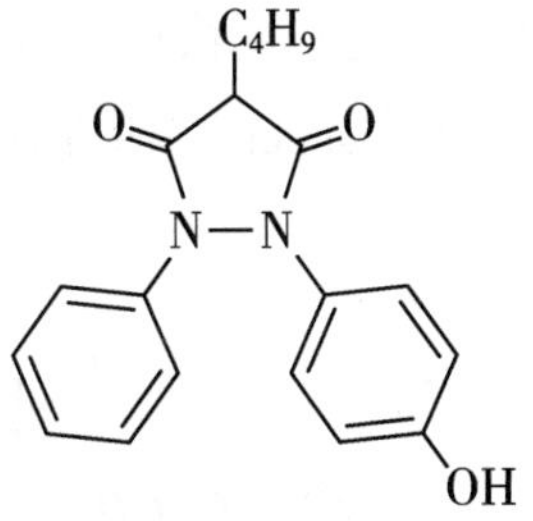

解析：催化氢化法脱苄氢解。

三、药物合成路线设计

1. 答案：

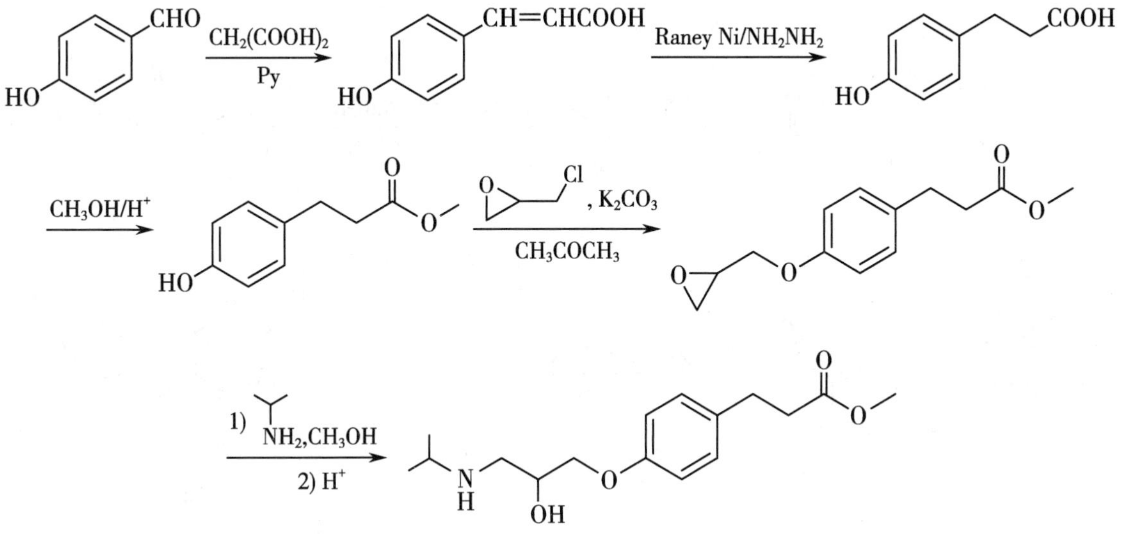

艾司洛尔

解析：以 4- 羟基苯甲醛为起始原料，依次经 Knoevenagel 反应、烯烃的催化氢化还原反应、*O*- 酰化（酯化）反应、*O*- 烃化反应、*N*- 烃化反应得到艾司洛尔。

2. 答案：

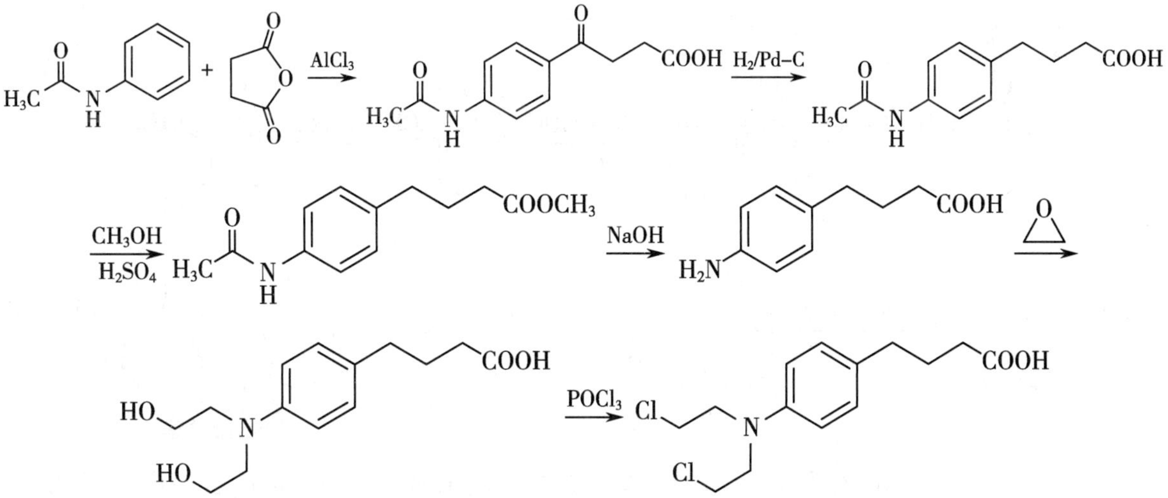

苯丁酸氮芥

解析：以乙酰苯胺为起始原料，依次经 Fridel-Crafts 酰化反应、羰基的催化氢化还原反应、O- 酰化（酯化）反应、酯与酰胺的水解反应、N- 烃化反应、羟基氯代反应得到苯丁酸氮芥。其中，羰基的催化氢化还原亦可用 Clemmensen 反应或 Wolff-Kishner- 黄鸣龙还原反应。

3. 答案：

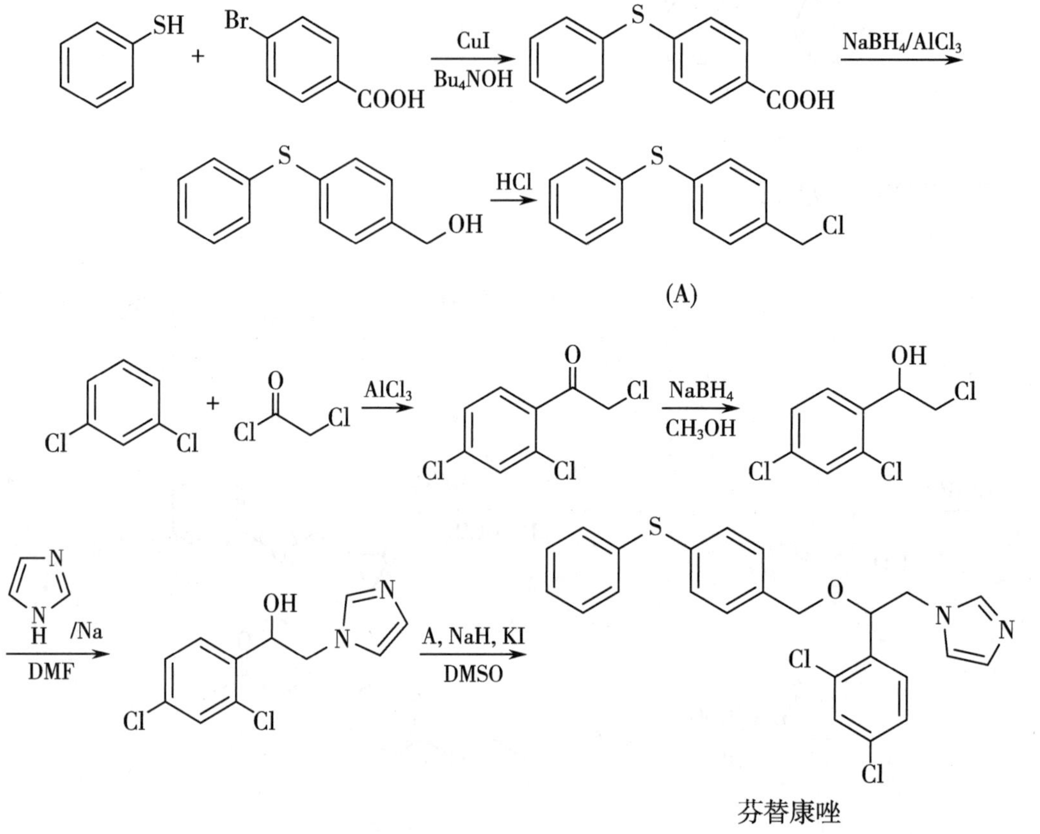

（图）

(A)

（图）

芬替康唑

解析：以苯硫酚和 4- 溴苯甲酸为起始原料，依次经 Ullmann 反应、羧基的还原反应、羟基的氯代反应制得中间体 A；再以 1,3- 二氯苯为起始原料，经 Fridel-Crafts 酰化反应、羰基还原反应、N- 烃化反应、O- 烃化反应制得芬替康唑。其中，硼氢化钠还原羰基一步中因原料有卤素原子，避免还原后的羟基被氢解，故不可使用催化氢化法。

4. 答案：

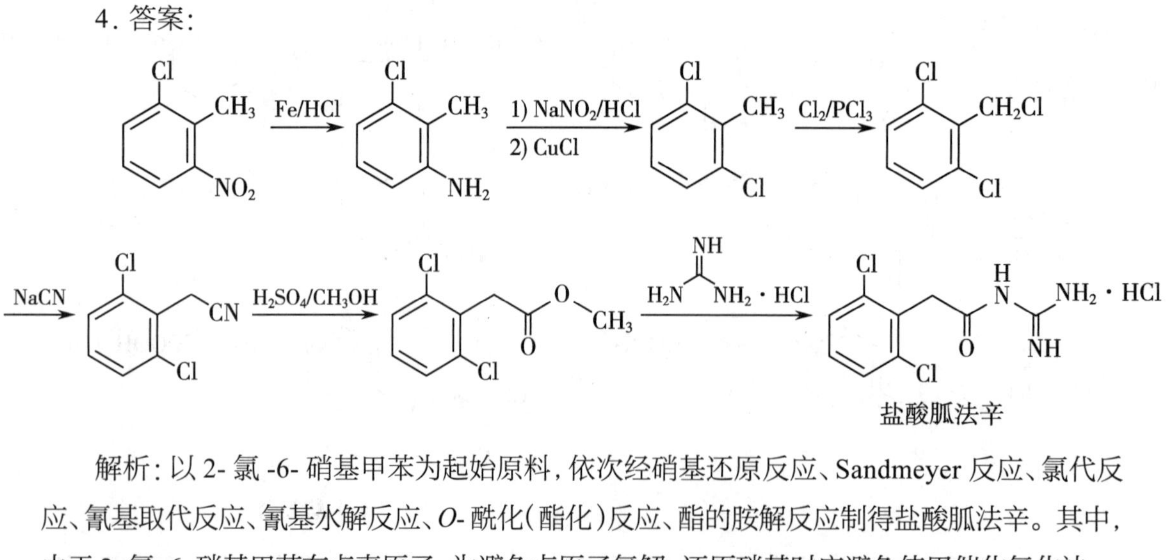

（图）

盐酸胍法辛

解析：以 2- 氯 -6- 硝基甲苯为起始原料，依次经硝基还原反应、Sandmeyer 反应、氯代反应、氰基取代反应、氰基水解反应、O- 酰化（酯化）反应、酯的胺解反应制得盐酸胍法辛。其中，由于 2- 氯 -6- 硝基甲苯有卤素原子，为避免卤原子氢解，还原硝基时应避免使用催化氢化法。

一、简答题

1. Hofmann 重排中酰胺的氨基部分必须为 NH_2。

解析：参考第八章第二节 Hofmann 重排内容，并回忆以前学过的制备伯胺的方法。

2. 碳正离子重排中基团的迁移能力与电子云密度有有关，电子云密度越大迁移能力也越大；而碳负离子重排中迁移基团的电子云密度越小迁移能力越大。以 Pinacol 重排为例，基团的迁移能力大小顺序为：

$$\text{对甲基苯甲醚基} > \text{苯基} > \text{对氯甲苯基} > R_3C\text{—} > R_2CH\text{—} > RCH_2\text{—} > CH_3\text{—} > H\text{—}$$

Stevens 重排中取代芳基的迁移顺序为：

$$\text{烯丙基} > \text{苄基} > \text{二苯甲基} > 3\text{-苯基丙炔基} > \text{苯甲酰甲基}$$

解析：略，详见第八章第一节和第二节中相关内容。

3. 采用 Wolff 重排，其反应机制为：

$$RCOCl \xrightarrow{CH_2N_2} R\overset{O}{-}\overset{\ominus}{\underset{H}{C}}-N\overset{\oplus}{\equiv}N \xrightarrow{\text{光照}} R-\underset{H}{C}=C=O \xrightarrow{HX} RCH_2COX$$

$$X=OH,\ NH_2,\ NHR',\ OR'$$

解析：略，详见第八章第二节 Wolff 重排相关内容。

4. Stevens 重排的底物主要为各类含有 α-吸电子基的季铵盐，吸电子基团可以是酰基、酯基、芳基、乙烯基、炔基、硝基等；如果没有吸电子基团或吸电子基的能力较弱，也可以进行类似重排反应，但此时需要使用更强的碱，锍盐也可以进行 Stevens 重排；Sommelet-Hause 重排的底物主要为苄基季铵盐和锍盐。季铵盐的 Sommelet-Hause 重排时会发生 Stevens 重排竞争性反应，高温有利于 Stevens 重排，而低温有利于 Sommelet-Hause 重排。

解析：略，详见第八章第三节 Sommelet-Hause 重排相关内容。

5. 一般为脂肪酮、脂-芳酮经 Neber 重排得到 α-氨基酮。但是醛肟的对甲苯磺酸酯一般不能进行重排反应。Neber 重排不是立体专一性反应，顺式和反式酮肟的对甲苯磺酸酯生成相同的产物。如果酮羰基两侧均有 α-氢时，形成碳负离子的位置取决于其酸性，如果 α-氢的酸性相差不大，则得混合重排产物。因此，Neber 重排中使用的碱取决于 α-氢的酸性，可以是碳酸盐、醇钠等。

解析：略，详见第八章第三节 Neber 重排相关内容。

二、完成下列合成反应

1. 答案：

解析:略,详见第八章第二节 Wagner-Meerwein 重排相关内容。

2. 答案:

解析:略,详见第八章第二节 Benzil 重排(苯偶姻重排)相关内容。

3. 答案:

解析:略,详见第八章第二节 Baeyer-Villiger 重排相关内容。

4. 答案:

解析:酮在金属镁作用下二聚为邻二醇,进行 Pinacol 重排。

5. 答案:

解析:略,详见第八章第三节 Stevens 重排相关内容。

6. 答案:$CH_3CH_2N_2$

解析:略,详见第八章第二节 Wolff 重排相关内容。

7. 答案:

解析:略,详见第八章第二节 Pinacol 重排相关内容。

8. 答案:

解析:略,详见第八章第三节 Wittig 重排相关内容。

9. 答案:

解析:略,详见第八章第三节 Neber 重排相关内容。

10. 答案:

解析:略,详见第八章第三节 Sommelet-Hause 和 Stevens 重排相关内容。

11. 答案:

解析:略,详见第八章第二节 Hofmann 重排相关内容,酰胺重排后氨基手性不变。

12. 答案:H₃C—CH(Ph)—C(Ph)(CH₃)—CHO

解析:略,详见第八章第二节 Pinacol 重排相关内容,叔醇最容易形成碳正离子,迁移基团的手性不变。

13. 答案:

解析:略,详见第八章第四节 Claisen 重排相关内容。

14. 答案:

解析:略,详见第八章第三节 Stevens 重排中娃儿藤碱(tylophorine)的合成。

15. 答案:

解析:略,详见第八章第三节 Favoskii 重排相关内容。

16. 答案:

解析:略,详见第八章第二节酮的 Schmidt 重排反应相关内容。

17. 答案:

解析:略,详见第八章第二节 Benzil 重排相关内容。

18. 答案：

解析：略，详见第八章第三节季铵盐的 Stevens 重排。

19. 答案：OsO$_4$ 或 HIO$_4$ 等；

解析：略，详见第六章氧化反应第四节烯烃的氧化部分，后面为 Pinacol 重排。

20. 答案：

解析：首先形成肟，肟羟基与萘环处于反位，重排时萘环迁移到 N 原子上。

21. 答案：

解析：Cope 重排，重排产物含有乙酸烯醇酯，经水解后的烯醇转化为醛。

22. 答案：

解析：略，详见第八章第二节 Wolff 重排相关内容。

23. 答案：

解析：略，详见第八章第二节酮的 Schmidt 重排。

24. 答案：

解析：略，详见第八章第二节 Baeyer-Villiger 重排，重排后的烯醇酯水解后转化为醛。

25. 答案：

解析：锍盐进行 Stevens 重排，生成硫醚。

三、药物合成路线设计

1. 答案:

解析:略。

2. 答案:采用 Baeyer-Villiger 重排,然后将内酯水解即可:

解析:略,详见第八章第二节 Baeyer-Villiger 重排相关内容。

第九章　习题答案及解析

1. 答案:传统合成方法专注于合成一个化合物,通常一个合成步骤只发生一步反应。例如,化合物 A 和化合物 B 反应得到化合物 AB,之后通过柱层析、重结晶、蒸馏或其他方法进行分离纯化得到单一化合物 AB。与传统的"一次合成一个产物"相比,组合化学通过一次同步合成,可以得到多种产物。因此,反应时需要使用分子结构不同但反应基团相同的化合物以平行或交叉的方式进行同一步反应。在组合化学合成中,系列化合物 A_1 到 A_l 的每一个组分(共计 l 个)都能与系列化合物 B_1 到 B_m 的组分(共计 m 个)发生反应,相应的得到 $l \times m$ 个化合物。若总共进行 n 步反应,则得到 $l \times m \times n$ 个化合物。

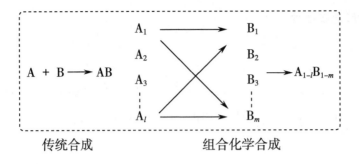

传统合成   组合化学合成

2. 答案：多肽固相合成以固相载体为基础，这些固相载体包含反应位点（或反应基团），以使肽链连在这些位点上，并在合成结束后方便除去。其中最常用的载体是氯甲基苯乙烯和二乙烯基苯的共聚物树脂。固相多肽合成的基本步骤如正文中图 9-3 所示。为了防止副反应的发生，参加反应的氨基酸侧链都是被保护的。羧基端是游离的，并且在反应之前需要活化。图 9-3 所示的是一种 Boc（叔丁氧羰基）多肽合成法，即以 Boc 作为氨基酸 α- 氨基的保护基用于多肽固相合成的方法。另外，还有一种常用的方法是 Fmoc（9- 芴基甲氧基羰基）多肽合成法，即采用 Fmoc 作为氨基酸 α- 氨基的保护基。反应步骤 1 是在碱性条件下分子间脱 HCl，用于将氨基酸与固相载体树脂相连接，在载体上构成一个反应增长点；步骤 2 是在酸性条件下将 Boc 保护基脱除以裸露氨基；步骤 3 是酰胺偶联反应，经常用缩合试剂或者酸酐的方法将羧基活化，然后与步骤 2 中游离的氨基反应形成肽键，之后重复步骤 2 和步骤 3 可以得到延长肽链的产物；步骤 4 在脱掉氨基保护基的同时将多肽从柱上切割下来，从而得到游离的多肽。实际操作时，一般在密闭的反应器中按照已知顺序（序列，一般从 C 端 - 羧基端向 N 端 - 氨基端进行）不断添加氨基酸，经反应、合成而最终得到多肽。整个合成过程也可以使用多肽合成仪进行。

3. 答案：光氧化反应、光还原反应、光消除反应、光重排反应、光催化的加成反应等。

4. 答案：工艺安全性高；传质传热快；收率高，重现性好；自动化程度较高，占地面积小，节能环保。

5. 答案: 微波本身并不会产热, 但微波能实现微波场内物体快速均匀地加热。微波发生器一般由直流电源提供能量, 之后微波发生器的磁控管产生交变电场, 该电场作用在处于微波场的物体上。物体中的极性分子由于电荷分布不平衡而迅速吸收电磁波而使极性分子产生 25 亿次 /s 以上的转动和碰撞, 使得极性分子随外电场变化而摆动并产生热效应。又因为分子本身的热运动和相邻分子之间的相互作用, 使分子随电场变化而摆动的规则受到了阻碍, 这样就产生了类似于摩擦的效应, 一部分能量转化为分子热能, 造成分子运动的加剧, 分子的高速旋转和振动使分子处于亚稳态, 这有利于分子进一步电离或处于反应的准备状态, 因此被加热物质的温度在很短时间内得以迅速升高。

6. 答案: 预防; 原子经济性; 危害性较小的化学合成; 设计更安全的化学品; 更安全的溶剂; 能效设计; 使用可再生原料; 减少衍生物; 催化; 降解设计; 旨在防止污染的实时分析; 本质上更安全的化学。

7. 答案: 氧化还原酶类、转移酶类、水解酶类、异构酶类、合成酶类、裂合酶类。

附录 本书常用英文缩略语对照表

常用英文缩略语	英文全称	中文全称
AcOF	acyl hypofluoroanhydride	酰基次氟酸酐
AcOH	acetic acid	乙酸, 醋酸
Ac-TMH	3-acetyl-1,5,5-trimethylhydantoin	3- 乙酰 -1,5,5- 三甲基乙内酰脲
AIBN	α,α'-azobisisobutyronitrile	偶氮二异丁腈
AlCl$_3$	aluminium trichloride	三氯化铝
ATP	Adenosine triphosphate	腺苷三磷酸
BB	building block	化学片段
BINAM	(S)-1,1'-binaphthyl-2,2'-diamine	(S)-1,1'- 联 -2- 萘胺
BINAP	1,1'-binaphthyl-2,2'-diphemyl phosphine	1,1'- 联萘 -2,2'- 双二苯膦
Boc	tert-butoxycarbonyl	叔丁氧羰基
BPO	dibenzoyl peroxide	过氧化二苯甲酰
BQ	benzoquinone	苯醌
Br$_2$	bromine	溴素
BTEAC	benzyl triethyl ammonium chloride	苄基三乙基氯化铵
BTMABr$_3$	benzyl trimethyl ammonium tribromide	苄基三甲基过溴化物
CAN	ceric ammonium nitrate	硝酸铈铵
cat.DMF	catalyst DMF	催化量的 DMF
CbzCl	benzyl chloroformate	氯甲酸苄酯
CCl$_4$	carbon tetrachloride	四氯化碳
CDI	N,N-carbonyldiimidazole	N,N- 碳酰基二咪唑
CH$_2$N$_2$	diazomethane	重氮甲烷
CHMO	cyclohexanone monooxygenase	环己酮单氧酶
Cl$_2$	chlorine	氯气
Cl$_2$O	chlorine monoxide	一氧化二氯
CPMO	cyclopentanone monooxygenase	环戊酮单过氧化酶
DAST	diethylaminosulphur trifluoride	二乙胺基三氟化硫
DBAD	ditertbutyl azodicarboxylate	偶氮二甲酸二叔丁酯
DBDMH	1,3-dibromo-5,5-dimethylhydantoin-2,4-dione	1,3- 二溴 -5,5- 二甲基 -2,4- 咪唑啉二酮

常用英文缩略语	英文全称	中文全称
DBU	1,8-diazabicyclo[5.4.0]undec-7-ene	1,8-二氮杂双环[5.4.0]十一碳-7-烯
DCC	dicyclohexylcarbodiimide	二环己基碳二亚胺
DCDMH	1,3-dichloro-5,5-dimethylhydantoin-2,4-dione	1,3-二氯-5,5-二甲基-2,4-咪唑啉二酮
DCE	dichloroethane	二氯乙烷
DCM	dichloromethane	二氯甲烷
DDQ	2,3-dichloro-5,6-dicyano-1,4-benzoquinone	2,3-二氯-5,6-二氰基-1,4-苯醌
DEAD	diethyl azodiformate	偶氮二甲酸二乙酯
DEG	diethylene glycol	二甘醇
DEL	DNA Encoded compound Library	DNA编码化合物库
DEPC	diethyl phosphorocyanidate	氰代磷酸二乙酯
DIAD	diisopropyl azodiformate	偶氮二甲酸二异丙酯
DIBAL-H	diisobutyl aluminium hydride	二异丁基氢化铝
DIPAMP	(R,R)-1,2-bis[(2-methoxyphenyl)phenylphosphino]ethane	(1R,2R)-二[(2-甲氧基苯基)苯基磷]乙烷
DIPEA/DIEA	N,N-diisopropylethylamine	N,N-二异丙基乙胺
DMA	4-dimethylaminoacetamide	N,N-二甲基乙酰胺
DMAP	4-dimethylaminopyridine	4-N,N-二甲氨基吡啶
DMC	dimethyl carbonate	碳酸二甲酯
DMDO	dimethyldioxolone	二甲氧基二氧杂环丙烷
DME	N,N-dimethylactamide	二甲基乙酰胺
DMF	N,N-dimethylformamide	N,N-二甲基甲酰胺
DMP	1,1,1-triacetoxy-1,1-dihydro-1,2-benziodoxol-3(1H)-one	戴斯-马丁氧化剂
DMSO	dimethyl sulfoxide	二甲基亚砜
DVS	dehydration value of sulfuric acid	硫酸脱水值,简称脱水值
E factor	environmental factor	环境因子
EHS	environment, health, safety	环保,健康,安全
F-C反应	Friedel-Crafts reaction	弗里德-克拉夫茨反应
FDA	Food and Drug Administration	美国食品药品管理局
FeBr$_3$	ferric tribromide	三溴化铁
FeCl$_3$	ferric trichloride	三氯化铁
Fmoc	9-fluorenylmethyloxycarbonyl	9-芴基甲氧基羰基
Fmoc-Cl	9-fluorenylmethyl chloroformate	氯甲酸-9-芴甲酯
Fmoc-OSu	(N-(9-fluorenylmethoxycarbonyloxy)succinimide	9-芴甲基琥珀酰亚氨基碳酸酯
FTIR	Fourier transform infrared spectrometer	傅里叶变换红外光谱仪
GDH	glucose dehydrogenase	葡萄糖脱氢酶

常用英文缩略语	英文全称	中文全称
GnRH	Gonadotropin-releasing hormone	促性腺素释放素
GTP	Guanosine triphosphate	鸟苷三磷酸
H_2O_2	hydrogen peroxide	过氧化氢
HAPMO	4'-hydroxyacetophenone monooxygenase	4-羟基苯己酮单过氧化酶
HBD	tributyltin-oxide	三丁基氧化锡
HBpin	pinacolborane	频哪醇硼烷
HMEDA	hexamethylenediamine	六亚甲基二胺
HmimOAc	1-hexyl-3-methylimidazolium acetate	1-己基-3-甲基咪唑醋酸盐
HMOX1	heme oxygenase 1	血红素加氧酶1
HMPA	hexamethyl phosphoric triamide	六甲基磷酰三胺
HMPT	hexamethylphosphoric triamide	六甲基磷酰三胺
HMPTA	hexamethylphosphoramide	六甲基磷酰胺
HMX	octogen	奥克托今
HPA	heteropolyacid	杂多酸
ICl	iodine monochloride	氯化碘
IPAC	isopropyl acetate	乙酸异丙酯
Ipc_2BH	diisopinocampheyl borane	二异松蒎基硼烷
KHMDS	potassium bis(trimethysiyl)amide	六甲基二硅基胺钾
La^{NTMS}	La[N(SiMe$_3$)$_2$]$_3$	三[N,N-双(三甲基硅基)氨基]镧
LDA	lithium diisopropylamide	二异丙基氨基锂
$LiAlH_4$	lithium aluminum hydride	氢化铝锂
$LiBH_4$	lithium borohydride	硼氢化锂
LTA	lead tetraacetate	四乙酸铅
LTBA	lithium tri-tert-butoxyaluminum hydride	三(叔丁氧基)氢化铝锂
MAL	3-methylaspartic acid lyase	3-甲基天冬氨酸裂解酶
m-CPBA	m-chloroperoxybenzoic acid	间氯过氧苯甲酸
MMA	methyl methacrylate monomer	甲基丙烯酸甲酯
MPV 还原反应	Meerwein-Ponndorf-Verley reduction	米尔文-庞道夫-沃莱还原反应
MsCl	methylsulfonyl chloride	甲磺酰氯
MTBD	7-methyl-1,5,7-triazabicyclo[4.4.0]dec-5-ene	7-甲基-1,5,7-三氮杂二环[4.4.0]癸-5-烯
MTBE	methyl tert-butyl ether	甲基叔丁醚
MW	microware	微波
$Na_2S_2O_4$	sodium dithionite	连二亚硫酸钠,保险粉
NaADBH, NaNH$_2$(BH$_3$)$_2$	sodium ammonia borane	氨基硼烷钠

常用英文缩略语	英文全称	中文全称
$NaBH_2S_3$	sodium thioborohydride	硫代硼氢化钠
$NaBH_4$	sodium borohydride	硼氢化钠
NADPH	nicotinamide adenine dinucleotide phosphate	还原型辅酶Ⅱ
NaS_2O_3	sodium thiosulphate	硫代硫酸钠
NBA	*N*-bromoacetamide	*N*-溴代乙酰胺
NBP	*N*-bromophthalimide	*N*-溴邻苯二甲酰亚胺
NBS	*N*-bromosuccinimide	*N*-溴代丁二酰亚胺
NCS	*N*-chlorosuccinimide	*N*-氯代丁二酰亚胺
NFSI	*N*-fluorobenzenesulfonimide	*N*-氟苯磺酰亚胺
NHTf	trifluoromethanesulphonamide	三氟甲磺酰胺
NIS	*N*-iodosuccinimide	*N*-碘代丁二酰亚胺
NuH	nucleophile	亲核试剂
PA	*p*-phenylenediamine	对苯二胺
PAA	peroxyacetic acid	过氧乙酸
PAL	phenylalanine lyase	苯丙氨酸裂解酶
PAM	phenylalanine aminomutase	苯丙氨酸氨基变位酶
PBA	perbenzoic acid	过氧苯甲酸
PBH, KBH_4	potassium borohydride	硼氢化钾
PCC	pyridinium chlorochromate	氯铬酸吡啶盐
PCl_3	phosphorus trichloride	三氯化磷
PCl_5	phosphorus pentachloride	五氯化磷
$Pd_2(dba)_3$	tris（dibenzylideneacetone）dipalladium	三（二亚苄基丙酮）二钯
PEG	polyethylene glycol	聚乙二醇
PES-MC	polyethersulfone–microcapsule	三氟甲基磺酸锌的聚醚砜微胶囊
$Ph_3P^{\oplus}CX_3X^{\ominus}$	phosphonium,triphenyl（trichloromethyl）-, halide	三氯甲基三苯基磷卤化物
Ph_3PX_2	triphenylphosphine dihalide	三苯基膦二卤化物
PhCl	chlorobenzene	氯苯
PhH	benzene	苯
PKA	protein kinase A	蛋白激酶A
PKC	protein kinase C	蛋白激酶C
$POCl_3$	phosphorus oxychloride	三氯氧磷
PPA	polyphosphoric acid	多聚磷酸
PPY	4-pyrrolidinopyridine	4-吡咯烷基吡啶
PTC	phase transfer catalysis	相转移催化剂

常用英文缩略语	英文全称	中文全称
PTP-1B	protein tyrosine phosphatase-1B	蛋白酪氨酸磷酸酶 1B
PTSA	4-methylbenzenesulfonic acid	对甲苯磺酸
Py	pyridine	吡啶
PyHBr$_3$	Pyridine Hydrobromide	吡啶氢溴酸盐
Raney-Ni	raney nickel	雷尼镍
SAR	Structure-Acitivity Relationships	构效关系
SbF$_3$	antimonic cluoride	氟化锑
SDS	sodium dodecyl benzene sulfonate	十二烷基苯磺酸钠
SnCl$_4$	stannic chloride	四氯化锡
SO$_2$Cl$_2$	sulfuryl chloride	硫酰氯
SOCl$_2$	thionyl chloride	亚硫酰氯，或二氯亚砜
SPPS	solid phase peptide synthesis	固相肽合成法
STAB	sodium triacetoxyborohydride	三乙酰氧基硼氢化钠
TBAB	tetrabutylammonium bromide	四丁基溴化铵
TBABr$_3$	tetra-n-butylammonium tribromide	四丁基铵过溴化物
TBAC	tetrabutylammonium chloride	四丁基氯化铵
TBAF	tetrabutylammonium fluoride	四丁基氟化铵
TBDPS	tert-butyldiphenylsilyl	叔丁基二苯基硅基
TBHP	tert-butyl hydroperoxide	叔丁基过氧化氢
TCFP	trichickenfootphos	（R）-叔丁基甲基膦 - 二叔丁基膦甲烷
TEA	triethylamine	三乙胺
TEG	triethylene glycol	三甘醇
TEMPO	2,2,6,6-tetramethylpiperidin-1-oxyl	2,2,6,6- 四甲基哌啶氧化物
TFA	trifluoroacetic acid	三氟乙酸
TFAA	trifluoroacetic anhydride	三氟乙酸酐
TfOH	trifluoromethanesulfonic acid	三氟甲磺酸
TFPAA	trifluoroethaneperoxoic acid	三氟过氧乙酸
THF	tetrahydrofuran	四氢呋喃
TiCl$_4$	titanium tetrachloride	四氯化钛
TLC	thin layer chromatography	薄层色谱法
TMS	trimethylsilyl	三甲基硅基
TMSCl	chlorotrimethylsilane	三甲基氯硅烷
TMSN$_3$	azidotrimethylsilane	叠氮基三甲基硅烷
Tol	toluene	甲苯
Tp	1,3,5-triformylphloroglucinol	1,3,5- 三甲酰基间苯三酚
TsCl	4-methylbenzenesulfonyl chloride	对甲苯磺酰氯

常用英文缩略语	英文全称	中文全称
TTC，$(Ph_3P)_3RhCl$	tris（triphenylphosphine）rhodium chloride	氯化三苯基膦合铑，或三（三苯基膦）氯化铑
$ZnCl_2$	zinc dichloride	二氯化锌
$(C_2H_5)_2AlN_3$	diethylalutninum azid	叠氮化二乙基铝
$(COCl)_2$	oxalyl chloride	草酰氯
$(DHQD)_2PYR$	hydroquinidine-2,5-diphenyl-4,6-pyrimidi-nediyl diether	氢化奎尼丁 -2,5- 二苯基 -4,6- 嘧啶基二醚
$(PhO)_3PX_2$	triphenyl phosphite dihalide	亚磷酸三苯基酯二卤化物
$(t\text{-}Boc)_2O$	di-t-butyl dicarbonate	二碳酸二叔丁酯（Boc 酸酐）
$[bmim]BF_4$	1-butyl-3-methylimidazolium tetrafluoroborate	1- 丁基 -3- 甲基咪唑四氟硼酸盐
$[CH_3CH_2CH(CH_3)]_3BHLi$	lithium tri-sec-butylborohydride	三仲丁基硼氢化锂
5-FU	5-fluorouracil	氟尿嘧啶
6-APA	6-aminopenicilanic acid	6- 氨基青霉烷酸
9-BBN	9-borabicyclo[3.3.1]nonane	9- 硼代双环[3.3.1]壬烷

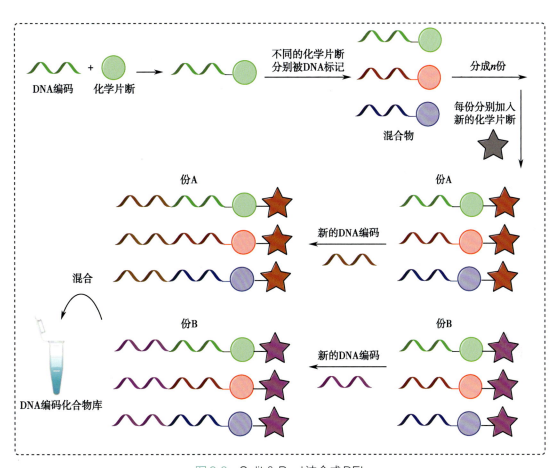

图 9-8 Split & Pool 法合成 DEL